퍼펙트
미용사
메이크업
필기시험문제

  에듀크라운
국가자격시험문제 전문출판
www.educrown.co.kr

 크라운출판사
국가자격시험문제 전문출판
http://www.crownbook.com

저자 약력

김리나

- 동국대 일반대학원 향장예술학 박사
- 건국대 디자인대학원 뷰티디자인과 석사
- (France)Christian Chauveau Make-up School 차석 졸업
- (France)Jean-Pierre Fleurimon Make-up School 졸업
- 2004년 국제 분장사 자격증(CIDESCO) 취득
- 남서울대학교 일반대학원 외래교수
- 경인여자대학교 뷰티스킨케어학과 외래교수
- 두원 공업 대학교 뷰티 아트과 겸임교수
- 영진사이버대학교 겸임교수
- 국제 디지털대학교 뷰티비즈니스학과 겸임교수
- 남서울대학교 뷰티보건과 외래교수
- 여주대학교 뷰티 스타일리스트 전공 강의
- 수원여자대학교 미용예술과 외래교수
- 천안연암대학교 뷰티아트과 강의
- 대구공업대학교 뷰티아트디자인과 강의
- 부천대학교 외래교수
- SBS 방송 뷰티아카데미 분장강사
- MBC 뷰티아카데미(강남) 분장, 코디, 뷰티 일러스트 강사
- 2014년 NCS(국가 직무 능력표준) 메이크업 이론과 실무 담당
- (주)Neon white KOREA 코스메틱 이사
- Salon de neon 에스테틱 원장
- 스텔라마리나 코스메틱 대표이사
- (도고 파라다이스)DIY천연 화장품 만들기 체험관 기획 담당
- 2010년 International Make-up ARTFAIR 대회 MAKE-UP 심사위원
- 2010년 한국미용기능경기 대회 MAKE-UP 심사위원
- (사)메이크업전문가협회 교육이사 및 심사/출제위원
- 서울 컬렉션 F/W 김철웅·홍은주 디자이너 메이크업
- 2013 평창 스페셜 동계올림픽 개막식 분장
- 뮤지컬 '오페라의 유령', '미녀는 괴로워', '헤드윅' 분장
- TONI&GUY(청담본점) 메이크업 근무
- 부르주아 유한회사 근무
- 「퍼펙트 미용사 메이크업 실기시험문제」 크라운출판사

머리말

　미용 분야는 점차적으로 지속적인 발전은 물론 전문가 양성에 있어서도 고부가가치가 유망되는 직종으로, 해를 거듭할수록 성장하는 인기 직종이 되었습니다. 이에 발맞추어 기존의 미용사 국가자격증에서 세분화하여 미용사(일반), 미용사(피부), 미용사(네일), 미용사(메이크업)으로 시행되고 있습니다. 미용 창업, 미용업으로의 전향, 전문화되는 미용 분야의 다양한 직업 종사자가 되기 위해 필수 과정인 자격증의 취득은 이 모든 일을 준비하고 꿈꾸는 여러분들이 첫 단추를 끼우는 중요한 관문입니다.

　본 교재는 미용사(메이크업) 자격증을 준비하는 수험생 여러분들의 시험에 필요한 공통 과목 중 어렵게 느껴질 수 있는 공중보건학 및 법규, 화장품학의 주요 핵심 이론을 쉽게 이해할 수 있도록 구성하였습니다. 또한 시험에서 자주 다루어지는 내용을 토대로 하여 시험을 준비하는 수험생 여러분들이 쉽게 접근할 수 있도록 정리하였습니다. 전공 과목은 메이크업 전문가로서 반드시 알아야 할 필수 지식과 시험에 자주 출제되는 내용을 중심으로 접근하여 합격의 문을 두드릴 수 있도록 하였습니다.

　본 수험서의 핵심 전략은 다음과 같습니다.
1. 시험에 자주 나오는 내용 및 중요 단어를 집어주어 정리할 수 있도록 하였습니다.
2. 최근 실시된 미용사(메이크업) 필기시험에서 출제된 내용을 중심으로 한 핵심 포인트 다루기와 기출 예상문제를 수록하였습니다.
3. 주요 핵심 이론을 포켓요약집으로 정리하여 시험 전 최종 마무리를 할 수 있도록 구성하였습니다.

　본 교재로 미용업 종사자 또는 미용업을 준비하고 계시는 모든 수험생 여러분들께 합격의 행운이 함께 하길 바랍니다. 또한 이 책의 출간을 위해 힘써주신 크라운출판사 임직원분들과 편집 담당자님께 감사의 말씀을 전하며, 메이크업 분야가 앞으로 더욱 더 발전하여 최고의 전문 분야로 거듭나기를 기원합니다.

김리나

미용사(메이크업) 자격시험 안내

 개요
메이크업에 관한 숙련기능을 가지고 현장업무를 수용할 수 있는 능력을 가진 전문기능 인력을 양성하고자 자격제도를 제정

 수행직무
특정한 상황과 목적에 맞는 이미지, 캐릭터 창출을 목적으로 이미지 분석, 디자인, 메이크업, 뷰티코디네이션, 후속관리 등을 실행함으로써 얼굴·신체를 표현하는 업무 수행

 진로 및 전망
메이크업 아티스트, 메이크업 강사, 화장품 관련 회사, 메이크업 미용업 창업, 고등 기술학교 등

 취득방법
① **시행처** : 한국산업인력공단
② **훈련기관** : 직업전문학교 및 여성발전센터 미용 과정, 미용학원 등
③ **시험과목**
 - 필기 : 1. 메이크업 개론, 2. 공중위생관리학, 3. 화장품학
 - 실기 : 메이크업 미용실무
④ **검정방법**
 - 필기 : 객관식 4지 택일형(60문항)
 - 실기 : 작업형(2시간 30분 정도)
⑤ **합격기준** : 100점 만점에 60점 이상(필기, 실기 공통)
⑥ **시험 수수료**

필기	14,500원
실기	17,200원

출제기준(필기)

| 직무 분야 | 이용·숙박·여행·오락·스포츠 | 중직무 분야 | 이용·미용 | 자격 종목 | 미용사(메이크업) | 적용 기간 | 2022. 1. 1. ~ 2026. 12. 31. |

● 직무내용 : 얼특정한 상황과 목적에 맞는 이미지, 캐릭터 창출을 목적으로 위생관리, 고객서비스, 이미지분석, 디자인, 메이크업 등을 통해 얼굴·신체를 연출하고 표현하는 직무이다.

| 필기검정방법 | 객관식 | 문제수 | 60 | 시험시간 | 1시간 |

필기과목명	문제수	주요항목	세부항목	세세항목
메이크업개론, 공중위생관리학, 화장품학	60	1. 메이크업개론	1. 메이크업의 이해	1. 메이크업의 개념 2. 메이크업의 역사
			2. 메이크업 위생관리	1. 메이크업 작업장 관리
			3. 메이크업 재료·도구 위생관리	1. 메이크업 재료, 도구, 기기 관리 2. 메이크업 도구, 기기 소독
			4. 메이크업 작업자 위생관리	1. 메이크업 작업자 개인 위생 관리
			5. 피부의 이해	1. 피부와 피부 부속 기관 2. 피부유형분석 3. 피부와 영양 4. 피부와 광선 5. 피부면역 6. 피부노화 7. 피부장애와 질환
			6. 화장품 분류	1. 화장품 기초 2. 화장품 제조 3. 화장품의 종류와 기능
		2. 메이크업 고객 서비스	1. 고객 응대	1. 고객 관리 2. 고객 응대 기법 3. 고객 응대 절차

필기과목명	문제수	주요항목	세부항목	세세항목
		3. 메이크업 카운슬링	1. 얼굴특성 파악	1. 얼굴의 비율, 균형, 형태 특성 2. 피부 톤, 피부유형 특성 3. 메이크업 고객 요구와 제안
			2. 메이크업 디자인 제안	1. 메이크업 색채 2. 메이크업 이미지 3. 메이크업 기법
		4. 퍼스널 이미지 제안	1. 퍼스널 컬러 파악	1. 퍼스널 컬러 분석 및 진단
			2. 퍼스널 이미지 제안	1. 퍼스널 컬러 이미지 2. 컬러 코디네이션 제안
		5. 메이크업 기초 화장품 사용	1. 기초화장품 선택	1. 피부 유형별 기초화장품의 선택 및 활용
		6. 베이스 메이크업	1. 피부표현 메이크업	1. 베이스제품 활용 2. 베이스제품 도구 활용
			2. 얼굴윤곽 수정	1. 얼굴 형태 수정 2. 피부결점 보완
		7. 색조 메이크업	1. 아이브로우 메이크업	1. 아이브로우 메이크업 표현 2. 아이브로우 수정 보완 3. 아이브로우 제품 활용
			2. 아이 메이크업	1. 눈의 형태별 아이섀도우 2. 눈의 형태별 아이라이너 3. 속눈썹 유형별 마스카라
			3. 립 & 치크 메이크업	1. 립 & 치크 메이크업 컬러 2. 립 & 치크 메이크업 표현
		8. 속눈썹 연출	1. 인조속눈썹 디자인	1. 인조속눈썹 종류 및 디자인
			2. 인조속눈썹 작업	1. 인조속눈썹 선택 및 연출

출제기준(필기)

필기과목명	문제수	주요항목	세부항목	세세항목
		9. 속눈썹 연장	1. 속눈썹 연장	1. 속눈썹 위생관리 2. 속눈썹 연장 제품 및 방법
			2. 속눈썹 리터치	1. 연장된 속눈썹 제거
		10. 본식웨딩 메이크업	1. 신랑신부 본식 메이크업	1. 웨딩 이미지별 특징 2. 신랑신부 메이크업 표현
			2. 혼주 메이크업	1. 혼주 메이크업 표현
		11. 응용 메이크업	1. 패션이미지 메이크업 제안	1. 패션 이미지 유형 및 디자인 요소
			2. 패션이미지 메이크업	1. TPO 메이크업 2. 패션이미지 메이크업 표현
		12. 트렌드 메이크업	1. 트렌드 조사	1. 트렌드 자료수집 및 분석
			2. 트렌드 메이크업	1. 트렌드 메이크업 표현
			3. 시대별 메이크업	1. 시대별 메이크업 특성 및 표현
		13. 미디어 캐릭터 메이크업	1. 미디어 캐릭터 기획	1. 미디어 특성별 메이크업 2. 미디어 캐릭터 표현
			2. 볼드캡 캐릭터 표현	1. 볼드캡 제작 및 표현
			3. 연령별 캐릭터 표현	1. 연령대별 캐릭터 표현 2. 수염 표현
			4. 상처 메이크업	1. 상처 표현
		14. 무대공연 캐릭터 메이크업	1. 작품 캐릭터 개발	1. 공연 작품 분석 및 캐릭터 메이크업 디자인
			2. 무대공연 캐릭터 메이크업	1. 무대공연 캐릭터 메이크업 표현

필기과목명	문제수	주요항목	세부항목	세세항목
		15. 공중위생관리	1. 공중보건	1. 공중보건 기초 2. 질병관리 3. 가족 및 노인보건 4. 환경보건 5. 식품위생과 영양 6. 보건행정
			2. 소독	1. 소독의 정의 및 분류 2. 미생물 총론 3. 병원성 미생물 4. 소독방법 5. 분야별 위생·소독
			3. 공중위생관리법규 (법, 시행령, 시행규칙)	1. 목적 및 정의 2. 영업의 신고 및 폐업 3. 영업자 준수사항 4. 면허 5. 업무 6. 행정지도감독 7. 업소 위생등급 8. 위생교육 9. 벌칙 10. 시행령 및 시행규칙 관련 사항

목차

PART 1 - 메이크업 위생관리

chapter 1. 메이크업의 이해
- Section 1. 메이크업의 개념 … 16
- Section 2. 메이크업의 역사 … 19

chapter 2. 메이크업 위생관리
- Section 1. 메이크업 작업장 관리 … 34
- Section 2. 실내 환경 위생과 관리 … 34

chapter 3. 메이크업 재료·도구 위생관리
- Section 1. 메이크업 재료, 도구, 기기 관리 … 37
- Section 2. 메이크업 도구, 기기소독 … 41

chapter 4. 메이크업 작업자 위생관리
- Section 1. 메이크업 작업자 개인위생 관리 … 45

chapter 5. 피부의 이해
- Section 1. 피부와 피부 부속기관 … 48
- Section 2. 피부유형분석 … 57
- Section 3. 피부와 영양 … 60
- Section 4. 피부와 광선 … 66
- Section 5. 피부면역 … 69
- Section 6. 피부노화 … 71
- Section 7. 피부장애와 질환 … 73

chapter 6. 화장품 분류
- Section 1. 화장품 기초 … 85
- Section 2. 화장품 제조 … 90
- Section 3. 화장품의 종류와 기능 … 100

PART 2 - 메이크업 고객서비스

chapter 1. 고객응대
- Section 1. 고객 관리 … 122

chapter 2. 메이크업 카운슬링
- Section 1. 얼굴의 비율, 균형, 형태 특성 … 127

chapter 3. 메이크업 디자인 제안
- Section 1. 메이크업 색채 … 135
- Section 2. 메이크업 기법 … 148

chapter 4.	퍼스널 이미지 제안	
	Section 1. 퍼스널컬러 파악	153
	Section 2. 퍼스널 이미지 제안	155

PART 3 메이크업 디자인

chapter 1.	기초화장품 선택	162
chapter 2.	피부 표현 메이크업	169
chapter 3.	얼굴윤곽 수정	177
chapter 4.	색조 메이크업	181
chapter 5.	속눈썹 연장	198
chapter 6.	본식 웨딩 메이크업	204
chapter 7.	응용 메이크업	211
chapter 8.	트렌드 메이크업	226
chapter 9.	미디어 캐릭터 메이크업	237
chapter 10.	무대공연 캐릭터 메이크업	248

PART 4 공중 위생 관리

chapter 1.	공중 보건	254
chapter 2.	소독	317
chapter 3.	공중위생 관리법규 (법, 시행령, 시행규칙)	343

PART 5 실전 모의고사

실전 모의고사 1회	388
실전 모의고사 2회	399
실전 모의고사 3회	410
실전 모의고사 4회	422
실전 모의고사 5회	433
실전 모의고사 6회	444
실전 모의고사 7회	456

이 책의 특징

하나

풍부한 일러스트와 표로 쉬운 공부
- 다채로운 일러스트와 함께 재밌게 공부할 수 있습니다.
- 어려운 내용은 표로 정리하여 쉽고 빠르게 외울 수 있도록 했습니다.

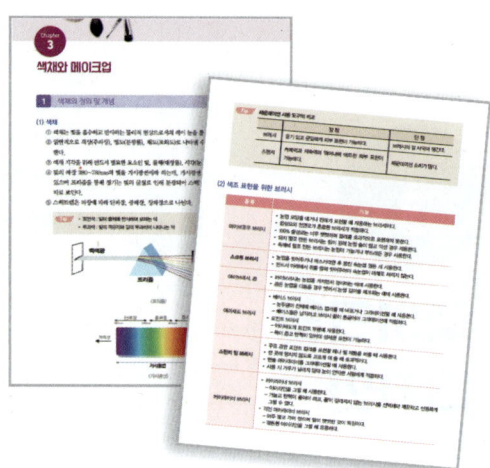

둘

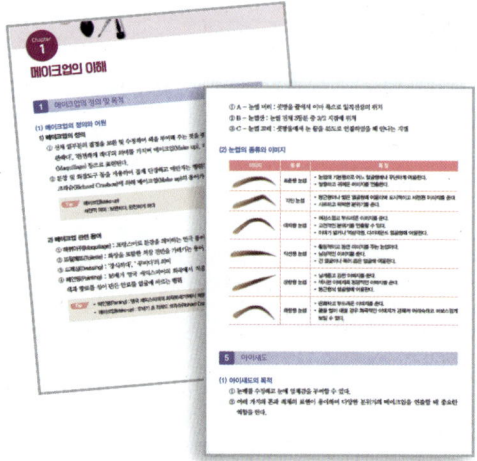

핵심만 담은 친절하고 간결한 이론
- 시험에 반드시 나오는 중요 이론만 담았습니다.
- 반복과 강조를 통해 효율적으로 공부할 수 있도록 구성했습니다.

셋

과목별 출제예상문제 제공
- 엄선된 출제예상문제에 상세한 해설을 더했습니다.
- 학습한 이론에 대한 문제를 바로 풀어볼 수 있습니다.

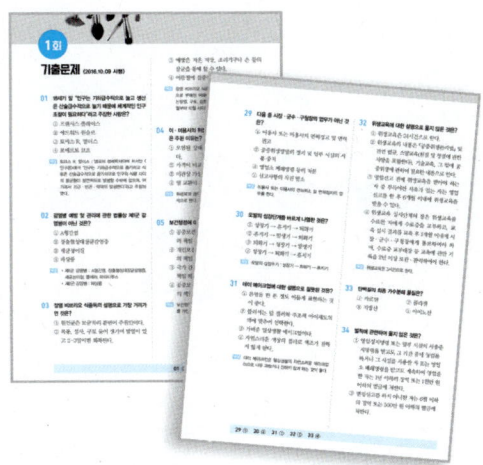

넷

실전 모의고사 제공
- 최신 유형을 분석한 모의고사 문제로 학습한 내용을 점검할 수 있습니다.
- 꼼꼼한 해설을 더해 합격에 다가설 수 있습니다.

PART 1

메이크업 위생관리

Chapter 1

메이크업의 이해

Section 1. 메이크업의 개념

1 메이크업의 정의 및 목적

(1) 메이크업의 정의와 어원
 1) 메이크업의 정의
① 신체 일부분의 결점을 보완 및 수정하여 색을 부여해 주는 것을 뜻한다. 사전적 의미로는 '보완하다', '완전하게 하다'의 의미를 가지며 메이크업(Make up), 페인팅(Painting), 마뀌야쥬(Maquillage) 등으로 표현된다.
② 분장 및 화장도구 등을 사용하여 곱게 단장하고 매만지는 행위를 말하며 17세기 초 리차드 크라슈(Richard Crashou)에 의해 메이크업(Make up)의 용어가 처음 사용되었다.
③ 의료기기나 의약품을 사용하지 아니하는 눈썹 손질을 말한다.

> **Tip** 메이크업(Make up)
> 사전적 의미 : 보완하다, 완전하게 하다

 2) 메이크업 관련 용어
① 마뀌아쥐(Maquillage) : 프랑스어로 분장을 의미하는 연극 용어
② 뜨왈레뜨(Toilette) : 화장을 포함한 치장 전반을 가리키는 용어
③ 드레싱(Dressing) : '장식하다', '꾸미다'의 의미
④ 페인팅(Painting) : 16세기 영국 셰익스피어의 희곡에서 처음으로 사용된 용어로, 백납분에 색과 향료를 섞어 만든 안료를 얼굴에 바르는 행위

> **Tip**
> • 페인팅(Painting) : 영국 셰익스피어의 희곡(16세기)에서 처음 사용된 용어
> • 메이크업(Make up) : 17세기 초 리챠드 크라슈(Richard Crashou)에 의해 처음 사용된 용어

3) 한국의 화장 용어

용어	특징
담장	**기초화장**으로 피부 손질 위주의 엷은 화장
농장	**색채화장**으로 담장보다 짙은 화장
염장	분대화장으로 짙고 요염한 색채를 표현
응장	**신부화장**과 같은 혼례에 사용
야용	분장을 의미
성장	시선을 끌만큼 화려한 화장
미용	얼굴 치장 행위
단장	피부 손질, 얼굴 치장, 장신구 치장을 수수하게 보여줌
장식	피부 손질, 얼굴 치장, 장신구 치장을 화려하게 갖춤
지분	연지와 백분의 약자
분대	백분과 눈썹먹의 약자
장렴	화장품과 화장도구

> **Tip**
> - 담장 : 기초화장
> - 농장 : 색조화장
> - 응장 : 신부화장

(2) 메이크업의 목적

① 개개인의 장점을 부각시켜 개성을 돋보이게 함으로써 모습을 아름답게 하고, 조화롭고 균형 잡힌 얼굴 형태를 표현함에 목적을 가진다.
② 자외선, 먼지 등의 피부자극을 외부로부터 보호한다.
③ 자기표현의 수단으로 캐릭터나 가치관을 표현하는 데에 이용한다.

> **Tip** **메이크업의 4대 목적**
> - 본능적 목적 : 본능적으로 개인 또는 종족 보존을 위한 성적 매력 표현
> - 신앙적 목적 : 주술적, 종교적인 행위의 표현
> - 표시적 목적 : 신분 및 계급 등을 구분하여 표시
> - 실용적 목적 : 자외선, 먼지 등의 피부자극을 보호하며, 외부 위험 요소로부터 방어목적

(3) 메이크업의 기능

① **사회적 기능** : 사회적 관습, 종교적 관습, 예의적인 표현이 가능하며 신분, 직업 등을 표시한다.
② **심리적 기능** : 가치관이나 사고방식, 성격 등을 외적으로 표현하며 외모에 자신감을 부여하여 심리적으로 긍정적 효과를 줄 수 있다.

③ **미적 기능** : 외모의 결점을 보완하고 신체 외형을 아름답게 변형시킨다.
④ **보호의 기능** : 자외선, 대기오염, 먼지, 기후 등의 외부 자극으로부터 피부를 보호한다.

(4) 메이크업의 종류

1) 뷰티 메이크업
① **네츄럴 메이크업** : 뷰티 메이크업으로 자연스러운 메이크업
② **웨딩 메이크업** : 결혼식의 신부 메이크업
③ **패션 메이크업** : 의상 화보, 패션쇼, 한복 등에 사용되는 메이크업

2) 분장
① **미디어 메이크업** : 광고, TV 등에 사용되는 방송·영상매체를 위한 메이크업
② **공연·무대 메이크업** : 연극, 뮤지컬, 무용 등을 위한 메이크업으로 무대 공연용 메이크업
③ **특수분장** : 특수재료를 이용한 메이크업

3) 아트 메이크업
① **아트(판타지) 메이크업** : 순수 창작 메이크업
② **바디 페인팅** : 몸 전체 또는 부분적으로 페인팅을 하여 예술적으로 표현하는 메이크업

Section 2. 메이크업의 역사

1 메이크업의 기원

(1) 메이크업의 기원 ★★★

장식설	피부 문신 또는 피부에 그림을 그려 몸을 치장하고 표현하는 것을 **메이크업의 시초**로 본다.
미화설	외적 아름다움을 추구하기 위한 본능으로 화장을 시작하였다.
보호설	외부 자극이나 위험으로부터 자신을 보호하기 위한 수단인 위장을 목적으로 시작되었다.
종교설	주술적, 종교적 의미로서의 행위로, 악운을 물리치고 미신적인 의미로서 보호하는 행위에서 비롯되었다.
신분표시설	계급이나 성별, 직업, 종족 등을 구별하기 위한 목적으로 몸에 표식을 하던 것이 발달되었다.
본능설	이성에게 매력적이고 아름답게 보이기 위해 화장을 시작하게 되었다.

2 한국 메이크업사

(1) 고조선시대 ★

① 미백에 대한 관심이 많았으며 흰 피부를 위한 민간요법으로 **마늘과 쑥을 이용**하여 기미, 주근깨, 잡티 제거 및 미백을 했다.
② 말갈족은 피부 미백을 위해 소변으로 세안을 했으며, 읍루인은 돼지기름으로 동상을 예방하고 피부 유연과 미백을 했다.

> **Tip**
> • 고조선 : 단군신화(쑥, 마늘)
> • 읍루 : 돼지기름으로 동상 예방
> • 말갈 : 오줌 세안

(2) 삼국시대(B.C 37~A.D 668)

1) 고구려

① 삼국 중 화장 문화의 유입이 가장 **빨랐으며** 신분, 직업 및 의례를 구분하여 치장하였다.
② 연지 화장과 화장의 모습은 대체적으로 화려하였으며 기초 및 색조 화장이 성행했다.
③ 눈썹을 짧고 뭉툭하게 표현하였다.

〈쌍영총 고분벽화〉

> **Tip**
> - 수리산 고분벽화 : 곡선형태의 눈썹, 연지 화장
> - 쌍영총 고분벽화 : 둥근 눈썹, 연지, 눈 화장

> **Tip** 〈삼국사기(三國史記)〉 기록에 따르면 무녀와 악공들이 연지화장을 한 기록이 실려 있다.

2) 백제

① 화장품 제조기술과 화장 문화를 **일본에 전수하였다**는 기록을 일본의 문헌인 〈화한삼재도회 도감〉에서 찾아볼 수 있다.

② 중국 문헌의 기록인 **시분무주(施粉無朱)**를 통해 백제가 흰 피부를 선호하는 화장 문화를 가지고 있었음을 알 수 있다.

③ 옅은 화장이 특징이다.

> **Tip**
> - 시분무주(施粉無朱) : 분은 바르되 연지를 바르지 않음
> - 화한삼재도회(和漢三才圖會) : 일본의 도감으로, 일본이 백제로부터 화장품 제조기술 및 화장술을 전수 받았다는 기록이 있다.

3) 신라

① 다양한 향유와 세정제가 발달하였으며 백분이 제조되었다.
② **'영육일치 사상'**으로 깨끗한 몸과 아름다운 의복을 선호하였다.
③ 남성과 여성의 화장이 성행되었으며 남녀 모두 화려한 장신구로 치장하였다.
④ 눈썹화장은 굴참나무, 너도밤나무 등으로 나무재를 개어 만든 미묵으로 화장하였다.

> **Tip** 신라시대 화랑들은 여성 같은 화장을 했다.

> **Tip**
> - 미묵 : 너도밤나무 재, 굴참나무
> - 연지 : 홍화꽃
> - 조두 : 팥, 녹두

(3) 통일신라
① 통일 이전 : 자연스러운 옅은 화장이 성행하였다.
② 통일 이후 : 화려한 화장과 연지, 볼연지, 동백, 아주까리 기름으로 머리를 손질하였다.

(4) 고려시대
① **기녀들의 짙은 화장을 분대화장**이라 하였는데 흰 분화장과 붉은 입술에 초승달 모양의 눈썹과 윤기 나는 머릿결이 특징이었다.
② **일반 여염집 여인들은 옅은 화장인 비분대화장**으로 철저하게 기녀와의 차별을 두는 화장을 선호하였다.
③ 면약(피부보호제)이 사용되었다.

> **Tip** 화장의 이원화
> - 분대화장 : 기생이나 무녀들의 진한 화장
> - 비분대화장 : 여염집 여성의 옅은 화장

> **Tip** 고려도경(高麗圖經)
> 12세기 고려를 방문한 중국 북송(北宋)의 사신 서긍의 기록으로, 고려의 부녀자들은 향유 바르기를 좋아하지 않았고 분 바르기와 눈썹 그리기는 하였지만 연지는 바르지 않았음을 알 수 있다.

(5) 조선시대
① 유교의 영향으로 여염집 여성들은 화장을 거의 하지 않았으며, 일상에서는 더욱 **수수한 화장**을 선호하였다.
② 화장품을 만드는 관청으로 '**보염서**'가 설치되었다.
③ 기생화장으로 분대화장을 하였으며 화장의 이원화는 조선시대에 더욱 강해졌다.
④ 화장품 제조기술의 발달로 '**규합총서**'에 여러 가지 향료와 화장품 제조기술이 수록되었다.

> **Tip**
> - 보염서 : 화장품 생산을 관장하는 관청
> - 규합총서 : 1809년(순조 9) 빙허각(憑虛閣) 이씨(李氏)가 엮은 책으로 화장품 제조기술 및 향료 제조에 관련된 내용 등이 수록되어 있다.

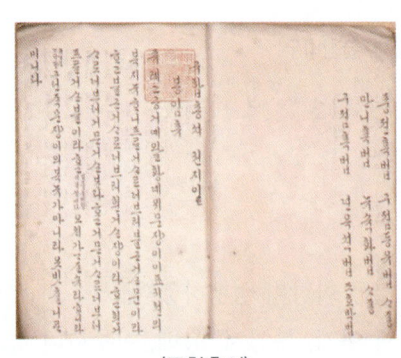

〈규합총서〉

(6) 개화기

① 유럽의 문호 개방 요구에 따른 서구 문물의 유입으로 인하여 1920년대 한일합방 이후 유럽식 화장품과 크림, 백분, 비누, 향수 등이 유행하였다.
② 1916년에는 국내 최초로 **정식 제조허가**를 받은 **'박가분'**이 출시되었다.
③ 머릿기름인 **배달기름**과 미백로션인 **연부액**, 밀크로션인 **유액** 등 다양한 제품이 출시되었다.

〈박가분〉

> **Tip** 화장품의 명칭
> • 유액 : 밀크로션
> • 연부액 : 미백로션
> • 배달기름 : 머릿기름
> • 홍화 : 연지

(7) 근 · 현대

1) 1940년대 해방 이후

① 8 · 15 해방 이후 서양 문물을 대거 유입하였으며 백분, 향수, 크림 등의 다양한 수입 화장품이 국내에 보급되었다.
② 국내 화장품이 다양하게 생산되는 등 현대식 화장법이 도입되었다.

2) 1950년대

① 6.25 전쟁 이후 미군들을 통해 수입 화장품, 영화, 패션 등이 유입되었으며 서양 영화배우들의 패션과 미용법이 유행하였다.
② 1957년 최초의 미스코리아 대회가 개최되어 미에 대한 여성들의 관심이 점차 높아졌다.
③ 이 시기에는 콜드 크림 제품이 유행하였다.

〈오드리 헵번〉

〈마를린 먼로〉

〈최초의 미스코리아 대회〉

3) 1960년대

① 정부의 화장품 보호정책으로 국내 화장품 생산이 발달하게 되었고, 이것은 화장품 방문판매로 대중화되었다.
② 남성들 사이에서는 포마드 크림이 유행하였으며 여성들에게는 다양한 입술연지 컬러와 인조속눈썹, 긴 아이라인이 유행하였다.

4) 1970년대

① 장발 및 미국 히피의 유행과 함께 복고풍의 풍성한 속눈썹과 가는 눈썹이 선호되었다.
② 다양한 색조의 메이크업이 성행되었으며 입체 화장의 유행과 패션 코디네이션이 등장하였다.

5) 1980년대
① 국내 경제시장의 발전으로 컬러TV가 보급되어 색에 대해 관심을 가지기 시작하면서 색조화장에 대한 관심 또한 높아졌다.
② **입체 메이크업의 유행**으로 다양한 화장법과 유행에 민감해졌다.

6) 1990년대
① 전세계적인 에콜로지의 유행으로 자연스러운 메이크업이 유행하였으며 신비로운 느낌의 에스닉 스타일이 유행하였다.
② 개성 있고 다양한 메이크업이 유행하였고, 광고와 드라마 배우의 메이크업 또한 유행하였다.
③ 세기말 현상으로 인한 사이버 메이크업과 메탈릭한 메이크업이 등장하였다.

7) 2000년대
① 펄을 이용한 메이크업에서 광택을 표현할 수 있는 글로시 제품까지 다양한 메이크업이 유행하였다.
② 주름과 노화 방지를 위한 기능성 화장품 제품들이 인기였으며, 웰빙이 대두되면서 건강한 피부를 표현하고자 하였다.
③ 물광 및 윤광 메이크업과 눈을 강조하는 스모키 메이크업이 유행하였다.

3 서양 메이크업사

(1) 고대시대
1) 이집트
① 태양으로부터 피부를 보호하고 부드럽게 하기 위해 **향유**를 사용하였으며, **백납**을 사용하여 피부를 하얗게 만들었다.
② 외부 환경으로부터의 보호를 위한 메이크업으로 피부에 진흙을 발라 벌레를 피하고 신체를 보호하였다.
③ ★**콜(Kohl)**을 이용하여 **눈썹과 아이라인을 표현**하였고, 안티몬을 발라 사막의 모래나 햇볕으로부터 눈을 보호하였다.
④ 붉은색의 염료인 **헤나**를 사용하여 염색하였다.
⑤ 염색을 한 가발을 남녀 모두가 착용하였다.
⑥ **팔레트를 사용**하여 안료를 섞어서 사용하였다.

〈이집트 벽화〉

> **Tip** 콜(Kohl)
> 멜라카이트(Malachite, 청동), 걸리너(Galena, 미둠)와 같은 눈 화장을 위한 검은 가루에 동물성 기름을 섞어 만든 착색료

2) 그리스

① 향유와 오일을 이용한 마사지를 즐겼으며 **의학·과학을 기초로 한 화장술과 목욕법이 발달**하였다.
② 특정 직업을 제외한 일반인에게는 과도한 화장술이 금기되었으며 금발을 선호하였다.
③ 백납을 이용하여 흰 피부를 표현하였다.
④ 화장품과 화장술 등이 **과학의 원리에서 기초를 둔 의학적 시기**이다.

> **Tip**
> - 히포크라테스의 **피부병**에 대한 연구로 인해 목욕, 일광욕, 마사지가 관심을 끌었으며 건강한 아름다움을 추구하였다.
> - '헷타리아(Hetaria)'라고 불리는 무희와 악사를 다루는 계급의 여성들이 그리스에서 화장술을 전수받아 체계화시켰다.

3) 로마

① 공중목욕탕이 발달하였고 아름다운 피부에 대한 관심이 많았으며 제모, 마사지, 피부 결점 커버에 대한 관심이 높았다.
② 향락과 사치문화가 성행하였고 사교문화의 발달로 남녀 모두가 몸을 치장하는 데에 많은 시간을 투자하였다.
③ 금발로 탈색을 하였으며 볼은 연단으로 붉게 물들이고, 눈은 안티몬과 사프란으로 검게 화장하였다.
④ 눈을 강조하여 표현하기 위해 콜(Kohl)을 사용하였다.

(2) 중세시대

① 기독교적 금욕주의의 영향으로 화장 문화가 발달하지 못했으며, 향수 역시 일반인에게는 금지되었고 왕족이나 종교의식에만 사용되었다.
② 화장과 가발의 사용을 금지하였다.
③ 목욕 문화가 발달하지 못하였으므로 **향수는 악취나 불쾌한 체취를 없애기 위한 용도**로 사용되었다.
④ 납을 이용하여 피부와 치아를 희게 가꾸었고, 입술과 볼은 붉은색을 선호하였다.

> **Tip** 중세시대에는 기독교적 금욕주의로 화장 문화가 발달하지 못하였다.

(3) 근세시대

1) 르네상스 시대(16C)

① 15~16세기 르네상스 시대는 문예 부흥기로, 인간 존중을 중심으로 한 인본주의와 개성 및 창조성의 시대였다.
② 부유층을 중심으로 남녀의 과장되고 화려한 의복과 화장이 유행하였다.
③ 흰 피부에 아치형 눈썹과 가늘고 긴 매부리코 형태의 이미지가 유행하여 얼굴에 음영을 넣기도 했다.
④ 향수로 체취를 관리하였으며 화려하고 다양한 가발이 유행하였고, 남성들 또한 창백한 피부를 위해 분을 발랐다.
⑤ **넓은 이마를 선호**하여 이마 부분의 머리를 밀거나 뽑아 다시 자라나지 않도록 하였다.
⑥ 영국의 엘리자베스 1세는 투명하고 흰 피부를 표현하기 위해 수은과 백납이 들어간 화장품을 과도하게 사용하였으며 흰 분칠을 1cm 이상 발랐다.

〈비너스의 탄생〉

> **Tip** 르네상스 시대에는 남녀 모두 과도한 화장과 수은, 납으로 인한 중독으로 피부가 상하기도 하였다.

2) 바로크 시대(17C)

① 17세기 바로크 시대에는 귀족, 왕족과 같은 부유층을 중심으로 남녀의 과도하고 화려한 장식이 돋보인다.
② 하얀 피부에 붉고 둥근 볼과 붉은 입술을 표현하였고, 백납분 중독으로 인한 피부염 등을 가리기 위한 마스크가 유행하였다.
③ 얼굴에 애교점과 별, 초승달과 같은 장식물을 붙여 꾸몄다. (패치)

> **Tip** 바로크 시대에는 하얀 피부에 홍조를 띤 얼굴형이 미인형이었으며 뷰티 패치(Patch, 애교점)를 사용하였다.

3) 로코코 시대(18C)

① 화려한 화장술과 헤어 장식이 극치에 다다른 시대로서 실용성보다는 조형적이고 예술적인 감각의 패션 스타일이 유행하였다.
② 거대한 가발을 사용하였고 가발 위에 조형물과 화려한 장식을 모자처럼 얹고 다니는 스타일이 유행하였다.
③ 패치의 사용이 유행하여 가면 위에도 패치를 붙였으며 남성들 또한 여성과 같이 화려하게 화장하였다.
④ 립스틱의 형태가 펜슬 타입으로 나오게 되었다.
⑤ **인조속눈썹**을 사용하여 메이크업하는 것이 유행하였다.

〈로코코 시대의 초상〉

> **Tip** 로코코 시대에는 조형물과 같은 과도한 헤어스타일과 가발이 유행하였고 백납분을 과하게 사용한 메이크업이 성행하였다.

(4) 근대시대(19C)

① 1866년 이후로 피부를 상하게 했던 백납분을 사용하지 않게 되면서 산화아연으로 만든 화장품이 출현하였다.
② 자연주의의 영향으로 과하고 지나친 메이크업에서 벗어나 엠파이어 스타일 시대(1795~1825)를 거쳐 로맨틱 스타일 시대(1825~1845)에는 자연스러운 화장을 하게 되었다.
③ 자외선 차단제가 개발 및 사용되었다.
④ 뷰티 살롱이 출현하였다.

> **Tip** 19세기 근대시대에는 화장품이 대량 생산 및 대중화되었으며 비누 또한 대량 생산되었다.

(5) 현대

1) 1900~1910년대

① 러시아 발레단 공연의 영향으로 오리엔탈풍의 화장이 유행하였다.
② '테다 바라(Theda Bara)'와 '폴라 네그리(Pola Negri)'의 메이크업이 유행하였으며, 검은색의 일자형 눈썹과 강한 음영 처리를 한 섀도의 표현 및 얇고 또렷한 입술의 표현이 특징이다.
③ 오리엔탈 스타일에 대한 영향으로 강한 색조와 음영을 표현하였다.

〈테다 바라〉

〈폴라 네그리〉

> **Tip** 1910년대 메이크업의 특징
> - 눈썹 : 검은색으로 일자형
> - 눈화장 : 옆으로 길며 강한 음영 표현
> - 입술 : 또렷하고 얇고 작은 앵두입술

2) 1920년대

① '클라라 보우'와 '루이스 브룩스'의 메이크업이 유행하였으며, 가늘게 다듬은 후 정교하게 연필로 그린 눈썹과 흰 피부에 큰 눈, 검붉은 입술이 특징이다.
② 보브 스타일이 유행하였으며, 종 형태의 모자인 클로셰(Cloche)가 유행하였다.

〈클라라 보우〉   〈루이스 브룩스〉

> **Tip** 1920년대 메이크업의 특징
> - 눈썹 : 둥근형
> - 눈 : 눈이 움푹 들어가 보이게 표현
> - 입술 : 또렷하고 얇게 표현

3) 1930년대

① 경제공황과 함께 찾아온 헐리우드 영화의 전성기로 여배우의 메이크업이 절정에 다다랐으며, '그레타 가르보', '마를렌 디트리히', '진 할로우'가 대표적인 배우이다.
② 활 모양의 아치형 눈썹과 깊은 음영의 아이홀 메이크업이 유행하였다.

〈그레타 가르보〉   〈마를렌 디트리히〉

> **Tip** 1930년대 메이크업의 특징
> - 눈썹 : 가늘고 긴 아치형
> - 눈 : 선명하고 눈이 커보이게 하였으며 인조속눈썹으로 과장되게 표현
> - 입술 : 붉은 입술로 크고 선명하게 표현

4) 1940년대

① 제2차 세계대전의 영향으로 강한 여성의 이미지와 성적 매력을 강조하는 이미지가 공존했던 시대이다.
② 두껍고 도톰한 곡선 형태의 눈썹과 선명한 화장, 관능미를 강조한 볼륨 있는 입술화장이 유행하였다.

③ 립스틱과 매니큐어가 대중화된 시기이다.

〈잉그리드 버그만〉

〈리타 헤이워드〉

> **Tip** 1940년대 메이크업의 특징
> • 눈썹 : 두껍고 진한 아치형
> • 눈 : 끝을 상향형으로 올라가게 표현
> • 입술 : 붉고 볼륨 있게 표현

5) 1950년대

① 미국 문화의 중심이 경제 부흥기를 맞았으며 순종적인 여성미와 가정적이고 청순한 여성미를 선호하였다.
② 컬러TV의 등장으로 배우들의 메이크업이 크게 유행하였고, 청순한 이미지인 '오드리 헵번'과 섹시 심볼인 '마를린 먼로'가 대표적인 배우이다.
③ 두껍고 각진 형태의 눈썹과 눈꼬리가 올라간 눈매, 아웃커버의 도톰한 입술이 유행하였다.
④ 마를린 먼로의 긴 속눈썹, 아웃커버의 둥글고 광택 있는 빨간 입술과 입가의 애교점이 섹시한 이미지를 대표하였다.
⑤ 케이크 타입의 콤팩트 파우더 유행

> **Tip** 1950년대를 대표하는 배우인 오드리 헵번은 청순미로, 마를린 먼로는 섹시 심볼로 유명세를 떨쳤다.

6) 1960년대

① 하류계층이 패션을 주도하면서 미니스커트와 긴 장화가 유행하였고, 팝아트와 옵아트의 이미지와 히피스타일이 유행하였다.
② 영국 패션모델인 트위기의 자유롭고 소녀스러우며 귀여운 화장이 유행하면서 가짜 주근깨, 뚜렷한 눈 화장에 파스텔 아이섀도, 장밋빛 볼, 연한 핑크색 입술 등이 유행하였다.
③ '브리짓 바르도'는 자유로운 헤어 스타일과 섹시미를 강조하는 육감적 이미지의 대표적인 인물이었다.
④ 아이홀을 강조한 메이크업이 인기 있었고 청년들의 패션인 '리틀 걸 룩'이 유행한 시기이다.

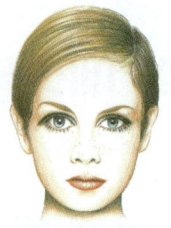

〈브리짓 바르도〉 〈트위기〉

> **Tip** 1960년대에는 '트위기(Twiggy)'의 화장법이 유행하였다. 피부 화장은 자연스럽고 얇으며 과장된 마스카라와 아이라이너로 눈을 강조하고, 속눈썹을 인위적으로 붙였다.

7) 1970년대
① 경제공황, 인플레이션 현상과 같은 사회적인 영향을 받아 반항적이고 퇴폐적인 이미지의 펑크 스타일이 유행하였고, 강렬한 비비드 컬러와 블랙 컬러의 메이크업이 성행하였다.
② '파라 포셋'의 스타일이 유행하였다.
③ 태닝 피부를 부의 상징으로 여겨 선호하였다.

> **Tip** 1970년대는 펑크 아트 스타일이 유행하였다.

8) 1980년대
① '브룩 쉴즈'의 진하고 두꺼운 눈썹과 붉은색의 입술이 유행하였다.
② '소피 마르소'와 영국의 '다이애나 왕세자비'의 자연스럽고 네추럴한 메이크업이 유행하였다.

9) 1990년대
① 환경오염 문제가 대두되면서 에콜로지에 대한 관심이 높아졌고 네추럴 메이크업이 유행하였다.
② '기네스 펠트로', '줄리아 로버츠' 등의 헐리웃 배우가 대표적이다.
③ 과거의 문화를 재해석한 레트로 패션과 힙합이 유행하였다.

> **Tip** 1980년대에는 천연재료 화장품에 대한 관심이 높아졌으며 에콜로지풍이 특징이다.

10) 2000년대
① 색조보다는 건강하고 아름다운 피부를 중시하고 순수함을 강조하는 메이크업(투명 메이크업)이 부각되었으며 다양한 트렌드가 공존하였다.
② 펄 제품이 대중화되었고 스모키 메이크업, 질감 메이크업 등이 유행하였다.

Chapter 1

핵심쏙쏙 예상문제

01 한국의 화장 용어에 대한 설명으로 알맞은 것은?

① 담장 – 시선을 끌만큼 화려한 화장
② 야용 – 분대 화장으로 짙고 요염한 색채를 표현
③ 단장 – 연지와 백분의 약자
④ 분대 – 백분과 눈썹먹의 약자

해설

용어	특징
담장	기초화장으로 피부 손질 위주의 엷은 화장
농장	색채화장으로 담장보다 짙은 화장
염장	분대 화장으로 짙고 요염한 색채를 표현
응장	신부화장과 같은 혼례에 사용
야용	분장을 의미
성장	시선을 끌만큼 화려한 화장
단장	피부 손질, 얼굴 치장, 장신구 치장을 수수하게 보여줌
지분	연지와 백분의 약자
분대	백분과 눈썹먹의 약자

02 조선시대의 화장 문화에 대한 설명으로 틀린 것은?

① 화장품을 생산하는 관청으로 보염서가 설치되었다.
② 여염집 여성의 화장과 기생 신분의 여성 화장이 구분되었다.
③ 영육일치 사상의 영향으로 남녀 모두 미에 대한 부정적인 인식이 형성되었다.
④ 화장품 제조기술의 발달로 규합총서에 여러 가지 향료와 화장품 제조기술이 수록되었다.

해설 영육일치 사상은 신라시대와 고려시대의 대표적인 사상이다.

03 메이크업의 기원설에 대한 설명으로 맞지 않은 것은?

① 본능설 : 이성을 유혹하기 위해 화장을 하였다.
② 보호설 : 외부 자극이나 위험으로부터 자신을 보호하기 위한 수단으로 화장을 하였다.
③ 장식설 : 피부에 그림을 그려 몸을 치장하고 아름다움을 표현하였다.
④ 종교설 : 신분과 계급을 구분하기 위한 목적으로 화장을 하였다.

해설 종교설은 주술적, 종교적 의미의 행위로, 악운을 물리치고 미신적인 의미로써 보호하는 행위에서 비롯되었다.

04 분대화장을 처음 시작한 시기는 언제인가?

① 고려시대
② 조선시대
③ 삼국시대
④ 고조선시대

해설 분대화장은 기녀들의 아주 짙은 화장으로 얼굴은 창백할 정도로 하얗게 분을 많이 바르고 눈썹은 가늘고 또렷하게, 입술은 붉게 하는 화장법이다.

01 ④   02 ③   03 ④   04 ①

05 고대 메이크업 재료 중 피부 미백재료로 효과적으로 사용되었던 것은?
① 참숯   ② 마늘과 쑥
③ 돼지기름   ④ 굴참나무

해설 미백작용에 우수한 쑥과 마늘을 사용한 것으로 보아 흰 피부를 선호한 것을 추측할 수 있다.

06 메이크업의 기능 중 보호의 기능에 대한 설명으로 옳은 것은?
① 사회적 관습이나 종교적 관습, 예의적인 표현이 가능하며 신분, 직업 등을 표시해 무언의 의사전달의 기능을 가진다.
② 가치관이나 사고방식, 성격 등을 외적으로 표현하며 외모에 자신감을 부여하여 심리적으로 긍정적인 효과를 기대할 수 있다.
③ 화장품을 이용하여 외모의 결점을 커버하고 신체 외형을 아름답게 변형시킨다.
④ 자외선, 대기오염, 먼지, 기후 등으로부터 피부를 보호한다.

해설 ① : 사회적 기능
② : 심리적 기능
③ : 미적 기능

07 메이크업의 정의와 가장 거리가 먼 것은?
① 화장품과 도구를 사용한 아름다움의 표현 방법이다.
② '분장'의 의미를 가지고 있다.
③ 색상으로 외형적인 아름다움을 나타낸다.
④ 의료기기나 의약품을 사용한 눈썹손질을 표함한다.

해설 파마 · 머리카락자르기 · 머리카락모양내기 · 머리피부손질 · 머리카락염색 · 머리감기, 의료기기나 의약품을 사용하지 아니하는 눈썹손질 등이 해당한다.

08 르네상스시대에 대한 설명으로 옳지 않은 것은?
① 문예의 부흥으로 인해 메이크업이 활성화되었다.
② 인간을 중심으로 하며 인간을 존중하는 문화가 더욱 중시되었다.
③ 남녀 모두에게 스테이지 메이크업이 유행하였다.
④ 이마를 넓게 표현하기 위해 머리털을 깨끗이 면도하여 넓은 이마를 나타내었다.

해설 스테이지 메이크업은 17세기 영국에서 극장이 성행하면서 남녀 모두에게 유행하였다.

09 눈썹 형태는 가늘고 둥근 아치형으로, 아이홀은 검은색과 흰색으로 음영을 강조한 메이크업을 하여 성숙한 여성미를 강조한 1930년대의 대표적인 여배우는?
① 잉그리드 버그만
② 테다 바라
③ 그레타 가르보
④ 클라라 보우

해설 1930년대 그레타 가르보의 메이크업은 성숙한 여성의 이미지를 강조하였으며 가는 활 모양의 아치형 눈썹, 깊은 아이홀, 붉은 입술이 특징이다.

10 입술과 연지 화장의 재료로 사용되는 것은?
① 홍화   ② 팥
③ 진달래   ④ 벽돌

해설 국화과 식물인 홍화(잇꽃)를 건조시키고 빻아서 분말로 만든 후 물들여 사용하였다.

05 ② 06 ④ 07 ④ 08 ③ 09 ③ 10 ①

Chapter 2
메이크업 위생관리

Section 1. 메이크업 작업장 관리

이·미용 시설의 작업장 관리는 시설 운영이 있어 가장 기본적으로 갖추어져야 하는 사항으로 고객으로 하여금 위생과 감염으로부터의 안전을 지켜주며 작업환경과 능률을 위해서도 꼭 필요한 필수 요건이다.

작업장의 관리를 통해 밀폐된 환경에서 장시간 작업 시 공기 오염으로 생길 수 있는 군집독이나 펌제, 염색제 등의 다량 사용 시 제품에서 생길 수 있는 독소 등으로부터 작업자를 보호하는 중요한 요소가 된다.

Section 2. 실내 환경 위생과 관리

1 실내 작업장

① 작업대 및 주변 공간, 시술의자 등의 오염물질, 먼지, 머리카락 등의 이물질을 깨끗하게 제거하고 관리한다.
② 작업장 내 환기 및 인공 환기 장치를 설치하여 쾌적한 환경을 유지할 수 있도록 한다.
③ 실내 바닥은 머리카락이나 염색제, 펌제 등에 오염이 없도록 하며 물기를 제거해준다.
④ 실내 작업장은 조명 시설과 온도조절 및 실내 습도 유지가 잘 되어야 한다.
⑤ 에어컨과 공기시설 필터 청소 및 관리를 유의한다.
⑥ 모기, 파리, 바퀴벌레 등의 해충에 대해 안전하도록 관리한다.
⑦ 이·미용실의 실내 바닥 소독은 크레졸 3% 수용액으로 일반 소독하는 것이 적합하다.
⑧ 고객이 사용한 후의 도구 및 가운 등은 소독 및 교체를 해주고 항시 깨끗한 상태로 유지한다.
⑨ 이·미용실을 이용하는 고객의 타액, 비말, 호흡기 감염으로 인해 생길 수 있는 인플루엔자와 같은 2차 감염 등을 유의한다.

2 세면시설 관리

① 세면 시설 및 화장실의 환기 및 소독을 철저히 하도록 한다.
② 세면 시설의 타월은 일회용 또는 수건은 수시로 확인하여 깨끗한 것으로 교체한다.
③ 세면 시설 주변 바닥은 항상 물기가 없도록 유의하며 이물질이 없도록 한다.
④ 쓰레기통은 뚜껑이 있는 것을 사용하여 넘치거나 냄새가 나지 않도록 관리한다.
⑤ 화장실과 세면대에 물때나 이물질이 생기지 않도록 수시로 청소 및 소독을 해준다.
⑥ 작업장 세면 시설은 냉·온수가 공급되도록 한다.
⑦ 화장실 위생에 신경 쓰며 방향제를 설치하여 비위생적으로 보이거나 악취 등이 생기지 않도록 한다.
⑧ 이·미용실의 쓰레기통은 수시로 청소하며 소독에는 생석회 소독이 적당하다.

3 작업장 환경

(1) 쾌적한 실내 환경을 위한 적정 온·습도
① 작업장의 조명은 75Lux(룩스) 이상
② 실내 쾌적 온도는 겨울 18~21℃, 여름 21~22℃
③ 습도는 40~70%

(2) 작업장 내부 관리
① **자연 환기**: 창문이나 문으로 자연 바람을 통해 공기를 순환시킨다. 실·내외 온도 차는 5~7℃
② **인공 환기**: 환풍기, 배기 장치, 공기 순환청정기 설치
③ **실내바닥 소독**: 크레졸 3% 수용액

Chapter 2

핵심쏙쏙 예상문제

01 이·미용실 실내 바닥 관리 소독 방법으로 알맞은 소독 방법은?
① 알코올   ② 물
③ 역성비누액   ④ 크레졸

> 해설 크레졸 소독법은 이·미용실의 실내 및 화장실 바닥 관리 소독법으로 가장 많이 사용하며 크레졸 3% 수용액으로 일반 소독할 수 있다.

02 이·미용실의 공기 중 비말로 인해 생기는 생길 수 있는 감염병의 종류는?
① 대장균   ② 인플루엔자
③ 페스트   ④ 장티푸스

> 해설 인플루엔자 – 사람의 비말, 타액, 기침 등으로 인해 눈, 코 등으로 가장 잘 감염 될 수 있는 현상이다.

03 이·미용실의 실내환경 관리의 방법으로 틀린 것은?
① 이·미용실의 실내 바닥 소독은 크레졸 1~2% 수용액으로 일반 소독하는 것이 적합하다.
② 화장실 위생에 신경 쓰며 방향제를 설치하여 비위생적으로 보이거나 악취 등이 생기지 않도록 한다.
③ 화장실과 세면대에 물때나 이물질이 생기지 않도록 수시로 청소 및 소독을 해준다.
④ 실내 작업장은 조명 시설과 온도조절 및 실내 습도 유지가 잘되어야 한다.

> 해설 이·미용실의 실내 바닥 소독은 크레졸 3% 수용액으로 일반 소독하는 것이 적합하다. 크레졸 1~2%는 피부 소독 시 사용하는 농도이다.

04 작업장 관리의 설명으로 틀린 것은?
① 작업장 세면 시설은 냉·온수가 공급되도록 한다.
② 실내 바닥은 머리카락이나 염색제, 펌제 등에 오염이 없도록 하며 항시 물을 뿌려 깨끗이 한다.
③ 이·미용실의 쓰레기통은 수시로 청소하며 소독에는 생석회 소독이 적당하다.
④ 장시간 작업 시 공기 오염으로 생길 수 있는 군집독이 생기지 않도록 작업장 환기에 유의한다.

> 해설 실내 바닥은 오염물을 제거해주고 물기를 제거해 준다.

05 이·미용 시설에서 준수해야 하는 작업장 환경 위생 관리의 기준으로 틀린 것은?
① 실내 쾌적 온도는 18±2℃가 적당하다.
② 실내 습도는 40~70%를 유지한다.
③ 작업장 내에 조명은 40Lux(룩스) 이상으로 한다.
④ 이·미용 도구는 사용 전과 사용 후의 기구들을 따로 구분하여 보관한다.

> 해설 작업장의 조명은 75Lux(룩스) 이상 / 실내 쾌적 온도는 평균 18±2℃이며 여름 21~22℃ 겨울 18~21℃ / 습도는 40~70%를 유지하도록 한다.

01 ④   02 ②   03 ①   04 ②   05 ③

Chapter 3
메이크업 재료·도구 위생관리

Section 1. 메이크업 재료, 도구, 기기 관리

1 메이크업 도구의 종류와 기능

(1) 스펀지(Sponge)

파운데이션을 펴 바를 때 사용하는 도구로, 파운데이션이 잘 스며들게 할 뿐만 아니라 뭉치지 않게 고루 펴주는 역할을 한다.

종류	기능
라텍스 스펀지	• 천연 생고무를 원료로 하여 만든 스펀지이다. • 일반적으로 리퀴드 제형의 파운데이션을 바를 때 사용한다.
합성 스펀지	• 석유화학에서 얻은 인조원료로 만든 스펀지이다. • 유분의 흡수력은 떨어지나 탄력성이 우수하다. • 사용 후에는 비눗물로 세척하여 사용한다.
해면 스펀지	• 물에 담그면 부드러워지는 천연 스펀지이다. • 클렌징 시 사용하기 적합하다. • 사용 후 따뜻한 물에 빨아서 건조하면 건조 후 다시 딱딱해진다.

(2) 퍼프(분첩)

종류	기능
파우더 퍼프	• 파운데이션을 바른 후 유분이나 수분을 없애기 위해 사용하는 도구이다. • 사용 시 한 개보다는 두 개를 이용하여 파우더를 적당량 묻혀 가볍게 눌러주듯 바른다. • 100% 면으로 된 제품으로 촉감이 부드러운 것을 선택한다. • 사용 후 미지근한 물에 **중성세제**를 사용하여 빨고 손으로 물기를 짠 후 바람이 통하는 그늘에 **건조시킨다**.
컴팩트 파우더 퍼프	• 부드럽고 도톰한 컴팩트 사이즈의 퍼프이다. • 프레스드 파우더를 피부에 바르거나 블랜딩하기에 적합하다. • 세탁이 쉽고 세탁 후 재사용이 가능하다.

(3) 피부 표현을 위한 브러시

종류	기능
파운데이션 브러시	• 리퀴드 타입의 파운데이션을 매끄럽고 얇게 펴 바를 때 사용한다. • 합성모로 풍성하면서도 끝 부분이 납작하게 되어 있다.
스퀘어 파운데이션 브러시	• 리퀴드, 에멀전 또는 크림제품을 페이스와 바디에 고르게 바를 때 사용한다. • 탄력 있는 합성모로 평평한 사각형 형태이다.
페이스 브러시	가장 큰 브러시로, 파우더를 바를 때 가볍게 사용한다.
터치 업 브러시	• 코나 입 주위의 닿기 힘든 부위에 파운데이션을 바를 때 사용한다. • 짧고 견고한 천연모로 컨실러나 아이섀도를 바를 때도 사용한다.
페이스 & 치크 브러시	크림컬러의 제품을 바를 때 사용한다.
컨실러 브러시	• 기미, 잡티, 섬세한 눈 주위 등 작은 부분을 커버하고자 할 때 사용한다. • 눈 밑은 예민한 부위이므로 탄력이 있고 부드러운 느낌이 들면서 약간 광택이 나는 **합성모**가 가장 적합하다.
팬 브러시	• **부채꼴 모양**의 브러시이다. • 파우더 후 여분의 가루를 털어 내거나 아이섀도 화장 후 눈 밑에 떨어진 여분의 가루를 털어낼 때 사용한다. • 브러시 털이 너무 강하면 메이크업한 얼굴에 자국이 생길 수 있으므로 적당히 부드러우면서도 탄력 있는 것을 선택한다.
노즈 & 하이라이터 브러시	• 밋밋한 얼굴에 광택을 주거나 음영을 줄 때 사용하는 브러시이다. • T존 부위와 광대뼈, 눈 밑 아랫부분, 눈썹뼈, 인중, 턱 등 좁은 부위에 적합한 사이즈이다. • 사선형으로 되어 있어 노즈(코)에 음영을 주기에 적합하다. • 한 번에 많은 양을 묻혀 사용하면 진하게 발릴 우려가 있으므로 적은 양을 묻혀 원하는 색상이 나올 때까지 덧바르는 것이 좋다.

> **Tip** 파운데이션 브러시를 사용하는 이유
> • 브러시가 파운데이션을 흡수하지 않고 피부에 그대로 전달해 윤이 나는 표현이 가능하다.
> • 얇게 펴 바르기 좋으며 탄력성을 표현할 수 있다.
> • 양 조절이 가능해 파운데이션을 절약할 수 있다.

> **Tip** 파운데이션 사용 도구의 비교
>
> | 구 분 | 장 점 | 단 점 |
> |---|---|---|
> | 브러시 | 윤기 있고 균일하게 피부 표현이 가능하다. | 브러시의 결 자국이 생긴다. |
> | 스펀지 | 커버력과 지속력이 뛰어나며 매트한 피부 표현이 가능하다. | 파운데이션 소비가 많다. |

(4) 색조 표현을 위한 브러시

종류	기능
아이브로우 브러시	• 눈썹 모양을 내거나 진하게 표현할 때 사용하는 브러시이다. • 합성모와 천연모가 혼합된 브러시가 적합하다. • 100% 합성모는 너무 뻣뻣하며 컬러를 효과적으로 표현하지 못한다. • 돼지털로 만든 브러시는 힘이 강해 눈썹 숱이 많고 억센 경우 사용한다. • 족제비털로 만든 브러시는 눈썹이 가늘거나 부드러운 경우 사용한다.
스크류 브러시	• 눈썹을 빗어주거나 마스카라한 후 뭉친 속눈썹 정돈 시 사용한다. • 반드시 아래에서 위를 향해 빗어주어야 속눈썹이 아래로 처지지 않는다.
아이브러시, 콤	• 아이브러시는 눈썹을 가지런히 정리하는 데에 사용한다. • 콤은 눈썹을 다듬을 경우 빗어서 눈썹 길이를 체크하는 데에 사용한다.

아이섀도 브러시	• 베이스 브러시
	  - 눈두덩이 전체에 베이스 컬러를 펴 바르거나 그라데이션할 때 사용한다.
	  - 베이스용은 납작하고 브러시 끝이 둥글어야 그라데이션에 적합하다.
	• 포인트 브러시
	  - 아이섀도의 포인트 부분에 사용한다.
	  - 폭이 좁고 탄력이 있어야 섬세한 표현이 가능하다.

스펀지 팁 브러시	• 주로 강한 포인트 컬러를 표현할 때나 펄 제품을 바를 때 사용한다. • 한 곳에 뭉치지 않도록 고르게 펴 줄 때 효과적이다. • 펜슬 아이라이너를 그라데이션할 때 사용한다. • 사용 시 가루가 날리지 않아 눈이 연약한 사람에게 적합하다.

아이라이너 브러시	• 아이라이너 브러시
	  - 아이라인을 그릴 때 사용한다.
	  - 가늘고 탄력이 좋아야 하고, 끝이 갈라지지 않는 브러시를 선택해야 깨끗하고 선명하게 그릴 수 있다.
	• 각진 아이라이너 브러시
	  - 아주 짧고 각이 졌으며 털이 뻣뻣한 것이 특징이다.
	  - 정돈된 아이라인을 그릴 때 유용하다.

립 브러시	• 립스틱을 바를 때 사용한다. • 둥근 입술을 그리는 데 편리한 라운드형 립 브러시와 각진 입술을 그리는 데 사용하는 스트레이트형 립 브러시가 있다. • 입술은 얼굴에서 가장 민감한 부위이므로 특히 털이 부드럽고 길이가 일정한 것이 좋다.
노즈 섀도 브러시	• 눈썹 앞머리에서 콧대 옆 부분까지에 음영을 넣기 위해 사용하는 브러시이다. • 브러시 끝이 사선이며 둥근 형태로 되어 있다.
섀딩 브러시	파우더 브러시에 비해 조금 작으며 사선 형태 또는 넓은 면의 섀딩 처리를 위한 브러시이다.

(5) 기타 도구

종류	기능
스파츌라	파운데이션이나 크림, 립스틱 등의 메이크업 제품들을 덜어내거나 섞는 데에 사용한다.
아이래시 컬러	• 뷰러라고도 하며 속눈썹 뿌리 부분부터 끝까지 조금씩 촘촘히 집어 올려주어 자연스러운 컬링을 완성해 준다. • 마스카라를 사용하기 전에 사용하면 더욱 효과가 좋다. • 속눈썹 뿌리부터 3등분(뿌리, 가운데, 끝)으로 나누어 컬링하며, 뿌리 부분에서 가장 힘을 강하게 주고 갈수록 약하게 집어 준다. • 한 번에 힘을 주어 집을 경우 각이 질 수 있으므로 3~4번 반복하여 집어준다.
화장솜	메이크업을 지울 때 또는 메이크업 시작 시 화장수로 얼굴 표면을 정리하거나 바를 때 사용한다.
면봉	메이크업을 수정하거나 라인을 정리하는 등의 용도로 사용한다.
인조속눈썹	• 인조속눈썹은 길이, 컬러, 숱의 양 등에 따라 다양한 종류가 있다. • 모델의 눈 형태 또는 메이크업의 특성에 적합한 것으로 선택하여 사용한다.
핀셋	눈썹 숱을 제거하거나 인조속눈썹을 한 올 한 올 붙일 때 사용한다.
눈썹가위	• 눈썹의 윤곽을 잡기 위해서 눈썹 털을 제거할 때 사용한다. • 사용할 때에는 눈썹 결의 반대 방향으로 조심스럽게 눕혀서 사용한다.
눈썹칼	눈썹을 정리하거나 인조속눈썹의 길이를 자를 때 필요한 도구이다.
샤프너	• 눈썹용 펜슬, 아이 라이너, 립 라이너 등은 심이 부드러우므로 칼보다는 샤프너(펜슬깎이)를 사용한다. • 사용 시 펜슬의 끝이 너무 날카롭지 않게 깎는다.
속눈썹 풀	• 인조속눈썹을 붙일 때나 아트 메이크업을 할 때, 큐빅 등을 얼굴에 붙일 때 사용하는 전용 글루이다. • 일반적으로 무색과 검은색이 있다.
파레트	• 메이크업 제품들을 담아서 사용하기 편리하다. • 주로 립스틱, 스틱용 파운데이션, 물감을 색상별로 덜어서 보관하며 작업시간이 절약되고 효율적이다.
메이크업 박스	• 메이크업 제품과 도구를 정리 및 보관하는 가방이다. • 메이크업 제품의 파손을 막아준다.

Section 2. 메이크업 도구, 기기소독

1 메이크업 도구의 관리

(1) 스펀지
① 미지근한 물에 중성 세제를 사용하여 가볍게 눌러주듯 빨고 물기를 제거하여 바람이 잘 통하는 그늘에 건조한다.
② 스펀지 안에 스며드는 현상이 생기므로 수시로 새 스펀지로 교체하여 사용하며 교체 전까지는 세척 후에도 부분적으로 스며들어 오염이 제거되지 않는 부분은 가위로 잘라서 사용한다.

(2) 퍼프(분첩)
중성 세제나 클렌징폼, 전용 클렌저를 미온수에 풀어 녹인 후 퍼프의 표면이 손상되지 않도록 주의하며 세척한다.

(3) 파우더/블러셔 브러시
브러시 전용 세척액이나 알코올 세척하며, 파우더 전용 브러시의 경우 중성 세제로 가볍게 세척하여 물기를 제거한 후 솔 부분이 아래 방향으로 향하거나 뉘어서 통풍이 잘되는 그늘에 건조한다.

(4) 립브러시
클렌징크림이나 브러시 클리너로 1차 클렌징한 후 붓 속에 남아있는 잔여물을 제거해 준다.

(5) 핀셋, 눈썹가위, 눈썹칼, 스파츌라
이물질을 제거한 후 알코올이나 소독제, 전용 클렌져를 화장솜이나 거즈에 묻혀 닦아준다. 자외선 소독기에 소독 보관한다.

(6) 컨실러/파운데이션 브러시
사용 후 티슈로 모의 결 방향으로 닦아내며 이물질을 제거한 후 중성세제나 전용클렌져로 세척한다.

(7) 미용베드, 의자, 작업대, 소독기, 팔레트
소독액을 뿌리거나 거즈나 천에 묻혀 표면을 닦아주어 소독한다.

(8) 수건, 터번, 가운
세탁 및 일광으로 소독한다.

(9) 유리제품
건열멸균기로 소독한다.

(10) 거즈, 화장솜
일회용으로 사용한다.

2 도구 및 기기 소독

(1) 자외선 소독기(UV Sanitizer)
금속 및 플라스틱 재질의 미용도구를 소독하는 기기이다.

(2) 고압증기 멸균
플라스틱 재질은 사용할 수 없으며 다량의 금속 도구의 멸균도 가능하다. 120℃에 20분 동안 완료된다.

> **Tip** 기기 관리 소독 시 소독액
> : 크레졸 1~1.5%, 석탄석 용액 3% 역성비누, 포르말린 용액

Chapter 3

핵심쏙쏙 예상문제

01 메이크업 도구 관리에 대한 설명으로 옳지 않는 것은?

① 눈썹가위, 눈썹칼은 물로 헹구어 오염물을 제거하고 보관한다.
② 수건, 터번, 가운은 세탁 및 일광 소독한다.
③ 미용베드나 의자는 소독액을 뿌리거나 거즈나 천에 묻혀 표면을 닦아주어 소독한다.
④ 유리제품은 건열멸균기 소독을 하고 보관한다.

> [해설] 핀셋, 눈썹가위, 눈썹칼, 스파츌라는 이물질을 제거한 후 알코올이나 소독제, 전용 클렌져를 화장솜이나 거즈에 묻혀 닦아준다. 자외선 소독기에 소독 보관한다.

02 메이크업 도구에 대한 설명으로 잘못된 것은?

① 스펀지를 이용해 파운데이션을 바를 때에는 손에 힘을 빼고 사용하는 것이 좋다.
② 팬 브러시(Fan Brush)는 부채꼴 모양으로 생긴 브러시로, 아이섀도를 바를 때 넓은 면적을 한 번에 바를 수 있다는 장점이 있다.
③ 아이래시 컬(Euelash Curler)은 속눈썹에 자연스러운 컬을 주어 속눈썹을 올려주는 기구이다.
④ 스크류 브러시(Screw Brush)는 눈썹을 그리기 전에 눈썹을 정리해주고 짙게 그려진 눈썹을 부드럽게 수정할 때 사용할 수 있다.

> [해설] 팬 브러시는 아이섀도를 바를 때 사용하는 것이 아니고 여분의 파우더를 털어낼 때 사용한다.

03 메이크업 도구와 세척 방법이 바르게 연결된 것은?

① 립 브러시(Lip Brush) - 브러시 클리너 또는 클렌징 크림으로 세척한다.
② 라텍스 스펀지(Latex Sponge) - 뜨거운 물로 세척하고 햇빛에 건조한다.
③ 아이섀도 브러시(Eye-shadow Brush) - 클렌징 크림이나 클렌징 오일로 세척한다.
④ 팬 브러시(Fan Brush) - 브러시 클리너로 세척한 후 세워서 건조한다.

> [해설] 립 브러시는 브러시 클리너와 클렌징 크림으로 깨끗이 닦아낸다. 1차 클렌징 크림, 2차 브러시 클리너로 이중세척을 하는 것이 좋다. 건조 시 수건에 눕혀서 건조한다.

04 미용베드 및 의자 등의 기기 관리의 방법으로 옳지 않은 소독제는?

① 포르말린용액
② 크레졸
③ 생석회
④ 석탄석

> [해설] 미용베드 및 의자 등의 기기는 크레졸 1~1.5%, 석탄석 용액 3%, 역성비누, 포르말린 용액 1~1.5로 소독해준다.

01 ① 02 ② 03 ① 04 ③

05 아이라이너 브러시에 대한 설명으로 맞지 않은 것은?

① 케이크 타입으로 자연스러운 아이라인을 표현하려면 가늘고 섬세한 브러시를 선택한다.
② 리퀴드 타입의 경우 브러시 끝이 각지고 단단한 것이 섬세한 선 처리에 용이하다.
③ 리퀴드 타입, 케이크 타입, 젤 타입 등 제품 유형에 따라 구분하여 선택한다.
④ 젤 타입의 경우 모가 짧고 촘촘한 것이 사용하기에 용이하다.

해설 리퀴드 타입의 경우 브러시 끝 처리가 부드럽고 섬세하게 되어 있는 것이 좋다.

06 마스카라가 뭉치거나 번졌을 때 사용할 수 있는 도구로 적합하지 않은 것은?

① 스크루 브러시(Screw Brush)
② 팬 브러시(Fan Brush)
③ 아이브로 콤(Eyebrow Comb)
④ 면봉(Cotton Tip)

해설 팬 브러시는 파우더 등의 메이크업 잔여물을 털어낼 때 사용하는 도구이다.

07 파우더의 기능으로 틀린 것은?

① 피부 메이크업의 지속력을 유지시킨다.
② 유분기를 제거해준다.
③ 메이크업의 얼룩을 방지해준다.
④ 잡티를 제거하는 기능이 있다.

해설 파우더는 메이크업의 지속력을 높여주는 역할을 하지만 잡티를 제거하는 기능은 거의 없다.

08 붉은기가 많은 피부의 베이스 컬러로 적절한 색은?

① 핑크   ② 보라
③ 그린   ④ 화이트

해설 그린색의 베이스는 붉은 톤의 피부를 조절하여 주므로 붉은 잡티가 많은 피부에 적합하다.

09 파운데이션을 바를 때 도구별 사용법의 장점과 단점의 특징이 바르게 연결된 것은?

① 스펀지 – 사용 시 파운데이션의 소비가 많다.
② 파운데이션 브러시 – 윤기있고 균일한 피부 표현이 가능하다.
③ 파운데이션 브러시 – 커버력과 지속력이 좋으며 매트한 피부 표현에 용이하다.
④ 스펀지 – 사용 후 중성세제로 세척하여 재사용할 수 있다.

해설 커버력과 지속력이 좋으며 매트한 피부 표현에 용이하다. – 스펀지에 대한 설명이다.

05 ② 06 ② 07 ④ 08 ③ 09 ③

Chapter 4

메이크업 작업자 위생관리

Section 1. 메이크업 작업자 개인위생 관리

1 작업자의 개인위생

① 감염성 질병에 있을 경우 작업을 제한한다.
② 손과 손톱을 청결히 하여 병원균의 전하를 방지한다.
③ 작업 시 머리카락이 흘러내리거나 호흡에 의해 고객이 불쾌하지 않도록 적당한 거리를 유지하고 작업 상태를 청결히 한다.
④ 매일 깨끗한 상태의 복장으로 입는다.
⑤ 필요에 따라 마스크를 착용한다.
⑥ 고객 관리 전후에 손 소독을 한다.
⑦ 도구나 장비는 사용 전에 위생처리를 해준다.
⑧ 모든 전기제품은 6개월마다 안전점검을 한다.

2 고객의 위생관리

① 소독한 기구와 소독을 하지 아니한 기구로 분리하여 보관하고, 일회용품은 손님 1인에 한하여 사용한다.
② 고객의 음료수 컵은 일회용으로 준비한다.
③ 피부질환이 있는 고객이 사용한 도구나 수건은 별도로 분리하여 소독한다.
④ 미용 도구를 철저히 소독하여 사용하며 다른 고객에게 2차 감염이 생기지 않도록 한다.
⑤ 작업장 환기에 유의하고 온도, 습도 등 쾌적한 환경에서 시술받을 수 있도록 한다.

Chapter 4

핵심쏙쏙 예상문제

01 메이크업 작업 시 작업자의 자세로 틀린 설명은?
① 손과 손톱을 청결히 하여 병원균의 전하를 방지한다.
② 도구나 장비는 사용 전에 위생처리를 해준다.
③ 작업 시 머리카락은 가지런하게 앞으로 풀어준다.
④ 감염성 질병에 있을 경우 작업을 제한한다.

해설 작업 시 머리카락은 단정하게 묶거나 넘겨 작업에 방해가 되거나 고객에게 불쾌감이 되지 않도록 한다.

02 작업장의 고객 위생관리에 관하여 지켜야 할 사항으로 틀린 것은?
① 미용 도구를 철저히 소독하여 사용하며 다른 고객에게 2차 감염이 생기지 않도록 한다.
② 소독한 기구와 소독을 하지 아니한 기구로 같이 보관한다.
③ 고객의 음료수 컵은 일회용으로 준비한다.
④ 작업장 환기에 유의하고 온도, 습도 등 쾌적한 환경에서 시술받을 수 있도록 한다.

해설 소독을 한 기구와 소독을 하지 아니한 기구로 분리하여 보관한다.

03 메이크업 작업 시 자세로 옳지 않은 것은?
① 메이크업 도구와 재품은 고객 시술과 동시에 세팅한다.
② 고객과의 철저한 시간 이행으로 신뢰감을 높인다.
③ 고객이 편안한 자세로 앉을 수 있도록 의자 높이 조절을 한다.
④ 트랜드와 메이크업 관련 올바른 지식을 습득하기 위해 노력한다.

해설 메이크업 제품과 도구 세팅은 고객 예약 시간 전에 미리 세팅하여 시술 전 소독 및 청결 상태를 유지할 수 있도록 해야 한다.

04 메이크업 미용사가 갖추어야 하는 자세로 가장 거리가 먼 것은?
① 유행의 흐름을 파악한다.
② 고객의 요구사항을 무조건 들어준다.
③ 고객의 개성을 연출한다.
④ 고객의 취향과 TPO에 맞는 스타일을 제안하고 알맞은 제품을 사용하여 시술한다.

해설 고객의 요구사항을 무조건 다 들어주는 것은 옳지 않다.

05 메이크업 아티스트의 복장에 대한 설명으로 옳지 않은 것을 고르시오.
① 체형을 커버한 복장
② 단정하고 청결한 복장
③ 움직이기 편한 복장
④ 최신 유행을 동반한 첨단 소재의 화려한 복장

해설 작업 시 단정하고 청결하면서도 움직임이 편안하고 체형을 잘 커버할 수 있는 복장이 좋다.

01 ③　02 ②　03 ①　04 ②　05 ④

06 펜슬 타입으로 입술선을 선명하게 표현하고 입술화장이 번지지 않게 오래 지속시켜 주며 입술의 모양을 수정 및 보완하는 제품은?

① 립글로스
② 립라이너
③ 립밤
④ 립틴트

해설
- 립글로스 : 입술에 촉촉하게 윤기를 주고 입술을 보호한다.
- 립밤 : 입술에 막을 형성하여 지질층을 보호하고, 보습력을 강화시켜 입술에 영양을 주며 탄력을 증진시킨다.
- 립틴트 : 입술에 자연스러운 혈색을 부여하기 위해 사용한다.

07 다음 중 블러셔의 목적으로 알맞지 않은 것은?

① 얼굴형 수정
② 피부의 혈색 부여
③ 입체감 있는 색조 표현
④ 잡티 커버

해설 블러셔는 잡티 커버의 기능은 가지고 있지 않다.

06 ② 07 ④

Chapter 5

피부의 이해

Section 1. 피부와 피부 부속 기관

1 피부의 구조 및 기능

(1) 피부의 구조
① 피부는 바깥층에서부터 **표피**(Epidermis), **진피**(Dermis), **피하조직**(Subcutaneous Tissue)의 3개의 층으로 되어 있다.
② 이외의 피부 부속기관은 피지선(Sebaceous Gland), 한선(Sweat Gland), 모발(Hair), 손·발톱(Nail) 등으로 구성되어 있다.

(2) 피부의 특징
① 총 면적은 성인 기준 1.2~2.2m^2이다.
② 표피의 무게는 체중의 15~17%이다.
③ 피부 중 표피의 평균 두께는 0.1~0.3mm, 진피는 표피보다 10~40배 정도 두껍다.
④ 피하조직(피하지방층)은 **여성이 남성보다 두껍다**.
⑤ 신체 부위 중 가장 얇은 곳은 눈꺼풀(0.04mm)이고, 가장 두꺼운 곳은 손바닥과 발바닥(1~3mm)이다.
⑥ 피부 표면은 pH 4.5~6.5로 **약산성**이다.

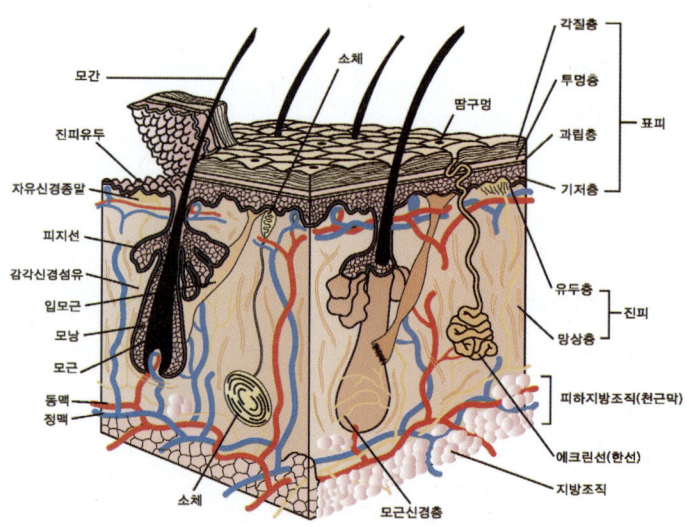

〈피부 단면〉

(3) 표피층(Epidermis)

1) 특징
① 표피는 피부의 가장 바깥쪽인 **상층부에 위치**하며 외부 자극이나 세균으로부터 내부를 보호하고, 수분 증발을 방지한다.
② 표피는 가장 아래쪽 층에서 상층의 순으로 **기저층, 유극층, 과립층, 투명층, 각질층**까지 총 5개의 층으로 나뉘며 각각의 세포로 구성된다.
③ 기저층의 기저세포에서는 각질층의 각질세포 형태로 28일의 **각화주기**(Keratinization Cycle)를 보이며, 때(각질)로 떨어져 나간다.
④ 신경과 혈관이 없고, 나이가 들수록 재생력이 떨어지면서 표피층은 두꺼워지고 진피층은 얇아진다.

2) 표피의 구조
① ★ **기저층**(Stratum Basal, Basal Cell Layer)
　㉠ 표피의 가장 아래쪽에 위치하며 원추형 세포로 구성된 단층으로 물결모양을 이루며 진피층과 경계를 이룬다.
　㉡ 각질형성세포(케라티노사이트)와 멜라닌형성세포(멜라노사이트), 메켈세포(촉감감지세포)로 구성되어 있다.
　㉢ 멜라닌형성세포는 자외선으로부터 피부를 보호하는 멜라닌색소를 만들며 피부와 모발의 색을 결정한다.

② **유극층**(Stratum Spinosum)
　㉠ **표피층에서 가장 두꺼운 층**으로 영양과 수분(약 70%)이 풍부하다.
　㉡ 5~10층의 유핵세포가 치밀하게 구성되어 있는 가시돌기층이다.
　㉢ 피부의 면역반응을 담당하는 랑게르한스세포(Langerhams Cell)가 있다.
　㉣ 림프액이 세포 사이에 흐르고 있어 세포 내의 영양분 교환과 노폐물 배출에 관여한다.

③ **과립층**(Stratum Granulosum)
　㉠ 2~5층의 편평형 세포로 이루어져 있고 피부의 각화과정이 시작되는 층으로 유핵, 무핵세포가 공존하는 층이다.
　㉡ 케라틴 전구물질인 케라토히알린(Keratohyalin)이라는 과립형 물질이 존재하며 빛을 산란시키고 자외선을 흡수한다.
　㉢ 수분저지막(레인방어막)이 있어 피부 속의 **수분 증발을 막고** 이물질의 침투를 막는다.

④ **투명층**(Stratum Lucidum)
　㉠ 투명층은 **손바닥과 발바닥에 존재**하며 수분에 의한 피부 팽윤성이 적고 투명하게 보인다.
　㉡ 2~3층이며 수분 침투를 방지하는 반유동성 단백질인 엘라이딘을 함유하고 있다.

⑤ 각질층(Straum Corneum)
  ㉠ 표피의 가장 바깥에 20~25층으로 존재하며 무핵의 죽은 세포들이 라멜라 구조(벽돌 구조)로 쌓여 있고, 각화된 세포들이 비듬, 각질로 탈락되는 층이다.
  ㉡ 각질층의 구성 성분은 **케라틴**(각질세포) 58%, **천연보습인자**(NMF) 31~38%, 세포간지질 11%, **수분** 10~20%로 되어 있다.
  ㉢ 세포간지질의 구성 성분은 세라마이드 50%, 지방산 30%, 콜레스테롤 5%이다.

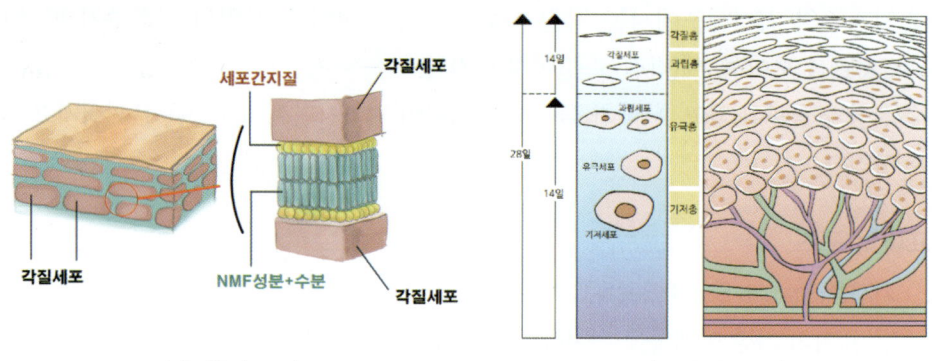

〈각질층의 구조〉 〈표피 각화과정〉

> **Tip**
> - 라멜라 구조 : 각질층의 라멜라 구조는 벽돌이 쌓여서 담장을 이루듯 각질과 각질 사이를 결합시키며, 수분 손실을 막아준다.
> - **천연보습인자**(NMF) : **아미노산, 젖산**으로 구성되어 있고 피부의 수분 보유량을 높인다.

3) 표피의 구성세포

종류	특징
각질형성세포 (케라티노사이트, Keratinocyte)	• 기저층에 존재하며 케라틴을 생성한다. • 자외선으로부터 피부를 보호한다. • 4주(28일)를 반복으로 각화주기를 이룬다.
멜라닌형성세포 (색소형성세포, Melanocyte)	• 기저층에 존재하는 색소형성세포로, 피부색과 모발색을 결정한다. • 자외선으로부터 피부를 보호한다.
머켈세포 (촉각세포, Merkel Cell)	기저층에 존재하며 촉각을 느끼는 세포이다.
랑겔한스세포 (면역세포, Langerhans Cell)	유극층에 존재하는 면역담당세포이다.

(4) 진피층(Dermis)

1) 특징
① 피부의 90% 이상을 차지하며 유두층이 상층, 그 아래는 망상층으로 구성된다.
② 두께는 표피층보다 10~40배 정도 두껍다.
③ 피부조직 외에 부속기관인 혈관, 신경관, 림프관, 땀샘, 기름샘, 모발과 입모근을 포함하고 있다.
④ 교원섬유(콜라겐 섬유), 탄력섬유(엘라스틴 섬유), 기질(무코다당류)로 구성된다.
⑤ 신경관, 한샘, 피지샘, 체모를 포함하고 혈관, 림프관이 있어 표피에 영양을 전달한다.

2) 진피의 구조
① **유두층(Papillary Layer)**
  ㉠ 진피층의 상부로 표피의 기저층과 접하고 있으며, 유두 모양의 작은 원추형 돌기에 모세혈관과 신경이 집중되어 각질형성세포에 산소와 영양분을 공급한다.
  ㉡ 수분을 다량으로 함유하고 있다.
② **망상층(Reticular Layer)**
  ㉠ 유두층 아래에 위치한 단단하고 불규칙한 그물 모양의 결합조직으로, **진피의 80%를 차지**한다.
  ㉡ 피부의 탄력을 결정하는 층으로 콜라겐(교원섬유), 엘라스틴(탄력섬유)이 치밀하게 구성되어 그 사이에 무코다당류(기질)가 겔 상태로 분포되어 있다.
  ㉢ 혈관, 림프관, 피지선, 한선, 신경 등의 피부 부속기관이 존재한다.

3) 진피의 구성성분
① **콜라겐 섬유(교원섬유, Collagen)**
  ㉠ 진피의 90%를 차지하며 보습작용이 뛰어나 진피에서 수분 저장기능을 맡고 있다.
  ㉡ 콜라겐은 열을 받으면 젤라틴으로 변하며, 노화가 되면 불용해성 교원질로 변질되어 주름이 발생한다.
② **엘라스틴 섬유(탄력섬유, Elastin)**
  ㉠ 탄력과 관련 있는 것으로 1.5배까지 늘어날 수 있다.
  ㉡ 엘라스틴이 파괴되면 튼살이 된다.
③ **무코다당류(기질, Ground Substance)**
  ㉠ 주성분은 '히알루론산(Hyaluronic Acid)'으로 자신의 무게의 1,000배까지 수분을 흡수할 수 있다.
  ㉡ 진피의 보습인자로 수분 유지와 노화 방지 등에 중요한 역할을 한다.

4) 진피의 구성세포
  ① 섬유아세포(Fibroblast) : 콜라겐 섬유와 엘라스틴 섬유, 무코다당류를 합성한다.
  ② 이동성세포 : 대식세포, 비만세포(알레르기 반응을 일으키는 세포), 지방세포, 림프구, 백혈구 등이 있다.

(5) 피하조직(피하지방층, Subcutaneous Tissue)
  ① 진피와 근육, 골격 사이에 위치하며 외부 충격으로부터 뼈와 장기를 보호한다.
  ② 탄력과 체온을 유지하고 영양을 저장하는 에너지원으로 사용한다.

> **Tip** ★ 셀룰라이트(Cellulite)
> 피하지방층이 뭉쳐서 피부 표면에 울퉁불퉁한 굴곡이 생기는 현상으로 허벅지, 엉덩이, 팔 등에 주로 나타난다. 여성에게 잘 나타나는 편이며 한 번 생기면 자연적으로 없어지지 않는다.

(6) 피부의 기능
1) 보호기능
  ① 물리적 자극에 대한 보호기능
    피하지방은 외부의 자극이나 충격으로부터 완충작용을 하고, 지속적인 마찰 발생 시 굳은살을 만들어 각질층을 보호한다.
  ② 화학적 자극에 대한 보호기능
    피부 표면은 pH 4.5~6.5의 약산성을 유지하고 있어 세균 침입을 예방하고 알칼리성 세안제에 의해 일시적으로 알칼리화가 되더라도 다시 약산성으로 돌아오는 중화능력이 있다.
  ③ 자외선에 대한 보호기능
    각질형성세포와 멜라닌형성세포는 자외선으로부터 피부를 보호한다.

2) 체온조절기능
  혈관 확장 및 수축으로 열과 땀을 분비하여 체온을 조절하고 건강을 유지한다.

3) 감각기능
  ① 피부 면적 1cm²당 통각점 100~200개 〉 촉각점 25개 〉 냉각점 12개 〉 압각점 6~8개 〉 온각점 1~2개를 느끼는 감각기관이 있다.
  ② 온각이 가장 둔하게 느껴지는 감각이다.

> **Tip** ★ 피부의 감각기능
> 통각점 〉 촉각점 〉 냉각점 〉 압각점 〉 온각점의 순이다.

4) 배설 및 분비기능

① 피부는 피지와 땀을 분비하여 유분막(산성막)을 만들어 피부를 부드럽게 하고, 세균의 침입을 막는다.
② 땀은 체온 조절과 노폐물 배출의 기능을 한다.

5) 비타민 D 합성

프로비타민 D가 자외선을 받으면 **비타민 D로 전환**된다.

6) 재생기능

각질형성세포는 노화된 세포는 탈락시키고 새로운 세포를 재생시킨다.

7) 호흡기능

피부는 신진대사 과정에서 산소를 흡수하고 이산화탄소를 배출한다.

8) 저장기능

피부는 수분, 영양, 지방을 저장한다.

9) 흡수기능

① 지용성 물질이 수용성보다 피부에의 흡수가 용이하며 미용기기(이온토프레시스, 갈바닉)를 이용해 흡수를 도울 수 있다.
② 화장품의 농도, 분자 크기, pH 등의 요인에 따라 피부 흡수의 정도가 달라진다.

2 피부 부속기관의 구조 및 기능

(1) 피지선(기름샘, 모낭샘)

① 진피에 자리하고 있으며 모낭 중간에 부착되어 모공을 통해 피지를 배출한다. 전신에 분포하지만 손·발바닥에는 없다.
② 피지 분비를 통해 피부 표면에 pH 5.5의 약산성막(유분막, 피지막, 보호막)을 만들어 수분 증발과 피부 건조를 방지한다.
③ 이물질의 침투를 막고 살균작용을 하며 피부와 모발에 윤기를 부여하는 역할을 한다.
④ 눈가와 입술은 독립피지선으로, 피지 분비가 약해 수분이 빠르게 증발하고 잔주름이 발생하기 쉽다.

⑤ 남성호르몬은 테스토스테론, 안드로겐, 프로게스테론으로 피지선을 자극하기 때문에 평균적으로 사춘기 이후에는 남성이 여성보다 피지 분비가 더 많아 지성피부가 많다.
⑥ 피지의 구성 성분은 트리글리세리드(Triglyceride) 43%, 밀납(Waxs) 23%, 스쿠알렌(Squalene) 15%, 자유지방산(Free Fatty Acid) 15%, 콜레스테롤(Cholesterol) 4%이다.

(2) 한선(땀샘)

1) 특징
① 진피의 망상층과 피하조직의 경계부에 위치하며 크기와 기능에 따라 에크린선(소한선, Eccrine Sweat Gland)과 아포크린선(대한선, Apocrine Sweat Gland)으로 나뉜다.
② 한선은 땀을 체외로 배출하면서 체온 조절기능을 하고, 피부를 세균 번식과 자외선으로부터 보호한다.
③ 땀은 하루에 700~900cc의 양이 배출된다.

2) 에크린선(소한선, 땀샘, Eccrine Sweat Gland) ★
① 실뭉치 모양으로 진피 내에 존재하는 한선이다.
② 배출 통로가 피부와 직접 연결되어 독립된 형태로 체온을 조절하고 노폐물을 배출한다.
③ 입술, 음부, 손톱을 제외한 전신에 분포하고 특히 손바닥, 발바닥, 이마에 많이 분포한다.
④ 땀의 99%는 수분이고 **무색, 무취**이다.

3) 아포크린선(대한선, 체취선, Apocrine Sweat Gland) ★
① 소한선보다 크며 배출 통로가 모낭에 연결되어 있고 유백색의 땀을 피부로 내보낸다.
② 피부 상재 박테리아가 땀을 분해할 때 **특유의 냄새**가 난다.
③ 사춘기 이후에 발달하며 귀, 겨드랑이(액와), 유두 주변, 배꼽, 외부생식기, 항문 주위에 분포한다.

(3) 체모(모발)

1) 특징
① 모발은 경단백질인 케라틴 중 시스틴(Cystine) 성분이 가장 많다.
② **정상적인 모발의 pH는 4.5~5.5**이며 **하루 성장 길이는 0.2~0.5mm**이다.
③ 보호기능과 장식기능이 있으며 노폐물 배출의 기능도 있다.
④ 태아의 초기 체모인 눈썹, 인중, 턱 부위는 2~3주 정도에, 몸의 나머지 체모는 4개월부터 형성되며 태아의 머리카락은 7개월에 생성된다.

2) 체모의 구조

모간	피부 표면 밖으로 나와 있는 털로 모표피(비늘층), 모피질, 모수질로 구성된다.
모근	모발 성장의 근원이 되며 피부 내부에 위치해 있다.
모낭	모근을 감싸는 **털주머니**로 피지선과 연결되어 모발에 윤기를 부여한다.
모구	모근의 뿌리 부분으로 털의 성장이 시작된다.
모유두	• 털의 성장 조절물질을 분비하여 모발 성장에 관여하는 중요한 부분이다. (모발 영양공급) • 모구 중심의 아래쪽 우묵한 곳에 위치하고 모세혈관과 신경세포가 분포한다.
모모세포	세포의 분열과 증식에 관여하며 새로운 모발을 만들며 두피 재생역할을 한다.
입모근 (털세움근, 기모근)	• 모낭벽에 부착된 작은 근육으로 근육 수축 시 모발을 곤두서게 한다. • 속눈썹, 눈썹, 겨드랑이 털에는 존재하지 않는다.

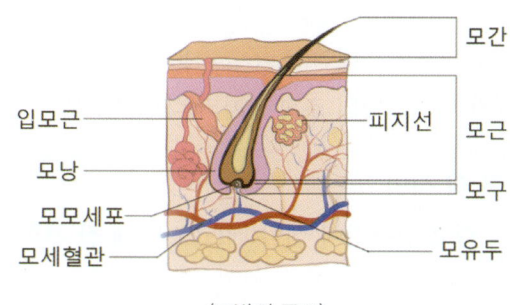

〈모발의 구조〉

3) 체모 단면의 구조

모표피(Cuticle)	모발의 가장 바깥층으로, 투명한 비늘 모양의 단단한 케라틴으로 구성되며 모피질을 보호한다. 모표피의 상태는 모발 손상의 척도가 된다.
모피질(Cortex)	모발의 85~90%를 차지하며 모발의 성질을 나타내는 중요한 부분이다. **멜라닌색소**를 함유해 **모발색**을 나타낸다.
모수질(Medulla)	모발의 중심부로 공기를 함유한다. 연모에는 존재하지 않는다.

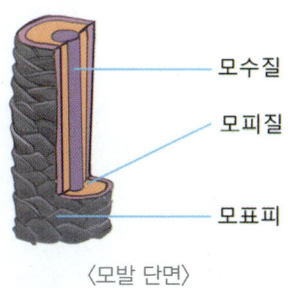

〈모발 단면〉

4) 모발의 성장주기(모주기) ★

분류	특징
성장기(Anagen)	• 모모세포의 활동이 활발해져 세포 분열이 가장 활발한 시기 • 모발 전체 중 80~90%를 차지(3~5년)
퇴화기(Catagen)	• 모발 성장이 멈추는 시기 • 모발 전체 중 1~2%를 차지(1개월)
휴지기(Telogen)	• 모낭과 모유두가 완전히 분리되어 모근이 위로 밀려 올라감 • 가벼운 자극에도 탈락되는 시기 • 모발 전체 중 14~15%를 차지(2~3개월)

(4) 조갑(손톱, 발톱)

1) 조갑의 특성
① 손톱과 발톱은 아미노산과 시스테인(Cysteine)을 다량 함유한다.
② 손톱의 경도는 수분량과 케라틴의 조성에 따라 다르며, 모발보다 단단하다.

2) 건강한 손톱(손톱, 발톱)의 정의
① 건강한 손톱은 탄력 있고 단단하며 네일 베드(조상)에 잘 부착되어 있다. 윤기가 나며 매끄럽고 아치형이다.
② 정상적인 손톱은 12~18%의 수분을 함유하며 반투명한 핑크빛을 띤다.

3) 조갑(손톱, 발톱)의 성장
① 매트릭스(조모)에서 손톱세포를 만들고 네일 루트(조근)에서 손톱이 자란다.
② 손톱은 1일 평균 0.1mm 정도 성장하며 한 달에 3~4mm 정도 자란다. 손톱의 대체기간은 5~6개월, 발톱의 대체기간은 9~12개월이다.
③ 손톱이 발톱보다 성장이 빠르다.

Section 2. 피부유형분석

1 정상피부의 성상 및 특징

(1) 정상피부(중성피부)
① 가장 이상적인 피부로 수분 함량이 12% 이상이다.
② 피지 분비량이 적절하며 윤기가 있다.
③ 탄력이 좋고 매끄럽고 잡티, 주름이 없다.
④ 화장이 잘 받고 화장 지속력이 좋다.
⑤ 여름에는 피지가 많이 분비되고 겨울에는 피지가 적게 분비된다.

(2) 정상피부를 위한 관리
① 유·수분 관리와 기미, 주근깨와 같은 색소침착이 일어나지 않도록 보습 유지 및 자외선 차단을 위한 관리를 통해 예방한다.
② 유효성분은 히알루론산, 비타민 C, 콜라겐, 천연보습인자 등이다.

2 건성피부의 성상 및 특징

(1) 건성피부
① 수분 함량이 10~12% 이하로, 피지분비량이 부족하여 유·수분 균형이 깨진 피부이다.
② 피부가 땅기고 눈가에 잔주름이 발생하기 쉽다.
③ 기미, 주근깨가 생기기 쉽고 모공이 작고 피부결이 섬세하며 윤기가 없다.
④ 피부가 얇아 손상이 쉽고 탄력 저하, 색소침착, 주름 발생으로 노화현상이 빠르게 온다.
⑤ 피부가 거칠며 각질이 들뜨기 쉽고 화장이 들뜬다.

(2) 건성피부를 위한 관리
① 알코올 함량이 적고 보습기능이 강화된 화장수를 사용하여 충분한 유분과 수분을 공급한다.
② 클렌징을 할 때는 클렌징 로션이나 클렌징 오일을 사용해 과도한 유분 제거를 막는다.
③ 유효성분은 세라마이드, 호호바 오일, 아보카도 오일, 알로에베라, 히알루론산 등이다.

3 지성피부의 성상 및 특징

(1) 지성피부
① 남성 호르몬(안드로겐), 여성 호르몬(프로게스테론)의 분비가 활발해서 피지 분비량이 많다.
② 모공이 크며 피지로 인해 블랙헤드가 생기기 쉽고, 모공이 막혀 여드름이 유발될 수 있다.
③ 피지 분비가 많아 화장이 잘 지워지며 얼굴이 번들거리고 안색이 칙칙해 보인다.

(2) 지성피부를 위한 관리
① 피지 배출이 원활하도록 각질 제거, 피지 조절, 피지 제거 및 세정에 신경을 쓴다.
② 알코올이 있는 수렴화장수(아스트리젠트)를 사용하고 보습에도 신경을 쓴다.
③ 딥클렌징과 균형 있는 식사를 하고 피부 청결을 위해 노력하며 모공을 막는 오일 성분은 사용하지 않도록 주의한다.
④ 유효성분은 티트리, 프로폴리스, 멘톨, 캄퍼, 설파(유황), 비타민 B_6 등이다.

4 민감성피부의 성상 및 특징

(1) 민감성피부
① 외부 자극에 쉽게 예민해지고 홍반, 염증, 혈관 확장, 색소침착이 일어날 수 있다.
② 불필요한 자극을 최소화해야 한다.

(2) 민감성피부를 위한 관리
① 무알코올 화장수 등 저자극성 제품을 사용하고 혈관 강화에 도움을 주는 제품을 사용한다.
② 진정성분은 아줄렌, 카모마일, 알로에, 카렌듈라, 수레국화 등이다.

> **Tip** 모세혈관 확장피부(쿠퍼로즈, 실핏선 피부)란?
> 모세혈관이 확장되어 실핏줄이 보이고 피부가 붉어 보이는 것으로 온도, 추위, 더위, 바람, 자외선 등의 외부 자극에 따라 피부가 쉽게 반응한다. 혈관순환 개선에 도움을 주는 징코(은행), 붉은 포도, 센텔라아시아티카 등의 성분이 함유된 제품이 효과적이다.

5 복합성피부의 성상 및 특징

(1) 복합성피부
얼굴 부위에 따라 유·수분의 불균형으로 2가지 이상의 피부 특징을 보인다.

(2) 복합성피부를 위한 관리
① 복합성피부를 위한 기초화장품을 선택할 때는 T존, U존 부위별 피부 타입에 맞게 선택한다.
② 복합성을 나타내는 원인과 세안 습관과의 연관성을 확인하고 점차 개선해 나가도록 한다.

6 노화피부의 성상 및 특징

(1) 노화피부
① 나이가 들면서 피부 재생 및 보습기능이 저하됨에 따라 자연스럽게 일어나는 단계로, 피부의 구조·기능·탄력 저하, 주름 및 기미 발생, 노인성 반점 등 색소침착이 나타난다.
② 표피 재생이 늦어지고 각질층은 두꺼워진다.
③ 모공이 넓어지고 건조증상이 나타난다.

(2) 노화피부를 위한 관리
① 혈액순환이 원활하도록 하며 보습, 재생, 탄력을 관리한다.
② 보습 및 재생관리 성분은 콜라겐, 세라마이드, 로열젤리 등이다.
③ 주름 개선성분은 비타민 E, 비타민 A, 필수지방산, 달맞이꽃 등이다.
④ 미백 개선성분은 비타민 C, 알부틴, 감초, 닥나무 추출물 등이다.

7 여드름 피부의 성상 및 특징

(1) 여드름 피부
사춘기 시기에 호르몬과 피지 분비가 왕성해지면서 나타나는 염증성, 비염증성 피부발진이다.

(2) 여드름 피부를 위한 관리
① 중성 세안제를 사용한다.
② 유분이 적은 화장품을 사용한다.
③ 피지에 의한 모공 관리에 신경을 써야 한다.

Section 3. 피부와 영양

1 3대 영양소(탄수화물, 단백질, 지방), 비타민, 무기질

(1) 탄수화물(Carbohydrate)

1) 기능
① 피부의 에너지 생성을 돕고 피부 활력과 보습에 영향을 미친다.
② 1g당 4kcal 에너지를 내며 혈당을 유지하고 중추신경계를 조절한다.
③ 과잉 섭취 시 혈액의 산도를 높이고 지방(글리코겐) 형태로 간 또는 피하조직에 저장되며 피지 분비량 증가, 피부염, 부종, 비만을 유발할 수 있다.
④ 결핍 시 피로, 발육부전, 체중 감소, 탈수 등이 나타난다.

2) 종류

단당류	포도당, 과당(과일, 꿀), 갈락토오스(우유), 만노오스
이당류	맥아당(포도당 + 포도당), 자당(포도당 + 과당), 유당(포도당 + 갈락토오스)
다당류	전분, 글리코겐, 섬유소(셀룰로오스)

(2) 지방(Lipid)

1) 기능
① 지방산과 글리세린이 결합한 상태이며 피부에 기름막을 형성하여 윤기와 탄력을 부여한다.
② 지용성 비타민(A, D, E, F, K, U)의 흡수를 촉진하고 피부의 건강과 재생을 돕는다.
③ 1g당 9kcal의 에너지를 내며 체온 조절을 하는 세포막의 주성분이다.
④ 과잉 섭취 시 비만과 피부 트러블이 발생하고 탄력이 저하된다.
⑤ 결핍 시 피부 윤기와 탄력 저하, 재생력과 피지 분비량 감소로 노화의 원인이 된다.

2) 종류

불포화지방산 (필수지방산 : 리놀레산, 리놀렌산, 아라키돈산)	• 융점이 낮고 상온에서 액상이다. • 종류 : 참기름, 대두유 • 순환계, 호르몬계, 면역계를 조절하고 콜레스테롤 억제, 항노화 기능이 있다.
포화지방산 (비필수지방산)	• 융점이 높고 상온에서는 고형이다. • 종류 : 야자유, 버터 • 체내 축적 시 고지혈증과 심혈관질환을 유발할 수 있다.

(3) 단백질(Protein)

1) 기능
① **피부, 근육, 모발, 손·발톱 등 신체 조직을 구성**하며 피부의 탄력 증진과 각화작용에 필수적인 요소로 pH를 조절한다.
② 1g당 4kcal의 에너지를 내며 효소와 호르몬 합성, 면역세포와 항체를 형성한다. 분해효소는 트립신이며 **아미노산으로 분해**된다.
③ 과잉 섭취 시 신장질환이 악화되며 소변을 통해 칼슘을 과다 방출하여 골다공증을 유발한다.
④ 결핍 시 손·발톱의 이상, 노화, 발육장애, 빈혈, 체중 감소가 나타난다.

2) 종류

종류	특징
필수아미노산 이소류신(아이소류신)	• 신체에서 합성이 불가능하고 **반드시 음식을 통해 섭취**해야 한다. • 성인(9가지) : 히스티딘, 류신, 라이신, 트레오닌, 이소류신, 메티오닌, 페닐알라닌, 트립토판, 발린 • 영아(10가지) : 성인의 9가지 필수아미노산+아르기닌
비필수아미노산 (필수아미노산 10종을 제외한 나머지)	• **신체에서 합성 가능**하다. • 종류 : 알라닌, 아스파라진, 아스파트산, 시스틴, 글루탐산, 글루타민, 글리신, 티로신, 프롤린, 세린

(4) 비타민(Vitamin)

1) 기능
① 소량으로 신체 기능을 조절하고 영양소와 무기질 대사에 관여한다.
② 체내에서 합성되지 않고 음식을 통해 섭취해야 한다.

2) 종류
① 지용성 비타민
  ㉠ 기름과 유기용매에 녹으며 식품 조리 시 비교적 덜 손실된다.
  ㉡ 쉽게 체외로 배출되지 않고 서서히 결핍 증세가 나타난다.

종류	특징
비타민 A (레티놀)	• 항질병 비타민 • 상피 보호, 피부 재생, 주름과 각질 예방, 노화 방지 • 각화주기에 관여하여 여드름 감소 • 결핍 시 : 야맹증, 결막건조증, 피부건조증, 손톱에 홈 파임 • 비타민 A 함유식품 : 녹황색 채소, 해조류, 토마토, 간유, 계란, 버터, 우유, 당근 등

종류	특징
비타민 D (칼시페롤)	• 항구루병 비타민 • 뼈와 치아 형성, 발육 촉진 • 자외선을 받으면 체내에서 합성 가능 • 결핍 시 : 구루병, 골다공증, 습진, 건선 • 비타민 D 함유식품 : 마가린, 난황, 버섯, 생선간유, 우유제품 등
비타민 E (토코페롤)	• 항노화 비타민 • 항산화기능, 노화 지연, 임신, 생식기능에 관여 • 항산화제로 색소침착 억제, 세포 재생, 혈액순환 촉진과 혈관 강화 • 결핍 시 : 빈혈, 생식기능 장애 • 비타민 E 함유식품 : 곡물의 배아, 푸른 야채, 식물성 기름, 콩류 등
비타민 K (메나디온)	• 응혈성 비타민 • 혈액 응고 관여, 모세혈관 강화로 피부 홍반에 좋음 • 피부염과 습진 예방 • 결핍 : 혈액응고 지연 • 비타민 K 함유식품 : 푸른 야채, 계란노른자, 우유, 간, 콩기름 등

② 수용성 비타민

㉠ 물에 용해되고 소변으로 배출되어 매일 섭취가 필요하다.

㉡ 결핍 증세가 비교적 빨리 나타난다.

종류	특징
비타민 B_1 (티아민)	• 신경자극 전달 조절, 피부면역, 상처 치유에 효과 • 결핍 시 : 각기병, 알레르기, 여드름, 거친 피부, 식욕부진 • 비타민 B_1 함유식품 : 돼지고기, 견과류, 곡물 배아 등
비타민 B_2 (리보플라빈)	• 혈액순환 촉진, 피부 보습과 탄력, 피부염증 예방 • 결핍 시 : 비듬, 습진, 체중 감소, 설염, 구순구각염, 접촉성 피부염, 빈혈 • 비타민 B_2 함유식품 : 간, 육류, 우유, 효모 등
비타민 B_3 (니아신)	• 에너지 생산에 관여, 지질대사 개선, 탄력 유지, 색소침착 방지, 염증 치료 • 결핍 시 : 피부건조 유발 • 비타민 B_3 함유식품 : 우유, 난황류, 닭고기, 땅콩 등
비타민 C (아스코르빈산, 항산화 비타민)	• 미백효과, 색소침착 방지, 피부탄력 유지, 콜라겐 합성 관여 • 노화 및 피부손상 방지, 출혈 방지 • 결핍 시 : 괴혈병, 잇몸 출혈, 각화증, 고지혈증 • 비타민 C 함유식품 : 감귤, 딸기, 녹색채소 등
비타민 H (비오틴)	• 성장발육기능, 신진대사 촉진, 염증 완화, 탈모방지 효과 • 결핍 시 : 원형탈모증, 중추신경계 이상, 피부발진 • 비타민 H 함유식품 : 계란, 소의 간, 효모 등
비타민 P (바이오플라보노이드)	• 모세혈관 강화, 알레르기와 만성부종 완화 • 피지 분비 조절과 피부병 치료 • 비타민 P 함유식품 : 고추, 귤, 오렌지 등

(5) 무기질(Mineral)

1) 기능
① 신체 성장과 생식에 관여하고 에너지를 갖지 않는다.
② 골격과 치아의 주성분으로, 근육의 이완과 수축에 관여하며 효소와 호르몬의 구성 성분이다.
③ 수분과 산, 염기의 평형 조절을 한다.

2) 종류

칼슘(Ca)	• 골격과 치아의 주성분이다. • 혈압 및 혈액의 pH 조절기능이 있다. • 피부 진정 및 긴장 완화기능이 있다.
인(P)	• 칼슘과 치아 형성에 관여한다. • 근육 수축, 신경자극 전달, 체내 pH 조절에 관여한다.
철(Fe)	• 적혈구의 헤모글로빈을 구성하며 피부 혈색과 밀접하다. • 결핍 시 빈혈을 유발한다.
마그네슘(Mg)	• 삼투압을 조절하고 신경안정기능이 있다. • 근육 이완과 pH 조절에 관여한다.
나트륨(Na)	주로 혈액에 존재하며 혈액과 피부 수분 균형에 관여한다.
칼륨(K)	• 항알레르기 작용에 관여한다. • 체내 노폐물 배설을 촉진하고 삼투압을 조절한다.
황(S)	케라틴(경단백질) 합성에 관여한다.
아연(Zn)	• 성장 및 면역, 상처 치유, 식욕, 생식에 관여한다. • 결핍 시 손톱과 발톱 성장에 장애가 온다.
구리(Cu)	항산화제의 역할을 한다.
요오드(I)	• 갑상선 호르몬(티록신)의 성분으로 체내 기초대사율을 조절한다. • 피부와 모발 건강에 관여한다.

2 피부와 영양

(1) 영양의 정의
생물체가 생명을 유지하고 활동하기 위해 음식을 섭취하여 혈액, 뼈, 근육, 신경 등 신체조직을 만들고, 신체를 움직이는 에너지원으로 작용하는 데에 필요한 것이다.

(2) 영양소의 구성

3대 영양소(열량영양소)	탄수화물, 지방, 단백질
5대 영양소	탄수화물, 지방, 단백질, 비타민, 무기질
6대 영양소	탄수화물, 지방, 단백질, 비타민, 무기질, 물
7대 영양소	탄수화물, 지방, 단백질, 비타민, 무기질, 물, 식이섬유

> **Tip**
> - 물 : 영양분의 운반 및 흡수, 체온 조절, 호르몬 분비에 관여한다.
> - 식이섬유 : 장의 연동운동을 촉진한다.

(3) 영양소의 역할
① **구성영양소** : 신체를 조직하는 영양소로 단백질, 무기질, 물이 해당한다.
② **열량영양소** : 신체를 움직이는 에너지원으로 탄수화물, 지방, 단백질이 해당한다.
③ **조절영양소** : 신체의 생리기능을 조절하는 비타민, 무기질, 물이 해당한다.

(4) 피부를 위한 영양관리
① 영양 결핍 시 콜라겐과 엘라스틴의 약화로 지방층이 얇아지고, 탄력 저하로 피부가 늘어지며 잔주름이 생긴다.
② 자극적인 음식, 불규칙한 식사, 편식은 피부 트러블을 유발하고 피부 탄력을 저하시킨다.
③ 균형 잡힌 식단으로 식생활을 개선하고 물을 적정량 섭취하여 건강하고 탄력 있는 피부를 유지하도록 한다.

3 체형과 영양

(1) 체형과 영양의 관계
① 체형은 유전, 식습관, 생활양식, 후천적인 요인에 의해 형성 및 변화된다. 건강한 체형을 만들고 유지하기 위해서는 적절한 영양 섭취와 올바른 생활습관이 중요하다.
② 3대 영양소와 비타민, 무기질이 골고루 갖춰진 균형 식단을 섭취한다.
③ 1일 권장 칼로리는 성인 기준 남자 2,300~2,500kcal, 여자 1,800~2,000kcal이다. 일반 성인의 기초 칼로리는 1,600~1,800kcal이다.
④ 바른 자세와 수면습관, 생활습관, 운동습관을 길러 비만을 방지하도록 한다.

(2) 비만
① 섭취한 열량 전체가 소모되지 않고 일부가 지방으로 몸에 축적되어 나타나는 현상이다.
② 기초대사량이란 활동을 정지하고 누운 상태에서 필요한 열량을 뜻하는 것으로 생명 유지에 필요한 최소한의 에너지를 말한다.
③ 기초대사량이 많으면 기본적으로 소비되는 에너지가 많은 것으로 볼 수 있으므로 비만과 밀접한 관계가 있다.
④ 조절성 비만 : 에너지 소비량보다 섭취한 음식량이 많을 때 발생하는 비만
⑤ 대사성 비만 : 지방조직 자체의 이상으로 생기는 비만

(3) 셀룰라이트 ★★
① 셀룰라이트는 오돌토돌한 피부로 **허벅지, 팔, 엉덩이 등**에 나타나는 것으로 심하면 울퉁불퉁해 보인다.
② 운동으로 연소되지 않으며 노폐물 등이 정체되어 생긴다.
③ 피하지방조직이 변하여 지방세포끼리 뭉쳐지고 축적되거나 비대해져 정체된 것이다.
④ 소성결합조직이 경화되어 뭉쳐진 것이다.

Section 4. 피부와 광선

1 자외선이 미치는 영향

(1) 자외선의 정의
자외선은 200~400nm의 파장으로, 눈으로 보거나 느낄 수 없으며 화학반응을 일으킨다.

(2) 자외선의 종류

종류	파장의 길이	피부 도달층	영향
UV-A	장파장 320~400nm	진피 망상층	• 생활 자외선으로 피부탄력 감소와 잔주름 유발 • 색소침착, 썬텐(Sun tan), 노화, 피부 건조의 원인
UV-B	중파장 280~320nm	표피 기저층	• 피부 홍반, 일광 화상(Sun Burn)의 원인 • 기미, 비타민 D 생성에 관여
UV-C	단파장 200~280nm	표피 각질층	• 대부분 오존층에 흡수되나 오존층이 뚫릴 경우 피부암 유발 • 강력한 소독 및 살균작용

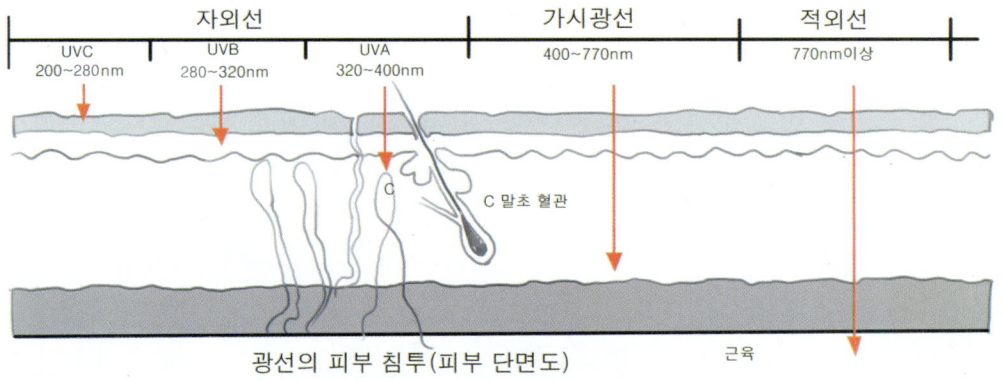

〈피부와 광선〉

(3) 자외선이 피부에 미치는 영향
① 면역력 강화, 살균·소독 효과(UV-C), 비타민 D 생성, 혈액순환 촉진 등의 장점이 있다.
② 주름, 기미, 주근깨 등 색소침착과 일광화상(UV-B), 광노화 현상을 유발하는 단점이 있다.
③ 홍반 현상을 일으킨다.

> **Tip** ★ 광노화 현상
> 자외선에 의해 피부에 주름이 생기는 노화현상으로, 피부가 거칠고 탄력이 떨어지며 건조해져 가죽처럼 두꺼워지고 색소침착 등을 유발하는 현상이다.

(4) 자외선 차단제

1) 자외선 흡수제(화학적 차단제)
   ① 화학적 방법으로 자외선을 흡수하고 별도의 에너지로 변환시켜 자외선의 피부 침투를 막아 피부를 보호한다.
   ② 성분 : 옥틸디메칠파바(Octyldimethyl PaBa), 옥틸메톡시신나메이트(Octylmethoxy Cinnamate), 벤조페논(Benzophenone) 유도체, 캄퍼(Camphor) 유도체, 디벤조일메탄(Dibenzoyl Methane) 유도체, 갈릭산(Galic Acid) 유도체, 파라아미노안식향산(Para-aminobenzoic Acid)

2) 자외선 산란제(난반사, 물리적 차단제)
   ① 자외선을 물리적으로 반사, 산란시키는 무기화합물 계통의 분체로 분말 상태의 안료를 이용하여 자외선을 반사시켜 피부 침투를 막아 피부를 보호한다. 민감성피부에 사용 가능하다.
   ② 성분 : 산화아연(Zinc Oxide, 징크옥사이드), 이산화타이타늄(Titanium Diocide, 타이타늄디옥사이드), 규산염(Silicate), 탈크(Talc)

(5) 자외선 차단지수 SPF(Sun Protection Factor), PA지수

① SPF는 자외선에 대한 피부 홍반을 측정한 것으로, 차단 화장품이 UV-B로부터 피부를 보호할 수 있도록 수치화하여 표시한 것이다. 차단지수가 높을수록 자외선 차단이 높다.

$$SPF = \frac{UV\ 차단\ 화장품을\ 사용했을\ 때의\ 최소\ 홍반량}{UV\ 차단\ 화장품을\ 사용하지\ 않았을\ 때의\ 최소\ 홍반량}$$

② PA지수(Protection Grade of UV-A)는 UV-A에 대한 차단지수로 (+) 표시가 많을수록 UV-A에 대한 차단지수가 높다. (PA+, PA++, …)

2 적외선이 미치는 영향

(1) 적외선의 정의
적외선은 파장이 780mm 이상인 장파장으로 눈에는 보이지 않으며 피부 깊숙이 침투하여 열을 낸다.

(2) 적외선의 종류

근적외선	진피에 침투하여 소독·멸균작용을 하며 관절 및 근육 치료에도 활용된다.
원적외선	가장 파장이 긴 적외선으로 신진대사를 촉진하고 혈행을 좋게 한다.

(3) 적외선이 피부에 미치는 영향
① 열을 이용하여 혈액순환 및 신진대사 촉진, 통증완화, 진정효과, 근육 이완과 수축을 원활하게 한다.
② 적외선 열을 이용하여 노폐물 배출, 영양분 침투에 효과적이며 미용기기로 사용된다.
③ 식균작용을 한다.

Section 5. 피부면역

1 면역의 종류와 작용

(1) 면역의 정의
면역(Immunity)은 외부로부터 인체에 침입하는 물질을 항원(박테리아, 세균, 바이러스)으로 인식 및 공격하며 항체를 만들어 보호하고, 이겨낼 수 있는 생체 방어체계 및 생명현상을 말한다.

(2) 면역의 종류

1) 자연면역(1, 2차 방어)
① 모체로부터 자연적으로 얻어진 면역으로, 태어나면서부터 가지고 있으며 인체를 보호 및 방어하는 작용을 한다.
② 1차 방어기전 : 피부, 땀, 피지막, 기침 등의 신체적 방어벽과 콧물, 가래, 산성 점액질 등 화학적 물질의 분비를 통해 방어하는 활동이다.
③ 2차 방어기전 : 식세포인 백혈구의 식균작용과 세균을 공격하여 생기는 염증반응인 고름, 부종, 열 발생 등 일련의 식균작용과 염증반응이 이루어진다.

2) 획득면역(특이성 면역, 3차 방어)
① 신체를 침입했던 항원을 기억하고 항체가 반응하여 작용하는 것을 특이성 면역이라 한다.
② 방어면역체계인자 : B림프구, T림프구

B-림프구	• 특정 항원에만 반응하는 **체액성 면역반응**을 한다. • 특이항체를 생산 및 분비해서 항원을 공격하고 죽이는 면역기능을 수행한다. • 골수에서 생성되며 림프구의 20~30%를 차지한다.
T-림프구	• 직접적으로 항원을 공격 및 파괴하는 **세포성 면역반응**을 한다. • 항원을 인식한 후에 림포카인을 분비하거나 항원에 대한 정보를 림프절로 보낸다.

> **Tip**
> • 항원은 병을 일으키는 물질이고, 항체는 항원에 대항하기 위해 혈액과 림프에 저장되어 있다가 면역반응이 일어나는 부위로 이동하여 활동한다.
> • 능동면역은 항원의 자극에 의해 항체가 스스로 형성되어 얻어진 면역이다.
> • 수동면역은 다른 숙주의 체내에서 형성한 면역 림프구를 투여받아 저항력이 증가되어 얻어진 면역이다.

2 피부와 면역

(1) 면역의 작용
① 랑게르한스세포는 표피의 유극층에 존재하며 **면역을 담당**하는 세포이다.
② 표피의 각질층은 외부로부터 피부를 방어 및 보호하며 각질형성세포는 면역 조절에 작용한다.
③ 피지선과 한선에서 분비되는 **피지와 땀**이 만들어내는 약산성막을 통해 **박테리아의 성장**을 억제한다.
④ 피부는 인체 면역기관 중 하나로, 면역반응의 예로는 피부 염증 등이 있다.

(2) 면역의 종류
① 1차 방어 기관
　피부나 미세한 털, 점막 : 기침이나 재채기로 세균을 분사하여 방어
② 2차 방어 기관
　랑게르한스세포(면역조절 물질을 분비하는 세포), 탐식세포(탐식작용), 림프구(β 림프구 : 베타 림프구 / T 림프구 : 세포성 면역기능)
③ 3차 방어기관
　림프계(림프, 림프절, 림프구, 림프관)

> Tip
> - 탐식세포 : 2차 면역기관으로 인체로 들어온 병원균을 탐식작용에 의해 병원균을 흡수한다.
> - 대식세포 : 침입한 항원에 접근하여 소화, 처리한다.
> - β 림프구 : 체액성 면역 담당하며 림프구 전체의 20~30%를 차지한다.
> - T 림프구 : 세포성 면역기능을 담당한다.

Section 6. 피부노화

1 노화의 정의

① 노화란 나이가 들면서 일어나는 쇠퇴현상이다.
② 유전적 요인과 자외선, 기온, 공해, 질병 등 환경적 요인의 영향을 받아 신체 기능이 약해지고 생체 반응능력이 떨어진다.
③ 피부기능 저하에 따른 **피지 분비 감소, 탄력성 감소, 주름, 노인성 반점** 등이 나타난다.

2 피부노화의 원인

(1) 노화의 원인

여성 호르몬인 에스트로겐의 부족으로 인한 **폐경, 스트레스, 무리한 다이어트로 인한 영양 부족, 운동 부족, 자외선** 등은 노화를 촉진하는 원인이 된다. 과도한 음주는 혈관을 팽창시켜 노화를 촉진시킬 수 있으며, 흡연은 니코틴의 영향으로 피부의 혈액순환을 방해하고 피부색과 혈액의 색을 누렇게 변질시킨다.

(2) 내인성 노화(생리적 원인)

① 자연스럽게 나타나는 노화로 피지와 땀 분비가 감소하고 **표피가 얇아지며 피부가 건조해지**고 잔주름이 증가한다.
② 진피층의 두께는 감소하고 표피층의 각질 두께는 두꺼워진다.
③ 멜라닌세포가 소실되고 랑게르한스세포의 감소로 피부 면역기능이 떨어진다.

(3) 외인성 노화(환경적 원인)

① 자외선은 기미, 주근깨, 주름 유발, 노화를 촉진한다.
② 건조한 환경과 계절은 잔주름, 피부건조를 유발하고 스트레스와 흡연은 노화를 촉진한다.
③ 광노화가 지속되면 탄력을 유지하는 콜라겐과 엘라스틴이 파괴되어 피부가 늘어지고, 주름이 생기고 거칠고 건조해지며 표피의 각질층이 두꺼워진다.

> **Tip 광노화 현상**
> 장기간에 걸친 자외선 노출로 피부의 조직이 두껍게 변하면서 모세혈관이 확장되고 처지는 현상으로, 광노화의 파장은 자외선 A와 자외선 B이다.
> 예) 야외활동이 많은 농·어촌 노인의 피부

3 피부노화 현상

① 건조증
② 주름
③ 피부색 변화와 색소침착
④ 피부면역 및 상처 치유기능 저하
⑤ 피부 감각기능 저하
⑥ 모세혈관 확장(광노화)

Section 7. 피부장애와 질환

1 원발진과 속발진

(1) 원발진
① 피부질환의 초기 병변으로, 질병으로 간주되지 않는 피부장애이다.
② 종류에는 면포, 반점, 구진, 결절, 농포, 종양, 팽진(담마진, 두드러기), 대수포, 소수포, 홍반, 낭종 등이 있다.

종류		특징
원발진	면포	피지, 각질세포, 박테리아가 서로 엉겨서 모공이 막힌 상태이다.
	반점	피부의 색만 변한 상태로 주근깨, 기미, 몽고반점 등을 일컫는다.
	구진	직경 1cm 미만으로 피부 표면에 돔처럼 솟으며 뾰루지, 사마귀, 모반, 단순혈관종 등이 있다.
	결절	• 구진이 서로 엉켜서 큰 형태를 이룬 것으로 구진과 종양의 중간 염증이다. • 진피나 피하 지방층까지 파고들며 단단하고 손목, 손등에 주로 발생한다.
	농포	모공이나 한선에 고름이 생긴 형태로 뚜렷한 피부의 융기이다.
	종양	• 체내의 세포가 과잉으로 발육하여 전이되는 종기나 상처를 말한다. • 지름 2cm 이상으로 모양과 크기가 다양하다.
	팽진	• 피부발진 중 일시적인 히스타민 분비로 가려움증과 부종을 동반한다. • 벌레에 물렸을 때와 같은 알레르기 반응으로 나타난다.
	대수포	• 지름 1cm 이상의 큰 혈액성 물집이다. • 전염성 농가진, 화상 등이 대수포를 유발한다.
	소수포	• 지름 1cm 미만의 맑은 액체의 표피 내부의 물집이다. • 대상포진, 접촉성 피부염 등이 소수포를 유발한다.
	홍반	모세혈관이 확장하여 피부가 붉게 변한 것이다.
	낭종	• 통증을 동반하고 치료 후 흉터가 남는다. • 여드름 피부의 4단계에서 생성된다.

(2) 속발진
① 원발진에 이어 피부의 2차적인 증상이 더해져 나타나는 피부장애이다.
② 종류에는 인설, 찰상, 가피, 균열, 미란, 궤양, 위축, 태선화, 반흔 등이 있다.

종류		특징
속발진	인설	각질이 떨어져 나가는 증상으로 각질화의 이상증상이다.
	찰상	긁어서 생기는 피부의 결손현상이다.
	가피	고름과 혈청, 그리고 혈액이 표피에 말라붙은 피딱지 형태이다.
	균열	• 피부가 갈라진 형태로 통증과 출혈을 동반할 수 있다. • 발뒤꿈치에 주로 나타난다.
	미란	수포가 터진 후에 표피가 떨어져 나간 상태로 출혈은 없다.
	궤양	염증에 의한 것으로 표피, 진피, 피하지방이 헐어 상처로 나타난다.
	위축	피부기능의 저하로 피부가 얇아지고 주름이 많아지는 것이다.
	태선화	피부를 지나치게 긁어 가죽처럼 두꺼워지는 현상이다.
	반흔	• 흉터 : 진피와 심부조직의 파손으로 새롭게 생긴 흉터 • 켈로이드 : 상처 치유 후 결합조직이 비정상적으로 융기한 상태

2 피부질환

(1) 열에 의한 피부질환

1) 화상

분류	특징
1도 화상	홍반(Burn)을 동반한다.
2도 화상	홍반, 부종, 통증, 수포를 동반한다.
3도 화상	표피와 진피조직이 괴사한다.
4도 화상	피부조직이 탄화된다.

2) 동상

영하의 낮은 기온에 노출된 피부로 혈액이 얼어 세포가 죽은 상태를 말한다.

3) 땀띠(한진)

한관이 막혀 땀 배출이 이루어지지 않아 발생하는 것으로 여름에 주로 나타난다.

(2) 습진에 의한 피부질환

1) 접촉성 피부염
특정 물질과의 접촉으로 가려움을 동반하는 피부염으로 알레르기 피부염이다.

2) 지루성 피부염
과다한 피지 분비와 진균 증식에 의한 피부질환으로 가려움증을 동반한다.

3) 아토피 피부염
유전적·환경적 요인으로 피부장벽의 손실을 가져오며 심한 가려움증을 동반한다. 원인이 정확하지 않다.

(3) 감염성 피부질환

분류	특징
세균(박테리아)에 의한 질환	곪는 것이 특징으로 모낭염, 농가진, 종기 등이 있다.
바이러스에 의한 질환	• 단순포진, 대상포진, 수두, 홍역, 사마귀 등이 있다. • 단순포진 : 입술, 얼굴 부위에 나타나는 수포성 질환으로 소수포 및 농포가 무리지어 나타나며 재발이 잘 된다. • 대상포진 : 면역력이 떨어지면 발생하며 높은 연령층의 발생빈도가 높다. 주로 지각신경 분포를 따라 심한 통증을 유발하며 재발률이 높다.
진균에 의한 질환	• 효모균과 피부사상균에 의해 나타나며 족부백선(무좀), 두부백선, 조갑백선, 칸디다증, 어우러기(전풍) 등이 있다. • 족부백선(무좀) : 피부사상균이라는 곰팡이균으로 발과 발가락 부위에 발생한다. • 두부백선 : 두피의 모낭과 그 주변에 발생하며 심하면 부분적 탈모가 발생한다. • 조갑백선 : 손톱과 발톱에 나타나는 무좀으로 부스러지기 쉽다. • 칸디다증 : 피부, 점막, 손톱과 발톱에 발생한다. • 어우러기(전풍) : 표피층에 발생하는 곰팡이균으로 옅은 갈색을 띠며 각질 같은 인설이 발생한다.

(4) 색소성 피부질환

1) 과색소성 피부질환

분류	특징
표피형 색소침착	• 기미, 주근깨, 갈색반점, 흑색점, 검버섯, 릴 흑피증 등이 있다. • 기미 : 얼굴의 뺨이나 이마 등에 나타나는 경계가 명확한 갈색의 점으로 경구피임약 복용, 내분비선 장애, 자외선 과다 노출, 선탠 등이 원인이다. • 주근깨 : 선천적인 과색소침착증으로 소아기에 주로 발생하고 나이가 들면서 줄어든다. • 갈색반점 : 혈액순환의 이상으로 발생한다. • 흑색점(흑자) : 멜라닌 세포 증가에 의한 단순성, 노인성, 악성 등이 있다.

진피형 색소침착	· 오타모반, 몽고반점 등이 있다. · 오타모반 : 진피에 존재하는 청색 반점으로 눈 주위, 구강 점막, 이마 등에 나타난다. · 몽고반점 : 다양한 크기의 청회색 반점으로 출생 시 엉덩이 근처에 존재한다.

2) 저색소성 피부질환

분류	특징
백색증	선천적 질환으로 멜라노사이트는 존재하나 멜라닌 합성이 되지 않으며 주로 전신에 분포한다.
백반증	후천적 질환으로 멜라닌색소가 없어지면서 생기는 하얀 반점의 형태로 분포한다.
백피증	멜라닌색소의 부족현상으로 피부나 털이 하얗게 변하는 현상이다.

(5) 안검질환(눈질환)

① **한관종** : 2~3mm의 노란색 또는 살색의 작은 혹으로, 한관이 비정상적으로 증식하면서 생기는 피부 양성 종양이며 눈밑 물사마귀라고도 부른다.

② **비립종** : 저조한 신진대사가 원인으로, 땀구멍과 모공에 주로 발생하는 모래알 크기의 각질 세포로 눈 아랫부분에 생긴다.

(6) 기계적 손상에 의한 피부질환

① **티눈** : 압력에 의한 각질층의 증식현상으로 중심핵이 존재하고 통증을 유발한다.

② **욕창** : 지속적인 압박으로 혈액순환이 원활하지 않아 피부가 괴사한다.

Chapter 5

핵심쏙쏙 예상문제

01 다음 중 피부의 기능과 그 설명이 틀린 것은?
① 보호기능 : 피부 표면은 pH 4.5~6.5의 약산성을 유지하고 있으며 세균침입을 예방하고 알카리화가 되더라도 다시 약산성으로 돌아오는 중화능력이 있다.
② 흡수기능 : 피부는 외부의 온도를 흡수 및 감지한다.
③ 영양분 교환기능 : 피부는 자외선을 쬐면 프로비타민 D가 비타민 D로 전환된다.
④ 에너지 생성기능 : 햇빛과 영양분을 흡수하여 에너지를 생성한다.

02 다음 중 표피를 구성하는 피부층이 아닌 것은?
① 기저층   ② 유극층
③ 유두층   ④ 과립층

해설 유두층은 진피에 존재하며 기저층과 접하고 있다.

03 멜라노사이트와 케라티노사이트가 존재하는 피부층은?
① 각질층   ② 망상층
③ 기저층   ④ 유두층

해설 기저층에는 각질형성세포와 색소형성세포가 있다.

04 두께가 가장 두꺼운 피부층은?
① 발바닥   ② 엉덩이
③ 얼굴   ④ 손등

해설 두께가 가장 두꺼운 피부층은 손, 발바닥의 피부이다.

05 엘라스틴과 콜라겐, 기질로 구성되어 있으며 피부의 대부분을 차지하는 피부조직은?
① 표피의 유극층
② 진피의 유두층
③ 진피의 망상층
④ 피하지방층

06 피부의 지각작용 중에서 가장 분포도가 높은 것과 낮은 것이 알맞게 나열된 것은?
① 압각 – 온각
② 냉각 – 압각
③ 온각 – 통각
④ 통각 – 온각

해설 피부에는 통각 > 촉각 > 냉각 > 압각 > 온각의 순서로 감각이 분포되어 있다.

07 피부의 천연보습인자(NMF)의 구성 성분으로 40%를 차지하는 중요 성분은?
① 아미노산   ② 요소
③ 케라틴   ④ 암모니아

해설 천연보습인자는 아미노산과 젖산으로 구성되어 있다.

08 다음 중 피부색을 결정하는 요소가 아닌 것은?
① 멜라닌
② 각질층의 두께
③ 혈관 분포와 헤모글로빈
④ 티록신

해설 티록신은 갑상선 분비 호르몬이고, 티로신은 멜라닌 색소의 전구물질이다.

01 ④ 02 ③ 03 ③ 04 ① 05 ③ 06 ④ 07 ① 08 ④

09 다음 중 피지선에 관한 설명으로 가장 거리가 먼 것은?
① 독립된 기관이며 피부 밖으로 자체 연결선을 통해 배출된다.
② 손바닥과 발바닥에는 피지선이 없다.
③ 수분 손실을 막고 피부를 유연하게 해준다.
④ 하루 1~2g의 피지를 배출한다.

해설 피지선은 모공과 연결되어 모공을 통해 배출된다.

10 한선에 대한 설명으로 틀린 것은?
① 에크린선은 입술 및 전신 피부에 분포되어 있다.
② 에크린선에서 분비되는 땀은 냄새가 거의 없다.
③ 아포크린선은 대한선이며 체취에 영향을 준다.
④ 대한선에서 분비되는 땀은 무취, 무색, 무균성이나 표피 배출 후 세균의 작용을 받아 부패하여 냄새가 난다.

해설 에크린선은 입술을 제외한 전신에 분포한다.

11 다음 중 털에 영양을 공급하고 주로 발육에 관여하는 부분은?
① 모유두   ② 모수질
③ 모피질   ④ 모표피

해설
• 모수질, 모피질, 모표피는 모발의 단면 구조로 3개의 층으로 구성되어 있다.
• 모유두는 털의 성장 조절물질을 분비하여 모발에 영양을 공급하는 중요한 부분으로 모구 중심의 아래쪽 우묵한 곳에 위치하고 모세혈관과 신경세포가 분포한다.

12 피부의 표피 중에서 가장 두꺼운 층은?
① 기저층   ② 각질층
③ 유극층   ④ 과립층

해설 유극층은 표피층에서 가장 두꺼운 층으로 영양과 수분(약 70%)이 풍부하며, 5~10층의 유핵세포가 치밀하게 구성되어 있는 가시돌기층이다.

13 다음 중 손바닥과 발바닥에만 존재하는 세포층은?
① 유극층   ② 과립층
③ 각질층   ④ 투명층

14 피부의 새로운 세포 형성이 이루어지는 곳은?
① 기저층   ② 과립층
③ 유극층   ④ 투명층

해설 피부의 세포는 기저층에서 형성된다.

15 피부의 진피층을 구성하는 주요 단백질은?
① 콜라겐   ② 시스틴
③ 글리세린   ④ 알부민

해설 진피는 교원섬유(콜라겐 섬유), 탄력섬유(엘라스틴 섬유), 기질(무코다당류)로 구성되어 있다.

16 건성, 중성, 지성의 피부 타입을 구분하는 기본적인 피부 유형 분석기준은?
① 피지 분비량
② 피부의 조직 상태
③ 모공의 크기
④ 피부 탄력도

해설 피지 분비가 정상적인지, 적거나 또는 많은지에 따라 기본적인 피부 유형을 구분할 수 있다.

09 ① 10 ① 11 ① 12 ③ 13 ④ 14 ① 15 ① 16 ①

17 피지와 땀의 분비 저하로 세안 후 피부가 당기고 피부결이 얇으며, 탄력이 저하되고 주름이 쉽게 형성되는 피부는?

① 건성피부
② 복합성피부
③ 민감성피부
④ 노화피부

해설 피지와 땀 분비의 저하는 건조한 건성피부의 특징이다.

18 지성피부에 대한 설명 중 틀린 것은?

① 정상피부보다 피지 분비량이 많다.
② 피부가 얇고 잘 붉어지고 섬세하다.
③ 남성 호르몬인 안드로겐과 여성 호르몬인 프로게스테론의 기능이 활발해져 피지 분비가 많아 번들거리고 화장이 잘 지워진다.
④ 피지 제거 및 조절과 세정을 피부 관리의 주목적으로 한다.

해설 피부결이 섬세하고 얇으며 잘 붉어지는 피부는 민감성피부의 특징이다.

19 민감성피부에 대한 설명으로 가장 적합한 것은?

① 피지 분비량이 많고 번들거리는 피부
② 외부 자극에 쉽게 반응을 일으키는 피부
③ 두 가지 타입의 피부 특징이 나타나는 피부
④ 멜라닌색소 침착이 많은 피부

해설 외부 자극에 민감한 반응을 나타내는 것은 민감성피부의 특징이다.

20 노화피부의 증상에 대한 설명으로 틀린 것은?

① 피부 탄력이 저하된다.
② 각질층이 얇아진다.
③ 모공이 넓어지고 건조증상이 나타난다.
④ 기미, 반점 등의 색소침착이 나타난다.

해설 노화피부는 각질층이 두꺼워진다.

21 유·수분 밸런스를 유지시켜주는 화장품은 무엇인가?

① 폼 클렌져
② 마사지 크림
③ 메이크업 베이스
④ 로션

22 다음 중 3대 영양소이면서 열량영양소가 아닌 것은?

① 탄수화물   ② 지방
③ 단백질   ④ 비타민

해설 비타민은 신체 기능을 조절하고 영양소와 무기질 대사에 관여하는 조절 영양소이다. 3대 영양소이자 열량 영양소는 탄수화물, 단백질, 지방이다.

23 일반 성인을 기준으로 한 기초 칼로리는?

① 500~800kcal
② 800~1,300kcal
③ 1,600~1,800kcal
④ 2,000~2,500kcal

24 생명 유지에 필요한 최소한의 기능을 유지하는 데 사용되는 최소 에너지양은?

① 기초대사량
② 비교에너지대사량
③ 열량소모량
④ 활동에너지대사량

17 ①　18 ②　19 ②　20 ②　21 ④　22 ④　23 ③　24 ①

25 다음 중 영양소와 그 최종 분해로 연결이 옳은 것은?

① 탄수화물 – 지방산과 글리세롤
② 단백질 – 아미노산
③ 지방 – 포도당
④ 비타민 – 미네랄

해설 탄수화물은 포도당으로, 지방은 지방산과 글리세롤로, 단백질은 아미노산으로 분해된다.

26 다음 중 필수아미노산에 속하지 않는 것은?

① 트립토판　　② 트레오닌
③ 발린　　　　④ 알라닌

해설 필수아미노산은 발린, 류신, 아이소류신, 메티오닌, 트레오닌, 라이신, 페닐알라닌, 트립토판, 히스티딘으로 음식을 통해 섭취해야 한다.

27 다음 중 필수지방산에 속하지 않는 것은?

① 타르타르산
② 리놀렌산
③ 아라키돈산
④ 리놀레산

해설 필수지방산은 비타민 F라고도 불리며 리놀레산, 리놀렌산, 아라키돈산이 있다. 타르타르산은 주석산으로 포도에 존재하는 유기산의 일종이다.

28 무기질의 설명으로 틀린 것은?

① 열량공급에너지로 이용된다.
② 조절작용을 한다.
③ 뼈와 치아의 주성분이다.
④ 수분과 산, 염기의 평형 조절을 한다.

해설 무기질은 에너지를 갖지 않으며 효소와 호르몬의 구성 성분이다. 골격 및 치아의 주성분이며 근육의 탄력 유지에도 사용된다.

29 각 비타민의 효능에 대한 설명 중 옳은 것은?

① 비타민 E : 칼슘과 인의 흡수를 촉진한다.
② 비타민 A : 혈액순환 촉진과 피부 청정 효과가 있다.
③ 비타민 P : 모세혈관을 강화하는 효과가 있고 바이오플라보노이드라고도 불린다.
④ 비타민 B : 지용성이며 세포 및 결합조직의 조기노화를 예방한다.

해설 칼슘과 인의 흡수를 촉진하는 것은 비타민 D이며, 비타민 E는 혈액순환 촉진 및 노화를 예방한다. 비타민 A는 피부세포를 형성하고 주름을 예방한다. 비타민 B는 피부의 염증을 예방하고 치료하는 수용성 비타민이다.

30 상피조직의 신진대사에 관여하며 각화 정상화와 피부 재생을 돕고 노화 방지에 효과적인 비타민은?

① 비타민 A　　② 비타민 B
③ 비타민 C　　④ 비타민 K

31 체내 부족 시 괴혈병을 유발하고, 잇몸에서 피가 나며 빈혈을 일으켜 피부를 창백하게 하는 비타민은?

① 비타민 A　　② 비타민 B
③ 비타민 C　　④ 비타민 K

해설 비타민 C는 철의 흡수를 돕고 부족 시 괴혈병을 유발한다.

32 다음 중 셀룰라이트에 대한 설명으로 옳은 것은?

① 수분이 정체되어 부종이 생긴 현상
② 영양 섭취의 불균형 현상

③ 피하지방이 축적되고 노폐물이 정체되어 뭉친 현상
④ 화학물질에 대한 피부 면역반응

33 탄수화물 과다 섭취로 필요 이상의 당분을 섭취할 경우 생기는 현상은?
① 체질의 산성화
② 피부의 탄력 증진
③ 피부 유연성 증진
④ 셀룰라이트 형성

해설 탄수화물의 과다 섭취는 체질을 산성화시킨다.

34 다음 중 자외선의 영향과 관계없는 것은?
① 살균효과
② 홍반반응
③ 혈액순환
④ 영양침투

해설 영양침투 : 온열효과를 나타내는 적외선의 효과

35 적외선이 피부에 미치는 작용이 아닌 것은?
① 세포 증식작용
② 혈액순환
③ 색소침착
④ 근육치료

해설 색소침착은 자외선이 피부에 미치는 작용이다.

36 자외선 차단지수 SPF의 설명으로 틀린 것은?
① 자외선에 대한 피부 홍반을 측정한 것이다.
② (+) 표시가 많을수록 UV-A에 대한 차단지수가 높다.
③ 자외선 차단지수가 높을수록 차단력이 낮다.
④ UV-B로부터 피부를 보호할 수 있도록 수치화한 것이다.

해설 자외선 차단지수가 높을수록 차단력이 높다.

37 광노화 현상이 아닌 것은?
① 체내 수분 감소
② 표피 두께 증가
③ 색소침착
④ 진피 모세혈관 수축

해설 광노화 현상은 자외선에 의해 모세혈관이 확대되고 피부에 주름이 생기는 노화현상으로, 피부가 건조해져 표피가 가죽처럼 두꺼워지고 색소침착 등을 유발하는 현상이다.

38 자외선 차단제에 대한 설명 중 틀린 것은?
① 자외선 흡수제와 자외선 산란제로 구분할 수 있다.
② 자외선 흡수제는 화학적인 방법으로 자외선을 차단하며 민감성 피부에 좋다.
③ 자외선 산란제는 산화아연, 징크옥사이드 등의 성분으로 자외선을 물리적으로 반사시킨다.
④ 자외선 산란제는 백탁현상이 있어 피부가 하얗게 보인다.

해설 자외선 흡수제는 화학적인 방법으로 자외선을 차단하며 피부에 자극이 갈 수 있다. 자외선 산란제는 분말 상태의 안료로 물리적인 방법으로 자외선을 산란시키는 원리이다. 민감한 피부에 사용 가능하며 피부가 하얗게 보이는 것이 단점이라 할 수 있다.

39 다음 태양광선 중 단파장이며 피부암을 유발할 수 있는 것은?
① UV-A
② UV-B
③ UV-C
④ 적외선

해설 UV-C는 단파장이며 살균·소독작용이 강하고 피부암을 유발할 수 있다.

33 ① 34 ④ 35 ③ 36 ③ 37 ④ 38 ② 39 ③

40 자외선 중 홍반을 일으키는 것은?
① UV-A   ② UV-B
③ UV-C   ④ UV-D

해설 UV-B는 중파장으로 홍반을 일으킨다.

41 면역에 관한 설명으로 옳은 것은?
① T림프구는 직접 항원을 공격하며 림프절에 항원의 정보를 보낸다.
② B림프구는 세포성 면역을 담당하는 림프구의 일종이다.
③ 세포성 면역은 특이항체를 생산하여 항원을 공격하는 면역기능이다.
④ 획득면역은 1, 2차 방어기전을 가진다.

해설 T림프구는 세포성 면역을 담당하며 직접 항원을 공격한다. B림프구는 체액성 면역을 담당하며 특이항체를 생산해 항원을 공격한다. 획득면역은 3차 방어기전이다.

42 다음 중 자연면역의 1, 2차 방어기전과 관련이 적은 것은?
① 기침   ② 콧물
③ 염증   ④ T림프구

해설 획득면역이자 특이성 면역의 3차 방어를 위한 인자로는 B림프구, T림프구가 있다.

43 B림프구의 특징으로 틀린 것은?
① 체액성 면역을 담당한다.
② 림프구의 20~30%를 차지한다.
③ 골수에서 생성되고 비장과 림프절로 이동한다.
④ 직접 항원을 공격해 사멸시킨다.

해설 직접적으로 항원을 공격하여 파괴하는 세포성 면역 반응은 T림프구이다.

44 다음 중 면역에 대한 설명으로 옳은 것은?
① 각질형성세포는 면역 조절작용을 방해한다.
② T림프구는 항원전달세포에 해당한다.
③ 세포성 면역에는 보체, 항체가 있다.
④ B림프구는 면역글로불린이라는 항체를 생성한다.

해설 B림프구는 면역글로불린이라는 항체를 생성한다.

45 바이러스에 감염된 세포를 자체적으로 죽이는 세포는?
① 랑게르한스세포
② 멜라닌세포
③ 각질형성세포
④ 자연살해세포

해설 자연살해세포는 인체의 간이나 골수에서 성숙하며, 바이러스에 감염된 세포를 자연 파괴시키는 세포이다.

46 제1방어기전 중 기계적 방어벽에 해당하는 것은?
① 위산   ② 점막
③ 섬모운동   ④ 소화효소

해설 기계적 방어벽에는 피부 각질층, 코털, 점막 등이 있다.

47 피부 노화인자 중 외부인자가 아닌 것은?
① 자외선   ② 건조
③ 피지 감소   ④ 흡연

해설 피지는 피지선에서 분비되며 피부의 방어막 역할을 하는 것으로, 피지 감소는 내인성 요인에 속한다.

40 ② 41 ① 42 ④ 43 ④ 44 ④ 45 ④ 46 ② 47 ③

48 다음 중 광노화 현상과 연관이 없는 것은?
① 표피가 두꺼워진다.
② 색소침착이 일어난다.
③ 피부가 처지면서 탄력을 잃는다.
④ 각질형성세포가 활발해져 각질주기가 빨라진다.

해설 각질형성세포(케라티노사이트)가 활발해진다는 것은 세포 재생이 원활하게 이루어진다는 것으로, 광노화 현상과 거리가 멀다.

49 피부노화 현상을 바르게 설명한 것은?
① 피부는 노화되어도 진피 두께는 유지된다.
② 광노화는 자연적으로 나이가 들면서 생기는 것이다.
③ 내인성 노화는 피부가 얇아지고 광노화는 표피가 두꺼워진다.
④ 광노화는 표피가 얇아지고, 진피는 두꺼워진다.

해설 내인성 노화는 나이가 들면서 자연스럽게 피부 보습 및 탄력이 감소하고 처지게 되는 것이다. 광노화는 표피 조직이 자외선 노출로 인해 두꺼워지는 것이다.

50 다음 중 광노화 현상이 아닌 것은?
① 진피의 모세혈관 확장
② 표피 두께 증가
③ 멜라닌세포 이상 항진
④ 체내 수분 증가

해설 체내 수분이 감소하여 건조해진다.

51 광노화에 대한 반응과 거리가 먼 것은?
① 모세혈관 수축
② 피부 건조
③ 색소침착증
④ 피부 거칠어짐

해설 모세혈관이 확장된다.

52 다음 중 내인성 노화현상에 대한 설명으로 틀린 것은?
① 멜라닌색소가 감소한다.
② 피부색이 검어진다.
③ 랑게르한스세포가 감소한다.
④ 콜라겐이 감소한다.

해설 멜라닌 색소가 감소하고 피부가 검어지는 것은 광노화 현상이다.

53 피부노화의 주된 원인이 아닌 것은?
① 음주
② 흡연
③ 항산화
④ 자외선

해설 피부노화의 원인은 자외선, 흡연, 음주, 유전적 요인 등이 있다.

54 다음 중 원발진에 속하는 증상은?
① 수포, 반점, 인설
② 수포, 균열, 반점
③ 반점, 구진, 결절
④ 반흔, 가피, 구진

해설 원발진은 1차적인 피부의 병적 변화로 면포, 구진, 농포, 결절, 낭종, 반점, 팽진, 수포, 종양, 홍반 등이 해당된다.

55 다음 중 세포 재생이 이루어지지 않으며 피지선, 한선이 없는 것은?
① 흉터
② 티눈
③ 습진
④ 두드러기

해설 흉터(반흔)는 진피층이 손상되어 원상태로 세포 재생이 어렵고, 새로운 조직세포로 대체되어 피부 표면을 형성하게 된다.

48 ④ 49 ③ 50 ④ 51 ① 52 ② 53 ③ 54 ③ 55 ①

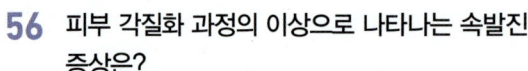

56 피부 각질화 과정의 이상으로 나타나는 속발진 증상은?
① 찰상　② 가피
③ 미란　④ 인설

해설 인설은 죽은 표피세포가 피부 표면에서 떨어져 나가는 각질화 과정의 이상증상이다.

57 장기간에 걸쳐 반복하여 긁고 자극을 주어 표피가 건조하고 가죽처럼 두꺼워진 상태는?
① 티눈　② 가피
③ 인설　④ 태선화

해설 태선화는 표피 전체와 진피의 일부가 장기간 반복적으로 긁거나 비비는 등 자극을 받아 두꺼워진 형태이다.

58 다음 중 작고 백색의 상피낭종은 무엇인가?
① 단순포진　② 습진
③ 대상포진　④ 비립종

59 다음 중 속발진이 아닌 것은?
① 종양　② 균열
③ 궤양　④ 가피

60 다음 중 '광노화 현상'에 대한 증상 및 설명이 올바른 것은?
① 모세혈관 수축
② 피부가 얇아지고 처지는 현상
③ 야외 활동이 많은 농.어촌 노인의 피부에서 보여질수 있음
④ 단기간의 걸친 자외선 노출로 인해 생길 수 있다.

해설 장기간에 걸친 자외선 노출로 피부의 조직이 두껍게 변하면서 모세혈관이 확장되고 처지는 현상으로, 광노화의 파장은 자외선 A와 자외선 B이다. 야외활동이 많은 농·어촌 노인의 피부에서 나타난다.

56 ④　57 ④　58 ④　59 ①　60 ③

Chapter 6
화장품 분류

Section 1. 화장품 기초

1 화장품의 정의

(1) 화장품의 법적 정의
① 인체를 청결, 미화하여 매력을 더하고 용모를 밝게 변화시킨다.
② 피부와 모발의 건강을 유지 또는 증진하기 위하여 인체에 바르고 문지르거나 뿌리는 등 이와 유사한 방법으로 사용되는 물품이다.
③ 인체에 대한 작용이 경미한 것을 말한다.
④ 기능성 화장품은 피부 미백, 주름 개선, 곱게 태우거나 자외선 차단, 모발의 색상 변화와 제거, 영양 공급, 피부 및 모발의 건조함, 갈라짐, 빠짐, 각질화 등을 방지하고 개선에 도움을 주는 제품, 여드름성 피부와 아토피성 피부, 튼살 피부에 도움을 주는 화장품으로 총리령으로 정하는 화장품을 말한다.
⑤ 유기농 화장품은 유기농 원료, 동·식물 및 그 유래 원료 등으로 제조되고, 식품의약품안전처장이 정하는 기준에 맞는 화장품을 말한다.

> **Tip 화장품법**
> 화장품법이 제정되기 이전에는 「약사법」으로 규정되어 의약품과 동등하거나 유사하게 규제되었다. 이는 화장품 산업의 성장에 제약이 되어 「화장품법」 제정의 태동이 되었다. 1999년 9월 화장품법 및 동법 시행령이 제정되고, 2000년 7월 1일부터 시행되었다.

(2) 화장품의 사용 목적
① 피부와 용모를 아름답게 유지 및 증진시킨다.
② 피부를 위생적이고 청결하게 한다.
③ 피부와 모발을 건강하게 유지 및 증진시킨다.

(3) 화장품, 의약외품, 의약품의 비교

1) 특징에 따른 구분

구 분	화장품	의약외품	의약품
사용 대상	정상인	정상인	환자
사용 목적	청결, 용모 미화	개인위생, 예방	질병 진단, 치료, 예방
사용 기간	장기간, 지속적	장기간, 지속적	일정기간
사용 범위	전신	특정 부위	특정 부위
부작용	있으면 안 됨	있으면 안 됨	있을 수 있음
처방	임의 사용 가능	임의 사용 가능	**의사 처방 필요**

2) 목적에 따른 구분

화장품		의약외품	의약품
일반 화장품	기능성 화장품		
안전성 추구	특정 효능	일정 효과 추구	유효성 추구

(4) 화장품의 4대 요건

1) 안전성

화장품은 장기간 지속적으로 피부에 발랐을 때 자극과 알레르기, 독성 등과 같은 인체에 부작용 없이 안전해야 한다.

2) 안정성

사용기간 중에 미생물에 의한 오염, 변질, 변취, 변색되거나 분리되는 일이 없어야 한다.

3) 사용성

화장품은 사용감(질감, 발림성, 흡수성), 기호성(향, 색, 디자인), 편리성(크기, 중량, 형상, 휴대성) 등이 좋아야 한다.

4) 유효성

사용 목적에 적합한 기능으로 보습, 노화 억제, 미백, 주름 방지, 세정, 색채효과 등을 나타내야 한다.

2 화장품의 분류

(1) 화장품의 분류

화장품은 사용 목적과 대상 부위에 따라 기초화장품, 색조 화장품, 방향 화장품, 바디 관리 화장품, 모발 화장품, 기능성 화장품, 네일 화장품, 영유아용 등으로 분류할 수 있다.

기초화장품	• 세정 : 클렌징 워터, 클렌징 로션, 클렌징 크림, 클렌징 폼, 비누, 스크럽 • 정돈 : 유연화장수, 수렴화장수, 마사지 크림 • 보호 : 로션, 크림, 에센스
색조 화장품	• 베이스 메이크업 : 메이크업 베이스, 파운데이션, 컨실러, 페이스 파우더 • 포인트 메이크업 : 립스틱, 아이섀도, 마스카라, 아이라이너
방향 화장품	퍼퓸, 오데퍼퓸, 오데토일렛, 오데코롱, 샤워코롱
바디 화장품	• 세정 : 바디클렌저, 바디스크럽 • 보호 : 바디오일, 바디로션, 핸드크림 • 탈취 : 샤워코롱, 데오도란트
모발 화장품	• 세발 및 트리트먼트 : 샴푸, 린스, 트리트먼트제 • 정발 : 무스, 스프레이, 젤, 크림, 오일, 팩 • 기타 : 퍼머넌트 웨이브, 염색
네일 화장품	• 미용 : 네일 에나멜, 베이스 코트, 탑 코트, 폴리시 리무버 등 • 보호 : 큐티클 크림, 네일 보강제

(2) 기초화장품

1) 세안, 청결, 세정 제품

① 클렌징의 종류에는 오일, 크림, 폼, 젤, 로션이 있다.
② 딥클렌징의 종류에는 아하, 살리실산, 고마쥐, 스크럽, 효소 등이 있다.

2) 피부 정돈, 보호, 영양공급 제품

유연화장수, 수렴화장수(지성피부용), 영양크림, 에센스, 수분크림, 팩 등이 있다.

(3) 색조 화장품

1) 베이스 메이크업 화장품

메이크업 베이스, 파운데이션, 컨실러, 루즈 파우더, 콤팩트 파우더, 압축 파우더 등 피부 표현을 하는 화장품을 말한다.

2) 포인트 메이크업 화장품

아이섀도, 마스카라, 아이브로우, 아이라이너, 블러셔(치크), 립스틱 등 눈과 입술, 볼의 특정 부위에 포인트를 주는 메이크업 제품을 말한다.

(4) 방향용 화장품
1) 향수

퍼퓸 (Perfume)	• 부향률(농도) : 15~30% • 향이 강하고 6~7시간으로 오랫동안 지속된다.
오데퍼퓸 (Eau de Perfume)	• 부향률(농도) : 9~12% • 향은 5~6시간 동안 지속된다.
오데토일렛 (Eau de Toilette)	• 부향률(농도) : 6~8% • 오드퍼퓸보다는 향이 약하며 3~5시간 동안 지속된다.
오데코롱 (Eau de Cologne)	• 부향률(농도) : 1~3% • 향이 산뜻하고 향수를 처음 접하는 사람에게 적당하다.
샤워코롱 (Shower Cologne)	• 부향률(농도) : 1~3% • 향료의 함유량이 낮아 샤워 후 가볍게 전신에 도포 및 분사할 수 있다.

> **Tip** 향의 세기
> 퍼퓸 〉 오데퍼퓸 〉 오데토일렛 〉 오데코롱의 순서이다.

(5) 바디화장품
1) 세정효과 제품

바디클렌저, 바디스크럽, 입욕제, 비누가 있다.

2) 신체 보호 및 보습효과 제품

바디로션, 바디오일, 핸드크림이 있다.

3) 체취 억제효과 제품

데오도란트, 샤워콜로뉴가 있다.

(6) 기능성 화장품
1) 기능성 화장품

기능성 화장품은 기존에는 4종(미백, 주름 개선, 자외선 차단, 태닝)이었지만 2017년 5월 30일부터 염모, 탈모, 탈색, 탈염, 아토피 등 7종을 추가해서 총 11종으로 확대 시행되었다.

2) 기능성 화장품의 종류

① 피부의 멜라닌색소 침착을 방지하고 미백에 도움을 주는 기능의 화장품
② 피부에 침착된 멜라닌색소의 색을 엷게 하여 미백에 도움을 주는 기능의 화장품
③ 피부에 탄력을 주어 주름을 완화 또는 개선하는 기능의 화장품
④ 강한 햇볕을 방지하여 피부를 곱게 태워주는 기능의 화장품
⑤ 자외선을 차단 또는 산란시켜 피부를 자외선으로부터 보호하는 기능의 화장품
⑥ 모발 색상을 염색 또는 탈색시키는 기능의 화장품(일시적으로 모발의 색상을 변화시키는 제품 제외)
⑦ 체모를 제거하는 기능을 가진 화장품(물리적으로 체모를 제거하는 제품 제외)
⑧ 탈모 증상의 완화에 도움을 주는 화장품(코팅 등 물리적으로 모발을 굵게 보이게 하는 제품 제외)
⑨ 여드름성 피부를 완화하는 데 도움을 주는 화장품(인체세정용 제품류로 한정)
⑩ 아토피성 피부로 인한 건조함 등을 완화하는 데 도움을 주는 화장품
⑪ 튼살로 인한 붉은 선을 엷게 하는 데 도움을 주는 화장품

Section 2. 화장품 제조

1 화장품의 원료

원료	내용
수성원료	정제수, 에탄올, 글리세린 등
유성원료	• 천연원료 : 동·식물성 오일, 지방, 납(왁스), 광물성 왁스 • 합성원료 : 탄화수소, 고급 지방산, 고급 알코올류, 합성 에스테르류, 실리콘유
계면활성제	양이온, 음이온, 비이온성, 양쪽성 계면활성제
보습제	다가알코올계(글리세린, 프로필렌글리콜, 소르비톨 등), 고분자 다당류(히아루론산염, 콘드로이친황산염)
방부제	파라벤(메틸파라벤, 프로필파라벤), 페녹시 에탄올
산화방지제	천연산화방지제(비타민 E), 합성산화방지제(BHA, BHT)
향료	천연향료(식물성, 동물성), 합성향료
색소(착색료)	유기합성색소(타르계 색소), 무기안료(광물성안료), 천연색소 등
점증제	유기점증제(카르복시비닐폴리머, 카르복시메틸셀룰로오즈 등), 무기점증제(알루미늄 실리케이트)
금속이온봉쇄제	EDTA
분말원료	산화아연, 산화티타늄, 탈크, 카올린, 마이카
활성성분	비타민류, 동·식물 추출물, 바이오 합성을 통한 펩타이드류, AHA(알파-하이드록시산)

(1) 수성원료

1) 물(정제수)

① 물은 에멀젼을 만드는 유액의 주요 원료로, 화장품 제조의 주요 용매이자 화장수, 로션, 크림 등의 기초물질로 사용된다.
② 주로 증류하여 얻은 물이나 이온교환 수지를 통해 정제된 정제수를 사용한다.
③ 천연수인 해양심층수, 온천수, 암반수, 빙하수 등을 이용하기도 한다.

2) 알코올

① 주로 1가 알코올인 에탄올이 수성원료로 사용되며 3가인 글리세린은 보습제로 사용한다.

② 에탄올은 향료, 색소, 유기성분의 주요 용매 중의 하나로 수렴, 청결, 살균, 가용화제, 건조 촉진제 등으로 사용된다.
③ 물과 혼합이 쉽고 피부에 바르면 증발하며 청량감을 느낄 수 있다.
④ 건성인 피부의 경우에는 알코올 함량이 적거나 무알코올 화장품을 사용하는 것이 좋다.

> **Tip 다가 알코올**
> - 알코올의 분자 중에 수산기(OH)의 수에 따라 1가, 2가, 3가 알코올로 분류한다.
> - 2가 알코올 이상을 다가 알코올이라 분류한다.
> - 2가 알코올 : 프로필렌글리콜
> - 6가 알코올 : 소르비톨

(2) 유성원료

1) 유성원료의 특징

피부의 수분 증발을 억제하고 피부 및 모발에 유연성과 윤활성을 부여하며 보습기능을 한다. 식물성 유지(Oil & Fat)를 많이 사용하며 동물성 유지는 열에 쉽게 변성 및 착색되며 냄새가 있어 화장품에의 사용이 적다.

2) 동물성 오일과 식물성 오일

동물성 오일	• 동물의 피하조직에서 추출한다. • 식물성 오일과 비교하면 냄새는 강하나 피부 흡수가 빠르고 보습력과 친화력이 좋다.	• 밍크 오일 : 밍크의 피하지방에서 추출한 것으로 침투력이 우수하고 피부를 부드럽게 하는 유연제로 사용된다. 주름 방지와 재생 효과가 뛰어나다. • 터틀 오일 : 멕시코만 거북에서 추출하며 주름 방지 효과가 있다.
식물성 오일	• 식물의 열매, 씨, 꽃, 잎 등에서 얻는다. • 공기 중의 상태에 따라 건성유, 반건성유, 불건성유로 나뉜다. • 동물성 오일에 비해 냄새가 적고 피부 흡수가 느린 편이다.	• 올리브 오일 : 올리브 열매에서 압착한 오일로 피부 표면의 수분 증발을 억제한다. 각종 크림, 립스틱, 모발용 화장품에 사용된다. • 동백 오일 : 동백나무의 종자에서 추출한 것으로 항산화작용을 하며 흡수성이 좋다. • 피마자 오일 : 피마자 종자에서 추출한 것으로 점도가 크고 다른 성분과 결합력이 좋다. 항염증 효과, 염료의 용해제로 사용되어 립스틱이나 네일 에나멜 등에 사용된다. 모발 친화력이 좋아 모발제품에 많이 쓰인다. • 아보카도 오일 : 아보카도 열매에서 추출하고, 세븐 비타민 오일이라고도 불리며 피부 보습효과와 자외선 흡수 효과가 우수하다. 헤어 세정제로 사용된다.

3) 탄화수소류

① 석유에서 주로 추출한 광물성 오일 및 왁스이며 화학적으로 안정적이다.

② 산패, 변질에 문제가 없으며, 유성감이 높고 흡수율이 낮아 피부 호흡에 방해가 된다.
③ 식물성 오일이나 합성오일과 혼합하여 사용한다.
④ 석유에서 추출한 오일을 미네랄 오일이라고 부른다.
⑤ 종류 및 특징

고형 파라핀	• 석유에서 추출한 탄화수소의 혼합 고체이다. • 물이나 알코올에 녹지 않고 유기용매에 녹는다. • 각종 크림, 립스틱 외에 양초 및 크레파스 등에도 사용한다.
유동 파라핀 (미네랄 오일)	• 석유를 증류하여 고형 파라핀을 제거한 액상의 물질로 정제가 용이하다. • 촉감을 부드럽게 하고 수분 증발을 억제한다.
바셀린(페트롤라튬)	• 석유에서 얻은 반고체상의 화합물로 피부에 막을 형성하여 수분 증발을 억제한다. • 기초화장품, 색조 제품, 모발 화장품의 유성성분으로 사용된다.

> **Tip** 광물성 오일로 분류할 경우는 실리콘 오일, 미네랄 오일, 유동파라핀, 바셀린 등이 포함된다.

4) 왁스류

카르나우바 왁스	• 카르나우바 야자나무의 잎 뒤쪽에 분말상태로 분포한다. • 크림, 피부보호제로 사용되며 립스틱의 고형화와 내온성 향상 목적으로도 사용된다.
칸델릴라 왁스	칸델릴라 식물의 줄기에서 생산되며 립스틱에 사용된다.
밀랍	• 벌집에서 채취한 동물성 고체 왁스로 정제된 것은 백색을 띤다. • 유화제, 크림, 립스틱, 볼 연지 등에 사용된다. • 알레르기를 유발할 수 있다.
라놀린	• 양의 털에서 추출하며 탈수한 지방산의 납으로 사람의 피지와 유사하다. • 보습제, 립스틱, 모발 화장품 등의 베이스로 사용된다. • 피부 알레르기를 일으킬 수 있다.
호호바 오일	• 호호바 종자에서 추출한 액체 형태의 왁스이다. • 쉽게 산화되지 않고 피부 도포 시 퍼짐성이 좋아 산뜻하고 부드러운 감촉을 준다. • 인체 피지와 비슷한 구조로 피부 친화적이다. • 크림, 유액, 립스틱 등에 사용된다.

5) 고급 지방산류

① 생물에 있는 지질의 주요 성분으로 화장품에 이용되고 있는 지방산은 탄소수가 12 이상의 포화지방산을 사용한다.
② 각질층의 수분 보유력을 개선한다.
③ 종류 및 특징

팔미틱산	• 팜유에서 추출한다. • 크림, 유액 등에 사용된다.
라우릭산	• 야자유에서 추출한다. • 거품 상태가 좋아서 비누, 세안제로 사용된다.
스테아릭산	• 바니싱 크림의 기본 원료이다. • 크림, 유액, 립스틱에 사용된다. • 여드름을 유발할 수 있다.
미리스틱산	• 거품성과 세정력이 우수하여 세안크림, 면도용 크림에 사용된다. • 여드름을 유발할 수 있다.

6) 고급 알코올류
① 천연 유지에서 얻거나 납, 고급 지방산 또는 석유 등에서 합성하여 얻을 수 있다.
② 고급 알코올일수록 납상의 고체로 용해되지 않는다.
③ 화장품의 점도를 조절하거나 유화보조제, 유화안정제로 사용된다.
④ 세틸알코올, 스테아릴 알코올, 미리스틸 알코올 등이 있다.

7) 에스테르류
① 지방산과 알코올의 탈수반응에 의해 합성되며 피부에 유연성을 준다.
② 산뜻한 촉감으로 사용감이 좋아 유성 원료로 많이 사용된다.
③ 이소프로필 미리스테이트, 이소프로필 팔미테이트, 이소스테아릴 이소스테아레이트는 침투성이 좋고, 세틸 옥타노에이트는 피부 부담이 적어 화장품 전반에 사용된다.

8) 실리콘 오일
① 지각에 많이 분포하는 규소화합물의 총칭을 실리콘이라 하며 광물성 오일이다.
② 끈적이지 않고 매끄러운 사용감이 특징이며 안정성과 내수성이 양호하다.
③ 디메치콘, 디메틸폴리실록산, 사이클로메치콘 등으로 모발 제품과 립스틱에 사용된다.

(3) 계면활성제

1) 계면활성제의 특징
① 계면이란 서로 다른 물질이 서로 맞닿은 경계면을 말하는 것으로, 계면에 작용하여 경계를 완화시키는 역할을 하는 것이 계면활성제이다.
② 친수성과 소수성(친유성) 성분을 모두 가지고 있다.
③ 비누와 세제의 주성분으로 때가 잘 떨어져 씻겨 나가도록 돕고, 물과 기름이 잘 섞이도록 하는 역할이다.

④ 화장품의 유화, 가용화, 분산, 침투, 습윤 작용과 기포 생성, 세정작용을 한다.
⑤ 색깔이 엷고 냄새가 나지 않으며 피부에 안전해야 한다.

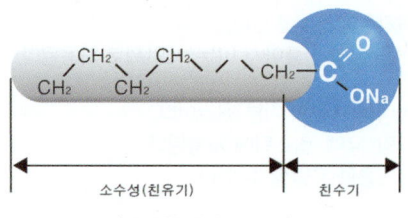

〈계면활성제의 구조〉

양이온 계면활성제	• 정전기 발생 억제, 살균작용, 소독작용을 한다. • 물에 해리되었을 때 친수기 부분이 양이온을 띤다. • **대전 방지기능**이 있어 헤어린스, 헤어트리트먼트, 섬유유연제 등에 사용한다.
음이온 계면활성제	• **세정작용, 기포작용**이 우수하다. • 물에 해리되었을 때 친수기 부분이 음이온을 띤다. • **비누, 샴푸, 클렌징폼** 등으로 사용한다.
양쪽성 계면활성제	• 피부 자극이 적고 세정작용도 떨어진다. • pH가 낮으면 양이온을 갖고, pH가 높으면 음이온을 갖는다. • 주로 저자극성 샴푸, 베이비 샴푸, 유아용 제품에 이용한다.
비이온성 계면활성제	• 피부 자극이 가장 적고 이온화되지 않는다. • 유화 제품에 가장 많이 사용되며 기초화장품류, 화장수의 가용화제로 사용된다.

 계면활성제의 비교
  • 세정력 : 음이온 〉 양이온 〉 양쪽성 〉 비이온성
  • 피부 자극성 : 양이온 〉 음이온 〉 양쪽성 〉 비이온성

(4) 보습제

1) 특징
흡습성이 높은 수용성 물질로 피부에 수분을 공급하여 촉촉하게 한다.

2) 종류

종류	성분
폴리올류	글리세린, 프로필렌글리콜, 폴리에틸렌글리콜, 부틸렌글리콜, 소르비톨
천연보습인자	아미노산(40%), 젖산염(12%), 요소(7%), 지방산 등
고분자 보습제류	히아루론산, 콜라겐, 콘드로이친 황산

(5) 방부제

1) 특징
① 미생물과 세균의 번식을 억제하고 부패 및 변질을 방지하는 목적으로 사용한다.
② 살균작용을 한다.
③ 파라벤류(파라옥시안식향산류), 이미다졸리디닐 우레아, 페녹시에탄올, 이소치아졸리논 등이 있다.

2) 종류

종류	성분 및 주요 용도
파라벤류	• 메틸 파라벤, 에틸 파라벤, 프로필 파라벤, 부틸 파라벤 • 식품, 의약품, 화장품에 사용
이미다졸리디닐 우레아	유아용 샴푸, 기초화장품
페녹시 에탄올	메이크업 제품에 많이 사용
이소치아졸리논	세정 제품에 배합

(6) 산화방지제

1) 특징
화장품의 산화 방지를 위한 항산화제로 사용된다.

2) 종류

종류	성분 및 주요 용도
천연	레시틴(항산화, 유연작용), 비타민 E(토코페릴아세테이트)
합성	BHT(부틸히드록시톨루엔), BHA(부틸히드록시아니솔)
산화방지 보조제	구연산, 아스코르빈산 등

(7) 색소

1) 염료
① 물이나 오일에 녹는 색소로 화장품에 색을 부여한다.
② 수용성 염료는 화장수, 로션, 샴푸 등의 착색에 쓰인다.
③ 유용성 염료는 헤어 오일 등의 착색에 사용된다.

2) 안료

무기 안료	• 광물성 안료로 불리며 내열, 내광성이 양호하다. • 산, 알카리에도 강하나 색상이 화려하지 못하다.
유기 안료	• 착색력과 내광성이 좋고 색상이 선명하여 립스틱, 블러셔 등의 색조 제품에 사용된다. • 석유에서 합성한 것으로 물, 기름에 용해되지 않는 유색 분말이다.
레이크	• 칼슘 등의 염으로 물에 불용화시킨 것이다. • 산이나 알카리에 약하고 색상은 무기 안료와 유기 안료의 중간 정도이다.

(8) 기타성분

종 류	성분 및 주요 용도
히아루론산	보습, 유연작용
AHA	• 각질 제거, 유연작용 • 구연산, 젖산, 글리콜릭산, 사과산 등
알부틴	• 미백작용 • 가수분해되면 하이드로퀴논 성분이 생성 • 티로시나아제 효소작용 억제
콜라겐	보습작용
아줄렌	• 염증, 상처 치료 • 피부 진정
라놀린	양모에서 정제
나이아신아마이드	미백작용, 피부 트러블 억제
아데노신	주름 개선
레시틴	항산화, 유연작용
코직산	미백작용
알란토인	항염작용

2 화장품의 기술

(1) 미셀(Micelle)
① 계면활성제의 분자 모형을 미셀이라고 한다.
② 미셀의 특징은 친수성과 친유성을 동시에 가지고 있는 것으로, 분자들은 농도가 낮은 수용액에서 자유롭게 존재하다가 농도가 높아짐에 따라 분자들의 자발적인 회합으로 미셀을 형성하게 된다.
③ 미셀이 형성되기 시작할 때의 계면활성제의 농도를 임계미셀농도(CMC, Critical Micelle Concentration)라고 한다.
④ 임계미셀농도에서부터 계면활성제로서의 성질이 제대로 발휘되며 물에 용해되지 않은 유성성분의 용해도가 급격하게 증가하게 된다.

〈미셀의 형성과정〉

(2) 화장품의 제조기술
계면활성제의 특성을 활용한 화장품의 3대 제조기술은 가용화, 유화, 분산이 있다.

1) ★가용화(Solubilization) 기술
① 계면활성제의 미셀 형성작용을 이용해서 다량의 물에 소량의 유성성분을 넣어 섞이도록 하는 것으로, 물 속에 유성성분(오일)이 미셀에 스며들어가는 현상이다.
② 가용화의 미셀은 입자가 작아 가시광선이 투과되어 투명하게 보인다.
③ 주로 비이온 계면활성제가 사용되며 화장수, 에센스, 헤어토닉, 향수류 등에 활용된다.

2) ★유화(Emulsion) 기술
① 유화란 한 액체에 서로 섞이지 않는 다른 액체가 미세한 입자의 작은 방울이 되어 균일하게 분산되어 섞이도록 하는 것을 말한다.
② 계면활성제를 유화제라고 부른다.

③ 유화입자의 크기는 가용화의 미셀입자보다 커서 가시광선이 통과하지 못해 불투명하게 보이므로 유화제품은 우유처럼 백탁화되어 보인다.
④ 유화의 종류에는 W/O형(유중수형), O/W형(수중유형), O/W/O형, W/O/W형이 있다.
⑤ 밀크 로션(에멀젼), 영양크림, 수분크림이 있다.
⑥ O/W형과 W/O형

수중유형(O/W형)	• 물에 오일이 섞여 있는 에멀젼 형태이다. • 크림, 로션류의 기초화장품이 속한다.
유중수형(W/O형)	• 오일에 물이 섞여있는 에멀젼 형태이다. • 색조제품이나 자외선 차단제 등이 속한다.

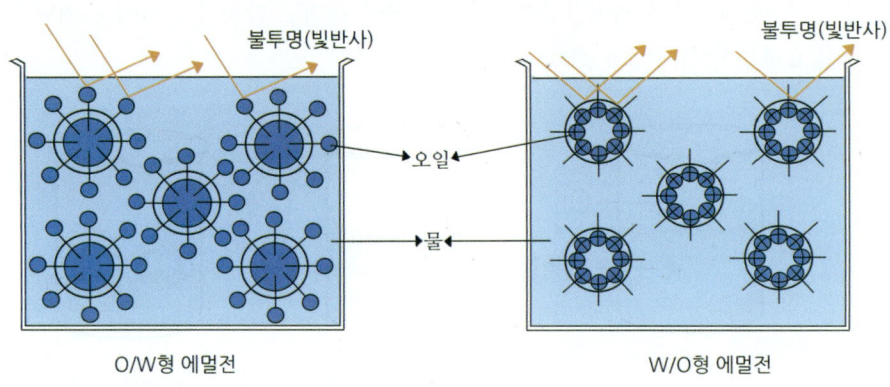

〈유화의 종류〉

3) 분산(Dispersion) 기술

① 기체, 액체, 고체 등의 하나의 상에 다른 상이 미세한 상태로 분산되는 기술이다.
② 일반적으로 화장품의 경우 물 또는 오일 성분에 고체입자를 투여한 후 계면활성제를 섞어 고체 입자의 표면에 흡착되어 제형이 액상에 균일하게 혼합되도록 하는 것이다.
③ 메이크업 베이스, 파운데이션, 마스카라, 아이라이너, 고형 립스틱, 아이섀도, 네일 에나멜 등에 활용된다.

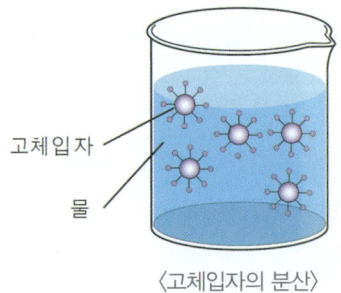

〈고체입자의 분산〉

(3) 화장품의 특성

1) HLB(Hydrophile Lipophile Balance)
① HLB는 계면활성제의 물과 기름에 대한 친화성 정도를 나타내는 값이다.
② HLB값은 0부터 20으로 나타낸다.
③ HLB가 0에 가까울수록 친유성이 좋아서 물은 잘 녹지 않고, 오일은 잘 녹는다.
④ HLB가 20에 가까울수록 친수성이 좋아서 물은 잘 녹고, 오일은 녹지 않는다.

HLB 범위	용도	예
1~4	소포제	선케어 제품 파우더 로션, 크림 세제 스킨류
3~6	W/O 유화제	
7~9	습윤제	
8~18	O/W 유화제	
13~15	세정제	
15~18	가용화제	

2) 화장품의 피부 흡수
① 화장품의 성분은 표피 각질세포 사이에 존재하는 세포간 지질에 흡수되거나 피부 부속기관인 피지선과 모낭을 통해 흡수된다.
② 지용성 성분이 피부 흡수가 더 잘 되고, 분자의 크기가 작을수록 잘 흡수된다.
③ 피부 흡수에 영향을 주는 요인으로는 부위, 나이, 피부 상태, 피부 순환계 등의 생물학적 요인과 성분농도와 적용면적, pH, 계면활성제 첨가 등의 제제학적 요인이 있다.

3) pH와 화장품
① 피부는 pH 5.5의 약산성으로 천연 피지막에 의해 유지된다.
② 피지가 적은 건성피부일수록 알칼리에 가깝다.
③ 여드름, 아토피 피부도 중성에서 알칼리 쪽에 가깝다.
④ 땀은 pH 4~6.6의 산성이다.
⑤ 대부분의 클렌징 폼, 비누와 같은 세정제는 약알칼리성을 나타낸다.

Section 3. 화장품의 종류와 기능

1 기초화장품

화장품 제형의 수분 함유량 및 점도에 따라 화장수류, 로션류, 크림류로 나눌 수 있고, 화장품의 기능에 따라 세안 제품, 피부정돈 제품, 피부 보호와 영양 공급 제품으로 나눌 수 있다.

(1) 세안 제품

1) 비누
① 지방산의 나트륨염으로 물에 녹으며 알칼리성이다.
② 각질을 부풀게 하여 조직을 부드럽게 하나 탈지현상이 있어 피부 건조를 유발할 수 있다.

2) 포인트 메이크업 리무버
아이 메이크업, 립 메이크업의 포인트 메이크업을 지울 때 사용한다.

3) 클렌징 폼
① 비누보다 피부의 당김을 보완한 제품으로, 탈지력을 낮추고 보습력을 보완하여 피부 자극이 대체로 적다.
② 거품이 잘 일어나고 부드러우며 이중세안에 적당하다.
③ 보습제가 함유되어 있고 세정효과가 우수하다.

4) 클렌징 로션(O/W형태)
① 클렌징 크림보다는 유분함량이 낮아 피부에 부담이 적고 끈적임이 적다.
② 물에 잘 용해된다.
③ 가벼운 화장을 지우는 데 용이하다.
④ 피부에 자극이 적어 민감성, 노화피부, 건성피부에 적합하다.

5) 클렌징 크림(W/O형태)
① 유분함량이 많아 두꺼운 메이크업을 지우기에 적합하다.
② 클렌징 크림을 사용한 후에는 오일이 모공을 막을 수 있으므로 반드시 이중세안을 해야 한다.
③ 광물성 오일이 40~50% 함유되어 있다.

6) 클렌징 오일 ★
① 물과 친화력이 좋은 수용성 오일 형태로 자극이 없고 두꺼운 메이크업을 지우기에 적합하다.

② 노화피부, 민감성 피부, 건성피부에 적합하다.

7) 클렌징 젤
① 오일이 함유되지 않아 물로 제거할 수 있고 세정력이 좋다.
② 여드름, 지성피부, 민감성피부에 적합하다.

8) 클렌징 워터
① 오일 성분이 없는 세안제로 산뜻하고 가벼운 사용감을 가지고 있다.
② 가벼운 화장을 닦아내는 데 사용한다.

(2) 피부 정돈 제품
1) 유연화장수
① 가장 일반적인 화장수로 피부에 수분을 공급한다.
② 피부결을 정돈하며 유연작용을 한다.
③ 건성피부, 정상피부, 민감성피부, 노화피부에 사용한다.

2) 수렴화장수
① 유연화장수에 비해 산성을 띤다.
② 알코올 함유가 많아 수렴작용에 의해 일시적으로 피부 모공을 수축시킨다.
③ 청량감이 있으며 소독작용 및 피지 분비 억제작용을 한다.
④ 지성피부, 여드름 피부에 적합하다.

3) 항염화장수
① 살균, 소독, 진정효과가 있으며 염증 완화와 모공 수축효과가 있다.
② 염증성 피부, 여드름 피부에 적합하다.

(3) 영양공급 제품
1) 에멀젼(로션)
화장수와 크림의 중간 점도로, 크림보다 수분량이 많고 피부에 얇게 도포되어 산뜻한 사용감을 준다.

2) 크림
① 점도가 높아 안정성이 높고 다량의 유분, 보습제가 배합되어 유·수분을 충분히 공급한다.

② 데이크림, 나이트크림, 영양크림, 수분크림, 유성크림, 핸드크림, 마사지크림, 미백크림, 주름 개선크림, 선크림 등이 있다.

3) 에센스
① 크림에 비해 산뜻한 사용감으로 흡수력이 우수하여 적은 양으로도 효능을 볼 수 있다.
② 보습, 피부 보호, 영양 공급 등의 주요 효과가 있다.
③ 젤, 로션, 크림 타입 등의 제형으로 구분된다.

4) 팩 ★
① 수분 증발을 억제하고 혈액순환을 촉진하며 노폐물 및 각질을 제거한다.
② 제품에 따라 수렴효과, 세포 재생, 염증 완화작용이 있다.
③ 팩의 종류

필 오프 타입	• 도포된 팩제가 필름막을 형성하여 물리적으로 제거하는 타입이다. • 팩이 건조되는 동안 피부를 수축시켜주는 효과가 있다. • 민감한 피부나 여드름 피부에는 사용을 자제하는 것이 좋다.
워시 오프 타입	• 팩제를 도포하고 적당한 시간 후에 물로 씻어내는 형태이다. • 노폐물 제거 및 피부 진정효과가 있다.
시트 타입	• 얼굴 모양에 맞추어 만들어진 부직포나 가제 등이 팩제를 머금은 상태이다. • 피부 위에 올려두고 일정시간이 지난 후 떼어내는 타입이다. • 사용감이 쉽고 간편하다.

2 색조 화장품

색조 화장품은 베이스 메이크업과 포인트 메이크업 제품으로 나눌 수 있다.

(1) 구성 원료

1) 백색안료
① 가장 많이 사용되는 안료로 제품의 커버력을 결정하고 높은 굴절률로 산란능력을 높인다.
② 이산화티타늄, 산화아연, 탄산칼슘, 리토폰, 연백이 사용된다.

2) 착색안료(색채안료)
① 물, 기름, 용제에 녹지 않고 빛의 흡수와 산란현상을 이용한 발색원리로 색을 갖는 분말이다.
② 색상을 부여하고 커버력을 조절하며 산화철, 레이크 등이 사용된다.

3) 체질안료
   ① 화장품의 기본적인 제형 유지 및 사용감에 영향을 주고 제품 특성을 나타내기 위해 사용하는 분체이다.
   ② 제품을 부드럽게 하고 땀과 유분을 흡수한다.
   ③ 마이카, 탈크, 세리사이트, 카올린 등이 사용된다.

4) 진주광택안료(펄안료)
   천연진주나 전복껍데기 안쪽 등의 광택과 반짝임을 부여한다.

(2) 베이스 메이크업 제품
1) 메이크업 베이스
   ① 피부톤을 고르게 정돈하고 파운데이션의 밀착력과 화장의 지속성을 높인다.
   ② 피부색의 단점을 보완하고 안색을 보정하며 생동감을 부여해 준다.
   ③ 다양한 질감과 색상으로 피부톤을 보정해 준다.

2) 파운데이션
   ① 자외선으로부터 피부를 보호하고 피부색을 보정하며 피부를 윤기 있게 표현해 준다.
   ② 얼굴의 결점을 커버하고 입체감을 부여한다.
   ③ 파운데이션의 종류

리퀴드 파운데이션	• 로션 타입이다. • 가볍고 산뜻한 느낌을 주며 자연스러운 피부를 연출한다. • O/W 형태로 지성피부나 민감성 피부에 사용한다.
크림 파운데이션	• 유분함량이 많아 리퀴드 파운데이션보다는 커버력이 좋다. • W/O 형태이다.
유성형 파운데이션	• 커버 크림, 컨실러(Concealer), 스틱 파운데이션이 있다. • 기미, 주근깨, 여드름 등의 결점 부위를 커버하는 기능이 매우 뛰어난 제품이다.
압축 고형 파운데이션	• 압축 형태의 고형 제품이다. • 빠른 화장이 필요할 때 편리하게 사용하며 휴대하기 좋다. • 내수성이 뛰어나 물에 잘 지워지지 않는다.

3) 파우더
   ① 유분을 흡수하고 파운데이션의 지속력을 높인다.
   ② 메이크업이 오래 지속되도록 한다.
   ③ 과잉 사용 시 피부가 건조해진다.

루즈 파우더	• 분말 타입이다. • 땀과 피지를 흡수하고 피부를 투명하게 연출한다.
콤팩트 파우더	• 파우더를 압축한 형태이다. • 휴대가 간편하다.

〈루즈파우더〉

(3) 포인트 메이크업 제품

아이섀도	• 눈매의 음영효과, 입체감, 색상을 부여한다. • 무기안료는 산화크롬, 수산화크롬, 군청, 감청, 산화철 등이 이용된다.
마스카라	• 속눈썹을 길고 풍성하게 연출하는 제품이다. • 눈매를 아름답고 매력적으로 표현한다.
아이라이너	• 눈매를 수정 및 보완하여 선명한 눈매를 연출한다. • 종류로는 리퀴드 아이라이너, 펜슬 아이라이너, 젤 아이라이너, 케이크 아이라이너가 있다.
아이브로우	• 눈썹을 메꾸어 주고 눈썹 모양을 수정하거나 색을 연출할 수 있다. • 종류는 연필 타입, 오토펜슬 타입, 섀도 타입, 액상 타입, 마스카라 타입 등이 있다.
립스틱	• 입술에 색을 부여하여 아름답게 표현하며 다양한 질감의 제형이 있다. • 글로시, 매트, 유분감 등을 부여한다.
블러셔 (볼터치, 치크)	얼굴의 윤곽을 수정하고 입체감을 주며 색감과 생기를 부여한다.

3 바디관리 화장품

(1) 세정제(목욕제)
① 피부 표면의 노폐물과 이물질을 제거한다.
② 비누, 바디클렌저, 입욕제 등이 있다.

(2) 바디 각질제거제
① 몸의 각질을 제거한다.
② 바디스크럽, 바디솔트 등이 있다.

(3) 바디 트리트먼트
① 몸에 수분과 영양을 공급하는 것으로 세정 후에 사용한다.
② 바디로션, 바디오일, 바디크림, 핸드로션, 핸드크림, 풋크림 등이 있다.

(4) 바디 슬리밍제품
① 혈액순환을 촉진하며 노폐물을 배출하고 지방을 분해한다.
② 지방분해크림, 바스트크림, PPC크림, 핫젤 등이 있다

(5) 액취방지제
① 에틸알코올을 포함하고 있으며 땀을 억제하고, 피부상재균의 증식과 발생한 체취를 억제하는 기능이 있다.
② 데오도란트 스틱, 데오도란트 스프레이 등의 타입이 있다.

(6) 태닝제품
① 자외선에 의한 홍반을 막고 피부색을 건강한 갈색으로 태운다.
② 선탠 오일, 선탠 젤, 선탠 크림, 선탠 로션 등이 있다.

4 방향화장품

(1) 향수

1) 향수의 역사
① 향수를 뜻하는 퍼퓸(Perfume)은 라틴어에서 유래되었고, 동의어인 프레그런스(Fragrance) 또한 '냄새 맡다'라는 라틴어에서 유래되었다.
② 1370년경 향료를 알코올에 녹인 헝가리 워터가 현대 향수의 시초가 되어 발전하였다.

2) 향수의 조건
① 향에 특징이 있어야 한다.
② 향의 확산성이 좋아야 한다.
③ 향의 지속성이 좋아야 한다.
④ 시대에 부합되는 향이어야 하며 향이 조화로워야 한다.

3) 향의 분류 및 특성

시트러스 계열	• 감귤계의 신선하고 상큼한 향취 • 레몬, 베르가못, 자몽, 만다린, 오렌지
플로럴 계열	• 꽃 향기로 로맨틱하고 친근한 향취 • 장미, 자스민, 라일락, 수선화 등
우디 계열	• 나무에서 맡을 수 있는 향 • 베티베르계, 샌들우드계, 시더우드계, 파인계 등
시프레 계열	• 젖은 나뭇잎 향으로 성숙한 여성미가 느껴짐 • 동물성 향과 식물성 향이 조화를 이룸
푸제아 계열	• 양치식물을 총칭하는 말 • 남성 향수에 널리 이용되며 중후한 향
오리엔탈 계열	• 달콤하고 매혹적인 향 • 동물성 향취로 성숙한 분위기
그린 계열	숲속이나 풀잎에서 느껴지는 풋내와 상쾌한 자연향

(2) 향수의 분류

1) 부향률(농도)에 따른 분류

퍼퓸 (Perfum)	• 15~30%의 농도를 함유한다. • 6~7시간 또는 그 이상 지속된다. • 향수의 농도 중 가장 진하다. • 향이 강하기 때문에 소량을 귓볼 뒤, 목, 팔목 등의 맥박이 뛰는 부위에 바르거나 포인트를 줄 부분에만 살짝 뿌린다.
오데퍼퓸 (Eau de Perfum)	• 9~12%의 농도를 함유한다. • 5~6시간 동안 지속된다. • 퍼퓸보다는 향이 약하고, 오데토일렛보다는 진하다.
오데토일렛 (Eau de Toilette)	• 6~8%의 농도를 함유한다. • 지속시간은 4~5시간 정도이다. • 오데퍼퓸과 비교하여 향은 약하지만, 오드콜로뉴의 특징인 가벼운 느낌과 향수의 지속성을 가지고 있다. • 리치하면서도 상쾌한 향을 즐길 수 있다.
오데코롱 (Eau de Colongne)	• 3~5%의 농도를 함유한다. • 2~3시간 정도 향이 지속된다. • 상쾌한 향취가 특징이다. • 향의 농도가 강하지 않아 향수를 처음 접하는 사람이나 향에 민감한 사람들에게 좋다.

| 샤워코롱
(Shower Cologne) | • 1~3%의 농도를 함유한다.
• 농도가 가장 낮으며 은은하고 산뜻한 향을 지닌다.
• **샤워 후 전신에 가볍게 도포하거나 분사**하는 방향화장품이다. |

> **Tip** 향수의 농도
> 퍼퓸 〉 오데퍼퓸 〉 오데토일렛 〉 오데콜롱 〉 샤워콜롱의 순서로 농도가 높다.

2) 발산 속도에 따른 향의 변화

탑 노트 (Top Note)	• 향수를 뿌렸을 때 그 즉시 나타나는 향이다. • 헤드 노트(Head Note)라고도 하며 소비자가 향수를 구매하는 계기가 된다. • 휘발성이 높은 시트러스계, 그린계, 알데히드계, 가벼운 플로랄계 등을 많이 사용한다.
미들 노트 (Middle Note)	• 향수의 배합을 이룬 중간 단계이다. • 하트 노트(Heart Note)라고도 하며 향수의 향을 지배한다. • 탑 노트보다는 향이 느리게 진행된다. • 프로랄, 푸르트, 시프레, 스파이스, 그린, 오리엔탈 등이 속한다.
베이스 노트 (Base Note)	• 향의 특징을 말하며 휘발성이 낮아 가장 마지막에 남는 향이다. • 품질을 결정하기 때문에 라스트 노트(Last Note)라고도 한다. • 무스크, 우디, 앰버, 오리엔탈 계열이 해당한다.

5 에센셜(아로마) 오일과 캐리어 오일

(1) 에센셜(아로마) 오일

① 에센셜 오일은 식물의 뿌리, 줄기, 꽃, 잎, 열매에서 추출한 오일이다.
② 식물에서 추출한 에센셜 오일과 향을 이용하여 스트레스와 통증을 풀어주고, 건강을 증진시키는 향 치료법을 아로마 테라피라고 한다.
③ 아로마 테라피는 '향기(Aroma)'와 '치료(Therapy)'의 합성어이다.
④ 허브류의 로즈마리, 마죠람, 페퍼민트, 감귤류의 베르가못, 오렌지, 레몬, 수목류의 주니퍼, 시더우드, 유칼립투스, 꽃류인 라벤더, 쟈스민, 카모마일 등의 오일이 있다.

(2) 에센셜(아로마) 오일의 추출방법

수증기증류법	• 뜨거운 물이나 수증기에 의해 향식물의 향기물질이 수증기와 함께 기체로 증발하게 되어 대량으로 천연향을 얻을 수 있다. • 열에 약한 향기성분이 고온에서 파괴될 수 있고, 오일 함량이 적거나 수용성 성분이 많은 식물에는 부적합하다는 단점이 있다.
용매추출법	• 열에 불안정한 꽃잎의 오일을 추출하는 방법으로, 낮은 온도에서 용해되는 향료만을 휘발성 용매(에탄올, 메탄올, 헥산, 석유 에테르)에 녹여내어 추출하는 방법이다. • 대부분의 꽃향기는 용매추출법을 통해 얻어진다.
압착추출법	• 과일이나 껍질의 내피 등을 압착하여 천연향을 얻는 방법이다. • 원심분리를 하여 불순물을 제거한다.
침윤법	오일에 꽃을 담가 향을 추출하는 방법이다.
이산화탄소추출법	• 저온·저압에서 추출하는 방법으로 수증기증류법으로 추출할 수 없는 오일에 사용한다. • 향이 원형에 가깝게 보존된다는 장점이 있으나 비용이 매우 비싸다.

(3) ★ 에센셜(아로마) 오일의 효능
① 혈액순환과 림프순환을 촉진하며 신진대사를 조절한다.
② 항염, 항균, 항스트레스 작용을 한다.
③ 면역기능을 강화하며 진정작용이 있다.
④ 피부 미용에 적합하며 불면증, 편두통에도 효과적이다.

(4) 아로마 오일의 사용 시 주의사항
① 원액이 피부에 닿지 않도록 한다.
② 반드시 희석한 정유를 사용한다.
③ 암갈색 병에 담아 직사광선을 피해 그늘진 곳에 보관한다.
④ 시트러스 계열의 아로마 오일은 햇빛에 민감하니 주의한다.
⑤ 눈에 직접 닿지 않도록 주의한다.
⑥ 사용 전에 피부 테스트를 실시한다.
⑦ 임산부 등 특정 정유가 금지된 사람에게는 사용을 금지한다.

> **Tip** 에센셜 오일의 종류와 특성

라벤더	• 피부 재생, 습진, 여드름에 효과 • 스트레스, 불면증, 두통, 편두통 완화 • 항염, 화상, 피부염, 건선, 기관지 후두염 완화
프랑킨센스	• 기관지염, 기침, 가래, 호흡기에 효과 • 우울증 완화, 진정효과 • 건성, 노화, 지성피부에 효과, 재생효과 • 소화불량, 생리통 완화
유칼립투스	• 살균효과, 통증 완화, 면역계 강화 • 감염, 화상, 염증에 효과
티트리	• 기관지염, 살균, 천식, 비뇨계 감염 완화 • 면역 강화, 독소 배출
쟈스민	• 보습효과, 재생, 이완, 진정 • 임산부 사용 금지 • 세포 재생, 상처 치유
블랙페퍼	관절염, 통증 완화
카모마일	• 알러지, 습진, 여드름, 건선, 피부 트러블, 여드름, 무좀, 가려움증 완화 • 민감성 피부는 주의
그래이프 프룻	• 지성피부, 여드름피부에 효과 • 피부 수렴작용, 피부정화작용

(5) 캐리어 오일(베이스 오일)

① 베이스 오일이라고도 한다.
② 호호바, 밀배아 오일, 그레이프 오일, 스위트아몬드 오일, 아보카도 오일, 달맞이유 등 식물성 위주의 오일이다.
③ 휘발성이 없고 피부 자극을 완화시킨다.
④ 에센셜 오일을 단독으로 사용하기보다는 캐리어 오일을 함께 브랜딩하여 사용하여 흡수율을 높인다.

> **Tip** 캐리어 오일의 종류와 특성

종류	효능	특성
스윗아몬드 오일	습진, 가려움증, 염증, 건성	산화가 쉬움
살구씨 오일	• 민감성피부, 주름, 피부노화 방지 • 토코페롤 함유	• 흡수가 빠름 • 피부 마사지용
아보카도 오일	• 민감성, 건성, 노화피부 • 건선, 습진, 가려움증 완화	• 산화가 쉬움 • 저온에서 혼탁함
피마자유	• 피부 보습효과 • 관절통, 근육통 개선	• 피부자극이 적음 • 알코올에 잘 녹음
포도씨 오일	• 지성피부, 여드름 피부 • 피부미백효과 • 피부 재생, 항산화 효과	• 유분이 적고 가벼움 • 냄새가 없음
달맞이유	• 항염, 아토피성 피부염 완화 • 호르몬 분비 조절	끈적임이 많아 가벼운 오일과 혼합하여 사용
호호바 오일	• 노폐물 제거, 살균효과 • 셀룰라이트 감소 • 여드름, 습진, 건선에 효과	• 왁스 구조(10도 이하에서 응고됨) • 끈적임이 적음
아몬드 오일	보습, 모든 피부 타입에 적합	비타민 A, E 풍부
올리브 오일	진정, 염증, 상처	마사지용으로는 끈적임이 많아 블렌딩하여 사용

6 기능성 화장품

(1) 미백 화장품

① 멜라닌색소로 인해 피부 위로 기미, 주근깨가 생기지 않도록 예방하고 멜라닌 생성을 억제한다.

② 성분과 기능

　㉠ 알부틴, 코직산, 감초추출물, 닥나무추출물, 상백피추출물 : 티로신의 산화를 촉매하는 티로시나제의 작용 억제

　㉡ 비타민 C 유도체, 코엔자임 Q-10 : 도파의 산화 억제

　㉢ AHA, BHA 등 : 멜라닌색소 제거

　㉣ 하이드로퀴논 : 멜라닌색소 사멸

　㉤ 산화아연, 징코옥사이드, 이산화티탄, 티타늄디옥사이드, 규산, 탈크 : 자외선 차단

(2) 주름개선 화장품

① 진피의 결합조직 형성을 촉진시키는 섬유아세포를 자극하여 콜라겐을 촉진하고, 진피의 결합을 탄력 있게 한다.

② 성분과 기능

　㉠ 비타민 A, 아데노신 : 섬유아세포의 성장과 콜라겐 합성 촉진
　㉡ 레티놀 : 지용성 비타민 상피를 보호하나 쉽게 산화되는 단점이 있음
　㉢ 베타카로틴 : 당근에서 추출하며 피부 재생효과
　㉣ 아데노신 : 콜라겐과 엘라스틴의 합성을 촉진
　㉤ 비타민 E, SOD(Super Oxide Dismutase) : 항산화제 성분으로 활성산소 억제와 프리라디칼을 제거

(3) 피부를 곱게 태워주는 화장품

① 자외선에 의한 홍반을 막고 멜라닌색소의 양을 늘려 피부색을 건강한 갈색으로 태운다.
② 디하이드록시아세톤이 주성분이다.

(4) 자외선으로부터 보호하는 화장품

① 자외선 UV-B로부터 **피부를 보호**하며 기미, 주근깨, 주름 방지를 위한 것이다.
② 자외선 차단제는 산란제와 흡수제로 나뉜다.
③ **자외선 차단지수 SPF(Sun Protection Factor)**

　㉠ 자외선 차단 화장품이 UV-B로부터 **피부를 보호**할 수 있도록 수치화하여 표시한다.
　㉡ 자외선 차단제품을 도포하지 않은 부위에 UV-B를 조사하여 얻은 홍반량을 자외선 차단제품을 사용하여 얻은 최소 홍반량으로 나눈 값이다.

$$SPF = \frac{UV\ 차단\ 화장품을\ 사용했을\ 때의\ 최소\ 홍반량}{UV\ 차단\ 화장품을\ 사용하지\ 않았을\ 때의\ 최소\ 홍반량}$$

④ 자외선 산란제와 자외선 흡수제

자외선 산란제	• 난반사를 하는 물리적 차단제이다. • 자외선을 물리적으로 반사, 산란시키는 무기화합물 계통의 분체로 분말상태의 안료를 이용하여 자외선을 반사한다. • 백탁현상이 있다. • 차단효과가 우수하며 불투명하다. • 민감성 피부에 사용한다. • 성분 : 산화아연(징크옥사이드), 이산화티타늄(티타늄디옥사이드), 규산염, 탈크

자외선 흡수제	• 화학적 필터를 사용하는 화학적 차단제이다. • 자외선을 별도의 에너지로 변화 및 흡수하는 화학적 방법으로 자외선을 차단하고, 피부에의 침투를 막아 피부를 보호한다. • 투명하고 자극이 있다. • 성분 : 옥틸디메틸파바, 옥틸메톡시신나메이트, 벤조페논 유도체, 캄퍼 유도체, 디벤조일메탄 유도체, 갈산 유도체, 파라아미노안식향산

(5) 염모제

① 모발의 색상에 변화를 주어 아름답게 표현하는 제품이다.
② 기존 모발의 색을 탈색함과 동시에 새로운 색소가 발현되도록 하여 모발의 색이 변화되도록 한다.

(6) 탈색제

① 탈색제는 기존 모발의 멜라닌색소를 분해하는 제품으로 모발을 밝게 한다.
② 작용시간의 정도에 따라 색이 점점 더 밝아지며 모발이 가는 경우 녹을 수 있으니 주의해야 한다.

(7) 제모제

① 미용상의 목적으로 팔, 다리, 겨드랑이, 비키니 라인의 털을 화학적으로 제거하는 제품이다.
② 물리적인 방법의 제모제품은 기능성으로 분류되지 않는다.

(8) 양모제(모발촉진제)

① 두피의 비듬과 피지를 제거하고, 두피세포의 활발한 세포분열을 위해 영양을 공급한다.
② 탈모증상을 완화하며 발모를 촉진한다.

(9) 여드름용 화장품

① 여드름용 화장품은 살균과 소독기능이 있고, 피지 분비를 억제하며 수렴효과가 있다.
② 과다한 각질을 제거하기 위해 각질 용해제가 배합되어 피지와 노폐물이 잘 배출되도록 한다.

(10) 아토피용 화장품

아토피 피부에 유·수분을 공급하며 피부 건조를 완화하고, 피부장벽을 보호하는 데 도움을 준다.

(11) 튼살용 화장품

튼살로 인한 붉은 선을 엷게 하는 데 도움을 준다.

Chapter 6 핵심쏙쏙 예상문제

01 화장품에 대한 설명 중 틀린 것은?
① 사용대상은 정상인이다.
② 사용목적은 세정, 청결, 건강 유지이다.
③ 사용기간은 장기간, 지속적이다.
④ 사용효과는 제한적이고 부작용이 있을 수 있다.

해설 화장품의 사용효과는 제한적이고 부작용이 있으면 아니 된다.

02 우리나라에서 화장품법이 제정되어 시행된 때는 언제인가?
① 2000년 7월 1일
② 2003년 7월 1일
③ 2008년 7월 1일
④ 1999년 9월 7일

해설 화장품법은 1999년 9월 7일 제정되어 2000년 7월 1일부터 시행되었다.

03 다음 중 화장품의 4대 요건이 아닌 것은?
① 안전성
② 안정성
③ 유효성
④ 향취성

해설 화장품의 4대 요건은 안전성, 안정성, 사용성, 유효성이다.

04 피부에 대한 자극, 알레르기, 독성이 없어야 한다는 내용은 화장품의 4대 요건 중 어느 것에 해당하는가?
① 안전성
② 안정성
③ 유효성
④ 사용성

해설 화장품은 피부에 안전해야 한다.

05 화장품의 분류에 대한 설명이 틀린 것은?
① 클렌징 제품, 팩은 기초화장품에 속한다.
② 튼살 피부용 화장품은 기능성 화장품에 속한다.
③ 치약류, 구강청정제는 구강 화장품에 속한다.
④ 아토피 제품은 기초화장품에 속한다.

해설 아토피 화장품은 기능성 화장품에 속한다.

06 기초화장품에 대한 설명으로 올바른 것은?
① 세안, 세정, 피부정돈
② 튼살 피부 개선
③ 주름 및 탄력 개선
④ 자외선으로부터 피부 보호

해설 기초화장품은 세안, 세정, 피부정돈, 피부 보습 및 영양이 목적이다.

07 다음 중 화장품과 의약외품, 의약품의 구분에 대한 설명이 잘못된 것은?
① 화장품 : 장시간 지속적으로 사용이 가능하다.
② 의약외품 : 특정 부위에 사용 범위를 가진다.
③ 의약품 : 의사의 처방에 의해 사용해야 한다.
④ 의약외품 : 피부 전신에 사용 가능하며 질병의 치료 및 예방에 사용 목적이 있다.

해설 의약외품은 피부의 특정 부위에 사용이 가능하며, 질병의 치료 및 예방에 사용 목적을 가지는 것은 의약품에 대한 설명이다.

01 ④ 02 ① 03 ④ 04 ① 05 ④ 06 ① 07 ④

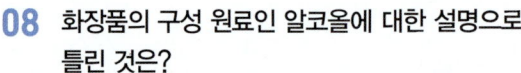

08 화장품의 구성 원료인 알코올에 대한 설명으로 틀린 것은?
① 소독작용이 있어 화장수, 양모제 등에 사용한다.
② 인체 소독용으로는 메탄올을 주로 사용한다.
③ 화장품의 용매, 운반체, 수렴제로 사용된다.
④ 피부에 자극을 줄 수 있고 지속적으로 사용할 경우 건성화될 수 있다.

해설 인체 소독용으로는 에탄올을 주로 사용한다.

09 다음 중 화장수에 가장 널리 배합되는 알코올 성분은?
① 프로판올   ② 에탄올
③ 부탄올   ④ 메탄올

해설 기본적인 화장품의 수성원료로 알코올이 사용되며 에탄올이 주로 쓰인다.

10 화장품의 유성원료 중 광물성 원료에 속하지 않는 것은?
① 미네랄 오일
② 라놀린
③ 실리콘 오일
④ 바셀린

해설 라놀린은 양털에서 추출한 것으로 동물성 오일에 속한다. 광물성 오일이나 왁스는 석유나 광물질에서 추출한 유성원료이다.

11 화장수에 사용되는 글리세린의 목적은?
① 탈수작용   ② 보습작용
③ 소독작용   ④ 방부작용

해설 글리세린은 보습제로 주로 활용한다.

12 화장품에 사용되는 주요 방부제는?
① 에틸알코올
② 벤조산
③ 파라옥시안식향산메틸
④ BHT

해설 화장품에 사용되는 방부제로는 파라벤류(파라옥시안식향산류), 이미다졸리디닐 우레아, 페녹시에탄올, 이소치아졸리논 등이 있다. 파라벤류에는 메틸 파라벤, 에틸 파라벤, 프로필 파라벤, 부틸 파라벤이 있다.

13 고형의 유성 원료로 고급 지방산에 고급 알코올이 결합된 에스테르이면서 화장품의 굳기를 증가시켜 주는 원료는?
① 동백유   ② 글리세린
③ 왁스   ④ 밍크오일

해설 왁스는 고형으로 점도 조절 및 굳기를 조절하는 유성원료로 사용된다.

14 오일에 대한 설명 중 옳은 것은?
① 식물성 오일 : 향이 좋고 부패하기 쉽다.
② 동물성 오일 : 무색, 투명하고 냄새가 없다.
③ 광물성 오일 : 색이 진하고 피부 흡수가 높다.
④ 합성 오일 : 냄새가 나쁘고 정제한 것을 사용한다.

15 화장품 성분 중 무기안료의 특성으로 올바른 것은?
① 내광성 및 내열성이 우수하다.
② 선명도와 착색력이 뛰어나다.
③ 유기용매에 잘 녹는다.
④ 유기안료에 비해 색의 종류가 다양하다.

08 ② 09 ② 10 ② 11 ② 12 ③ 13 ③ 14 ① 15 ①

> **해설** 무기안료는 광물성 안료로 불리며 내열, 내광성이 양호하다. 산, 알칼리에도 강하나 색상이 화려하지 않은 것이 특징이다.

16 화장품 제조의 주요 3가지 기술이 아닌 것은?
① 가용화 기술
② 유화 기술
③ 분산 기술
④ 융합 기술

> **해설** 화장품 제조의 주요 3가지 기술은 가용화, 유화, 분산 기술이다.

17 다량의 유성 성분을 정제수와 함께 일정 기간 안정한 상태로 균일하게 혼합되어 있도록 하는 화장품 제조 기술은?
① 유화   ② 분산
③ 가용화   ④ 경화

> **해설** 유화기술은 한 액체에 서로 섞이지 않는 다른 액체가 미세한 입자의 작은 방울이 되어 균일하게 분산되어 섞이도록 하는 것을 말한다.

18 다음 중 오일 성분이 물에 혼합되어 있는 유화 상태는?
① W/S 에멀젼
② W/O 에멀젼
③ W/O/W 에멀젼
④ O/W 에멀젼

> **해설** 물 속에 오일이 균일하게 혼합되어 있는 것은 O/W 에멀젼의 상태이다.

19 파운데이션, 마스카라, 립스틱 등에 쓰이는 화장품의 기술은?
① 확산   ② 분산
③ 유화   ④ 가용화

> **해설** 분산은 물 또는 오일 성분에 고체입자를 투여한 후 계면활성제를 섞어 제형이 균일하게 혼합되도록 하는 기술이다.

20 계면활성제에 대한 설명 중 잘못된 것은?
① 계면활성제는 계면을 활성화시키는 물질이다.
② 계면활성제는 주로 친유성이며 친유성기를 가진다.
③ 계면활성제는 표면장력을 낮추어 기름을 유화시키는 등의 특성을 가진다.
④ 계면활성제는 표면활성제라고도 한다.

> **해설** 계면활성제는 친유성기와 친수성기를 모두 가진다.

21 음이온 계면활성제의 성질에 대한 설명 중 옳은 것은?
① 세정력이 약하다.
② 탈지기능이 거의 없다.
③ 기포 형성작용이 우수하다.
④ 피부 자극이 거의 없다.

> **해설** 음이온 계면활성제는 세정력이 좋고 탈지기능이 있으며, 거품이 잘 일어나고 피부자극이 있다.

22 계면활성제의 피부 자극이 큰 순서로 알맞게 나열된 것은?
① 음이온 계면활성제 > 양이온 계면활성제 > 양쪽성 계면활성제 > 비이온성 계면활성제
② 양이온 계면활성제 > 음이온 계면활성제 > 양쪽성 계면활성제 > 비이온성 계면활성제
③ 음이온 계면활성제 > 비이온성 계면활성제 > 양이온 계면활성제 > 양쪽성 계면활성제

16 ④ 17 ① 18 ④ 19 ② 20 ② 21 ③ 22 ①

④ 양이온 계면활성제 > 양쪽성 계면활성제 > 음이온 계면활성제 > 비이온성 계면활성제

해설 음이온 계면활성제가 피부 자극이 가장 크고, 비이온성 계면활성제가 제일 적다.

23 다음 중 세정작용이 있으며 피부자극이 적어 유아용 샴푸제에 주로 사용되는 것은?

① 음이온성 계면활성제
② 양이온성 계면활성제
③ 양쪽성 계면활성제
④ 비이온성 계면활성제

해설 양쪽성 계면활성제는 베이비 샴푸와 저자극 샴푸에 사용된다. 비이온성 계면활성제는 피부 자극이 가장 적고 세정제보다는 화장품의 유화제, 가용화제로 사용된다.

24 천연보습인자의 종류가 아닌 것은?

① 아미노산   ② 젖산
③ 요소   ④ 글리세린

해설

보습제	성 분
폴리올류	글리세린, 프로필렌글리콜, 폴리에틸렌글리콜, 부틸렌글리콜, 소르비톨
천연보습인자	아미노산, 젖산염, 요소, 지방산 등
고분자 보습제류	히아루론산, 콜라겐, 콘드로이친 황산

25 다음 중 그 분류가 다른 것은?

① 화장수   ② 염모제
③ 팩   ④ 클렌징 크림

해설 염모제는 헤어용 제품이다.

26 다음 중 기초화장품의 사용 목적에 해당되지 않는 것은?

① 세정
② 피부정돈
③ 피부색 커버
④ 피부 보습

해설 피부색을 커버하는 것은 색조화장품이다.

27 짙은 화장을 지울 때 사용하는 클렌징 제품 중 사용 후 이중세안을 필요로 하는 것은?

① 클렌징 젤
② 클렌징 로션
③ 클렌징 크림
④ 클렌징 워터

해설 클렌징 크림은 유분기가 많아서 물 세안으로는 크림이 제거되지 않는다. 또한 미네랄 오일 성분이 모공을 막을 수도 있으므로 반드시 이중세안이 필요하다.

28 유연화장수의 작용으로 틀린 것은?

① 피부의 모공을 청소해 준다.
② 세안 후 남아있는 비누의 알칼리를 중화시킨다.
③ 보습제가 포함되어 있다.
④ 피부를 유연하게 해준다.

해설 피부 모공을 청소해 주는 제품은 일반적으로 클렌징 제품이다.

29 땀의 분비로 인한 체취와 세균 증식을 억제하기 위해 겨드랑이 부위에 사용하는 것은?

① 핸드로션
② 바디로션
③ 데오도란트 로션
④ 오데코롱

23 ③ 24 ④ 25 ② 26 ③ 27 ③ 28 ① 29 ③

해설 겨드랑이의 체취를 제거하는 제품은 데오도란트로, 스틱과 로션, 스프레이 제형이 있다.

30 다음 중 팩의 분류에 속하지 않는 것은?
① 패치 타입
② 워시 오프 타입
③ 필 오프 타입
④ 워터프루프 타입

해설 팩의 종류에는 필 오프 타입, 워시 오프 타입, 티슈 오프 타입, 분말 타입 등이 있다. 워터프루프는 방수를 뜻하며 보통 색조화장품의 기능으로 활용된다.

31 색조 화장품의 목적으로 틀린 것은?
① 피부색을 정돈하고 외모를 아름답게 표현한다.
② 단점을 보완하고 장점을 극대화한다.
③ 심리적 만족감을 부여하여 자신감을 상승시킨다.
④ 피부를 재생하고 주름을 개선한다.

해설 피부를 재생하고 주름을 개선하는 성분은 주로 기초화장품에 함유되어 있다.

32 메이크업 화장품의 색재로 사용되는 안료가 아닌 것은?
① 백색안료   ② 착색안료
③ 유화안료   ④ 체질안료

해설 백색, 착색, 체질, 펄 안료로 구분된다.

33 다음 중 수분함량이 가장 높고 투명감 있게 마무리되는 O/W형 타입은?
① 리퀴드 파운데이션
② 파우더 파운데이션
③ 트윈 케이크
④ 크림 파운데이션

해설 O/W타입은 물속에 기름이 유화된 타입으로 수분이 많아 리퀴드 형에 속한다.

34 포인트 메이크업 화장품에 속하지 않는 것은?
① 블러셔   ② 아이섀도
③ 파우더   ④ 립스틱

해설 파우더는 피부 표현 제품이다.

35 바디관리 화장품이 가지는 기능과 가장 거리가 먼 것은?
① 세정   ② 보습효과
③ 연마   ④ 일소 방지

해설 연마제는 치약에 주로 들어있다.

36 다음 중 바디용 화장품이 아닌 것은?
① 헤어팩
② 바스오일
③ 바디샴푸
④ 데오도란트

37 바디 화장품의 종류와 사용 목적의 연결이 적합하지 않은 것은?
① 바디워시 : 세정
② 데오도란트 파우더 : 제모
③ 선스크린 : 자외선 방어
④ 바스 솔트 : 세정

해설 데오도란트 파우더는 겨드랑이 체취 제거용으로 사용한다.

30 ④　31 ④　32 ③　33 ①　34 ③　35 ③　36 ①　37 ②

38 다음 중 향수의 부향률이 높은 것부터 바르게 나열된 것은?

① 퍼퓸 〉 오데퍼퓸 〉 오데코롱 〉 오데토일렛
② 퍼퓸 〉 오데코롱 〉 오데퍼퓸 〉 오데토일렛
③ 퍼퓸 〉 오데퍼퓸 〉 오데토일렛 〉 오데코롱
④ 퍼퓸 〉 오데토일렛 〉 오데퍼퓸 〉 오데코롱

해설 부향률이란 알코올에 대한 향 원액의 함유비율을 뜻하는 것으로 높은 것부터 퍼퓸 〉 오데퍼퓸 〉 오데토일렛 〉 오데코롱 순이다.

39 다음 중 향료의 함유량이 가장 적은 것은?

① 퍼퓸
② 오데토일렛
③ 오데코롱
④ 샤워코롱

40 향수의 구비조건이 아닌 것은?

① 향에 특징이 있어야 한다.
② 향이 강하고 지속성이 있어야 한다.
③ 시대성에 부합되는 향이어야 한다.
④ 향의 조화가 이루어져야 한다.

해설 향의 강약은 향료의 구성과 특성에 따라 다를 수 있으며 취향에 따라 선택할 수 있다.

41 에센셜 오일에 대한 설명 중 틀린 것은?

① 주로 수증기증류법에 의해 추출된다.
② 변질의 우려가 있으므로 갈색병에 보관하는 것이 좋다.
③ 원액을 그대로 피부에 사용한다.
④ 패치테스트를 실시하도록 한다.

해설 에센셜 오일은 캐리어 오일과 함께 혼합하여 피부에 사용하도록 한다.

42 다음 중 에센셜 오일의 추출 방법이 아닌 것은?

① 수증기증류법
② 냉각법
③ 압착법
④ 용제추출법

해설 에센셜 오일의 추출법에는 수증기증류법, 압착법, 휘발성 용제추출법, 비휘발성 용제추출법이 있다.

43 햇빛에 노출 시 색소침착의 우려가 있어서 사용 시 유의해야 하는 에센셜 오일은?

① 레몬　　　　② 티트리
③ 제라늄　　　④ 라벤더

해설 레몬은 민감한 피부에 자극을 줄 수 있고 광과민성을 일으킬 수 있어 전신 도포를 금지하고 있다.

44 에센셜 오일과 혼합하여 피부에 적용하는 식물성 오일은?

① 캐리어 오일
② 아로마 오일
③ 트랜스 오일
④ 허브 오일

해설 에센셜 오일은 캐리어 오일과 혼합하여 희석해서 사용해야 한다.

45 다음 중 캐리어 오일로 부적합한 것은?

① 미네랄 오일
② 살구씨 오일
③ 아보카도 오일
④ 포도씨 오일

해설 미네랄 오일은 석유에서 추출한 광물성 오일이다. 캐리어 오일은 식물성 오일을 사용한다.

38 ③　39 ④　40 ②　41 ③　42 ②　43 ①　44 ①　45 ①

46 기능성 화장품의 종류로 틀린 것은?
① 미백개선 화장품
② 주름개선 화장품
③ 아토피용 화장품
④ 색조 화장품

47 다음 중 주름개선 화장품의 원료로 많이 사용되는 것은?
① 상백피추출물
② 알부틴
③ 코직산
④ 레티놀

해설 알부틴, 코직산, 상백피추출물은 미백화장품에 주로 쓰인다.

48 미백화장품에 대한 설명으로 틀린 것은?
① 사이토카인을 조절한다.
② 비타민 A의 함유가 높다.
③ 티로시나아제의 활성을 저해한다.
④ 멜라닌색소의 합성을 저해한다.

해설 비타민 A는 주름 개선성분으로 주로 쓰인다.

49 자외선 차단제에 대한 설명 중 틀린 것은?
① 자외선 차단제는 자외선 산란제와 흡수제로 구분된다.
② 자외선 산란제는 투명하다.
③ 자외선 흡수제는 화학적인 흡수작용을 이용한 제품으로 투명하다.
④ 자외선 산란제는 물리적인 산란작용을 이용한 제품이다.

해설 자외선 산란제는 백탁현상이 있다.

50 다음 중 자외선 차단지수를 나타내는 단위는?
① FDA
② SPF
③ SCL
④ WHO

51 다음 중 주름 개선성분에 해당하지 않는 것은?
① 레티노이드
② 코직산
③ AHA
④ 항산화제

해설 코직산은 미백화장품의 성분이다.

52 여드름용 피부 화장품에 주로 사용되는 성분으로 거리가 먼 것은?
① 살리실산
② 글리시리진산
③ 아줄렌
④ 코직산

해설 코직산은 미백 화장품의 성분이다.

53 다음 중 양모제의 성분과 기능에 대한 연결이 틀린 것은?
① 비타민 E 유도체, 판테놀 : 혈액순환 촉진
② 살리실산, 유황 : 각질 용해
③ 알란토인 : 항염작용
④ 멘톨, 글리세린 : 피지 분비 억제

해설 멘톨, 글리세린은 청정 및 보습작용을 하는 성분이다. 염산피리독신 성분이 피지 분비를 억제한다.

46 ④ 47 ④ 48 ② 49 ② 50 ② 51 ② 52 ④ 53 ④

PART 2

메이크업 고객서비스

Chapter 1
고객응대

Section 1. 고객 관리

고객 관리 및 고객 관계 개선, 만족도 향상을 위한 매뉴얼로서 고객 선별과 유치, 고객 이탈 방지를 위한 시스템을 구축함으로써 매출 증대와 고객과의 관계 유지를 위한 활동

1 고객 관리의 필요성

① 신규 고객 유치 및 반복적인 매출 증대
② 기존 고객의 재방문 유도
③ 고객과의 신뢰도 향상을 위한 고객 개인 정보 파악

2 고객 분류와 관리

(1) 신규 고객
① 업장에 대한 좋은 이미지 전달
② 고객 만족도 조사
③ 고객 정보 관리를 통해 재방문 유도

(2) 재방문 고객
① 사전 고객 정보 확인을 통한 친밀도 유발
② 이벤트 활용 등을 통한 DM서비스 제공
③ 이탈 방지를 위한 고객 관리

(3) 고정(일반)고객 (단골)
① 단골 고객을 위한 맞춤형 서비스 제공
② 이탈 방지를 위한 고객 관리 유지
③ 단골 고객 우대 서비스

④ 서비스 정보와 이벤트 활용

> **Tip** 고객 확보 – 고객 유지 – 고객 평생화의 과정을 통해 고객 점유율 확장과 단골 고객 유치 및 고객 이탈 방지에 힘쓴다.

3 고객 응대

(1) 상황별 고객 응대의 기본자세 및 주의점

상 황	응대 방법 및 특성	주의점
방문고객 응대	① 친절한 인사로 표정으로 고객을 응대한다. ② 고객의 겉옷과 개인 소지품 보관 ③ 방문 목적 확인 후 대기 공간으로 이동 안내 ④ 고객 취향 파악 후 음료 및 다과, 잡지 등을 제공한다. ⑤ 예약 필요 시 예약 안내 및 예약 카드 작성 ⑥ 부드러운 목소리와 화법, 경청하는 자세로 응대한다. ⑦ 작업 전후 서비스 내용 설명과 요금 안내 및 정산 ⑧ 고객 배웅	• 고객 소지품이 섞이지 않도록 주의 • 응대 및 상담 시 경어를 사용하며 반말이나 지나친 제스처는 삼간다. • 고객 방문 시 자리에서 일어나서 바른 자세로 응대 • 고객의 옷에 화장품이 묻지 않도록 가운을 준비하여 입혀줌
전화응대	① 벨은 3번 이상 울리기 전에 받는다. ② 밝은 목소리로 인사와 업장명을 말한다. ③ 고객 파악 후 중요 내용 메모하기 ④ 고객과의 통화 내용 및 예약 사항 재확인 ⑤ 끝인사 하기 ⑥ 고객 통화 종료 후 전화 끊기	• 업장명 및 응대자 소속과 이름을 밝힌다. • 예약 일정 및 담당 디자이너 정보를 신속하고 정확하게 안내한다. • 예약 사항 재확인
온라인응대	① 상담자의 소속과 이름을 밝힌다. ② 예약 사이트, 1:1 채팅 등을 통해 사업장 이용 안내 ② 업장 안내 이미지와 영상 제공을 통한 고객과의 소통 ③ SNS나 포털 사이트를 통한 마케팅	• 시간대별 전화 상담사 배치 • 신속한 피드백 • 개인 정보 유출 방지

(2) 불만 고객 응대의 기본자세 및 주의점

상 황	응대 방법 및 특성	주의점
불만고객	① 우선 사과 ② 불만 사항 파악 및 적극적인 경청 ③ 문제 발생 원인 파악 ④ 고객 입장에서의 불만 사항 공감대 형성 ⑤ 알기 쉽도록 해결 방안을 제시 ⑥ 해결 방안 제시 후 고객의 의견 수렴 후 동조 받기 ⑦ 미해결 시 대안 제시 ⑧ 감사 인사	• 고객의 관점에서 친절한 어휘사용 • 고객의 잘못을 말하지 않도록 함 • 해결 방안 제시 후 고객의 동의 확인 및 대안 제시

(3) 고객 카드

1) 고객 정보 수집 및 기록

① 고객의 나이, 성별, 직업, 성향, 메이크업 스타일 등을 파악한다.
② 고객 개인 정보 및 알레르기 유무, 고객 특이사항 등을 기록하도록 한다.
③ 얼굴의 특성을 파악하고 얼굴형 및 피부 상태, 피부톤 등을 일자별로 기록한다.
④ 고객의 요구사항 및 메이크업 의도 등을 파악한다.
⑤ 고객카드 내용을 토대로 고객에게 맞는 스타일 제안하고 고객 요구사항을 반영한다.

Chapter 1 핵심쏙쏙 예상문제

01 고객 응대에 대한 설명으로 올바르지 않은 행동은?
① 고객의 개인 물품 및 겉옷은 다른 고객의 물품과 같이 보관한다.
② 고객 대기 시간이 길어질 경우 음료나 다과를 준비하여 제공한다.
③ 전화 상담 시에는 고객과의 순조로운 소통을 위해 상담 내용을 메모하여 기록한다.
④ 고객의 정보 수집을 위해 고객카드를 작성하고 시술 시 특이사항을 기록한다.

> 해설 고객의 소지품 보관을 위한 공간을 마련하여 겉옷이나 고객 개인 물품이 다른 고객의 것과 섞이지 않도록 따로 보관하는 것이 좋다.

02 고객 응대의 올바른 자세로 틀린 내용은?
① 복장은 단정하고 위협감을 주지 않도록 한다.
② 상담 시 고객의 스타일 분석에 대한 충분한 지식 전달과 신뢰감을 주도록 한다.
③ 상담 시 경어를 사용하며 반말이나 지나친 제스처는 삼간다.
④ 트랜드에 따른 메이크업을 중점적으로 고려하여 고객에게 디자인을 제시한다.

> 해설 고객에게 디자인 제안 시 고객의 개성과 특성을 살려 장점을 부각하고 단점을 보완하는 것이 가장 먼저 고려되어야 하며, 트랜드는 뒷받침이 될 수 있게 반영하는 것이 좋다.

03 고객의 메이크업 디자인 설계를 위한 방법으로 옳지 않은 것은?
① 시술 과정 및 주의사항을 고객에게 전달한다.
② 고객에게 최신 트랜드 메이크업을 그대로 시술한다.
③ 상담 내용을 통해 고객의 얼굴형과 피부 상태 및 특성 등을 정확히 파악하여 디자인에 반영한다.
④ 디자인 설계 시 고객 요구사항을 반영하고 시술자의 전문 지식을 통해 메이크업 스타일을 정한다.

> 해설 고객에게 최신 트랜드 메이크업을 제시할 시 개성이나 특징에 맞지 않을 수 있어 그대로 시술하는 것보다 고객의 요구사항과 시술자의 전문 지식을 반영한 디자인 설계가 좋다.

04 메이크업 서비스 시 유의사항으로 틀린 것은?
① 업무 시간 전후 메이크업 도구와 제품 상태를 점검한다.
② 안정된 분위기를 조성하고 최적화된 냉·난방 시설에 신경을 써야 한다.
③ 감염관리와 위생을 위해 시술 시 고객과의 대화는 절대 하지 않는다.
④ 메이크업 의자와 화장대 등 집기를 항상 깨끗하게 관리한다.

> 해설 감염관리와 위생을 위해 시술 시 마스크를 착용하고, 시술 진행 과정 설명이나 고객과의 가벼운 대화를 통해 편안한 소통을 하는 것이 좋다.

01 ①　02 ④　03 ②　04 ③

05 고객카드에 대한 설명으로 옳지 않은 것은?

① 고객 정보 및 시술 내역 정보를 기록한다.
② 고객의 재방문 시 시술을 위한 사전 정보로 활용된다.
③ 고객의 개인 정보 동의는 따로 필요하지 않다.
④ 고객 만족도 향상과 친밀도를 높인다.

해설 고객의 개인 정보 동의 후 고객 정보를 기록하고 저장하는 것이 좋다.

06 고객 불만 사항 해결을 위한 설명이 틀린 것은?

① 고객 입장에서의 불만사항 공감대 형성
② 해결 방안 제시 후 고객의 의견 수렴 후 동조 받기
③ 불만 사항 파악 및 적극적인 경청
④ 불만 사항 확인 후 고객을 실수를 객관적으로 인지시킴

해설 고객의 실수가 있더라도 고객의 잘못을 말하지 않는 것이 좋다.

07 고객의 관리 방법에 대한 설명이 틀린 것은?

① 신규 고객 – 이탈 방지를 위한 고객 관리 유지
② 일반고객 – 서비스 정보와 이벤트 활용
③ 단골(고정)고객 – 단골 고객을 위한 맞춤형 서비스 제공
④ 재방문 고객 – 사전 고객정보 확인을 통한 친밀도 유발

해설 신규 고객 – 고객 만족도 조사를 통해 고객 정보 관리를 통해 재방문을 유도한다.

05 ③   06 ④   07 ①

Chapter 2
메이크업 카운슬링

Section 1. 얼굴의 비율, 균형, 형태 특성

1 얼굴의 골격과 근육

(1) 얼굴 골격의 이해

두개골(머리뼈)은 머리형태를 이루는 뼈로서 8개의 **뼈**와 안면골(얼굴뼈) 14개로 이루어져 있다.

① **전두골** : 이마뼈
② **측두골** : 정수리뼈 아래의 귀 부위, 관자뼈
③ **관골** : 광대뼈로서 안면근의 볼 부분을 이루는 뼈로 협골이라고도 함
④ **비골** : 콧마루를 형성하는 코뼈
⑤ **상악골** : 턱의 윗부분을 형성하는 좌우 한쌍으로 이루어진 위턱뼈
⑥ **하악골** : 턱의 아랫부분을 형성하는 뼈로서 **얼굴형을 형성하는 가장 중요한 요소로** 가장 큰 뼈
⑦ **두정골** : 두개골 측면과 정수리 부분의 뼈

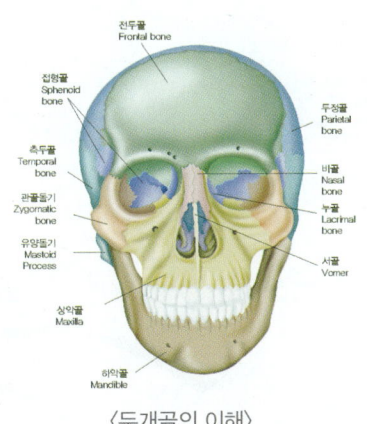

〈두개골의 이해〉

(2) 얼굴 근육의 이해

① **전두근** : 이마 근육으로 눈썹을 위로 올리는 작용을 하며 가로 주름을 만듦
② **추미근** : 눈썹 주름근으로 미간의 세로 주름을 만듦
③ **안륜근** : 눈 주변을 둘러싸는 근육으로 눈을 감고 뜨게 해주는 작용

④ 눈살근 : 눈썹을 아래로 내려주는 근육으로 코에 세로 주름을 만듦
⑤ 코근 : 비근, 즉 콧구멍의 근육으로 넓게 또는 좁게 움직이는 근육
⑥ 대관골근 : 입술을 위로 당겨주는 광대근
⑦ 이근 : 턱끝과 아랫입술을 위로 올려주는 근육
⑧ 입꼬리거근 : 입꼬리 부분의 상순 외측부를 위로 당기는 근육
⑨ 협근 : 볼 근육으로 볼을 오므리는 근육
⑩ 구륜근 : 입둘레근으로 입술을 오므리는 근육
⑪ 상순거근 : 윗입술을 올리고 코를 밑으로 당기는 근육

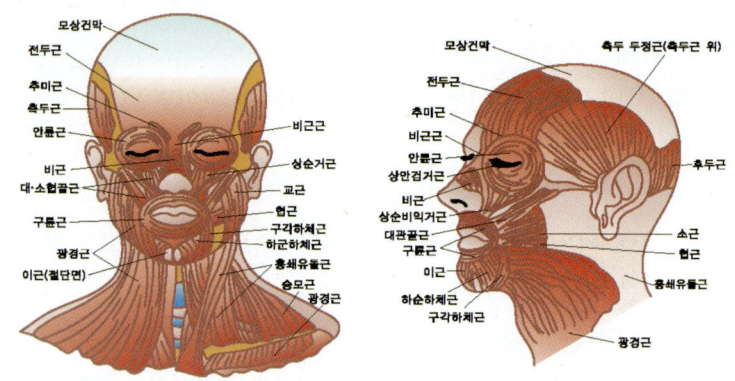

〈얼굴의 근육〉

2 얼굴의 각 부위별 명칭

(1) 눈의 부위별 명칭

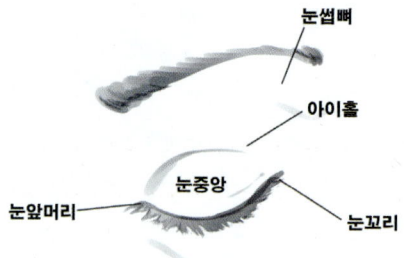

〈눈의 부위별 명칭〉

(2) 눈썹의 부위별 명칭

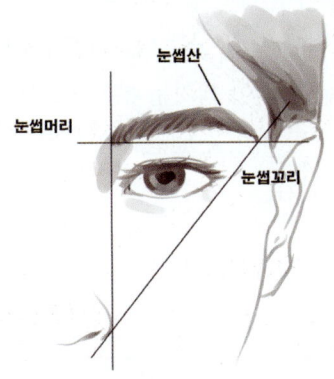

〈눈썹의 부위별 명칭〉

> **Tip** 눈썹산
> 눈썹의 가장 높은 위치로 얼굴의 입체감을 좌우하는 곳

(3) 입술의 부위별 명칭

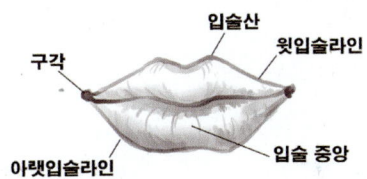

〈입술의 부위별 명칭〉

(4) 얼굴의 부위별 명칭

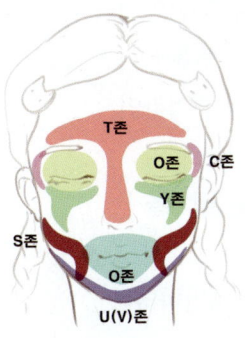

〈얼굴의 부위별 명칭〉

① T존 : 이마와 콧등 부분으로 피지 분비량이 많은 부분이다.
② Y존 : 눈 밑, 코볼 옆의 볼 부분에서 광대뼈 방향의 앞면 볼 부분이다.
③ S존 : 귀 부분, 볼의 시작점에서 턱 선을 따라 입꼬리 방향으로 향하는 부분이다.
④ O존 : 눈과 입 부분의 주름이 많이 생기는 부분으로 베이스 화장을 얇게 바르는 것이 좋다.
⑤ U존(V존) : 양쪽 귀 밑에서 턱 라인을 연결하는 부위로, 목과의 경계선이 생기지 않도록 베이스 처리 시 꼼꼼하게 처리한다.

3 얼굴의 비율

(1) 얼굴형과 비율

가장 아름다운 여인의 얼굴형을 만들었을 때 이 비율이 적용된 여성들은 시대를 불문하고 미인으로 대표된다.

(2) 가로분할(얼굴 폭)

얼굴 정면을 가로로 분할하여 3등분으로 나눌 때 각각의 넓이가 같다.
① 1등분 : 헤어라인에서 눈썹
② 2등분 : 눈썹에서 코끝
③ 3등분 : 코끝에서 턱끝

(3) 세로분할(얼굴 길이)

얼굴 정면을 세로로 분할하여 5등분으로 나눌 때 각각의 폭이 같다.
① 1등분 : 좌측 헤어라인에서 좌측 눈꼬리
② 2등분 : 좌측 눈꼬리에서 좌측 눈앞머리
③ 3등분 : 좌측 눈앞머리에서 우측 눈앞머리
④ 4등분 : 우측 눈앞머리에서 우측 눈꼬리
⑤ 5등분 : 우측 눈꼬리에서 우측 헤어라인

(4) 얼굴형과 얼굴 각 부분들의 황금비율

1 : 1.618로, Stephen R.marquardt 박사가 아름다운 여성의 얼굴에 대한 연구를 통해 이상적인 얼굴에 나타나는 황금비율을 제안하였다.

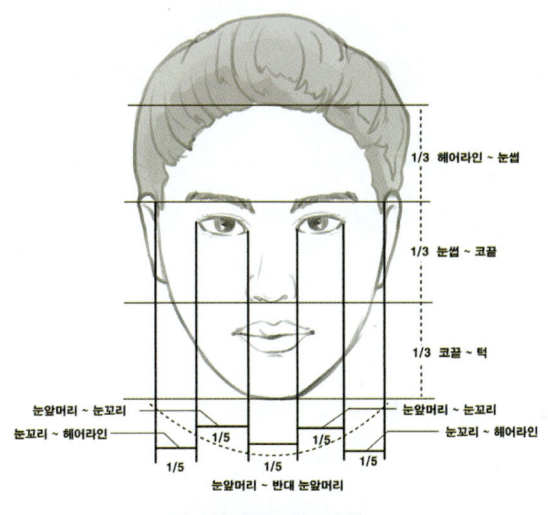

〈이상적인 얼굴 비율〉

> **Tip** **이상적인 얼굴이란?**
> 근육이나 앞면 골격이 모나지 않고 도드라지지 않으며 계란형으로, 얼굴형의 기준이 된다.

Section 2. 피부 유형의 특성

(1) 정상피부

① T존 부위에 피지가 분비되며 각질이 일어나거나 번들거림이 없다.
② 유·수분이 적절한 상태이며 피부 표면이 매끄럽고 촉촉하다.
③ 피부 표면이 잡티나 뽀루지 등이 없고 유·수분의 양이 적당하다.

(2) 지성피부

① 피부 표면에 피지량이 많으며 끈적거리고 피부결이 거칠고 번들거림이 있다.
② 관리 소홀 시 여드름 피부로 전화되기 쉬운 피부 유형이다.
③ 피지분비가 왕성하여 손으로 만지면 기름이 묻어난다.

(3) 건성피부

① 피부 표면에 유·수분이 부족하여 윤기가 없다.
② 세안 직후 바로 건조함을 느끼고 제품을 바른 후에도 흡수가 빠르게 되어 버린다.
③ 피부 당김이 있거나 각질이 생기기 쉽고 심한 경우 통증을 느끼기도 한다.

(4) 복합성 피부
T존은 피지분비량이 많아 번들거리고 U존은 윤기가 없으며 건조하고 당김이 있다.

(5) 민감성 피부
피부가 얇고 붉으며 피지가 부족하고 건조할 수 있으며, 사용하는 제품에 성분에 따라 민감하거나 트러블을 보일 수 있다.

(6) 노화피부
① 피부 탄력이 없고 주름이 생기며 건조할 수 있다.
② 피부결이 거칠고 고르지 않다.
③ 과각화 현상으로 각질층이 두껍고 딱딱해 보이며 매끄럽지 않다.

Section 3. 메이크업 고객 요구와 제안

(1) 디자인 제안 시 고려 사항
① 고객의 나이: 연령에 맞는 스타일을 제안하고 이미지를 제안한다.
② 메이크업 목적: 고객의 메이크업 의도를 파악하여 디자인을 계획한다.
③ 고객의 성향 및 이미지 분석: 고객이 선호하는 이미지를 정확히 파악하여 만족도를 높여주어 고객의 취향을 고려한다.
④ 얼굴형 분석: 얼굴 형태에 알맞은 스타일을 제시한다.
⑤ 피부톤: 밝은톤, 중간톤, 어두운톤으로 나누어 피부톤에 맞는 색상을 선택한다.
⑥ 피부 타입 분석: 건성, 지성, 복합성 등 피부의 타입별로 알맞은 제품을 선택하여 시술한다.
⑦ 눈모양 분석: 눈의 형태를 파악하여 올라간눈, 처진눈, 작은눈 등 고객의 눈모양을 파악하여 수정 보완하는 디자인을 제시한다.
⑧ 헤어 컬러: 헤어 스타일 및 헤어 컬러에 따른 메이크업의 색상과 눈썹 컬러 등을 고려한다.
⑨ 의상 컬러 및 스타일 : 의상의 컬러에 어울리는 색상을 제시하여 고객의 스타일에 맞게 디자인을 계획한다.
⑩ 기타 고객 요구사항: 고객의 요구사항을 꼼꼼히 체크하여 디자인 시술에 반영한다.

(2) 디자인 계획의 순서

① 고객 상담(시술 목적 및 고객 요구사항 파악)
② 시진 문진을 통한 고객의 피부색, 조직, 피지분비상태, 스타일 분석
③ 고객 성향 및 이미지 파악
④ 고객의 나이, 얼굴형, 피부 상태 점검
⑤ 1차 디자인 이미지 고객에게 제시 및 상담
⑥ 수정된 디자인 계획에 맞는 제품 준비(기초화장품, 색조화장품)

Chapter 2

핵심쏙쏙 예상문제

01 얼굴의 부위별 위치에 대한 설명으로 틀린 것은?

① 이상적인 눈썹 위치는 이마에서 2/3 지점이다.
② 콧방울은 이마에서 2/3 지점에 위치한다.
③ 눈 꼬리는 눈 앞머리에서 관자놀이 헤어라인 선까지 폭의 1/2 지점이다.
④ 눈썹머리는 콧방울에서 수직으로 올렸을 때 만나는 지점이다.

해설 이상적인 눈썹 위치는 이마에서 1/3 지점이다.

02 이상적인 입술의 비율로 윗입술과 아랫입술의 알맞은 비율은?

① 1 : 1
② 1 : 2
③ 1 : 1.5
④ 1 : 2.5

해설 윗입술과 아랫입술의 가장 이상적인 비율은 1 : 1.5이다.

03 얼굴의 표정근이라고 하며 안면 신경을 움직이는 근육은 무엇인가?

① 추미근
② 비근근
③ 전두근
④ 안면근

해설 안면근은 안면 표정근이라고도 하며 안면 표정을 움직이는 근육이다.

04 추위를 감지하여 근육이 수축되어 털을 세우게 하는 근육은?

① 입모근
② 전두근
③ 교근
④ 안륜근

해설 입모근은 근육을 수축시켜 소름이 돋으며 털을 세우는 근육이다.

05 다음 설명에 따른 얼굴 부위의 명칭으로 올바른 것은?

- 얼굴에서 가장 밝은 곳이다.
- 얼굴형에 따라 길이 조절이 필요하다.
- 이마와 코를 따라 내려오는 부분이다.

① S존
② U존
③ O존
④ T존

06 얼굴형을 결정하는 가장 중요한 요소가 되는 얼굴의 골격은?

① 상악골
② 하악골
③ 측두골
④ 전두골

해설 얼굴형을 결정하는 가장 중요한 요소가 되는 얼굴의 골격은 아래턱뼈인 하악골이다.

07 다음 피부 유형의 특성 중 건성 피부의 특징으로 맞는 것은?

① 피지분비가 왕성하여 유분이 많이 생긴다.
② 피부 표면이 잡티나 뾰루지 등이 없고 유·수분의 양이 적당하다.
③ 피부표면에 유·수분이 부족하여 윤기가 없다.
④ 여드름피부로 전화되기 쉬운 피부 유형이다.

해설 건성 피부는 유·수분의 양이 부족하여 건조하고 세안 후 당김이 생길 수 있다.

01 ① 02 ③ 03 ④ 04 ① 05 ④ 06 ② 07 ③

Chapter 3. 메이크업 디자인 제안

Section 1. 메이크업 색채

1 색채의 정의 및 개념

(1) 색채

① 색채는 빛을 흡수하고 반사하는 물리적 현상으로서의 색이 눈을 통해 지각되는 것을 말한다.
② 일반적으로 색상(주파장), 명도(분광률), 채도(포화도)로 나타낼 수 있는 사물의 성질을 의미한다.
③ 색채 지각을 위해 반드시 필요한 요소인 **빛, 물체(대상물), 시각(눈)을 지각의 3요소**라고 한다.
④ 빛의 파장 380~780nm의 빛을 가시광선이라 하는데, 가시광선은 자외선과 적외선 사이에 있으며 프리즘을 통해 생기는 빛의 굴절로 인해 분광되어 스펙트럼(Spectrum)이라는 색의 띠로 보인다.
⑤ 스펙트럼은 파장에 따라 단파장, 중파장, 장파장으로 나뉜다.

> **Tip**
> • 표면색 : 빛이 물체에 반사하여 보이는 색
> • 투과색 : 빛이 색유리와 같이 투과하여 나타나는 색

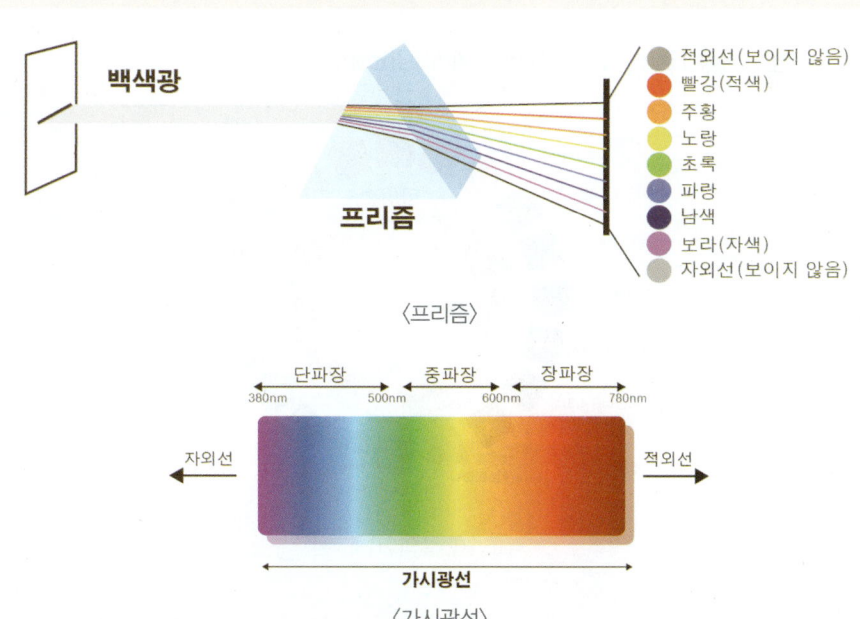

〈프리즘〉

〈가시광선〉

(2) 빛의 전달 과정

> 빛 → 각막 → 동공 → 홍채 → 수정체 → 망막 → 시신경

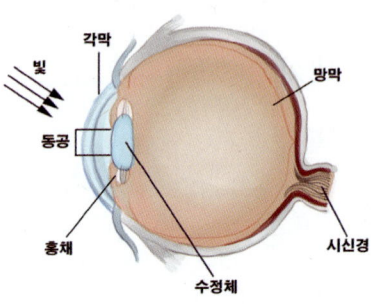

〈빛의 전달 과정〉

> **Tip**
> - 계통색명 : 색의 삼속성에 따라 색채를 분류하여 표현한 색의 이름을 말한다.
> - 가시광선 : 380~780nm의 파장범위를 가진다.

(3) 색채 이론

1) 색상(Hue)

빛의 파장에 따라 시각적으로 인지되는 색의 이름을 나타내는 고유색을 뜻한다.

> **Tip**
> - 유채색 : 색상, 명도, 채도를 다 가짐(무채색을 제외한 모든 색)
> - 무채색 : 채도가 없고 명도만 있음(흰색, 회색, 검은색을 말함)

① 색의 3속성 : 색상(Hue), 명도(Value), 채도(Chrome)

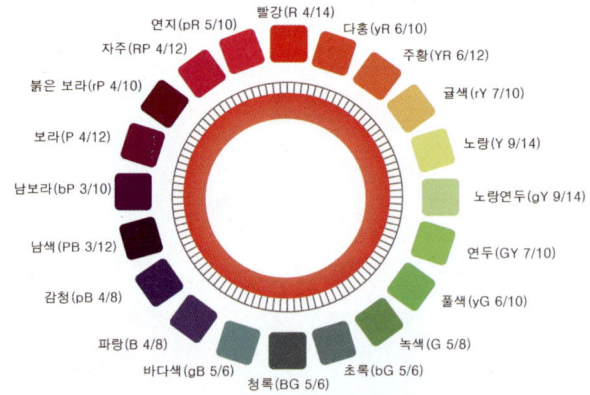

〈먼셀의 20색상환〉

② 먼셀의 5가지 기본 색상 : 빨강(R), 노랑(Y), 녹색(G), 파랑(B), 보라(P)
③ 중간색상 : 주황, 연두, 청록, 남색, 자주

> **Tip** 먼셀의 색채 표기법
> - H(Hue) : 색상
> - V(Value) : 명도
> - C(Chroma) : 채도

2) 명도(Value)

① 색의 밝고 어두운 정도를 말하며 고명도, 중명도, 저명도가 있다.
② 흰색이 더해질수록 높아지고(고명도), 검정이 더해질수록 저명도이다.
③ 명도 0(검정) ~ 명도 10(흰색)의 11단계로 나뉜다.

〈명도〉

> **Tip** 명도의 분류
> - 저명도 : 0~3
> - 중명도 : 4~6
> - 고명도 : 7~10

3) 채도(Chroma)

① 색의 맑고 탁한 정도를 말하며 고채도, 중채도, 저채도라 한다.
② 순색에 가까울수록 채도가 높으며 무채색 또는 다른 색이 섞일수록 채도가 낮아진다.

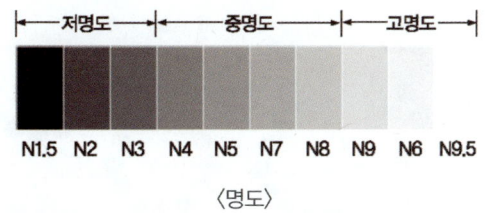

〈채도〉

순 색	다른 색이 섞이지 않은 색으로, 무채색이 전혀 섞이지 않은 색
청 색	• 순색에 검정이나 흰색이 섞인 색 • 명청색 : 순색 + 흰색 • 암청색 : 순색 + 검정

탁 색	• 유채색에 유채색이 섞이거나 유채색에 무채색이 섞인 색 • 암탁색 : 청색 + 검정 • 명탁색 : 순색 + 회색

4) 톤(Tone)

① 명도와 채도를 합쳐서 이미지에 맞게 모아놓은 것을 뜻한다.
② 색상의 명암, 강약, 농담의 차이에 따라 분류된다.

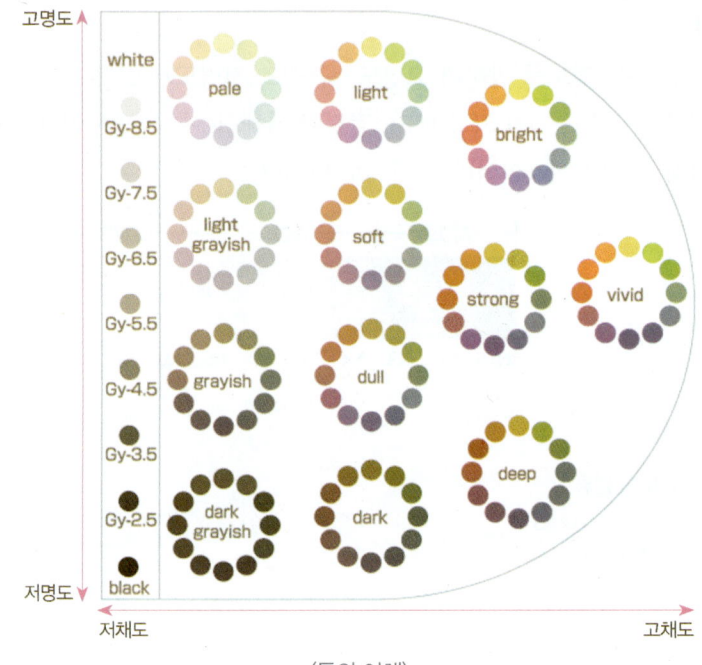

〈톤의 이해〉

분 류	이미지	특 징
비비드(Vivid)	선명한, 경쾌한, 강렬한	선명한 원색의 또렷하고 강렬한 이미지
브라이트(Bright)	밝은, 깨끗한	비비드톤에 화이트가 섞인 톤
라이트(Light)	가벼운, 엷은	비비드톤에 약 6배의 화이트가 섞인 톤
페일(Pale)	은은한, 연한, 여린	비비드톤에 약 10배의 화이트가 섞인 톤
딥(Deep)	강한, 진한	비비드톤에 약 1/50의 검정이 섞인 톤
스트롱(Strong)	강한, 선명한	강한 느낌의 색상 톤
다크(Dark)	어두운, 무거운	비비드 컬러에 약 1/30의 검정이 섞인 톤
덜(Dull)	탁한, 둔한	비비드 컬러에 그레이를 섞어서 만든 색
소프트(Soft)	부드러운, 자연스러운, 온화한	비비드 컬러에 약간의 라이트 그레이가 섞인 톤

(4) 색과 혼합

1) 감법혼합(색료의 혼합)

① 색료의 3원색 : 마젠타(M), 옐로우(Y), 시안(C)

② 3원색을 모두 섞으면 **검은색**이 된다.

> - 마젠타(Magenta) + 노랑(Yellow) = 빨강(Red)
> - 노랑(Yellow) + 시안(Cyan) = 초록(Green)
> - 마젠타(Magenta) + 시안(Cyan) = 파랑(Blue)
> - 노랑(Yellow) + 마젠타(Magenta) + 시안(Cyan) = 검정(Black)

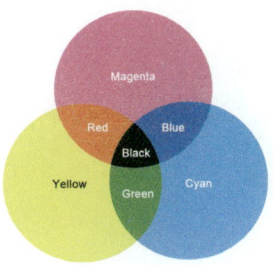

〈감법혼합〉

2) 가법혼합(색광의 혼합)

① 색광의 3원색 : **빨강**(R), 초록(G), 파랑(B)

② 3원색을 모두 섞으면 **흰색**이 된다.

③ 색을 많이 혼합할수록 명도가 높아진다.

> - 파랑(B) + 초록(G) = 시안(C)
> - 빨강(R) + 초록(G) = 노랑(Y)
> - 빨강(R) + 파랑(B) = 마젠타(M)
> - 빨강(R) + 파랑(B) + 초록(G) = 흰색(W)

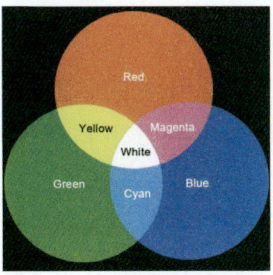

〈가법혼합〉

2 색의 체계

(1) 현색계
색상, 명도, 채도에 따라 색을 분류하여 번호, 기호를 붙여 물체의 색을 표시하는 체계로 먼셀, 오스트발트, NCS, KS 등이 있다.

〈먼셀색상환〉

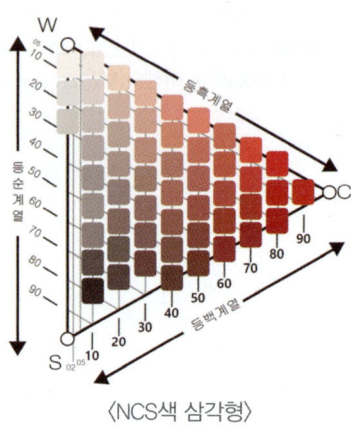

〈NCS색 삼각형〉

(2) 혼색계
① 색광을 표시하는 표색계로 심리·물리적인 빛의 혼색 실험에 기초를 두는 체계이다.
② 영-헬름홀츠에 의한 RGB 등의 3원색 이론으로 CIE(국제조명위원회) 표준 표색계가 가장 대표적인 예이다.
③ 3개의 원자극의 가법혼색에 입각하여 시료의 색자극과 등색시켜 그 원자극의 혼합량에 의해서 색을 표시하는 체계이다.
④ XYZ 표색계, X10 Y10 Z10 표색계 등은 혼색계에 속한다.

(3) 색채의 지각원리

1) 면적 효과
① 면적(크기)에 따라 색이 다르게 보이는 현상이다.
② 면적이 큰 색은 밝고 선명해 보이고, 면적이 작은 색은 탁하고 어둡게 보인다.

2) 푸르킨예 현상(Purkinje Phenomenon)
① 암소 시에 매우 어두운 상태에서 단파장 영역의 밝기 감도가 높아져 붉은색은 어둡고 탁하게 되고, 녹색과 청색은 밝게 보이는 현상이다.
② 주위의 밝기 변화에 따라 물체에 대한 명도가 변화되어 보이는 현상이다.

〈푸르킨예 현상〉

> **Tip**
> - 명순응 : 어두운 곳에서 밝은 곳으로 나올 때 처음에는 눈이 부시지만 차츰 사물이 보이는 현상
> - 암순응 : 밝은 곳에서 어두운 곳으로 이동하였을 때 눈이 어둠에 적응하는 상태

(4) 색의 진출과 후퇴

진출색	후퇴색
난색 계열, 고명도, 고채도	한색 계열, 저명도, 저채도

(5) 색의 팽창과 수축

팽창색	수축색
난색 계열, 고명도, 고채도	한색 계열, 저명도, 저채도

〈색의 진출과 후퇴〉   〈색의 팽창과 수축〉

(6) 색의 온도감

- 색마다 온도감이 다르므로 푸른색 계열(한색 계열)은 차갑게 느껴지며, 붉은색 계열(난색 계열)은 따뜻하게 느껴진다.
- **빨강 → 주황 → 노랑 → 연두 → 녹색 → 파랑 → 흰색**의 순으로 따뜻한 온도감에서 차가운 온도감으로 변한다.
- 장파장에서 단파장으로 갈수록 차갑게 느껴진다.

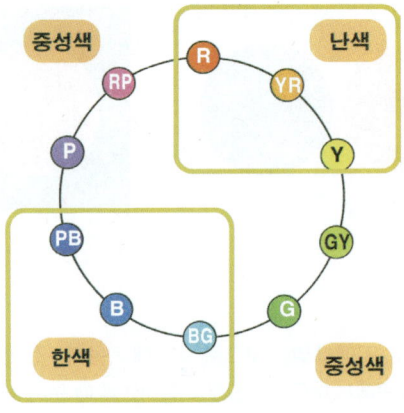

〈색의 온도감〉

1) 메이크업 색채

① 따뜻한 컬러(난색)

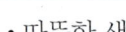

- 따뜻한 색
- 생동감 있고 팽창되는 색
- 빨강, 주황, 노랑 등이 속함

② 차가운 색(한색)

- 차가운 느낌
- 청록, 파랑, 남색 등이 속함
- 수축색으로 후퇴되는 느낌

③ 중성색

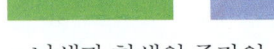

- 난색과 한색의 중간의 위치
- 녹색, 보라, 자주 등이 속함

④ 무채색

- 흰색, 회색, 검정
- 명도가 높은색이 흰색, 가장 낮은색이 검정이다.

3 색채와 조명

조명은 1879년 에디슨에 의해 백열등이 개발되면서 지금의 현대적 조명에 이르기까지 발달하였으며, 조명의 종류에 따라 시각적인 분위기를 다양하게 표현할 수 있다. 메이크업을 할 때 광원의 특성에 따라 다르게 나타나므로 이를 고려하여 색상 표현을 할 수 있다.

(1) 조명의 역할
① 빛을 주어 시각적, 공간적 물체의 정보를 제공한다.
② 심신을 치료하며 사람의 감성과 심리를 조절한다.
③ 다양한 예술활동 분야에서 쓰이기도 한다.

(2) 광원의 종류
광원은 빛을 받아 반사하는 물질로, 자연광원과 인공광원으로 나뉘며 빛을 내는 물질을 말한다.

1) 태양광(자연광원)
① 태양광은 **백색**으로 물체색 그대로를 보여주며 모든 영역으로 파장이 물체에 고르게 분광된다.
② 빛의 강도가 강하면 선명도가 좋고 빛의 강도가 약하면 선명도가 떨어져 푸른빛을 띤다.

2) 백열등
① 휘도가 높고 열방사가 많다.
② **노란기**가 도는 색을 띠며 백열등에서 보는 난색 계열의 색상은 실제 색상보다 진하게 보인다. 예 난색계열의 색 – 브라운, 핑크, 레드, 오렌지, 베이지
③ 광원은 장파장이 많다.
④ 수명이 짧고 전력 효율이 낮다.
⑤ **그림자**가 많이 생긴다.
⑥ 주광색 전구, 색전구, 리플렉스 램프 등으로 2500~3000K 색온도를 가진다.
⑦ **온화하고 따뜻한** 이미지를 연출할 수 있고, 메이크업의 색상이 과장되고 아름답게 보이는 특징을 가진다.

3) 형광등
① 사무공간에서 많이 사용되며 5,300kW의 조명으로 텅스텐보다 2.5배 밝고 수명이 길지만 푸른빛이 돌아 인물 사진이나 조명에는 적합하지 않다.
② 휘도가 낮고 열방사가 적다.

③ 그림자가 적게 생긴다.
④ 광원에 단파장이 많다.
⑤ 레드계열은 바이올렛으로 표현되며 오렌지나 핑크계열의 색은 잘 표현되지 않는다.

> **Tip**
> • 형광등 : 한색, 단파장
> • 백열등 : 난색, 장파장

4) 할로겐 램프(Halogen Lamp)
① 텅스텐 전구 안에 할로겐을 사용하여 수명과 빛을 강화한 조명으로, 고온이고 효율성이 낮으며 가격이 비싸다.
② 전력 효율과 색온도가 높다.
③ 불활성가스와 할로겐을 첨가한 백열등으로 사용 시 조도가 일정하다.
④ 휘도가 높아 눈부심이 있어 전시물의 조명으로 적합하다.

> **Tip** 휘도
> 광원의 단위 면적당 밝기의 정도로, 발광원 또는 투과면이나 반사면의 표면 밝기이다. 단위는 cd/m^2 이다.

5) LED
① 환경 친화적이고 수명이 길다.
② 노란빛 또는 은은한 오렌지 빛을 띤다.
③ 온도와 습도에 취약하며 방사열이 많다.
④ 휘도가 높아 눈부심이 있다.
⑤ 고효율의 저전력이며 점등이 간편하고 즉시 점등이 용이하다.

6) 저압 나트륨 램프
① 빛의 투과성이 탁월하고 긴 수명과 안정감이 특징이다.
② 연색성이 낮다.

(3) 조명방식에 따른 분류
1) 직접조명
① 그림자가 많이 생기고 조도의 분포가 일정하지 않다.
② 눈부심이 많다.
③ 대상물을 직접 비추어 주며 조명률이 좋고 경제적이다.

2) 반직접조명
① 광원의 60~90%는 대상물에 직접 비치며 나머지 10~40%는 천정으로 향하는 방식이다.
② 그림자가 생기고 눈부심이 있다.

3) 간접조명
① 광원의 90~100%를 천정이나 벽으로 비추어 주어 반사광으로 비추는 형식이다.
② 메이크업과 형체를 부드럽게 보이게 하며 차분한 분위기를 연출한다.
③ 휴식공간에서 많이 사용된다.

4) 반간접조명
① 빛의 10~40%가 대상물을 비추어 주며 나머지 60~90%는 천정이나 벽으로 반사되어 조사되는 방식이다.
② 눈부심이 적고 그림자가 많이 생기지 않는다.

5) 전반확산조명
① 모든 방향으로 일정하게 빛을 확산시키는 방식이다.
② 눈부심 조절을 위해 확산성 덮개를 사용한다.

6) 주광색 형광등조명
태양광선에 가장 가까운 조명이며(6500K) 물체의 색상 그대로를 재현할 때 가장 좋다.

7) 백색 형광등조명
사무실이나 가정에서 가장 많이 사용되며 색온도가 태양광보다 조금 낮다.

8) 호텔 및 레스토랑 조명
할로겐이나 백열등조명이 좋고, 따뜻하고 조도가 낮으며 화려한 느낌을 준다.

(4) 조명 기법에 따른 분류

스포트 라이트(Spot light)	정면 비추기
에어리어 라이트(Area Light)	무대 앞면에서 비추기
톱 다운 라이트(Top down Light)	위에서 내려 비추기
풋 라이트(Foot Light)	아래에서 위로 비추기
백 라이트(Back Light)	무대의 뒤에서 비추기
스트립 라이트(Strip light)	무대의 일부분 비추기
페이드 아웃(Fade Out)	조명이 서서히 꺼지는 것

> **Tip** 광원별 색온도
> - 1600~2300K : 백열등
> - 2500~3000K : 텅스텐 램프(가정용)
> - 3500~4500K : 형광등
> - 4000~4500K : 아침/저녁 야외
> - 6500~6800K : 흐린 날

4 조명과 메이크업

광원에 따라 메이크업의 색, 피부톤, 인상 등이 다르게 연출되므로, 광원에 맞춰 메이크업의 색을 조절해야 한다. 일반적으로 형광등은 푸른기가 도는 특성을 가지고 있어 얼굴이 푸르게 보이거나 창백하게 보일 수 있으며 포인트 메이크업의 색이 칙칙해 보일 수 있다. 백열등은 일반적으로 붉은기가 도는 조명으로, 피부톤이 조금 어둡게 보이며 포인트 메이크업의 색이 붉은 계열일 경우 더욱 강하게 보일 수 있다. 조명과 함께 촬영을 할 경우 각각의 조명 특성을 고려하여 메이크업을 연출하는 것이 좋다.

(1) 자연조명에서의 메이크업
① 본래의 색상이 사실 그대로 노출되므로 자연스러운 메이크업이 좋다.
② 계절에 따른 태양광선의 강도 차이에 따라 색상이 다르게 표현될 수 있다.
③ 맑은 날의 색조 화장이 흐린 날보다 더 흐리게 보일 수 있다.

(2) 인공조명에서의 메이크업
1) 백열등
① 피부가 어둡게 보인다.
② 차가운 톤을 경감시키고 난색 계열의 색조가 더욱 강하게 보인다.
③ 붉은색 계열, 갈색 및 베이지 계열, 핑크 계열의 색은 실제보다 더 진하게 보인다.

2) 형광등
① 포인트 메이크업이 진하거나 칙칙해 보인다.
② 푸른빛의 색조는 보랏빛으로 보이며, 원래의 색보다 발색이 약하므로 사전에 체크를 하여야 한다.
③ 핑크나 오렌지의 색감이 정확하게 보이지 않으며 짙은 핑크톤은 푸른빛을 띤다.

3) 조명색에 따른 색조 메이크업과의 관계

구 분	레드톤 조명	옐로우톤 조명	그린톤 조명	블루톤 조명
레드 계열 색조	밝은 적색	노란 주황색	어두운 갈색	어두운 적색
옐로우 계열 색조	황적색	밝은 녹색	밝은 녹색	녹색
오렌지 계열 색조	밝은 주황색	밝은 노란색	갈색	갈색
그린 계열 색조	어두운 녹색	밝은 노란색	밝은 녹색	짙은 녹색
퍼플 계열 색조	붉은 보라색	밝은 주황색	어두운 녹색	탁한 청색

section 2. 메이크업 기법

1 메이크업 디자인 요소

(1) 형태

형태	특징
수평선	온화함. 평온함. 차분함. 정적임. 지루함
수직선	강인함. 공격적
사선	· 상향선: 강함. 명랑. 쾌활 · 하향선: 우울함. 바보스러움. 노화. 온화함
기하학선	역동적. 활동적. 자유로움
곡선	여성스러움. 부드러움

(2) 색상

한색	차가움. 딱딱함. 차분함
난색	따뜻함. 행복. 정열적
고채도	발랄함. 역동적. 젊음
중채도	무난함
저채도	세련됨. 차분함. 성숙함
무채색	세련됨. 깔끔함. 차분함
고명도	젊음. 순수함
저명도	성숙함

(3) 질감에 따른 유형별 특징

1) 매트

① 메이크업 표현 시 광택이 없고 건조한 질감으로 지속력이 높다.
② 피부 표현이 깨끗해 보이고 뽀송뽀송하다.
- 표현 방법
  - 메이크업 베이스는 펄이 없고 유분기가 적은 제품을 사용한다.
  - 파우더를 꼼꼼하게 발라 유분기를 제거해준다.

2) 글로시
① 물을 머금은듯한 피부 표현이 특징이다.
② 물광 메이크업이라고도 한다.
③ 투명하고 촉촉하며 윤기와 광택이 난다.
- 표현 방법
  - 수분 크림을 사용하여 기초단계에서 수분기를 준다.
  - 투명하면서도 광택이 날 수 있도록 페이스 오일을 사용한다.

3) 시머
① 윤기와 광택이 있으며 미세한 펄감이 특징이다.
- 표현 방법
  - 펄이 함유된 제품을 사용하여 하이라이트 부분에 광택을 주도록 한다.
  - 펄이 가미된 메이크업 베이스를 사용하거나 일루미네이터 제품의 파운데이션, 펄파우더 등을 사용하여 입체감있고 섹시한 분위기를 연출한다.

4) 펄
① 화려함과 반짝임
② 고급스러움
- 표현 방법
  - 자가 강한 펄감이 있고 화려하고 섹시한 분위기를 연출한다.

5) 크리미
① 부드럽고 자연스러운 유분감
② 매끈하고 끈적임이 있는 질감
- 표현 방법
  - 유분감이 있고 매끈한 광채를 연출한다.

6) 실키
① 커버력이 있고 깨끗하고 균일한 질감
② 물광보다 커버력이 높음
- 표현 방법
  - 피부결을 매끈하고 깨끗하게 표현할 수 있으며 커버력이 있는 질감을 연출한다.

핵심쏙쏙 예상문제

01 색채를 색의 삼속성에 따라 분류하여 표현한 색 이름은?
① 관용색명 ② 고유색명
③ 순수색명 ④ 계통색명

> 해설 색의 삼속성에 따라 색채를 분류하여 표현한 색의 이름을 계통색명이라 한다.

02 색채의 표면색(Surface Color)에 대한 설명으로 옳은 것은?
① 물체의 표면에서 빛이 반사하여 보이는 색을 말한다.
② 색유리와 같이 빛이 투과하여 보이는 색을 말한다.
③ 색채는 물체의 간접색과 인접색으로 나눌 수 있다.
④ 분광 광도계와 같은 접안렌즈를 통하여 보는 색이다.

> 해설
> • 표면색 : 물체의 표면에서 빛이 반사하여 나타나는 색
> • 투과색 : 색유리와 같이 빛이 투과하여 나타나는 색

03 사람의 눈으로 볼 수 있는 가시광선의 범위는?
① 150~350nm
② 180~480nm
③ 350~950nm
④ 380~780nm

> 해설 가시광선의 범위는 380~780nm이며 단위는 나노미터(nm)이다.

04 미국의 색채학자 파버 비렌이 탁색계를 '톤(Tone)'이라고 부르던 것에서 유래한 배색기법은?
① 까마이외(Camaieu) 배색
② 토널(Tonal) 배색
③ 트리콜로레(Tricolore) 배색
④ 톤온톤(Tone on tone) 배색

> 해설 토널 배색은 기본 톤으로 중명도, 중채도인 탁한(Dull) 톤을 사용한 배색 방법으로, 전체적으로 안정되며 편안한 느낌을 주는 배색이다.

05 색에 대한 설명으로 틀린 것은?
① 흰색, 회색, 검정과 같은 색상을 무채색이라고 한다.
② 색의 탁하고 선명한 강약의 정도를 나타내는 것을 명도라 한다.
③ 인간이 분류할 수 있는 색의 수는 개인적인 차이가 존재하지만 대략 750만 가지 정도이다.
④ 색의 강약을 채도라고 하며, 눈에 들어오는 빛이 단일 파장으로 이루어진 색일수록 채도가 높다.

> 해설 색의 탁하고 선명한 강약의 정도를 나타내는 것은 채도이다.

06 먼셀의 색상환표에서 가장 먼 거리를 두고 서로 마주보는 관계의 색채를 의미하는 것은?
① 한색 ② 난색
③ 보색 ④ 잔여색

> 해설 먼셀의 색상환표에서 서로 마주보는 관계의 색채는 반대색, 보색이라고 한다.

01 ④ 02 ① 03 ④ 04 ② 05 ② 06 ③

07 색의 진출과 후퇴에 대한 현상으로 틀린 것은?
① 고명도의 색은 진출되어 보인다.
② 난색은 진출색이다.
③ 채도가 높은 색은 후퇴하여 보인다.
④ 한색은 후퇴색이다.

해설 채도가 높은 색은 진출색이며 명도가 높을수록 진출되어 보인다.

08 색 지각의 삼요소가 아닌 것은?
① 빛
② 파장
③ 물체
④ 시각

해설 색 지각의 3요소는 물체, 시각, 빛이다.

09 다음 중 유채색에 대한 설명으로 틀린 것은?
① 순수한 무채색을 제외한 모든 색을 유채색이라 한다.
② 색의 3속성을 가진다.
③ 유채색에 무채색을 혼합한 색은 유채색이라 할 수 없다.
④ 채도가 있는 색이다.

해설 유채색에 무채색을 혼합한 색은 유채색이라 한다.

10 다음 중 가법혼합에서의 3원색으로 틀린 것은?
① 빨강 + 파랑 + 초록 = 검정
② 빨강 + 파랑 = 마젠타
③ 파랑 + 초록 = 시안
④ 초록 + 빨강 = 노랑

해설 빨강 + 파랑 + 초록 = 흰색

11 색의 파장이 긴 것에서 짧은 순으로 바르게 나열된 것은?
① 빨강 → 주황 → 노랑 → 녹색 → 파랑 → 남색 → 보라
② 노랑 → 주황 → 빨강 → 보라 → 녹색 → 파랑 → 남색
③ 녹색 → 파랑 → 남색 → 보라 → 빨강 → 주황 → 노랑
④ 보라 → 남색 → 파랑 → 녹색 → 노랑 → 주황 → 빨강

해설 가시광선 중 빨강의 파장이 가장 길고 보라가 가장 짧다.

12 명소 시에서 암소 시가 될 때 붉은색이 어둡고 탁하게 되고, 녹색과 청색이 상대적으로 밝게 보이는 현상은?
① 암순응 현상
② 푸르킨예 현상
③ 항상성 현상
④ 명순응 현상

해설 푸르킨예 현상 : 주위 밝기 변화에 따라 물체에 대한 명도가 변화되어 보이는 현상

13 같은 명도의 색을 저채도 위에 놓으면 명도가 높게 보이고, 고채도 위에 놓으면 명도가 낮게 보이는 현상은?
① 연변대비
② 명도대비
③ 색상대비
④ 채도대비

해설 채도대비는 같은 명도의 색을 저채도 위에 놓으면 명도가 더 높아 보이고 고채도 위에 놓으면 명도가 더 낮아 보이는 현상을 말한다.

07 ③ 08 ② 09 ③ 10 ① 11 ① 12 ② 13 ④

14 다음 중 글로시 질감 메이크업에 대한 설명으로 옳지 않은 것은?

① 물을 머금은 듯한 피부표현이 특징이다.
② 투명하고 촉촉하며 윤기와 광택이 난다.
③ 펄이 가미된 일루미네이터 파운데이션, 펄파우더 등을 사용하여 입체감 있게 연출한다.
④ 투명하면서도 광택이 날 수 있도록 페이스 오일을 사용한다.

해설 글로시한 질감은 펄입자가 있는 메이크업이 아닌 물을 머금은 듯한 윤기와 광택이 특징이며 펄이 가미된 일루미네이터 파운데이션, 펄파우더 등을 사용하는 질감은 시머이다.

15 메이크업 디자인 요소에 해당하지 않는 것은?

① 질감
② 형태
③ 색상
④ 음영

해설 메이크업 디자인 요소 : 질감, 형태, 착시, 색상

16 메이크업 디자인 요소에서 색상의 특징에 대해 잘못 연결된 것은?

① 난색 - 따뜻함, 차분함
② 고명도 - 순수함, 젊음
③ 중채도 - 수수함, 무난함
④ 한색 - 발랄함, 성숙함

해설 한색은 차갑고 딱딱하며 차분한 느낌을 준다.

14 ③   15 ④   16 ④

Chapter 4
퍼스널 이미지 제안

Section 1. 퍼스널 컬러 파악

1 퍼스널 컬러의 정의

① 인간은 피부, 모발, 눈동자 등 저마다 고유한 색을 지닌다. 자기만의 개성을 파악하여 조화를 이룰 수 있는 색을 '퍼스널 컬러(Personal Color)'라고 한다.
② 개인이 가진 유형은 봄, 여름, 가을, 겨울이라는 사계절의 명칭을 이용하여 4가지 타입으로 분류할 수 있다.
③ 대상자의 색상이 '노란색/청색'의 색상 단계를 체크한다. → 옐로우 베이스 / 블루 베이스
④ 그라데이션 상으로 어울리는 요소의 위치는 사람에 따라 상이하다. 사람과 색의 조화를 네 가지 계절의 관점에서 보면 어울리는 색의 요소가 분명하므로 각 개인에게 어울리는 이미지 컬러를 제안할 수 있다.

2 퍼스널 컬러 진단법

① 메이크업을 하지 않은 상태에서 진단해야만 자신의 피부색을 정확히 알 수 있다.
② 신체의 컨디션에 따라 얼굴색이 달라 보이므로 컨디션이 좋은 날에 해야 한다.
③ 진단 받는 사람은 머리와 의상의 색을 천으로 가리고 귀걸이는 필히 빼야 한다.
④ 사계절의 색상 진단 : 천을 턱 아래에 대고 거울을 향한 다음 얼굴색의 변화를 관찰한다.

3 퍼스널 컬러 진단의 분류

(1) 웜톤(옐로우 베이스)
- 봄, 가을
- 노란기와 황색과 브라운기가 있는 색이 특징

- 옐로우, 골드, 오렌지, 브라운색, 카키, 피치 등이 속함

(2) 쿨톤(블루 베이스)
- 여름, 겨울
- 흰색, 블루, 블랙이 섞인 색
- 모던하고 세련된 차갑고 깔끔한 색이 특징
- 블루, 화이트, 블랙, 실버, 그레이 등이 속함

4 사계절 컬러 시스템

기본 베이스 컬러 중 따뜻한 색과 차가운색으로 구분된다.

계절	특징	구분
봄	색에 옐로우가 있는 색이 혼합됨	고명도, 고채도
여름	색에 흰색과 블루기가 있는 색이 혼합됨	고명도, 저채도
가을	색에 황색이 혼합됨	저명도, 저채도
겨울	색에 블루와 블랙이 혼합됨	저명도, 고채도

Section 2. 퍼스널 이미지 제안

1 퍼스널 컬러 시스템

(1) 퍼스널 컬러의 정의
① 인간은 피부, 모발, 눈동자 등 저마다 고유한 색을 지닌다. 자기만의 개성을 파악하여 조화를 이룰 수 있는 색을 '퍼스널 컬러(Personal Color)'라고 한다.
② 개인이 가진 유형은 봄, 여름, 가을, 겨울이라는 사계절의 명칭을 이용하여 4가지 타입으로 분류할 수 있다.
③ 대상자의 색상이 '노란색/청색'의 색상 단계를 체크한다. → 옐로우 베이스 / 블루 베이스
④ 그라데이션 상으로 어울리는 요소의 위치는 사람에 따라 상이하다. 사람과 색의 조화를 네 가지 계절의 관점에서 보면 어울리는 색의 요소가 분명하므로 각 개인에게 어울리는 이미지 컬러를 제안할 수 있다.

(2) 퍼스널 컬러 진단법
① 메이크업을 하지 않은 상태에서 진단해야만 자신의 피부색을 정확히 알 수 있다.
② 신체의 컨디션에 따라 얼굴색이 달라 보이므로 컨디션이 좋은 날에 해야 한다.
③ 진단 받는 사람은 머리와 의상의 색을 천으로 가리고 귀걸이는 필히 빼야 한다.
④ 사계절의 색상 진단 : 천을 턱 아래에 대고 거울을 향한 다음 얼굴색의 변화를 관찰한다.

(3) 계절별 유형의 특징
1) 봄
　① 봄 타입의 특성
　　㉠ 노란기를 띠는 맑은 색 그룹이 봄 타입에 잘 어울린다.

ⓒ 봄 타입의 사람은 생동감, 활발함, 화사한 느낌이 난다.
　　ⓓ 부드러운 핑크와 피치, 페일 그린 등이 봄의 컬러이다.
② 봄 타입의 피부색
　　ⓐ 밝은 노란 빛이 도는 피부, 노란 베이지 빛이 도는 피부, 노란 붉은 빛이 도는 피부
　　ⓑ 노랑 바탕에 피부가 투명하고 매끄러운 느낌, 볼 부분에 오렌지 빛이 보이는 피부
③ 봄 타입의 컬러군

헤어스타일	자연스러운 굵은 웨이브 스타일
염색 컬러	황색 금발, 다갈색 금발, 광택 나는 금색
의상	부드럽고 따뜻하며 밝은 컬러
메이크업	오렌지, 산호색, 산홋빛 핑크의 아이섀도나 립스틱

- 고명도, 고채도, 저채도와 함께 밝은 톤
  (비비드, 브라이트, 라이트)
- 따뜻한 색감의 그룹
- 화사함, 생기발랄하고 투명한 이미지

2) 여름

① 여름 타입의 특성
　　ⓐ 시원하고 투명한 이온음료 색, 무더운 여름 하늘과 푸른 바다의 색, 부드러운 파스텔 톤이 여름 타입에 잘 어울린다.
　　ⓑ 부드럽고 지적인 분위기의 사람이 많다.
　　ⓒ 블루와 따뜻한 짙은 핑크색은 여름 컬러이다.
② 여름 타입의 피부색
　　ⓐ 핑크, 반투명하고 매끄러운 안색, 페일 베이지 컬러
　　ⓑ 연한 베이지의 피부, 하얀 빛, 살구빛, 갈색 피부

③ 여름 타입의 컬러군

헤어스타일	웨이브, 틀어 올린 업 스타일, 가벼운 쇼트 커트
염색 컬러	금발, 짙은 금발 등의 자연적인 색상
의상	하얀 빛이 들어간 파스텔 색상이 어울림
메이크업	파스텔 톤의 청색, 하늘색, 핑크색, 보라색의 아이섀도

- 고명도, 중채도, 청색, 중간색, 소프트 [소프트, 다크, 덜(Dull) 톤]
- 콘트라스트가 강한 색상은 어울리지 않음
- 내추럴하고 자연스러운 톤이 어울림
- 회갈색을 띠는 헤어, 지적이고 세련된 인상

3) 가을

① 가을 타입의 특성
  ㉠ 잘 익은 과일, 낙엽, 나뭇잎, 흙의 색, 차분하고 자연스럽고 가라앉은 색이 잘 어울린다.
  ㉡ 낙엽의 짙은 오렌지색, 황금색, 황갈색이 어울린다.

② 가을 타입의 피부색
  ㉠ 혈색이 없어 보이는 노란빛이 도는 베이지 피부
  ㉡ 노란 갈색 피부, 다갈색 피부에 붉은 피부, 검은 갈색 피부에 노란 피부

③ 가을 타입의 컬러군

헤어스타일	층이 풍성하면서 탐스러운 스타일
염색 컬러	황금빛, 광택 나는 금갈색
의상	베이지, 갈색 계열의 컬러
메이크업	금색, 부드러운 녹색, 벽돌색

- 명도, 고채도, 저채도, 중간색(딥, 덜, 다크, 그레이)
- 황색, 브라운의 고급스러운 컬러가 주를 이루며 차분한 이미지

4) 겨울

① 겨울 타입의 특성
㉠ 어둡고 추우며 강력한 대조를 보여주는 계절이다.
㉡ 파란색을 중심으로 하는 컬러를 선정하며 차고 강한 색이 어울린다.
㉢ 쿨 블루, 블루 핑크기가 도는 로즈 베이지, 올리브, 브라운 피부톤을 가지며 눈동자 색은 블랙, 브라운 블랙을 띤다.

② 겨울 타입의 피부색
㉠ 푸른빛이 살짝 돌며 창백하고 투명한 베이지 피부, 푸른빛 밝은 피부
㉡ 푸른빛 약간 붉은 피부, 푸른빛 검은 갈색 피부

③ 겨울 타입의 컬러군

헤어스타일	단정하고 잘 다듬어진 머리, 비대칭의 머리스타일
염색 컬러	차가운 밤색, 코코아, 붉은 보라, 은회색 마호가니
의상	원색으로 강한 톤, 청보라, 와인, 무채색 계열
메이크업	청회색, 청보라, 짙은 자주, 선명한 빨강, 석류색 같은 립스틱

- 고명도, 저명도, 양극화, 순색, 저채도, 모던샤프(비비드, 딥, 페일)
- 블루, 화이트, 블랙의 차갑고 강렬한 컬러 그룹
- 모던하고 도시적인 느낌

Chapter 4

핵심쏙쏙 예상문제

01 계절별 메이크업에 대한 설명으로 틀린 것은?

① 봄 메이크업 – 피치톤, 핑크색의 색조로 화사하게 표현한다.
② 여름 메이크업 – 자외선 차단의 기능이 뛰어난 트윈 케이크를 사용한다.
③ 가을 메이크업 – 깨끗한 피부와 색조에 어울릴 수 있는 펄 화이트를 사용한다.
④ 겨울 메이크업 – 유·수분의 함량이 적당한 크림 타입의 파운데이션을 사용한다.

해설 가을 메이크업은 따뜻한 베이지 계열이나 오렌지 계열, 브라운 계열, 카키, 다크 브라운 컬러와 골드 펄의 색조를 사용하는 것이 좋다.

02 퍼스널 컬러 중 겨울 타입 유형의 특성으로 틀린 것은?

① 대조적인 색상이 어울린다.
② 눈동자 색은 블랙이나 브라운 블랙이다.
③ 고명도, 저명도, 순색, 저채도의 색이 어울린다.
④ 오렌지색, 황금색, 카키색이 어울린다.

해설 오렌지색, 황금색, 카키색은 가을 타입 색으로 어울린다.

03 글로시한 질감의 메이크업을 연출 시 특징으로 옳지 않은 것은?

① 물광 메이크업이라고도 한다.
② 메이크업 베이스는 펄이 없고 유분기가 적은 재품을 사용한다.
③ 투명하고 촉촉하며 윤기와 광택이 난다.
④ 물을 머금은듯한 피부 표현이 특징이다.

해설 펄이 없고 유분기가 적은 베이스재품의 사용은 매트한 질감 표현 시 사용한다.

04 다음 중 색의 배색에 대한 설명에 알맞은 배색법은?

- 톤이 같거나 유사한 톤으로 이루어진 배색
- 색상의 폭이 동일하거나 유사한 범위에서 선택
- 명도차와 톤의 차가 작도록 선택하여 배색

① 레피티션 배색
② 트리콜로 배색
③ 톤인톤 배색
④ 톤온톤 배색

해설 톤온톤 배색: 색상은 동일하게 하고 톤의 차를 강조하여 얻어지는 배색
톤인톤 배색: 톤이 같거나 유사한 톤으로 이루어진 배색

05 퍼스널 컬러 진단법에 대한 방법이 잘못된 것은?

① 메이크업을 한 상태에서 진단해야만 자신의 피부색을 정확히 알 수 있다.
② 신체의 컨디션에 따라 얼굴색이 달라보이므로 컨디션이 좋은 날에 해야 한다.
③ 진단받는 사람은 머리와 의상의 색을 천으로 가리고 귀걸이는 필히 빼야 한다.
④ 계절별 색상 진단은 천을 턱 아래에 대고 거울을 향한 다음 얼굴색의 변화를 관찰한다.

해설 메이크업을 하지 않은 상태에서 진단해야만 자신의 피부색을 정확히 알 수 있다.

01 ③ 02 ④ 03 ② 04 ③ 05 ①

PART

3

메이크업
디자인

Chapter 1

기초화장품 선택

Section 1. 피부 유형별 기초화장품의 선택 및 활용

1 세안 및 클렌징

(1) 클렌징의 목적과 방법

① 피부 표면의 유분, 먼지, 땀, 각질, 메이크업 잔여물 등을 제거함으로써 피부의 청결과 위생을 유지시켜 준다.
② 피부타입을 고려하여 적합한 클렌징 제품을 선택한 후 클렌징하도록 한다.

(2) 클렌징의 종류

성분	종류	특성
용제형	클렌징 워터	가벼운 액상 타입으로 피부 자극이 적으며 사용감이 산뜻하다.
	클렌징 로션	• 지성 및 복합성피부에 사용하기 적합하고 피부 자극이 적다. • 피부 유연작용이 있어 각질 제거에 효과적이다.
	클렌징 크림	진한 화장을 지우기 용이하며 유분함량이 높아 건성피부 또는 겨울철에 사용하기 적합하다.
	클렌징 오일	• 피부 자극이 적고 메이크업 잔여물 제거 등에 적합하다. • 노폐물 제거가 용이하고 피지 성분을 녹여주어 블랙헤드 제거에도 효과적이다.
	클렌징 젤	유성 성분이 없어 유분에 민감한 피부에 적합하며 세정력이 우수하다.
계면활성제형	클렌징 폼	계면활성제에 보습 성분을 넣어 물과 함께 거품을 통해 자극 없이 세정한다.
	클렌징 티슈	• 사용이 간편하고 휴대하기 편하다. • 너무 강하게 마찰하면 피부에 자극을 줄 수 있다.
	클렌징 스크럽	• 오래된 각질과 노폐물 제거에 아주 용이하다. • 지속적이고 강하게 마찰할 경우 피부에 자극을 줄 수 있다.
	비누	• 천연유지, 지방산 알칼리염의 계면활성작용 • 살균 효과 및 클렌징효과가 좋으나 피부 건조를 유발

(3) 클렌징의 효과
① 메이크업 잔여물 및 먼지 등을 제거하여 준다.
② 피부의 혈액순환 및 신진대사를 원활하게 한다.
③ 피부의 피지 및 각질 등을 제거해주어 피부결을 부드럽게 한다.

(4) 클렌징의 방법
① 포인트 메이크업 제거를 위해 색조 메이크업을 제거한다.
② 피부 타입에 맞는 클렌징을 선택한다.
③ 제품을 얼굴에 나누어 바른 뒤 피부결에 따라 마사지하듯 문질러준다.
④ 화장티슈를 사용하여 닦아내거나 젖은 해면 등으로 닦아준다.
⑤ 세안제를 사용하여 미온수를 이용하여 가볍게 세안한다.

2 기초메이크업

(1) 기초화장의 목적
① 유분과 수분을 공급하여 pH 조절 및 보습, 진정효과가 있으며 피부결을 정돈해준다.
② 피부를 매끄럽게 만들고 피부를 보호하거나 세균의 침입을 막아준다.

(2) 기초화장 제품의 종류와 특성

종 류	특 성
화장수	• 피부타입에 따라 스킨 소프너(Skin Sofner, **유연 화장수**)와 스킨 토너(Skin Toner, **수렴화장수**)를 선택하여 사용한다. • 아스트리젠트(Astringent Lotion)는 모공을 조여 준다.
에센스	• 고농축의 세럼과 오일과 같은 제품으로 **보습, 피부 보호, 영양 공급**을 한다. • 영양물질과 노화 억제성분 등을 공급하여 피부를 가볍고 매끄럽게 유지시켜준다.
로션	• 피부에 **수분과 영양**을 주며 유화상태의 점성이 낮은 액체크림이다. • 수분 함유가 높아 빠르게 흡수되며 사용 감촉이 좋다.
크림	• 로션에 비해 유분감이 높고 피부 보호작용이 있다. • 보습과 수분 공급을 통해 피부에 유연성을 준다.
아이크림	• 눈가 위주로 관리하는 제품으로 **잔주름 보호와 미백**을 위한 제품이다. • 젤 타입과 크림 타입이 일반적이다.

(3) 피부 유형별 기초화장품의 선택 및 활용

1) 정상피부
① 특징: 가장 이상적인 피부 유형
② 사용 제품
- 클렌징 : 모든 타입의 클렌징 사용 가능
- 기초화장품 : 유연 화장수, 아이 케어제품, 에센스, 로션, 수분 보습 크림, 자외선 차단제

2) 건성피부
① 특징
- 수분 함량이 적고(10~12% 이하) 피지 분비량이 적은 피부 유형
- 세안 후 피부 당김이 있다.

② 사용 제품
- 클렌징 : 알칼리성 세안제 사용은 자제한다.
- 기초화장품 : 유연 화장수, 아이 케어제품, 에센스, 보습, 영양 효과가 풍부한 건성용 크림 사용. 페이스 오일 등으로 피부 보호막을 형성시켜줌

3) 지성 피부
① 특징
- 피지 분비량이 활발한 피부 유형
- 피부 분비가 많고 얼굴에 유분이 많은 피부 유형
- 모공이 크고 잘못 관리 시 여드름 피부가 될 수 있다.

② 사용 제품
- 클렌징 : 로션타입, 젤타입, 워터 타입의 클렌징이 좋으며 오일타입 사용은 좋지 않다.
- 기초화장품 : 수렴화장수를 사용하는 것이 좋고, 유분보다는 수분 함량이 높은 제품을 사용한다. 피지 조절을 위한 기초 제품 사용

4) 복합성 피부
① 특징
- 2가지 이상의 피부 타입을 같이 가지고 있어 부분적 관리가 필요함
- T존 부위는 유분이 많은 지성 타입의 특성을 보이며 피지분비가 많다.
- U존 부위는 건성 타입의 특성을 보이며 피지량이 적고 건조하다.
- 피부 땅김이 있고 부분적으로는 유분이 많다.

② 사용 제품
- 클렌징 : T존부위는 로션타입, 젤타입,워터 타입의 클렌징이 좋으며, U존은 크림류,오일타

입 사용이 좋다.
- 기초화장품 : T존은 수렴화장수를 사용하는 것이 좋고, U존은 유연 화장수를 사용한다.

5) 민감성 피부

① 특징
- 민감하고 붉은기가 잘 생기며 피부가 얇은 피부 유형
- 외부 자극에 민감하다.

② 사용 제품
- 클렌징 : 저자극 제품, 약산성 제품을 사용한다.
- 기초화장품 : 알코올 성분, 향 등이 없는 저자극 제품을 사용한다.

6) 여드름성 피부

① 특징
- 피지 분비가 왕성하고 염증, 피부 트러블이 생기기 쉬운 피부 유형
- 사춘기와 같이 호르몬의 분비가 많다.

② 사용 제품
- 클렌징 : 로션, 젤 타입을 사용하고 오일류 제품은 피한다.
- 기초화장품 : 여드름 피부 전용 제품이나 오일 프리(Oil Free) 타입의 기초화장품을 사용한다.

7) 노화피부

① 특징
- 피부 탄력이 적고 색소와 주름이 발생할 수 있는 피부 유형
- 피지분비가 적다.
- 모공이 늘어짐이 있고 표피와 진피가 얇다.

② 사용 제품
- 클렌징 : 로션, 오일 타입을 사용
- 기초화장품 : 보습 성분이 있는 유연 화장수를 사용하고 항산화와 영양공급을 위한 기초 제품을 사용한다.

> **Tip** 피부 타입별 수분 크림의 특징

피부타입	특성
건성 피부용	• 오일 함유 많음 • 리치한 감촉의 모이스처라이저로 촉촉하고 부드럽게 해줌
지성/복합성 피부용	• 오일 프리(Oil Free) 또는 요일이 극소향 함유 된 수분 베이스의 모이스처라이저

(4) 자외선 차단제

1) 특징

① 태양의 자외선으로부터 피부를 보호하는 기능
② 선크림, 선블록이라고도 한다.
③ SPF는 UVB 차단지수, PA는 UVA 차단지수를 의미한다.

2) 사용법

- 기초화장품의 마지막 단계에서 사용한다.
- 외부 활동 시간과 정도에 따라 SPF차단 지수를 선택한다.

> **Tip** 화장품의 보관 및 유통기한
> – 보관법: 직사광선이 없고 온도변화가 적은 상온에서 보관
>
> 세안제 및 클렌져 유통기한

구 분	개봉 전	개봉 후
세안제 / 클렌져	3년	1~1년 6개월
스킨(액상 화장품)	3년	1년
에센스 / 세럼	2년	6~8개월
로션 / 크림	2년	1년
자외선 차단제	2년	6개월~1년

핵심쏙쏙 예상문제

01 기초화장에서 피부에 유·수분 공급의 기능을 하고 있지 않은 화장품의 종류는?
① 수렴화장수
② 밀크 로션
③ 마사지 크림
④ 영양 크림

02 유연 화장수의 기능이 아닌 것은?
① 피부에 수분을 공급한다.
② 피부의 pH 밸런스를 맞추어 준다.
③ 피부를 매끈하고 부드럽게 해준다.
④ 피부 세정력을 가진다.

해설 유연 화장수는 피부 세정력 및 클렌징 효과는 없다.

03 건성, 중성, 지성의 피부 타입을 구분하는 기본적인 피부 유형 분석기준은?
① 피지 분비 상태
② 피부 탄력도
③ 모공 크기
④ 피부의 조직상태

04 피지 분비를 억제하고 피부의 모공을 수축하며 수분 공급을 해주는 기초화장품의 종류는 무엇인가?
① 영양화장수
② 팩
③ 수렴화장수
④ 소염화장수

해설 수렴화장수는 피부에 수분을 공급하고 모공을 수축하며 피지 분비를 억제한다.

05 기초화장품의 보관 및 사용 기간에 대한 설명으로 틀린 것은?
① 화장품의 보관은 직사광선이 없고 온도 변화가 적은 상온에서 보관한다.
② 스킨은 개봉 후 1년 이내 사용한다.
③ 자외선 차단제는 2년 이하 사용하며 개봉 후에는 6개월~1년 이내로 사용한다.
④ 에센스나 세럼은 개봉 후 1년 6개월 이하로 사용한다.

해설 에센스나 세럼은 개봉 후 6~8개월 이내로 사용한다.

06 자외선 차단제에 대한 설명으로 틀린 것은?
① SPF는 UVB 차단 지수를 말한다.
② 선크림, 선블록이라고도 한다.
③ 베이스 메이크업 시 파우더 사용 후 도포한다.
④ 태양의 자외선으로부터 피부를 보호하는 기능을 가진다.

해설 자외선 차단제는 기초화장품 도포 후 베이스 재품 사용 전에 바른다.

---

01 ③   02 ④   03 ①   04 ③   05 ④   06 ③

07 피부 유형별 기초화장품의 특징과 제품 선택에 대한 설명이 잘못된 것은?

① 건성피부의 경우 클렌징 제품은 알칼리성 제품이 좋다.
② 지성피부의 경우 기초화장품은 수렴화장수를 사용하는 것이 좋다.
③ 복합성피부의 경우 2가지 이상의 피부 타입을 같이 가지고 있어 부분적 관리가 필요하다.
④ 민감성피부의 경우 기초화장품은 알코올 성분, 향 등이 없는 저자극 제품을 사용한다.

해설 건성피부의 클렌징 제품은 알칼리성 세안제 사용은 자제한다.

07 ①

Chapter 2

피부 표현 메이크업

Section 1. 베이스 메이크업

1 베이스 제품 활용

(1) 프라이머(Primer)

1) 특징

① 메이크업 전에 다소 울퉁불퉁한 피부 표면이나 넓은 모공을 메워서 피부화장이 더욱 돋보이게 하는 제품이다.
② 메이크업 베이스, 파운데이션, 파우더 등이 밀착감 있고 매끄럽게 발릴 수 있도록 도와준다.
③ 완벽한 피부화장을 위해 화장이 깔끔하게 표현되도록 하고 지속력을 높인다.
④ 피지를 조절하는 기능이 있다.
⑤ 스킨케어 후 적당량을 덜어 얇게 펴 바르고 가볍게 두드려 마무리한다.

2) 종류 및 기능

종류	기능
립 프라이머	입술의 주름을 메워 입술화장이 번짐 없이 오래 지속되도록 하는 제품이다.
페이스 프라이머	• 모공을 감춰주고 피부를 매끄럽게 만들어 준다. • 도자기 피부 메이크업 표현에 활용하면 효과를 볼 수 있다.
아이 프라이머	• 눈가의 피부를 고르게 보정하고 컬러의 지속력을 높여 주기 위한 제품이다. • 아이크림을 바른 후 바로 사용하거나 파운데이션 위에 사용한다.

> **Tip** 프라이머의 종류
> • 립 프라이머
>   – 입술의 주름을 메워준다.
>   – 입술화장이 번짐 없이 오래 지속되도록 해준다.
> • 페이스 프라이머
>   – 모공을 감춰주고 피부를 매끄럽게 해준다.
>   – 도자기 피부 메이크업 표현에 활용하면 효과적이다.

(2) 메이크업 베이스

1) 메이크업 베이스의 목적
① 피부톤을 균일하게 해준다.
② 메이크업의 밀착력을 강화시켜 준다.
③ 메이크업의 지속성을 높여 준다.

2) 메이크업 베이스의 특징
① 파운데이션의 지속력과 퍼짐성, 밀착감을 높여주는 제품이다.
② 피부색을 보완하고 피부톤을 보정하여 화사하게 만든다.
③ 베이스의 종류로는 수분 베이스와 컬러 베이스가 있다.
④ 소량을 덜어 피부 전체에 얇게 발라 준다.

3) 종류 및 기능

색상	기능
화이트	피부 톤을 화사하고 밝게 표현
핑크	혈색 있고 생기 있는 피부 톤으로 표현
그린	붉은기가 있는 피부를 보정
바이올렛	노란기가 있는 피부를 보정
오렌지	혈색을 주거나 건강해 보이는 피부로 표현
베이지	피부 톤을 자연스럽게 표현

4) 피부에 따른 메이크업 베이스 선택법

베이스 계열	피부 유형
보라	어둡거나 노란기가 많은 동양인의 피부에 적합하다.
그린	붉은 피부와 부분적으로 홍조를 띤 부분에 사용할 수 있다.
핑크	창백한 피부, 흰 피부 등에 혈색을 부여하기에 적합하다.
파랑	어둡고 칙칙한 잡티가 많은 검붉은 피부에 적합하다.
오렌지	여름철 베이스 또는 태닝 메이크업과 같은 건강한 피부 표현 시 사용한다.

5) 메이크업 베이스의 도포 순서
① 피부 정돈 후 기초 제품을 바른다.
② 메이크업 베이스를 진주알만큼 덜어 이마, 양 볼, 턱, 코 부분에 나눈다.
③ 손 또는 스펀지를 이용하여 패팅(Patting) 기법으로 두드리며 발라준다.

④ 안쪽에서 바깥쪽의 방향으로 펴 바른다.
⑤ 번들거림이 심하여 유분기가 많은 경우 티슈로 살짝 눌러준다.

(3) 파운데이션

1) 특징
① 피부 톤을 조절하며 기미, 잡티, 주근깨, 흉터 등의 결점을 커버하고 자외선이나 공해, 바람 등 외부의 자극으로부터 피부를 보호한다.
② 피부색에 맞는 파운데이션을 결정하고 적당량을 덜어 스펀지나 브러시, 손끝을 사용하여 피부에 잘 밀착되도록 얇게 펴 바르고 가볍게 두드려 준다.

2) 종류 및 기능

종류	기능
리퀴드 타입	• 수분 함량이 높아 얇고 가벼우며 내추럴한 피부톤 표현에 적당하다. • 커버의 지속력이 약한 것이 단점이다.
크림 타입	• 리퀴드 타입에 비해 유분 함량이 높으며, 커버력과 지속력이 좋고 퍼짐성도 좋다. • 리퀴드 타입과 섞어서 사용하면 효과적이다.
스틱 타입	• 농축된 고형 타입으로 견고하고 커버력이 좋다. • 주로 무대, 영상 등 완벽한 커버력을 필요로 하는 분장용으로 이용한다.
케이크 타입	• 파운데이션과 파우더의 압축 타입이다. • 커버력과 밀착력이 좋으며 땀과 물에 강하고, 지속력이 뛰어나다.

3) 파운데이션의 목적
① 피부 결점을 커버해 준다.
② 피부톤을 조절한다.
③ 외부 환경으로부터 피부를 보호한다.
④ 윤곽 수정을 통해 얼굴형을 수정하고 입체감 있게 표현한다.

4) 피부에 따른 파운데이션 선택법

파운데이션 계열	피부 유형
베이지	• 일반적으로 무난하게 사용이 가능하다. • 노란 피부에 적합하다.
핑크	• 혈색 있는 피부를 표현하기 용이하다. • 화사한 피부 표현이 가능하다.
브라운	• 건강한 피부톤을 표현할 수 있다. • 태닝피부에 적합하다

5) 파운데이션의 종류와 특성

종류	특 성
B.B크림 (Blemish Balm Cream)	• 피부 화상 치료 및 피부 재생을 위한 치료 목적으로 개발되었다. • 독일의 피부과 전문의 크리스틴 슈라멕에 의해 개발되었다.
C.C크림 (Correct Care Cream)	• 물광 피부를 표현하기 위한 제품이다. • 커버력이 약하다는 단점이 있다.
리퀴드 파운데이션 (Liquid Foundation)	• 네츄럴 메이크업 또는 일반적인 메이크업에 사용된다. • 수분함량이 높고 자연스러운 피부 표현이 가능하다. • 커버력이 다소 약하다는 단점이 있다.
크림 파운데이션 (Cream Foundation)	• 건성피부에 적합한 제품이다. • 유분의 함량이 리퀴드에 비해 좀 더 높으며 커버력이 있다.
스틱 파운데이션 (Stick Foundation)	• 고체화된 파운데이션이다. • 지속력이 높고 커버력이 좋다.
스킨 커버 (Skin Cover)	• 크림 파운데이션보다 커버력이 높아 잡티 커버에 효과적이다. • 진한 메이크업 시 용이하다. • 건성피부에 적합한 제품이다.
컨실러 (Concealer)	• 얼굴의 잡티, 다크서클 등의 부분적인 결점을 커버해준다.

6) 파운데이션 테크닉

종류	기능
슬라이딩(Sliding)	미끄러지듯이 밀면서 펴바르는 기법
패팅(Patting)	가볍게 두드리는 기법으로 밀착력과 흡수력을 높이는 기법
블렌딩(Blending)	하이라이트, 섀딩파운데이션 컬러의 경계를 자연스럽게 섞어주며 연결시키듯 바르는 기법
선긋기(Lining)	브러시를 사용하여 선을 긋듯 바르는 기법
페더링(Feathering)	선의 경계를 부드럽게 연결시키는 기법
에어브러시(Airblush)	콤프레셔와 에어건을 이용하여 고르게 분사하는 기법

(4) 컨실러

1) 특징

① 파운데이션에 비해 커버력과 밀착력이 좋아 파운데이션으로 커버하지 못한 잡티를 커버할 때 사용하는 제품이다.

② 여드름 자국, 주근깨, 기미, 붉은기, 흉터, 눈밑 그늘, 입술 라인 수정, 눈썹 문신 등에 사용한다.

③ 내추럴하고 투명한 피부를 연출할 때 필요한 잡티 부분만 커버할 수 있어 더욱 가벼운 질감의 피부를 연출할 수 있다.

2) 종류 및 기능

종류	기능
리퀴드 타입	주로 하이라이트용으로 사용하며 커버력이 뛰어나지는 않다.
크림 타입	크림 타입 잘 펴져서 그라데이션이 쉬우므로 넓은 부분에 사용한다.
스틱 타입	스틱 타입 커버력이 우수하여 좁고 짙은 잡티 부위에 사용한다.
펜슬 타입	• 점 등의 작은 부위에 사용하며 브러시 없이 사용할 수 있어 간편하다. • 그라데이션이 어렵다는 단점이 있다.

(5) 파우더

1) 특징
① 메이크업의 지속성을 높여 주며 유분감을 제거한다.
② 컬러에 따라 얼굴색을 밝고 화사하게 표현해 준다.

2) 파운데이션의 목적
① 피부 결점을 커버해 준다.
② 피부 톤을 조절한다.
③ 외부 환경으로부터 피부를 보호한다.
④ 윤곽 수정을 통해 얼굴형을 수정하고 입체감 있게 표현한다.

3) 성분
① 안료로는 주로 탈크를 사용한다.
② 카올린, 이산화티탄을 사용하여 사용 감촉과 커버력을 높인다.
③ 금속염을 사용하여 밀착감을 향상시키고 착색 안료와 진주 광택 안료를 사용하여 피부색을 보정한다.
④ 탄산칼슘 또는 탄산마그네슘을 배합하여 땀, 피지를 흡수한다.

4) 파우더에 필요한 성질

피복성	잡티를 감추어 피부의 색조를 조정하는 성질
신전성	부드러운 감촉으로 피부에 쉽게 발려 피부에 생동감을 주는 성질
흡수성	피부 분비물을 흡수하여 메이크업의 번들거림과 지워짐을 막는 성질
부착성	피부에 장시간 부착하는 성질
착색성	적절한 광택을 유지하며 자연스러운 피부의 색조를 조정하는 성질

5) 파우더의 종류와 특성

종류	특성

루즈파우더
(Loose Powder)
	• 가루 파우더로서 자연스럽고 가볍게 사용하기 좋다.
	• 뽀송뽀송한 피부 표현이 가능하다.
	• 투명 파우더 : 내추럴한 피부톤을 유지하여 피부가 자연스럽게 마무리된다.
	• 컬러 파우더
	  – 핑크 : 창백한 피부에 사용
	  – 바이올렛 : 화사한 느낌을 줌
	  – 베이지 : 자연스러운 느낌 표현
	  – 브라운 & 오렌지 : 태닝한 피부에 사용

프레스드 파우더 (Pressed Powder)	• 압축된 파우더로서 커버력과 지속력이 높다. • 가루 날림이 적다. • 루즈 파우더를 고체형으로 압축시킨 제품으로 콤팩트 파우더라고도 한다. • 루즈 파우더에 비해 커버력이 좋으나 매트함과 무게감을 느낄 수 있다.
피니시 파우더(구슬 파우더)	다양한 컬러가 섞여 얼굴을 화사하며 펄을 함유하고 있다.
펄 파우더(Pearl Powder)	반짝이고 고운 입자가 가미된 파우더로 빛 반사효과가 있다.
스타 파우더(Star Powder)	화려한 분위기 연출 시 부분적으로 사용하며 입자 크기가 다양하다.

6) 파우더 사용 방법

- 퍼프 사용 : 파우더를 파우더 퍼프에 골고루 묻혀 피부에 두드리며 발라준다.
- 브러시 사용: 파우더를 파우더 브러시에 골고루 묻혀 얼굴 전체에 발라준다. 자연스럽고 화사한 표현을 하고자 할 때 사용한다.

(6) 미스트 & 픽서

① 미스트는 피부에 분사하여 수분을 공급하는 제품으로, 메이크업 후에 건조함을 느낄 때나 피부가 긴장했을 때 수시로 사용한다.

② 수분 공급이 주 목적이나 최근에는 보습 성분을 함유하거나 픽스 기능을 함께 갖추어 피부를 촉촉하게 해주는 기능뿐만 아니라 메이크업을 고정시켜주는 효과의 제품도 나오고 있다.

③ 스프레이 형태이며 메이크업 전, 후의 피부에 직접적으로 분사하는 방식이다.

Chapter 2

핵심쏙쏙 예상문제

01 노란기가 많은 피부의 베이스 컬러로 적절한 색은?

① 핑크　　② 보라
③ 그린　　④ 화이트

해설 보라색의 베이스는 노란 톤의 피부를 조절하여 주므로 동양인의 피부에 적합한 베이스 컬러로 많이 사용한다.

02 베이스 색조 화장품의 종류 중 다음 설명에 맞는 것을 고르시오.

- 여드름 자국, 주근깨, 기미, 눈 밑 그늘 등 잡티를 커버하는 기능을 한다.
- 커버력과 밀착력이 좋다.

① 컨실러　　② BB크림
③ 루즈 파우더　　④ 스타 파우더

03 프라이머(Primer)에 대한 설명으로 잘못된 것은?

① 메이크업 전에 다소 울퉁불퉁한 피부 표면이나 넓은 모공을 메워주는 역할을 한다.
② 메이크업 베이스, 파운데이션, 파우더 등의 밀착감을 높인다.
③ 지속력을 높이고 유·수분감을 준다.
④ 립 프라이머는 입술의 주름을 메워주어 입술화장이 번짐 없이 오래 지속되도록 해준다.

해설 지속력을 높이고 피지 조절의 기능이 있으나 유·수분감과는 관련이 없다.

04 파우더의 기능으로 틀린 것은?

① 피부 메이크업의 지속력을 유지시킨다.
② 유분기를 제거해준다.
③ 메이크업의 얼룩을 방지해준다.
④ 잡티를 제거하는 기능이 있다.

해설 파우더는 메이크업의 지속력을 높여주는 역할을 하지만 잡티를 제거하는 기능은 거의 없다.

05 붉은기가 많은 피부의 베이스 컬러로 적절한 색은?

① 핑크　　② 보라
③ 그린　　④ 화이트

해설 그린색의 베이스는 붉은 톤의 피부를 조절하여 주므로 붉은 잡티가 많은 피부에 적합하다.

06 파우더 색상 선택과 특징에 대한 설명이 잘못 연결된 것은?

① 베이지 : 붉은 피부에 사용
② 브라운 : 태닝한 피부에 사용
③ 핑크 : 창백한 피부에 사용
④ 바이올렛 : 화사한 느낌

해설 베이지 컬러 파우더는 자연스러운 느낌 표현에 사용하기 적합하다.

01 ②　02 ①　03 ③　04 ④　05 ③　06 ①

07 다음 중 파운데이션 바르기 테크닉과 종류가 바르게 연결된 것은?

① 에어브러시(Airblush): 미끌어지듯이 밀면서 펴바르는 기법
② 패팅(Patting): 가볍게 두드리는 기법으로 밀착력과 흡수력을 높이는 기법
③ 슬라이딩(Sliding): 하이라이트, 섀딩파운데이션 컬러의 경계를 자연스럽게 섞어주며 연결시키듯 바르는 기법
④ 선긋기(Lining): 선의 경계를 부드럽게 연결시키는 기법

해설
– 슬라이딩(Sliding): 미끌어지듯이 밀면서 펴바르는 기법
– 블렌딩(Blending): 하이라이트, 섀딩파운데이션 컬러의 경계를 자연스럽게 섞어주며 연결 시키듯 바르는 기법
– 페더링(Feathering): 선의 경계를 부드럽게 연결 시키는 기법
– 에어브러시(Airblush): 콤프레셔와 에어건을 이용하여 고르게 분사하는 기법

07 ①

Chapter 3
얼굴윤곽 수정

Section 1. 얼굴 형태 수정

(1) 얼굴형의 종류

1) 얼굴형에 따른 특징

① **둥근형** : 광대뼈에서 아래턱까지 둥근 라인으로 볼이 통통한 얼굴형
② **사각형** : 하관이 발달하고 남성적인 이미지의 얼굴형
③ **역삼각형** : 이마가 넓고 하관이 좁은 형태로 차가워 보이거나 날카로워 보이는 얼굴형
④ **삼각형** : 이마가 좁고 하관이 넓은 얼굴형
⑤ **다이아몬드형** : 광대뼈가 도드라져 보이는 얼굴형으로 이마와 턱이 좁으며 강한 인상을 줌
⑥ **긴형** : 얼굴이 좁고 이마나 턱이 긴 형으로 코가 긴 편임

2) 얼굴형에 따른 하이라이트와 섀딩 수정기법

얼굴형	하이라이트	섀 딩
둥근형	T존 부위	얼굴의 측면, 양쪽 볼 부위
사각형	T존 부위	양쪽 턱, 양쪽 이마 부위
역삼각형	양쪽 볼	양쪽 이마, 턱 중앙 끝
삼각형	T존 부위(양쪽 이마 넓게)	양쪽 턱
다이아몬드형	양쪽 이마, 양쪽 볼	광대뼈, 턱 끝
긴형	양쪽 볼	이마, 턱 끝

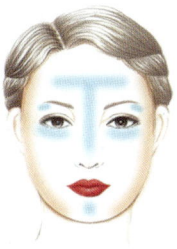 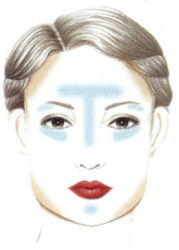 

〈둥근형〉　　　　　〈사각형〉　　　　　〈역삼각형〉

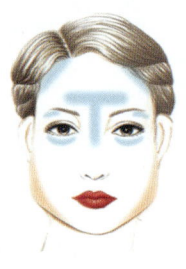 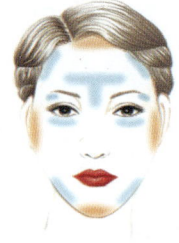 

〈삼각형〉　　　　　〈다이아몬드형〉　　　　〈긴형〉

> **Tip** 가장 이상적인 얼굴형은 계란형으로 하이라이트, 섀딩, 색조 화장을 통해 결점을 보완하고 다양한 이미지로 연출할 수 있다.

3) 얼굴형에 따른 눈썹 이미지

① 둥근형 : 눈썹산을 강조해주며 약간 각진 형태로 상승형의 눈썹을 표현한다.
② 사각형 : 각진 형태의 얼굴형을 보완하기 위해 아치형이나 커브를 주어 부드럽게 표현한다.
③ 역삼각형 : 눈썹산의 위치를 중앙으로 조금 가깝게 그려주며 아치형으로 부드럽게 표현한다.
④ 마름모형 : 곡선의 형태로 광대가 너무 부각되어 보이지 않도록 눈썹 앞머리에 시선을 분산시킨다.
⑥ 긴형 : 눈썹산에 약간의 커브를 주며 직선형의 수평 느낌의 형태로 표현한다.

(2) 피부 결점 보완

1) 흰 피부(창백한 피부)

특성	• 혈색이 없는 피부 • 밝은색의 피부
베이스	핑크색 베이스
파운데이션	핑크 베이지로 혈색을 준다.
파우더	• 핑크 파우더 • 투명 파우더

2) 붉은 피부

특성	• 붉은기가 있고 얇은 피부 • 민감성 피부 또는 여드름 피부 • 부분적인 홍조를 띤 피부
베이스	그린색 베이스

파운데이션	옐로우 베이지
파우더	옐로우 베이지 파우더

3) 노란 피부

특성	• 동양인들의 피부색 • 어둡고 얼굴이 칙칙해 보임
베이스	보라색 베이스
파운데이션	핑크톤이 가미되거나 피부톤과 비슷한 컬러
파우더	• 베이지 컬러 • 핑크 또는 퍼플 컬러

4) 어두운 갈색(태닝)피부

특성	• 건강미와 섹시미가 있음 • 어둡고 칙칙해 보일 수 있음
베이스	옐로우 컬러, 오렌지 컬러
파운데이션	• 핑크베이지 컬러 • 브라운 컬러 • 피부톤보다 어둡지 않은 베이지 컬러
파우더	베이지, 오렌지, 브라운색

5) 잡티가 많은 피부(기미,주근깨,잡티)

특성	피부가 깨끗하지 못하고 잡티가 많은 검붉은 피부 어둡고 칙칙함
베이스	블루색
파운데이션	피부톤보다 너무 밝지 않는 베이지 컬러
파우더	베이지 컬러

6) 여드름 피부

특성	붉은톤이 부분적으로 도는 트러블 피부
베이스	그린색 베이스로 붉은 부분을 중화시킴
파운데이션	피부톤과 비슷한 컬러의 색
파우더	베이지계열, 그린색

Chapter 3

핵심쏙쏙 예상문제

01 사각형 얼굴을 보완하기에 적합하지 않은 눈썹 형태는?

① 화살형 눈썹 ② 각진형 눈썹
③ 둥근형 눈썹 ④ 아치형 눈썹

해설 사각형 얼굴의 눈썹은 각진형 눈썹보다 여유 있고 시원하게 곡선으로 그린다.

02 다음 화장 방법에 대한 설명 중 이 얼굴 부위의 알맞은 명칭은?

- 볼 부분으로, 볼륨감이 있는 넓은 부분
- 섀딩이나 하이라이트를 주어 얼굴의 윤곽 수정이 가능한 부분

① T존 ② O존
③ V존 ④ S존

03 얼굴형에 따른 수정 메이크업 방법에 대한 설명으로 옳은 것은?

① 둥근형 : 이마와 턱 끝 부분에 섀딩을 넣고 양 볼에 하이라이트를 넣는다.
② 다이아몬드형 : 좁은 양 이마와 살이 없는 양 볼에 하이라이트를 넣고 튀어나온 광대뼈와 뾰족한 턱 끝에 섀딩을 한다.
③ 긴 얼굴형: 이마와 아래 양 턱에 섀딩을 넣고 T존 부위에 하이라이트를 길게 넣는다.
④ 사각형 : 이마 양쪽에 섀딩을 넣고 튀어나온 양 볼에 하이라이트를 넣는다.

해설
- 둥근 얼굴 : 얼굴의 양 볼에 사선 형태로 섀딩을 하고 T존 부위에 하이라이트를 길게 넣는다.
- 긴 얼굴 : 이마와 턱 끝에 섀딩을 하고 양 볼에 하이라이트를 넣는다.
- 사각 얼굴 : 양 이마와 튀어나온 양 턱에 섀딩을 하고 T존 부위에 하이라이트를 길게 넣는다.

04 다음 설명 중 눈썹의 형태에 따른 이미지로 틀린 것은?

① 직선형 눈썹 : 남성적, 활동적 이미지
② 꼬리가 내려간 눈썹 : 희극적, 코미디적인 이미지
③ 둥근형 눈썹 : 여성적, 고전적인 이미지
④ 각진형 눈썹 : 부드러움, 세련미, 지적인 이미지

해설 각진형 눈썹은 지적인 느낌을 주며 단정하고 세련된 이미지를 준다.

05 얼굴 윤곽 수정 시 섀딩에 대한 설명으로 틀린 것은?

① 얼굴에 입체감을 부여한다.
② 축소되어 보이도록 하는 역할을 할 수 있다.
③ 펄감이 있는 제품을 사용한다.
④ 베이스보다 1~2톤 어두운 컬러를 사용한다.

해설 펄감이 있는 제품은 적합하지 않으며 베이스보다 1~2톤 어두운 컬러를 사용하는 것이 좋다.

06 둥근 얼굴의 윤곽 수정 시 하이라이트를 표현하기에 적합하지 않은 위치는?

① 이마 ② 콧등
③ 눈밑 ④ 볼뼈

해설 볼뼈 부분은 하이라이트가 아닌 섀딩을 표현하여 갸름하게 보이도록 해야 한다.

01 ② 02 ④ 03 ② 04 ④ 05 ③ 06 ④

Chapter 4

색조 메이크업

Section 1. 아이브로우 메이크업

1 아이브로우 메이크업 표현

(1) 특징

① 눈썹은 형태, 색, 자연스러운 흐름, 눈썹 숱, 길이에 따라 자유롭고 다양한 이미지의 변화를 보여줄 수 있다.
② 아이브로우의 주 성분은 안료, 왁스, 오일이다.
③ 얼굴형과 눈매를 보완하여 얼굴 전체의 이미지를 변화시킬 수 있다.
④ 눈썹 정리 후 눈썹펜슬을 이용해 라인을 잡고, 같은 계열의 아이섀도를 이용하여 컬러감을 표현한다.
⑤ 눈썹결을 따라 자연스럽게 터치해야 한다.

(2) 색상에 따른 특징

색 상	특 징
흑 색	피부가 흰 사람에게 적합하며 강한 이미지를 줌
회 색	차분하고 자연스러움
갈 색	세련되고 부드러워 보임

2 아이브로우 수정 보완

(1) 이상적인 눈썹의 형태

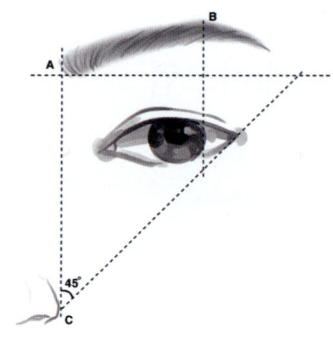

〈이상적인 눈썹의 형태〉

① A - 눈썹 머리 : 콧방울 끝에서 이마 쪽으로 일직선상의 위치
② B - 눈썹산 : 눈썹 전체 3등분 중 2/3 지점에 위치
③ C - 눈썹 꼬리 : 콧방울에서 눈 끝을 45°로 연결하였을 때 만나는 지점

(2) 눈썹의 종류와 이미지

이미지	종류	특징
	표준형 눈썹	• 눈썹의 기본형으로 어느 얼굴형에나 무난하게 어울린다. • 발랄하고 귀여운 이미지를 연출한다.
	각진 눈썹	• 둥근형이나 짧은 얼굴형에 어울리며 도시적이고 세련된 이미지를 준다. • 샤프하고 딱딱한 분위기를 준다.
	아치형 눈썹	• 여성스럽고 부드러운 이미지를 준다. • 고전적인 분위기를 연출할 수 있다. • 이마가 넓거나 역삼각형, 다이아몬드 얼굴형에 어울린다.
	직선형 눈썹	• 활동적이고 동안 이미지를 주는 눈썹이다. • 남성적인 이미지를 준다. • 긴 얼굴이나 폭이 좁은 얼굴에 어울린다.
	상향형 눈썹	• 날카롭고 강한 이미지를 준다. • 섹시한 이미지와 동양적인 이미지를 준다. • 둥근형의 얼굴형에 어울린다.
	하향형 눈썹	• 온화하고 부드러운 이미지를 준다. • 끝을 많이 내릴 경우 희극적인 이미지가 강해져 어리숙하고 바보스럽게 보일 수 있다.

3 아이브로우 제품 활용

(1) 종류 및 기능

종류	기능
케익 타입	자연스럽고 부드러운 느낌으로 표현된다.
펜슬 타입	• 일반 펜슬 : 그리기와 수정이 쉬우며 주로 강하게 표현할 때 사용한다. • 에보니 펜슬 : 가장 많이 사용하는 종류로 섬세한 표현이 가능하다. 사용 후 아이섀도를 덧발라 자연스럽게 마무리한다. • 크림 타입 & 라이닝 컬러 : 크림 타입으로 붓을 이용해 그리며 무대 메이크업 시 사용한다. 색이 강하고 지속력이 좋다. • 마스카라 타입 : 브로우 쉐이퍼라고 하며, 눈썹결을 살려 모양을 정리하는 눈썹 전용 마스카라 이다.

> **Tip** 아이브로우의 역할
> • 얼굴형의 단점 보완
> • 얼굴의 인상 결정
> • 눈매 이미지 보완

Section 2. 아이 메이크업

1 눈의 형태별 아이섀도우

(1) 아이섀도 메이크업

1) 목적
① 눈매를 수정하고 눈에 입체감을 부여할 수 있다.
② 여러 가지의 톤과 색채의 표현이 용이하며 다양한 분위기의 메이크업을 연출할 때 중요한 역할을 한다.

2) 아이섀도의 부위별 명칭

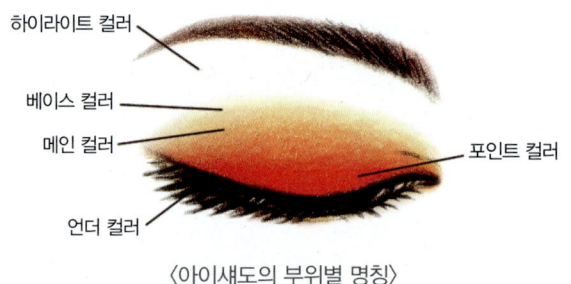

〈아이섀도의 부위별 명칭〉

① **하이라이트 컬러** : 눈 부분에서 가장 밝은 영역으로 화이트나 아이보리 계열을 사용하며 눈썹뼈 부분 또는 돌출되어 보이고자 하는 부분에 사용한다.
② **메인 컬러** : 아이섀도의 전체적인 분위기를 내며 아이홀 또는 포인트 부분을 중심으로 그라데이션한다.
③ **포인트 컬러** : 눈매의 입체감을 표현하기 위해 짙은 색의 강한 색감을 사용하여 강조함으로써 선명함을 준다.
④ **언더 컬러** : 아이라인과 연결되는 눈 끝부분에서 아래 눈꺼풀을 연결하여 준다.

3) 아이섀도의 사용 순서
① 눈두덩이 부위에 아이보리색 또는 흰색 아이섀도를 바른다.
② 아이홀 부위에 전체적으로 넓은 면의 섀도 브러시로 베이스 컬러를 넓게 바른다.
③ 아이홀 안쪽으로 메인 컬러를 발라 그라데이션한다(밝은 색 → 어두운 색의 순서).
④ 포인트 컬러를 바른다.
⑤ 언더 섀도를 바른다.
⑥ 하이라이트를 바르고 마무리한다.

4) 눈 모양에 따른 아이섀도 기법

종류	기법
작은 눈	눈 전체에 밝은 색을 사용하여 펄감을 주거나 눈 끝의 포인트에 짙은 색의 섀도를 사용하여 강조한다.
큰 눈	자연스러운 색의 섀도를 사용하며 포인트를 너무 강하게 주지 않는다.
눈꼬리가 올라간 눈	• 눈꼬리가 강해보이지 않도록 눈 끝부분의 포인트를 너무 강조하지 않는다. • 눈 전체에 사용하는 섀도의 컬러는 부드러운 색을 사용한다. • 눈 앞머리 부분 쪽에 포인트 색감을 주며 언더라인 부분도 수평으로 섀도를 바른다.
눈꼬리가 내려간 눈	• 눈꼬리 부분에 포인트를 주거나 강조를 하여 음영을 준다. • 색을 바를 때 상향형의 방향으로 음영을 준다. • 차가운 계열의 색을 사용한다.
부은 눈	• 자연스러운 색의 섀도를 사용하며 포인트를 너무 강하게 주지 않는다. • 펄감이 강한 질감의 섀도나 밝은 색의 섀도는 피하는 것이 좋다.
꺼진 눈	• 밝은 색의 베이스 컬러를 눈두덩에 밝게 깔아준 후 펄감이나 광택이 있는 아이섀도를 사용하여 넓게 펴 바른다. • 어두운 계열의 색상이나 아이홀의 메이크업은 적합하지 않다.

2 눈의 형태별 아이라이너

(1) 아이라이너 메이크업

1) 특징

① 아이라이너는 색과 선의 폭에 따라 얼굴의 이미지를 변화시켜주는 역할을 한다.
② 눈매 수정과 선명하고 또렷한 이미지 연출을 위해 사용한다.
③ 색조는 흑색이나 암갈색이 일반적이지만 블루, 퍼플, 그레이 등 다양한 색이 나온다.

2) 종류 및 기능

종류	기능
펜슬 타입	• 부드러워서 자극 없이 쉽게 그려진다. • 수정하기가 쉬우나 쉽게 번진다.
케익 타입	• 가는 브러시에 스킨이나 물을 묻혀 농도를 조절하여 사용한다. • 선명하게 표현되며 광택이 없어서 자연스럽다.
젤 타입	• 선명하고 광택이 없으며 부드러워서 쉽게 그라데이션을 할 수 있다. • 잘 번지지 않으며 스모키 메이크업에 필수적이다.

리퀴드 타입	• 액상 타입으로 가늘고 섬세하게 그려지며 마른 뒤 잘 번지지 않는다는 장점이 있다. • 초보자가 사용하기에는 어렵다는 것이 단점이다.
붓펜 타입	• 사인펜과 같은 형태로, 리퀴드 타입이 사용하기 어렵다는 단점을 보완한 것이다. • 사용이 간편하여 초보자에게 적합하지만 젤이나 케익 타입에 비해 색이 선명하지 않다.

3) 눈모양에 따른 아이라인 기법

종류	기법
작은 눈	• 윗라인과 아랫라인을 강조하며 꼬리의 길이가 길어 보이도록 한다. • 눈꼬리쪽으로 포인트를 주어 길게 빼준다.
큰 눈	아이라인을 너무 강하게 그리지 않으며 속눈썹에 가깝도록 가늘게 그린다.
눈 꼬리가 올라간 눈	• 눈꼬리 부분을 수평이나 살짝 아래쪽 방향으로 하여 라인을 잡아 준다. • 아이라인은 너무 강하지 않게 그린다.
눈 꼬리가 내려간 눈	눈꼬리 부분에서 윗방향으로 올리듯이 두께감 있고 진하게 그린다.

3 속눈썹 유형별 마스카라

(1) 마스카라

1) 특징

① 속눈썹이 짙고 길어 보이게 하고, 눈동자를 또렷하게 하여 깊이 있는 눈매로 연출하기 위해 사용한다.
② 마스카라는 눈과 가깝게 사용되는 제품이므로 특히 자극이 없고 속눈썹에 균일하게 도포되어야 하며 신속히 건조되어야 한다.
③ 색상은 주로 검은색을 사용하며 상황에 따라 보라색, 청색, 갈색 등을 사용하기도 한다.
④ 아이래시 컬러로 속눈썹 컬링 후 마스카라로 터치한다.

2) 종류 및 기능

종류	기능
볼륨 마스카라	• 숱이 많고 진해 보이는 효과 • 브래쉬의 털이 촘촘하고 굵어서 속눈썹이 풍부하고 눈매가 그윽해 보이는 효과
롱래쉬 마스카라	• 섬유질이 많아 실제보다 속눈썹이 더 길어 보이는 효과
컬링업 마스카라	• 솔이 휘어져 있는 형태 • 부착력과 강도가 뛰어난 마스카라 • 오랜 기간 컬이 유지
투명 마스카라	• 젤 타입 • 눈썹의 영양제 역할 • 자연스러운 메이크업에 어울림
워터프루프 마스카라	• 땀이나 물에 잘 지워지지 않는 타입 • 여름철 수영장에서 사용하면 효과적

3) 마스카라의 사용 순서

① 눈을 아래로 보는 각도로 하여 15도 정도를 향하게 한 후 속눈썹 안쪽에서 바깥쪽 방향으로 올려 준다.

② 아래 속눈썹은 브러시의 끝을 세워 바르며 뭉침이 있을 경우 브러시로 빗어 정리한다.

Section 3. 립&치크 메이크업

1 립&치크 메이크업 표현

(1) 블러셔

1) 특징
① 얼굴색을 건강하고 밝아 보이게 하며, 음영을 주어 입체감 있는 얼굴을 표현해 준다.
② 인상이 여성스럽게 보인다.
③ 파운데이션과의 친화성이 좋고 바르기 쉽다.
④ 제거 시 쉽게 닦이고 피부에 착색되지 않아야 한다.

2) 블러셔의 목적
① 얼굴 형태를 수정하고, 혈색을 부여함과 동시에 명암을 표현함으로써 입체감 있는 얼굴 표현이 가능하다.
② 얼굴 윤곽에 맞는 이미지를 연출하여 화사한 얼굴을 표현하거나 여성스러움 또는 시크함 등 다양한 이미지의 개성을 연출할 수 있다.

3) 사용법
정면을 바라보았을 때 눈동자의 바깥 부분과 콧방울 위쪽 이내에서 볼 뼈를 스치듯이 펴 바르고, 여러 번 조금씩 터치한다.

4) 종류 및 기능

종류	기능
케익 타입	• 파우더를 압축한 것으로 일반적으로 널리 사용되는 제품이다. • 색감 표현이 용이하고 자연스러워 초보자도 손쉽게 사용할 수 있다.
크림 타입	파우더 전에 사용하며 립스틱으로도 이러한 효과를 낼 수 있다.
파우더 타입	• 분말 형태의 색상 안료로 모든 피부타입과 잘 어울리도록 색상 표현을 해준다. • 지성피부를 위한 최상의 제품이다.
젤 타입	• 파우더 전에 사용하며 얇고 반투명한 빛깔을 만들어 준다. • 오래 지속된다는 장점이 있다.
스컬프팅 키트	• 얼굴의 윤곽선 수정을 위한 두 가지 컬러로 구성된다. • 보통 아이보리 컬러의 하이라이트와 브라운 컬러의 조합이다.

5) 블러셔의 컬러에 따른 이미지 연출

색 상	이미지
핑크 계열	• 사랑스럽고 여성스러운 이미지 • 우아한 이미지
오렌지 계열	• 건강미 있고 생동감 있는 이미지 • 햇볕에 그을린 피부와 같은 태닝 메이크업이나 베이지계 메이크업
브라운 계열	• 지적이고 세련된 이미지 • 현대적이고 샤프한 이미지

6) 블러셔의 위치

① 기본 블러셔의 위치

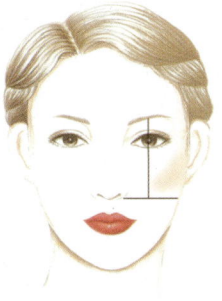

〈기본 블러셔의 위치〉

② 얼굴형에 따른 블러셔

〈둥근형〉 〈사각형〉

Chapter 4 색조 메이크업 189

〈역삼각형〉　　　　　　　　〈긴형〉

③ 이미지에 따른 블러셔

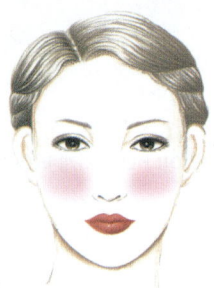 

〈귀여운 이미지〉　　　　　　〈지적인 이미지〉

〈활동적인 이미지〉　　　　　　〈여성스러운 이미지〉

(2) 립

1) 특징
① 입술은 움직임이 가장 많은 곳이므로 입을 다물고 있을 때뿐만 아니라 모든 형태와 각도를 생각해서 메이크업을 완성해야 한다.
② 입술 윤곽을 살려주고 입술과 얼굴의 색감을 더 매력 있게 해주며 얼굴 전체를 생동감 있게 표현한다.
③ 입술 모양을 수정 및 보완할 수 있다.
④ 다양한 색상을 이용하여 음영을 강조하고 입체감을 준다.
⑤ 추위, 입술의 건조 등으로부터 입술을 보호하는 기능이 있다.

> **Tip** 립브러시 세척법
> 사용한 립브러시는 클렌징 크림이나 브러시 클리너를 사용하여 붓 속에 남아있는 립컬러 잔여물을 깨끗하게 세척하도록 한다.

2) 립메이크업의 기능
① 입술에 생기와 윤기, 볼륨감을 준다.
② 입술의 피부를 보호하고 보습과 영양을 준다.
③ 입술의 형태를 보완 및 수정한다.

3) 립메이크업 제품의 종류와 특성

종류	특성
립크림	입술 보호가 목적이며 입술에 보습을 주는 효과
립라이너 펜슬	입술의 윤곽을 수정하고 선을 수정해주는 역할
립스틱	매트한 타입과 촉촉한 타입이 있으며 입술의 색을 선명하게 하는 제품
립글로스	입술에 윤기와 투명감을 주는 역할로 볼륨감 부여
립틴트	입술의 **착색제**로 지속력이 높으며 자연스러운 입술색을 유지

4) 피부에 따른 특성 및 립컬러 색상 선택

피부톤	특성	립컬러
화이트톤	혈색이 없고 흰 피부	핑크, 레드, 퍼플
핑크톤	핑크색의 혈색 있는 흰 피부	레드, 퍼플
옐로우톤	노란기가 있는 피부	오렌지, 레드, 브라운
브라운톤	태닝 피부와 같은 짙은 베이지	브라운, 버건디, 오렌지, 코랄

5) 입술 모양에 따른 이미지

모양	이미지
인커브	• 귀엽고 여성스러운 이미지 • 입술라인보다 1~2mm 안쪽으로 그린다.
스트레이트	• 지적이고 딱딱한 이미지 • 곡선의 느낌보다는 직선적인 느낌을 강조하여 입술산을 각지게 그린다.
아웃커브	• 관능적이고 섹시한 이미지 • 입술라인보다 1~2mm 바깥쪽으로 둥글게 그린다.

〈인커브〉   〈스트레이트커브〉   〈아웃커브〉

Section 4. 속눈썹 연출

1 인조속눈썹 디자인

(1) 인조속눈썹 종류 및 디자인

1) 특징
눈매를 선명하고 또렷하게 하며 속눈썹이 길어 보이는 효과가 있다.

2) 인조속눈썹의 기능
① 눈매를 깊고 그윽하게 만들며 속눈썹이 풍성해 보이는 효과를 주어 눈이 크고 또렷하게 보이도록 한다.
② 쌍꺼풀이 없는 경우나 속눈썹이 짧은 눈에 깊이감을 준다.

3) 인조속눈썹의 종류

스트립 래시 (Strip lashe)	• 눈매의 형태로 휘어진 라인의 띠에 속눈썹모가 붙어 있는 형태로 일회용 속눈썹의 기본 형태 • 눈의 길이에 맞게 잘라서 길이 조절을 하여 사용함
인디비쥬얼 래시 (Individual lashe)	• 1가닥씩 또는 2~3가닥의 속눈썹모가 하나를 이루는 형태 • 가닥가닥 형태를 이루고 있으므로 속눈썹의 빈공간 및 사이사이에 자연스럽게 부착할 수 있어 숱의 양을 조절할 수 있음
연장용 래시 (Extention lashe)	• 자연 속눈썹의 가닥가닥에 전용 글루를 사용하여 한가닥 당 한올씩 부착하는 형태 • 일회성이 아닌 2~4주정도 지속이 가능하며 세안 후에도 제거가 안됨

 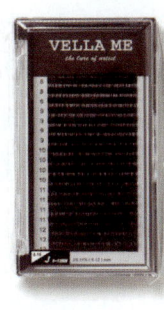 

2 인조속눈썹 작업

(1) 인조속눈썹 선택 및 연출

① 네추럴 인조속눈썹
- 10~11mm 정도의 길이의 인조속눈썹으로 숱이 너무 많지 않은 형태를 선택하며 데일리 메이크업이나 자연 스러운 메이크업 시 사용함

② 한복 · 웨딩 · 파티용 인조속눈썹
- 특별한 날을 위한 인조속눈썹으로 눈의 형태나 화려함의 정도에 따라 숱의 정도, 길이, 형태 등을 선택함
- 10~12mm 정도의 길이

③ 무대, 공연, 쇼, 연극, 뮤지컬, 무용 인조속눈썹
- 과장된 형태의 인조속눈썹으로 진하고 숱이 많은 형태
- 11~16mm정도의 길이의 속눈썹
- 메이크업의 종류와 공연장의 크기에 따라 인조속눈썹의 진하기 정도와 길이 등을 선택함

(2) 인조속눈썹의 사용법

1) 부착 방법

① 재료 및 도구 소독 준비
② 자연 속눈썹을 빗으로 정리한다.
③ 뷰러를 사용하여 자연속눈썹을 컬링한다.
④ 눈길이와 메이크업의 특성에 따라 인조속눈썹을 재단한다.
⑤ 인조속눈썹 스트랩 부분을 따라 전용 글루를 면봉에 묻혀 바른다.
⑥ 글루를 바른 후 글루의 부착력이 높아지도록 30초~1분 정도 건조시켜 준다.
⑦ 부착 전 눈 인조속눈썹이 눈 형태에 맞게 스트랩 부분을 둥글게 형태를 잡아 준다.
⑧ 눈 앞머리에서 자연속눈썹의 앞부분의 2~3가닥 지점 정도부터 눈꼬리에 맞게 부착한다.
⑨ 면봉으로 스트랩 부분을 살짝 눌러 부착시킨다.
⑩ 인조속눈썹 라인을 고려하여 아이라인을 다시 정리하여 그려준다.
⑪ 인조속눈썹 아래쪽으로 자연 눈썹과 인조속눈썹이 부착되도록 발라준다.

2) 제거 방법

① 아이 리무버를 화장솜에 묻혀 눈두덩이 위에 올려 준다.
② 접착 부분을 부드럽게 한 뒤 눈꼬리에서 앞쪽으로 천천히 떼어 제거한다.

③ 인조속눈썹 재 사용 시 리무버나 물에 담가 글루를 불리고 유분기와 글루 등을 제거한 뒤 케이스에 넣어 형태를 유지하도록 해주고 건조해 보관한다.

(3) 눈의 형태에 따른 인조속눈썹 표현

눈의 형태	방 법
작은 눈	• 숱이 있는 인조속눈썹을 사용하여 눈 꼬리쪽의 길이를 조금 연장하여 재단한 뒤 부착해줌 • 가운데 부분의 눈썹 길이가 길고 양쪽 끝이 짧은 형태의 인조속눈썹을 사용함
큰 눈	자연스러운 인조속눈썹을 사용하며 눈매 중앙 부위 쪽이 위로 올라가지 않도록 부착
처진 눈	눈꼬리 부분을 눈매보다 위쪽으로 올려 인조속눈썹을 부착시킴
올라간 눈	눈꼬리 부분을 눈매보다 아래쪽으로 내려 인조속눈썹을 부착시킴
미간이 좁은 눈	눈꼬리쪽의 길이가 길게 인조속눈썹 표현함

Chapter 4

핵심쏙쏙 예상문제

01 아이섀도 색상을 선택하는 방법이 아닌 것은?

① 전체적인 코디 컬러에 따른 선택
② 모발의 컬러에 따른 선택
③ 의상의 컬러에 따른 선택
④ 색상의 고유 이미지에 따른 선택

해설 아이섀도 색상의 선택은 전체 코디 컬러에 따른 선택, 의상 컬러에 따른 선택 등 전체 분위기와 조화를 잘 이룰 수 있도록 각 색상이 갖는 고유의 이미지를 자신의 분위기에 맞게 선택한다.

02 피부색에 따른 메이크업 베이스의 사용법에 대한 설명으로 틀린 것은?

① 핑크 : 피부에 혈색을 준다.
② 블루 : 태닝 메이크업을 표현해 준다.
③ 화이트 : 화사한 피부색을 표현해 준다.
④ 그린 : 얼굴에 홍조를 조절해 준다.

해설 블루색 베이스는 피부를 밝게 하거나 붉은기를 커버한다.

03 아치형의 눈썹 형태가 가장 잘 어울리는 얼굴형은?

① 긴형   ② 둥근형
③ 역삼각형 ④ 마름모형

해설 역삼각형의 뾰족하고 날카로운 이미지를 아치형의 눈썹으로 부드럽고 여성스럽게 보완할 수 있다.

04 다음 중 입술 형태의 표현으로 틀린 설명은?

① 인커브 – 귀여운 이미지와 여성스러운 이미지를 연출한다.

② 아웃커브 – 입술라인보다 1~2mm 바깥쪽으로 둥글게 그려준다.
③ 인커브 – 윗입술의 두께와 아랫입술의 두께를 같게 한다.
④ 스트레이트 – 지적이고 딱딱한 이미지를 준다.

해설 인커브 : 귀엽고 여성스러운 이미지를 연출하며 입술라인보다 1~2mm 안쪽으로 그려준다.

05 인조속눈썹에 대한 설명으로 틀린것은?

① 네추럴 메이크업에 알맞은 속눈썹의 길이는 10~11mm정도이다.
② 연장용 래시는 속눈썹 사이사이에 빈공간에 채워주며 2~3가닥의 속눈썹모가 하나를 이루는 형태이다
③ 인조속눈썹은 눈매를 선명하고 또렷하게 하며 속눈썹을 길어 보이게 한다.
④ 스트립 래시는 눈매 모양과 길이에 맞게 재단하여 사용할 수 있다.

해설 연장용 래시
자연 속눈썹의 가닥가닥에 전용 글루를 사용하여 한가닥 당 한올씩 부착하는 형태로 일회성이 아닌 2~4주정도 지속이 가능하며 세안 후에도 제거가 안된다.

06 연장용 래시에 대한 설명이 맞는 것은?

① 눈의 길이에 맞게 잘라서 길이 조절을 하여 사용한다.
② 한가닥에 2~3가닥 정도의 속눈썹 모가 모여 있으며 눈꼬리 부분이 내려간 경우 꼬리 부분을 올려서 부착할수 있다.
③ 부착 후 자연속눈썹과 자연스럽게 연결이 되도록 뷰러로 올려준다.
④ 일회성이 아닌 2~4주 정도 지속이 가능하며 세안 후에도 제거가 안된다.

01 ② 02 ② 03 ③ 04 ③ 05 ② 06 ④

해설
- 눈의 길이에 맞게 잘라서 길이 조절을 하여 사용한다. – 스트립 래시
- 눈꼬리 부분이 내려간 경우 꼬리 부분을 올려서 부착할 수 있다. – 스트립 래시, 인디비쥬얼 래시
- 부착 후 자연속눈썹과 자연스럽게 연결이 되도록 뷰러로 올려준다. – 스트립 래시, 인디비쥬얼 래시

07 눈모양에 알맞은 인조속눈썹의 표현 방법으로 틀린 것은?

① 처진 눈 – 눈꼬리 부분을 눈매보다 위쪽으로 올려 인조속눈썹을 부착시킨다.
② 올라간 눈 – 눈꼬리 부분을 눈매보다 아래쪽으로 내려 인조속눈썹을 부착시킨다.
③ 큰 눈 – 진하고 긴 눈썹을 사용하며 아이라인 부분보다 좀 더 위로 부착한다.
④ 미간이 좁은 눈 – 눈꼬리쪽의 길이가 길게 인조속눈썹 표현한다.

해설 자연스러운 인조속눈썹을 사용하며 눈매 중앙 부위쪽이 위로 올라가지 않도록 부착한다.

08 무대, 무용, 공연을 위한 인조속눈썹의 선택 방법으로 알맞지 않는 것은?

① 자연 속눈썹에 가닥가닥 인조모를 전용 글루로 한가닥에 한올씩 부착한다.
② 진하고 숱이 많은 형태가 좋다.
③ 11~16mm정도의 길이의 속눈썹
④ 메이크업의 종류와 공연장의 크기에 따라 인조속눈썹의 진하기 정도와 길이 등을 선택한다.

해설 연장용 래시 – 자연 속눈썹에 가닥가닥 인조모를 전용 글루로 한가닥에 한올씩 부착한다.

09 인조속눈썹 제거 방법으로 틀린 설명은?

① 리무버를 화장솜에 묻혀 눈 위에 올려 부착 부위를 부드럽게 한 뒤 제거한다.
② 인조속눈썹 제거 시 꼬리 부분에서부터 앞쪽 방향으로 천천히 떼어준다.
③ 제거한 인조속눈썹을 재사용 시 리무버나 물에 담가두었다가 글루와 유분을 제거한다.
④ 눈썹 가위로 가닥가닥 스트립 부위를 절단하여 리무버로 제거한다.

해설 인조속눈썹 제거 시 스트립 부위는 가위로 자르지 않으며 리무버 솜으로 유연하게 만든 후 꼬리 부분에서부터 앞쪽으로 천천히 떼어낸다.

10 인조속눈썹의 특징과 기능에 대한 설명으로 틀린 것은?

① 길고 풍성한 속눈썹으로 2~3주 정도 지속시킬 수 있다.
② 눈을 크게 보이게 해주며 처진 눈매를 교정할 수 있다.
③ 속눈썹이 짧은 눈에 깊이감을 준다.
④ 눈매를 선명하고 또렷하게 하며 속눈썹이 길어 보이는 효과가 있다.

해설 길고 풍성한 속눈썹으로 2~4주 정도 지속하는 시술은 속눈썹 익스텐션(연장)이다.

07 ③   08 ①   09 ④   10 ①

Chapter 5

속눈썹 연장

Section 1. 속눈썹 연장

1 속눈썹 연장 제품 및 방법

인조속눈썹을 피부에 부착하는 것이 아닌 속눈썹 가모를 자연 속눈썹 모발에 한 가닥씩 부착하는 방식으로 지속 기간이 대략 2~4주 정도이며 자연스럽고 풍성한 속눈썹 연출이 가능하다. 익스텐션 전용 글루를 사용하며 한번 부착되면 제거가 어려워 전용 리무버를 사용하여야 한다.

(1) 속눈썹 연장 재료와 연출
1) 속눈썹 가모
① 천연모
- 인모나 동물의 모를 가공한 것
- 가볍고 자연스러우며 밀착력이 우수함

② 인조모
- 인조 원사를 가공한 합성모
- 형태 변형이 적고 탄성이 우수하고 부드러움
  - 컬의 종류 : 평컬, J컬, JC컬, C컬, CC컬, R컬, L컬(뷰러컬), Y컬, W컬, 언더컬

2) 가모의 형태
① J컬 : 35° 각도의 형태로 가장 자연스러운 기본 컬
② JC컬 : J컬과 C컬의 중간 정도의 형태
③ C컬 : 45° 각도로 볼륨감이 있는 형태
④ CC컬 : 90° 정도로 컬의 형태가 강하고 화려한 눈썹 표현이 가능함
⑤ L컬 : 라운드 형태의 가모보다 유지력이 강하고 C컬보다 더 바짝 꺾이듯 올라간 형태로 화려한 눈썹의 표현

3) 가모의 굵기와 길이
- 굵기 : 0.1mm, 0.15mm, 0.2mm
- 길이 : 8, 9, 10, 11, 12, 13

4) 가모의 형태

가모의 종류	형태
평컬	
J컬	
JC컬	
C컬	
CC컬	
L컬	

5) 속눈썹 연장 재료와 도구

명 칭	기 능
전처리제	자연 속눈썹의 단백질을 제거할 때 사용하며 가모 부착 전에 바른다.
글루	속눈썹 원모에 가모를 붙이는 접착제로 반드시 KC인증된 제품으로 사용한다.
눈썹브러시	눈썹을 정리 및 가모 접착 후 빗어줄 때 사용한다.
강화제 & 코팅제	글루 강화제로 연장 후 유지력을 높인다.
영양제	원모손상 방지 또는 원모를 건강하게 유지한다.
리무버	속눈썹 연장 제거 시 글루를 녹여 제거에 용이하도록 한다.
글루판 또는 옥돌	글루를 덜어 쓰는 도구
핀셋	두 개의 핀셋을 이용하여 가모를 잡을 때 사용한다.
아크릴판	가모를 길이별로 부착하여 사용한다.
아이패치	눈썹 라인을 따라 눈밑에 부착하여 사용한다.
마이크로 면봉	전처리제 및 리무버 사용시 눈썹에 사용한다.
우드 스파츌라(우드 스틱)	전처리제 또는 리무버 사용 시 눈썹 아래에 대고 받혀주며 사용한다.
송풍기	시술 후 글루를 말릴 때 사용한다. (현, 국가 고시 메이크업 실기시험 시에는 사용을 금하고 있음)

Tip
- 가모 부착 방법(오른쪽 눈 기준)

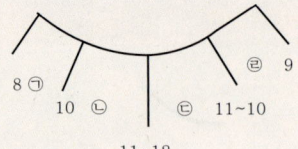

㉠ 8mm → 9mm ㉡ 9 → 10mm ㉢ 12 → 11mm ㉣ 11 → 10mm

- 가모 부착 방법(왼쪽 눈 기준)

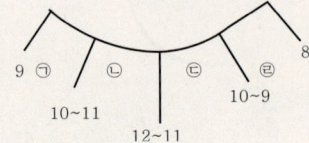

㉠ 9mm → 10mm ㉡ 10 → 11mm ㉢ 12 → 11mm ㉣ 9 → 8mm

6) 시술 주의사항 및 사후 관리

① 눈썹 가모를 부착 시 모근에서 1~1.5mm 정도 띄워서 부착을 하도록 한다.
② 시술 후 눈가의 메이크업을 클렌징 크림이나 오일 타입은 피하는 것이 좋다.
③ 시술 부위에 눈을 비비거나 되도록 만지지 않도록 주의한다.
④ 세안 시 부드럽고 자극이 덜 가도록 부드럽게 한다.
⑤ 시술 부위에 마스카라 사용을 자제하고 영양제를 사용하여 사후 관리한다.
⑥ 시술 후 6시간 정도는 세안을 하지 않는다.
⑦ 눈앞머리 부분은 자연 속눈썹의 2~3가닥을 띄우고 시술한다.

Section 2. 속눈썹 리터치

1 연장된 속눈썹 제거

(1) 속눈썹 리터치
① 1차 시술 후 1~2주 후부터 가모의 탈락 현상이 생겨 빈 공간이 생긴 틈을 보수 작업으로 속눈썹의 형태와 가모의 틀어짐을 수정하며 4주 정도에 가모를 추가적으로 부착하는 2차 시술을 말한다.
② 가모의 탈락 현상은 사람마다 개인차가 있으며 세안의 방법과 사용 제품, 오일 리무버 사용의 여부, 메이크업 클렌징 시 생기는 가모 탈락 현상 등 물리적인 요인으로 인해 영향을 받는다.

(2) 속눈썹 리터치의 방법 및 유의점
① 속눈썹 리터치 시술을 위해 아이패치를 부착한다.
② 눈을 감은 상태에서 눈썹 빗으로 빗어보고 가모의 방향이 틀어지거나 어긋나 있는 가모를 리무버를 부분적으로 묻혀 떼어낸다.
③ 자연속눈썹에 남아있는 유분이나 리무버를 전처리제를 면봉에 묻혀 가볍게 제거하고 빈공간의 위치와 모발 길이를 파악한다.
④ 속눈썹 위치에 맞는 길이의 가모를 빈 곳에 채워준다.
⑤ 눈썹 빗으로 모발을 정리하고 영양제 마스카라로 정리 후 마무리한다.

(3) 연장된 속눈썹 제거
① 아이패치를 부착한다.
② 우드 스파츌라를 눈썹 아래에 대고 전용 리무버를 마이크로 면봉에 묻혀 글루를 녹인다.
③ 가모 부착 부위에 바르고 핀셋으로 떼어낸다.
④ 가모를 떼어낸 후 정제수를 묻혀 화장솜으로 자연속눈썹 부위의 유분과 이물질을 닦아낸다.

Chapter 5

핵심쏙쏙 예상문제

01 속눈썹 연장의 재료와 도구에 대한 설명으로 잘못 연결 된 것은?

① 글루판 : 글루를 덜어 쓰는 도구로 글루를 한두방울 떨어뜨려 사용한다.
② 글루 : 속눈썹 원모에 가모를 붙이는 접착제로 반드시 KC인증된 제품으로 사용한다.
③ 아이패치 : 눈썹 라인을 따라 눈위에 부착하여 사용한다.
④ 전처리제 : 자연 속눈썹의 단백질을 제거할 때 사용하며 가모 부착 전에 바른다.

해설 아이패치 : 눈썹 라인을 따라 눈밑에 부착하여 사용한다.

02 속눈썹 연장에 대한 방법 및 설명으로 잘못된 것은?

① 눈앞머리 부분은 속눈썹 2~3가닥을 띄운 지점부터 부착한다.
② 부착 전 전처리제를 발라준다.
③ L컬 가모는 90° 정도의 커브로 바짝 올라간 속눈썹의 표현이 가능하다.
④ 연장 후 마스카라를 사용하여 자연모와 가모가 연결되도록 발라준다.

해설 연장 후 마스카라를 사용을 하지 않는 것이 좋으며, 자연모와 가모가 연결되도록 마스카라를 바르는 것은 1회용 인조속눈썹 부착 시의 방법이다.

03 다음 속눈썹 연장의 방법과 설명에 가장 알맞는 눈의 형태는?

- JC, C, CC, L컬 가모 사용
- 꼬리 부분의 길이를 조금 더 연장하여 길게 표현
- 가모의 밀도를 높여주고 선명하게 볼륨감 있게 연출

① 큰눈
② 돌출된 눈
③ 눈꼬리가 올라간 눈
④ 눈이 작고 두툼한 눈

해설 눈이 작고 두툼한 눈은 C컬이나 L컬 JC컬과 같이 볼륨이 있고 길이감이 있는 가모가 어울린다.

04 속눈썹 연장 유의점에 대한 설명으로 옳지 않은 것은?

① 가모의 앞부분은 눈 앞머리부터 부착한다.
② 눈썹 가모를 부착 시 모근에서 1~1.5 mm 정도 띄워서 부착을 하도록 한다.
③ 시술 부위에 마스카라 사용을 자제하고 영양제를 사용하여 사후 관리한다.
④ 시술 후 눈가의 메이크업을 클렌징 크림이나 오일 타입은 피하는 것이 좋다.

해설 눈앞머리 부분은 자연 속눈썹의 2~3가닥을 띄우고 시술한다.

01 ③ 02 ④ 03 ④ 04 ①

05 속눈썹 리터치에 대한 설명이 옳지 않은 것은?

① 속눈썹 위치에 맞는 길이의 가모를 빈 곳에 채워준다.
② 눈을 감은 상태에서 눈썹 빗으로 빗어보고 가모의 방향이 틀어지거나 어긋나 있는 가모를 리무버를 부분적으로 묻혀 떼어낸다.
③ 전용 리무버를 사용하여 솜으로 눈 전체에 올려 놓는다.
④ 속눈썹 리터치 시술을 위해 아이 패치를 부착한다.

해설 가모가 틀어지거나 어긋나있는 가모만 리무버를 묻혀 떼어내며 전체를 떼어내기 위해 눈위에 리무버가 묻은 솜을 올리지 않는다.

06 속눈썹 가모에 대한 설명이 잘못 연결된 것은?

① JC컬 : J컬과 C컬의 중간 정도의 형태이다.
② C컬 : 평면의 각도로 볼륨감이 적은 형태
③ CC컬 : 90도 정도로 컬의 형태가 강하고 화려한 눈썹 표현이 가능하다.
④ J컬 : 35도 각도의 형태로 가장 자연스러운 기본 컬이다.

해설 C컬 : 45도 각도로 볼륨감이 있는 형태이다.

07 가모 부착 시 눈썹의 단백질 성분을 제거하기 위해 사용하는 재품은?

① 코팅제
② 에탄올
③ 전처리제
④ 리무버

해설 전처리제 : 자연 속눈썹의 단백질을 제거할 때 사용히며 가모 부착 전에 바른다.

08 속눈썹 연장의 리터치의 시기는?

① 4주
② 5주
③ 6주
④ 7주

해설 1~2주 후부터 가모 탈락현상이 생기며 4주정도까지 속눈썹의 빈 공간과 가모의 탈락이 있는 부분을 길이에 맞게 메워 준다.

05 ③   06 ②   07 ③   08 ①

Chapter 6

본식 웨딩 메이크업

Section 1. 신랑신부 본식 메이크업

1 웨딩 이미지별 특징

(1) 웨딩 메이크업

1) 웨딩 메이크업의 특징

① 뷰티 메이크업 중 가장 정성을 다해야 하는 수준 높은 과정이다.
② 책임감과 정성을 다해 가장 아름다운 신부로 연출해야 한다. [신부 계획(Bridal plan)]
③ 시술자는 어떠한 형태의 얼굴이라도 신부의 단점을 최대한 보완하고 개성을 살린 메이크업으로 시술할 수 있는 테크닉을 갖추어야 한다.
④ 충분한 상담을 통하여 패턴, 컬러 등을 선정한다.
⑤ 전문가로서의 지식을 활용하여 고객이 안심할 수 있도록 한다.
⑥ 웨딩 촬영과 본식 영상 촬영을 고려하여 필름, 조명과의 조화를 고려해야 한다.

2) 결혼식장에 따른 웨딩 메이크업

구분	특징	메이크업
호텔	• 넓고 화려한 인테리어 • 조명이 화려함	• 우아하고 화사한 신부의 이미지를 연출 • 눈매는 또렷하게 표현 • 은은한 펄감이 있는 색조 사용
실내 예식장	• 일반적으로 결혼을 가장 많이 하는 장소 • 노란기가 많은 조명이 설치되어 있어 실내가 밝음	혈색을 살릴 수 있는 핑크 계열의 색을 가미하여 시술
교회 및 성당	• 웅장하고 엄숙한 분위기 • 조명이 어두움	밝고 화사하게 표현해주되 단정하면서도 우아한 신부의 이미지로 연출
야외 예식장	• 자연광으로 인해 밝은 분위기 • 공간이 넓고 인공조명이 없음	따뜻한 계열의 선명한 색상을 이용하여 신부의 눈매를 보다 또렷하고 화려하게 연출

3) 드레스 컬러와 메이크업의 조화

구 분	흰색(White), Cool	아이보리(Ivory), Warm
베이스	핑크톤	• 베이지 계열 • 아이보리 계열
눈	• 핑크 계열 • 퍼플 계열	• 오렌지 • 브라운 • 골드
입술	• 핑크 계열 • 피치 계열 • 레드 계열	• 오렌지 계열 • 피치 계열 • 브라운 계열
블러셔	• 핑크 계열 • 피치 계열	• 피치 계열 • 브라운 계열 • 오렌지 계열

4) 웨딩 메이크업의 이미지별 표현

구 분	신부		신 랑
	로맨틱 이미지	엘레강스 이미지	
피부	• 피부결이 좋은 신부는 두껍지 않은 파운데이션으로 피부를 표현한다. • 투명하고 맑은 느낌을 위해 베이지, 핑크 계열의 파운데이션을 선택한다. • 핑크 파우더로 얼굴 전체에 화사함을 준다.	• 베이지 계열의 파운데이션을 선택한다. • 브라운 컬러의 파운데이션으로 섀딩을 주어 입체감을 표현한다.	최대한 자연스럽고 본인의 피부색과 비슷하거나 한 톤 어두운 톤의 파운데이션을 사용한다.
눈썹	• 최대한 자연스러운 이미지를 표현하기 위해 얇지 않은 두께로 정리한다. • 블랙 또는 너무 짙은 색의 브로우 컬러는 피하도록 한다.	• 최대한 자연스러운 이미지를 표현하기 위해 얇지 않은 두께로 정리한다. • 블랙 또는 너무 짙은 색의 브로우 컬러는 피하도록 한다. • 눈썹은 브라운과 그레이 브라운 색상 계열이 어울린다. • 얼굴형에 맞는 아치형으로 그려 부드럽고 지적인 여성미를 준다.	눈썹결을 살리며 눈썹색이 이색지거나 어색하지 않도록 빈 곳을 메워 준다.
아이 메이크업	• 많은 색의 아이섀도 컬러는 피한다. • 파스텔 색상으로 자연스럽게 그라데이션을 한다.	• 베이지와 브라운 색상으로 그라데이션을 한다. • 포인트 컬러로 보라, 브라운, 골드펄 섀도를 사용한다.	붉은기가 없는 브라운 계열의 색조를 이용하여 눈매를 자연스럽게 표현한다.

블러셔	피치나 핑크 계열을 동그란 모양으로 볼 중앙 부분에 넣는다.	피치, 핑크 브라운, 로즈 계열의 색상을 사용하여 사선 느낌이 나도록 블러셔를 한다.	• 얼굴형을 따라 윤곽 수정을 하듯 자연스러운 브라운 섀딩컬러를 사용한다. • 광대뼈 밑과 턱 부분에 넣어준다.
입술	립펜슬로 라인을 수정한 후 연한 핑크 계열을 바르고 립글로즈로 마무리한다.	레드 브라운이나 오렌지 브라운 계열, 피치 색상에 골드펄을 가미하여 성숙하고 우아한 느낌을 표현한다.	• 진하지 않고 본인의 입술색에 어울리는 자연스러운 브라운 컬러를 사용하여 가볍게 발라준다. • 광택이 과하지 않도록 한다.

(2) 신랑 · 신부 메이크업 표현

1) 신랑 메이크업

- 과도하지 않은 자연스러운 피부톤 연출이 중요하다.
- 진한 색조 메이크업은 부자연 스러워 보일 수 있으므로 자재하는 것이 좋으며 펄감이 있는 제품을 피한다.

① **피부표현** - 최대한 자연스럽고 본인의 피부색에 비슷하거나 한 톤 정도 어두운 톤의 파운데이션을 사용한다. 소량의 파우더를 사용하여 유분기와 번들거림을 제거한다.

② **눈썹표현** - 눈썹 결을 살려주며 눈썹색이 이색지지 않고 어색하지 않고 빈 곳을 메워주도록 한다.

③ **아이메이크업** - 붉은 기와 펄이 없는 브라운 계열의 색조를 이용하여 눈매를 자연스럽게 표현 한다.

④ **블러셔** - 얼굴형을 따라 윤곽수정을 해주듯 자연스러운 브라운 섀딩 컬러를 사용하며 광대뼈 밑, 턱 부분에 넣어준다.

⑤ **입술** - 진하지 않고 본인의 입술색에 어울리는 자연스러운 피치톤이 도는 브라운 컬러를 사용하여 가볍게 발라준다. (광택이 과하지 않도록 한다)

2) 신부 메이크업

구 분	로맨틱 웨딩	엘레강스 웨딩	클래식 웨딩
이미지	러블리한 이미지로 화사하고 산뜻한 이미지	여성스럽고 기품있는 이미지	고급스럽고 기품있는 이미지
피부	• 피부결이 좋은 신부는 두껍지 않은 파운데이션으로 피부를 표현한다. • 투명하고 맑은 느낌을 위해 베이지, 핑크 계열의 파운데이션을 선택한다. • 핑크 파우더로 얼굴 전체에 화사함을 준다.	• 베이지 계열의 파운데이션을 선택한다. • 브라운 컬러의 파운데이션으로 섀딩을 주어 입체감을 표현한다.	• 피부 결점을 꼼꼼히 커버하고 깨끗한 피부를 연출한다. • 베이지색 파우더로 매트하게 표현한다.
눈썹	• 최대한 자연스러운 이미지를 표현하기 위해 얇지 않은 두께로 정리한다. • 블랙 또는 너무 짙은 색의 브로우 컬러는 피하도록 한다.	• 최대한 자연스러운 이미지를 표현하기 위해 얇지 않은 두께로 정리한다. • 블랙 또는 너무 짙은 색의 브로우 컬러는 피하도록 한다. • 눈썹은 브라운과 그레이 브라운 색상 계열이 어울린다. • 얼굴형에 맞는 아치형으로 그려 부드럽고 지적인 여성미를 준다.	• 흑갈색 섀도나 눈썹 펜슬로 각진 형태로 그린다.
아이메이크업	• 많은 색의 아이섀도 컬러는 피한다. • 파스텔 색상으로 자연스럽게 그라데이션을 한다.	• 베이지와 브라운 색상으로 그라데이션을 한다. • 포인트 컬러로 보라, 브라운, 골드펄 섀도를 사용한다.	• 피치, 브라운의 섀도를 사용하여 아이홀을 형태를 잡는다. • 골드색의 펄 섀도로 입체감을 준다.
블러셔	피치나 핑크 계열을 동그란 모양으로 볼 중앙 부분에 넣는다.	피치, 핑크 브라운, 로즈 계열의 색상을 사용하여 사선 느낌이 나도록 블러셔를 한다.	피치색과 브라운 컬러를 사용한다.
입술	립펜슬로 라인을 수정한 후 연한 핑크 계열을 바르고 립글로즈로 마무리한다.	레드 브라운이나 오렌지 브라운 계열, 피치 색상에 골드펄을 가미하여 성숙하고 우아한 느낌을 표현한다.	베이지 핑크색, 로즈 핑크 계열로 차분하게 표현한다.

(3) 혼주 메이크업

- 한복메이크업은 화사한 색상과 절제된 아름다움을 느낄 수 있어 단아한 이미지를 대표한다.
- 메이크업 시 너무 강한 색상이나 화려한 색상 또는 펄은 피하며 색조 메이크업 시 고름 색상에 맞추어 선택하여 깔끔하면서도 고상한 이미지를 연출한다.

1) 혼주 메이크업 표현

① 피부표현
- 화사하고 자연스러운 이미지로 피부 톤보다 조금 밝은 베이지, 핑크 색상 파운데이션을 선택하여 목과의 경계가 생기지 않도록 꼼꼼히 펴 바른다.
- 하이라이트를 주어 화사하게 표현한다.

② 눈썹 표현
- 곡선의 이미지를 살려 브라운이나 다크 그레이 색상을 섞어 아치형으로 가늘고 길게 표현한다.
- 눈썹은 깔끔하게 정리하여 지저분해 보이지 않게 표현한다. (눈썹을 두껍지 않게 표현한다)

③ 아이쉐도우
- 한복 의상이 화려하고 강할 경우 아이 메이크업은 최대한 절제하여 자연스럽게 표현한다.
- 저고리의 메인 색상에 맞추며 자수나 문양이 있는 경우 한가지 톤으로 부드러움을 강조한다.

④ 블러셔
- 살구, 핑크, 모카 핑크, 코랄 브라운 컬러 등으로 볼을 감싸듯이 부드럽게 터치한다.

⑤ 입술 표현
- 얼굴 전체 색상과 조화를 이루되 치마 색상이나 저고리 고름색상에 맞추어 깔끔하고 선명한 곡선 형태로 너무 두껍지 않게 표현한다.
- 펄감보다 매트하게 입술표현을 한 후 소량의 글로우즈로 입술 중앙에 입체감을 표현한다.

핵심쏙쏙 예상문제

01 신랑 메이크업 표현으로 적절하지 않은 것은?
① 전체적으로 최대한 자연스럽게 표현하는 것이 중요하다.
② 입술은 립글로스를 입술과 같은 색으로 가볍게 표현한다.
③ 본인 피부톤보다 한 톤 밝은 파운데이션으로 화사하게 표현한다.
④ 눈썹은 인위적이지 않게 최소한으로 그린다.

> 해설 피부톤보다 한 톤 어두운 색을 사용하는 것이 좋다.

02 로맨틱 메이크업의 설명으로 옳지 않은 것은?
① 핑크 계열의 파운데이션과 파우더를 사용한다.
② 입술은 펄을 이용한 글로시한 질감이 좋다.
③ 진한 흑색으로 아이브로를 강조한다.
④ 핑크 계열의 색조를 사용하여 사랑스러운 이미지를 표현한다.

> 해설 로맨틱 메이크업의 아이브로 색상은 부드럽고 자연스러운 브라운 톤이 적합하다.

03 웨딩 드레스와 웨딩 메이크업에 대한 설명이 잘못된 것은?
① 흰색 계열 드레스에 어울리는 아이 메이크업 색으로 퍼플 계열이 어울린다.
② 아이보리 계열의 드레스에 어울리는 베이스는 핑크톤이 좋다.
③ 아이보리 계열의 드레스에 어울리는 립 컬러는 피치, 오렌지 계열이 좋다.
④ 흰색 계열 드레스에 어울리는 블러셔의 표현으로 핑크 계열이 어울린다.

> 해설 아이보리 계열의 드레스에 어울리는 베이스는 베이지, 아이보리 계열이 좋다.

04 장소에 따른 웨딩 메이크업의 특징이 잘못 연결 된 것은?
① 호텔 – 넓고 화려한 조명에 맞게 은은한 펄감이 있는 색조를 사용한다.
② 야외 예식장 – 공간이 넓고 인공조명이 적으므로 따뜻한 계열의 선명한 색상을 이용하여 신부의 눈매를 또렷하고 화려하게 연출한다.
③ 실내 예식장 – 노란기가 많은 조명이 설치되어 있으므로 메이크업은 밝고 화사하게 표현한다.
④ 교회 & 성당 – 조명이 밝고 화사한 분위기이므로 네추럴하고 은은한 분위기의 메이크업이 좋다.

> 해설 교회 & 성당 : 웅장하고 엄숙한 분위기로 조명이 어두우므로 밝고 화사하게 표현해주되 단정하면서도 우아한 이미지로 연출한다.

01 ③ 02 ③ 03 ② 04 ④

05 한복 메이크업의 특징으로 잘못 된 것은?

① 눈썹 – 눈썹산을 각지게 표현하고 도톰하게 표현한다.
② 아이메이크업 – 화려한 색상, 펄은 피하는 것이 좋다.
③ 블러셔 – 살구, 핑크, 모카 핑크, 코랄 브라운 컬러 등으로 볼을 감싸듯이 부드럽게 터치한다.
④ 입술 – 얼굴의 전체 색상과 조화를 이루되 치마 색상이나 저고리 고름 색상에 맞추어 깔끔하고 선명한 곡선 형태로 너무 두껍지 않게 표현한다.

해설 한복 메이크업의 눈썹 표현법
- 곡선의 이미지를 살려 브라운 또는 다크 그레이 색상을 섞어 아치형으로 가늘고 길게 표현한다.
- 눈썹은 깔끔하게 정리하여 지저분해 보이지 않게 한다.
- 눈썹을 두껍지 않게 표현한다.

06 신부 메이크업의 방법으로 옳지 않은 것은?

① 웨딩 촬영과 웨딩 본식 메이크업의 장소와 이미지에 알맞게 계획한다.
② 신부 얼굴형과 드레스 컬러 등을 고려하여 메이크업의 패턴을 정한다.
③ 신랑의 피부톤에 맞는 피부색으로 신부 피부색을 어울리게 조절한다.
④ 고객과의 충분한 상담을 통하여 패턴, 컬러 등을 선정한다.

해설 신랑과 신부의 피부색은 상관관계가 없다.

05 ①   06 ③

Chapter 7

응용 메이크업

Section 1. 패션이미지 메이크업 제안

1 패션 이미지 유형 및 디자인 요소

(1) 패션쇼 메이크업
① 의상을 부각시킬 수 있는 독창적이고 창의적인 메이크업 디자인을 연출해야 한다.
② 패션쇼에 선보이는 메이크업은 무대의 크기, 관객과의 거리와, 조명 등을 고려해야 한다.
③ 패션쇼는 한 시즌 앞선 새로운 메이크업 트렌드가 제시되므로 메이크업 분야와는 유기적인 상관성이 있다.

1) 패션 이미지 유형
① 네추럴

자연의, 천연의, 가공하지 않은 등의 의미로 편안한 이미지, 에콜로지(Ecology), 프리미티브(Primitive) 포함한다. 밝고 투명한 피부 표현, 색조는 브라운, 베이지, 코랄 계열.

② 엘레강스

불어로 우아한, 기품 있는, 고상함이란 뜻을 지니고 있으며 성숙한 여성의 아름다움을 표현하는 이미지이다. 여성미를 부각시키기 위해 부드러운 색상을 사용하고 곡선형의 눈썹과 브라운톤의 눈썹 표현이 좋다.

③ 로맨틱

사랑스럽고 귀여운 느낌, 낭만적인 느낌, 부드러운 느낌을 표현하기 위한 색으로 핑크, 엘로우, 그린, 퍼플 계통의 페일톤을 중심으로 그라데이션 배색을 주면 더욱 효과적이다.

④ 컨트리

자연, 교외, 전원이라는 뜻으로 자연을 존중하고 야외에서 건강한 생활을 지향하는 감성을 말한다. 피부표현은 두껍지 않게 자연스러운 톤으로 너무 매트하거나 밝지 않게 표현한다.

⑤ 액조틱(에스닉)

이국풍 이국 정서라는 의미로서 낯설고 색다른 멋을 추구하는 이국적인 감성 이미지를 말한다. 에스닉풍으로 소박하고 민속적인 이미지이다.

⑥ 매니쉬

남성적인 성향을 강하게 어필하는 이미지로 활동성과 건강미를 포함하고 여성의 자립심이 표현되는 트렌드로 댄디(Dandy)와 밀리터리(Military)가 이에 속한다. 짙은 브라운 계열의 색으로 눈썹은 굵고 각지거나 직선형으로 표현하여 강한 이미지를 주도록 한다.

⑦ 액티브

활동적, 적극적이라는 뜻으로 '밝고 건강한 이미지'를 추구하는 미의식이다. 캐주얼한 이미지로 생동감있고 건강미를 표현하도록 한다.

⑧ 모던

초현대적이고 미래지향적인 샤프한 이미지를 대표하는 감성이다. 차가운 계열의 반짝이는 펄감과 자연스러움을 무시한 기하학적인 감각으로 디자인적 요소를 가지고 있다.

⑨ 소피스티케이티드

세련되고 시원한 느낌의 지적인 커리어우먼 이미지로 도시적인 감각을 갖고 있는 우아한 여성 이미지를 말한다. 콘트라스트를 주어 입체감 있고 강하면서도 깔끔한 이미지를 연출한다.

⑩ 아방가르드

20세기 초 프랑스와 독일을 중심으로 자연주의와 고전주의에 대항하여 등장한 예술 운동 패션에서는 대중성을 무시한 실험 요소가 강한 디자인과 유행에 앞선 독창적이고 기묘한 디자인으로 전개되며, 때로는 전위적이고 실험성이 강하다.

Section 2. 패션 이미지 메이크업 제안

1 T.P.O에 따른 메이크업

시간(Time)
고객과의 상담을 통해 시간대를 파악하여 알맞은 메이크업을 연출한다.

장소(Place)
장소에 맞는 메이크업의 이미지를 파악하여 고객에게 제안한다.

상황(Occasion)
시술의 목적을 파악하여 상황에 알맞은 메이크업을 제안한다.

2 시간에 따른 메이크업

(1) 데이 메이크업(Day make-up)
- 일상에서의 낮시간을 위한 메이크업
- 자연스럽고 내추럴한 메이크업
- 의상이나 계절에 따라 색조 선택을 함

(2) 나이트 메이크업(Night make-up)
- 인공 조명에서의 메이크업으로 데이 메이크업에 비해 명암 표현과 색조 톤을 진하게 함
- 입체감을 표현 할 수 있는 메이크업이 좋음

구분	데이 메이크업	나이트 메이크업
피부	• 베이스는 두껍지 않게 리퀴드 파운데이션을 사용한다. • 투명 파우더 또는 베이지색 파우더로 가볍게 바른다.	• 크림 파운데이션, 스틱 파우더이션을 사용하여 잡티 커버와 함께 깨끗한 피부를 표현한다. • 얼굴 윤각 수정과 하이라이트, 섀딩을 주어 입체감 있게 표현한다.
눈썹	• 브라운 계열로 자연스럽게 표현	• 브라운 컬러를 사용하여 또렷하게 그려준다.
아이	• 살구, 베이지, 브라운 계열의 색조로 자연스럽고 진하지 않게 표현한다. • 아이라인은 너무 두껍거나 진하지 않게 표현한다.	• 포인트 컬러와 펄 섀도를 사용하여 입체감 있고 화려한 표현을 한다. • 인조속눈썹으로 속눈썹을 풍성하고 볼륨감 있게 표현한다.

블러셔	• 립 컬러와 눈메이크업의 색조에 맞게 표현한다. • 음영 표현을 진하지 않게 표현한다.	• 입체감을 살려 주기 위해 음영 표현을 진하게 한다. • 펄감이 가미 된 하이라이터로 마무리하여 입체감을 살린다.
립	• 의상 컬러나 눈의 색조에 어울리는 컬러로 선택한다. • 립글로즈를 사용하여 자연스럽게 표현한다.	• 펄감이 있는 글로즈로 덧바른다. • 레드 계열이나 와인 계열의 색

3 장소에 따른 메이크업

(1) 실내 메이크업
장소와 실내 분위기 조명의 상태에 맞게 색조를 표현한다.

(2) 야외 메이크업
날씨, 온도, 시간대에 맞는 메이크업으로 표현한다.

4 상황에 따른 메이크업

(1) 네추럴 메이크업
일상 생활에서 주로 사용되는 대중적인 뷰티 메이크업으로, 자연스러운 메이크업이다.

(2) 파티 메이크업
특별한 모임이나 파티를 위한 메이크업으로 장소, 성격, 목적 등을 사전에 잘 파악해야 한다.

(3) 흑백 메이크업
음영을 표현하는 무채색 계열로 흰색, 그레이, 검은색 컬러를 주로 사용함

(4) 광고 메이크업
1) 광고 메이크업의 특징
- 영상 메이크업에 비해 지속성이 있고 정지되어 있으므로 섬세한 메이크업이 요구된다.
- 광고 목적에 따른 이미지를 확실하게 전달해야 하며, 브랜드 광고 또는 기업 광고의 경우 기업 전략에 따른 브랜드 이미지(B.I)를 숙지해야 한다.

2) 광고 목적의 파악

- 대상 파악 : 소구(訴求) 대상의 성별, 연령, 경제적 수준, 지식, 문화 등을 고려해야 한다.

> **Tip** **소구**
> 광고나 판매에서 상대방에게 구매 충동이 생기게 하기 위한 일

- 광고 분위기 파악 : 광고 상품, 계절, 이미지 등을 분석하는 것으로, 광고의 컨셉과 메이크업을 과장되거나 지나치지 않게 연출해야 한다.

(5) 스테이지 메이크업

1) 스테이지 메이크업의 특징

- 무대의 특성과 컨셉에 맞게 배우나 모델에게 극이 요구하는 캐릭터를 최대한 표현해내는 메이크업이다.
- 무대의 규모, 조명, 무대 연출, 관객과의 거리 등에 따라서 메이크업 표현의 강약 정도가 달라진다.
- 연극, 오페라, 뮤지컬, 마당극, 창극, 무용극, 연주회, 패션쇼 및 이벤트, 가장행렬 등 특정 무대 혹은 장소에서 행해지는 메이크업의 일종이다.

2) 분류에 따른 표현

분류	표현
연극 및 오페라	• 대본의 설정과 인물의 개성에 맞게 표현한다. • 장의 크기와 조명 등의 제반 요소들을 잘 이해하고 메이크업을 해야 한다. • 색상의 선택, 색의 질기, 색의 강약을 조절하여 극의 분위기를 고조시키고 관객에게 잘 표현될 수 있도록 한다.
무용 메이크업	• 현대 무용과 전통 무용의 특성을 잘 파악하여야 한다. • 단체 공연과 개인 공연으로 나누어 파악하여 테크닉을 다르게 한다.
음악회 메이크업	• 다양한 연주회 및 발표회 등에 행해지는 메이크업이다. • 발표자의 개성과 의상, 스타일에 맞게 메이크업을 해야 한다.
패션쇼 메이크업	• 쇼의 특성, 디자이너의 의도, 컨셉 등을 정확하게 파악하고 의상에 맞춰 조화롭게 표현한다. • 모델의 개성이나 요구보다는 전체적인 균형과 통일성, 작품의 의도에 맞게 메이크업하는 것이 중요하다. • 작게는 살롱에서 이루어지는 쇼에서부터 대형 컬렉션에 이르기까지 패션 디자이너의 의상 컨셉에 따른 무대 메이크업이다. • 토털 패션의 요소로서 메이크업이 아닌 의상이 주가 되기 때문에 의상 컨셉을 정확히 파악하여야 한다. • 디자이너, 조명, 기획사, 헤어와의 커뮤니케이션을 통해 완성도 있는 메이크업을 연출한다. • 디자이너의 컨셉과 개성에 따라 전위적이고 파격적이며 다양한 메이크업의 연출이 가능하다.

(6) 아트 메이크업

1) 페이스 페인팅
- 얼굴을 캔버스로 하여 페인팅 물감을 이용해 자유롭게 표현하는 메이크업이다.
- 놀이공원, 파티, 기념일, 이벤트 등에 많이 이용되는 아트 메이크업의 하나로, 주로 어린이 행사에 많이 쓰인다.

2) 바디 페인팅
- 인체를 하나의 캔버스로 보고 인체용 페인팅 칼라를 이용해 자유롭게 신체에 표현하는 메이크업이다.
- 입체적인 인체의 곡선과 면을 활용해서 예술적으로 표현한다.
- 다양한 기법과 재료로 독창적인 작품을 구상할 수 있다.

3) 판타지 메이크업
- 예술적 표현을 토탈 스타일링화 시켜 헤어, 메이크업, 의상, 소품 등을 포함하여 토탈 스타일링하여 작품화 함
- 패션쇼, 이벤트 또는 광고, 연극, 영화 등 거의 모든 분야에서 사용함
- 관객으로 하여금 감동과 메시지 전달함
- 주제나 테마에 따라 효과적으로 표현함
- 자연소재, 디테일한 소품, 특수 제품이나 재료를 활용함
- 독특하고 화려하게 표현함으로써 환상적인 아름다움을 연출함

(7) 계절별 메이크업

1) 봄
① 특징

화사하고 사랑스러우며 싱그러움이 느껴지는 밝은 메이크업 이미지이다.

② 메이크업 테크닉

메이크업	테크닉
베이스 메이크업	피부 톤보다 한 톤 정도 밝은 색으로 한다.
아이 메이크업	• 눈썹은 자연스러운 브라운 또는 그레이를 섞어 진하지 않게 표현한다. • 옐로우 계열과 핑크 계열, 피치톤의 색조를 사용하며 포인트 컬러나 언더 컬러로는 그린 계열을 사용하도록 한다. • 리퀴드 아이라이너를 사용하여 자연스러운 눈매를 연출한다.
치크(블러셔) 메이크업	핑크, 베이지 컬러나 피치 컬러를 이용하여 은은하고 화사하게 표현한다.

립 메이크업	아이 메이크업과 어울릴 수 있는 색조를 사용하되 펄이 살짝 가미된 핑크 계열이나 누드 피치 계열을 바른다.

2) 여름

① 특징

시원하고 청량감 있는 메이크업 또는 건강해 보이는 메이크업 이미지이다.

② 메이크업 테크닉

메이크업	테크닉
베이스 메이크업	피부 메이크업을 두껍지 않게 해야 하며 태닝 메이크업의 경우는 피부톤을 한 톤 정도 어둡게 표현한다.
아이 메이크업	• 눈썹은 브라운 또는 그레이를 섞어 자연스럽게 표현한다. • 블루 계열, 비취색 톤, 화이트 계열, 펄이 강한 색조를 사용하도록 한다. • 태닝 메이크업의 경우 오렌지 또는 골드 펄을 사용한다.
치크(블러셔) 메이크업	• 은은한 핑크 컬러나 피치 컬러를 사용한다. • 태닝 메이크업의 경우 골드 펄이 가미된 색을 사용한다.
립 메이크업	펄이 가미된 누드 핑크 계열이나 누드 피치 계열을 바른다.

3) 가을

① 특징

차분하고 지적인 이미지에 음영이 강조된 메이크업 이미지이다.

② 메이크업 테크닉

메이크업	테크닉
베이스 메이크업	• 따뜻한 베이지 계열의 파운데이션 색을 선택한다. • 리퀴드 파운데이션 또는 유·수분의 함량이 적당한 크림 타입의 파운데이션을 사용하도록 한다.
아이 메이크업	• 눈썹은 흑갈색 계열을 사용한다. • 오렌지 계열과 브라운 계열, 카키, 다크 브라운 컬러와 골드 펄의 색조를 사용하도록 한다. • 아이라인은 선명하고 또렷한 눈매를 연출하며 음영을 주어 입체감 있게 표현한다.
치크(블러셔) 메이크업	브라운 컬러나 오렌지 브라운 컬러, 핑크 브라운 컬러를 사용한다.
립 메이크업	다크 브라운, 오렌지 계열, 레드 브라운, 골드 컬러를 섞어 바른다.

4) 겨울

① 특징

깨끗한 분위기의 메이크업 이미지로, 건조한 날씨를 고려하여 충분한 수분과 영양을 공급하는 메이크업을 해야 한다.

② 메이크업 테크닉

메이크업	테크닉
베이스 메이크업	• 유·수분의 함량이 적당한 크림 타입의 파운데이션을 사용한다. • 파우더는 많이 사용하지 않도록 한다.
아이 메이크업	• 눈썹은 약간 선명하고 또렷한 이미지로 표현해 준다. • 화이트, 실버 계열과 퍼플 계열, 와인 계열의 색조를 사용하도록 한다.
치크(블러셔) 메이크업	아이 메이크업이 강하므로 블러셔는 너무 진하지 않고 깨끗하게 보일 수 있도록 누드 베이지 컬러나 핑크 베이지 컬러를 사용한다.
립 메이크업	다크 브라운, 레드 계열의 색을 섞어 바른다.

4 패션 이미지 메이크업 표현

(1) 네추럴 이미지

특징	• 내추럴(Natural)은 자연의, 천연의, 가공하지 않은 등의 의미
	• 편안한 이미지, 에콜로지(Ecology), 프리미티브(Primitive) 포함
	• 과장되지 않는 자연스러운 스타일
	  – 에콜로지(ecology) : 환경을 연구하는 생태학이란 뜻으로 자연 회귀 운동과 함께 나타난 용어
	  – 프리미티브(primitive) : '원시적인, 유치한, 소박한'이라는 의미. 찢거나 비틀거나 말아서 만든 새로운 취향의 감각

피부표현	• 깨끗한 피부 표현을 위해 베이스는 두껍거나 매트하지 않은 • 네츄럴한 느낌으로 가볍게 표현함 • 밝고 투명한 피부표현 • 질감 표현은 깨끗하고 자연스럽게 표현함
눈썹	• 자연 눈썹결을 살린 자연스럽고 부드럽게 표현 • 브라운색의 섀도를 사용
아이 메이크업	• 펄이나 인공적인 색상을 배제하고 자연의 색상이나 피부색과 어울릴 수 있는 은은한 오렌지 계열이나 브라운, 베이지 계열 • 색감은 최대한 낮추고 베이지, 브라운 계열
블러셔	• 피치, 브라운 계열로 진하지 않게 표현

립	• 입술의 색에서 많이 동떨어지지 않는 진하지 않는 핑크 계열이나 핑크 브라운과 같이 지나치게 진한 컬러는 피함 • 모델의 입술 색과 유사한 색	
헤어스타일	• 느슨하고 묶은 머리, 굵은 웨이브	
패션스타일	• 부드러운 자연소재의 섬유의 의상	

(2) 엘레강스 이미지

특징	• 엘레강스는 불어로 우아한, 기품 있는, 고상함이란 뜻을 지니고 있으며 성숙한 여성의 아름다움을 표현하는이미지 • 엘레강스는 감각에는 페미닌(Femimine), 꾸뜨르(Coutre) 등이 포함됨 • 질감은 차분한 느낌을 주기 위한 제품 및 매트한 것으로 선택함	
피부표현	• 부드럽고 밝은 색상으로 표현하며 하이라이트와 섀딩을 연하게 펴 바름 • 피부톤보다 한 톤 정도 밝은 매트하고 깨끗한 피부	
눈썹	• 곡선형(아치형)의 선과 브라운톤으로 표현	
아이 메이크업	• 베이지톤, 오렌지, 밝은 브라운톤을 사용하여 부드럽고 강하지 않은 여성스러운 이미지로 표현 • 미세한 펄감이 있는 질감의 섀도	
블러셔	• 피치색에 은은하고 부드럽게 표현	
립	• 핑크 베이지, 레드, 로즈 계열의 둥근 입술로 각지지 않게 표현	
헤어스타일	• 굵은 웨이브 헤어 • 자연스러운 업스타일	
패션스타일	• 여성스러운 곡선미를 살린 스타일 • 목선과 허리선을 살린 우아한 이미지	

(3) 로맨틱 이미지

특징	• 공상적, 소설적이라는 의미 • 소녀다운 이미지와 사랑스럽고 귀여우며 감미로움을 표현하는 감성 • 디테일이 과장되고 장식적인 이미지가 많음 • 낭만적인 느낌, 부드러운 느낌을 표현 • 직선보다는 곡선 위주의 메이크업으로 함 • 글로시한 질감과 약간의 펄감을 사용
피부표현	• 밝고 화사하게 피부톤을 조절함
눈썹	• 진하지 않은 브라운톤으로 둥글게 표현
아이 메이크업	• 인디언 핑크, 옐로우, 그린, 퍼플 계통의 페일톤을 중심으로 그라데이션 배색
블러셔	• 사랑스러운 핑크 계열, 오렌지, 피치 컬러로 둥글고 부드럽게 표현
립	• 부드러운 핑크나 오렌지 계열 • 핑크펄이나 글로즈로 광택있고 촉촉하게 표현
헤어스타일	• 웨이브의 긴헤어, 땋은머리, 귀여운 업스타일
패션스타일	• 시폰, 리본, 레이스, 프릴, 은은한 꽃무늬, 도트무늬

(4) 액조틱(에스닉) 이미지

특징	• 이국풍 이국 정서라는 의미로 낯설고 색다른 멋을 추구하는 이국적인 감성 이미지 • 과거에 대한 회상과 향수로서 민족의상의 특색과 스타일, 장식 등을 선호하는 노스텔직에서 비롯됨 • 민속적인 것을 소박하고 여성스럽게 표현하는 에스닉풍의 이미지를 의미
피부표현	• 컨셉과 이미지에 맞는 피부톤 선정
눈썹	• 다크브라운 계열의 직선형으로 표현
아이 메이크업	• 눈매를 강하게 표현하며 섀도 컬러는 강한 컬러보다는 질감 표현에 중점을 둠
블러셔	• 사선으로 강하게 표현하거나 얼굴 골격에 맞게 입체감 있는 표현
립	• 레드 브라운 계열이나 글로시한 질감의 표현
헤어스타일	• 긴 웨이브나 생머리, 땋은 머리
패션스타일	• 민속풍의 패턴, 자수, 뜨개질 소재, 패치워크

(5) 매니시 이미지

특징	• 남성적인 성향을 어필하는 이미지 • 활동성과 건강미를 포함하고 여성의 자립심이 표현되는 트렌드로 격조와 품위를 중시함. 간결하고 직선, 사선 형태의 이미지
피부표현	• 피부톤보다 한톤정도 어두운 컬러로 매트하게 표현 • 윤각 수정으로 입체감있게 표현
눈썹	• 짙고 두꺼운 형태의 브라운, 다크그레이 색상 • 사선 형태, 직선적인 형태
아이 메이크업	• 무채색 계열, 짙은 브라운 계열 • 음영을 강조하고 아이라인을 강하게 표현
블러셔	• 브라운 색상으로 사선방향으로 표현
립	• 어두운 계열, 자연 입술 컬러, 누드 계열로 매트하게 표현
헤어스타일	• 숏헤어, 직선형태의 생머리, 언발런스 헤어
패션스타일	• 무채색 계열의 남성복풍의 디자인 • 디자인이 단순하고 심플한 디자인

(6) 액티브 이미지

특징	• 밝고 쾌활한 이미지 • 스포츠를 즐기는 경향 • 활동적, 적극적이라는 뜻 • '밝고 건강한 이미지'를 추구하는 미의식 • 1960년대 미국을 중심으로 패션의 캐쥬얼화가 진행되면서 기능성을 중시한 단순한 디자인으로부터 밝고 선명한 색상으로 대표되는 디자인
피부표현	• 두껍지 않고 원래 피부톤, 한 톤 정도 어두운 톤으로 표현 • 건강미를 살리고 글로시한 질감 • 투명 파우더로 가볍게 사용
눈썹	• 각진형, 상승형, 직선형으로 가늘지 않게 표현 • 그레이, 다크브라운 계열로 약간 선명하게 표현
아이 메이크업	• 브라운 계열, 피치 계열
블러셔	• 피치, 핑크, 브라운 계열로 사선형태
립	• 입술산을 살짝 각지게 표현 • 글로즈를 발라 발랄하고 생기있게 표현
헤어스타일	• 숏헤어, 단순하고 깔끔하게 묶은 머리
패션스타일	• 비비드하고 강한 원색 계열의 톤 • 기능성을 추구하는 스포티한 디자인

(7) 모던 이미지

특징	• 현대적이고 샤프한 이미지를 대표하는 감성 • 색다른 멋을 추구하거나 혁신적인 사고 방식을 가지고 있는 여성 이미지 • 세련되거나 단순한 디자인적인 형태
피부표현	• 깨끗하고 쉬머한 피부톤(실키, 매트)
눈썹	• 다크그레이, 다크브라운 컬러로 각진 눈썹, 상승형 눈썹으로 표현
아이 메이크업	• 무채색 계열의 음영이 강조되고 눈매를 강하게 표현 • 펄감이 가미된 미래지향적인 이미지
블러셔	• 브라운톤으로 사선 방향으로 샤프하게 표현
립	• 입술 라인을 선명하게 살리고 진한 레드 계열 포인트 컬러, 누드 베이지 계열로 매트하게 표현
헤어스타일	• 스트레이트 헤어, 커트헤어, 깔끔하게 빗어 묶은 머리
패션스타일	• 무채색 또는 원색 계열의 단순한 디자인 • 메탈릭한 소재, 악세서리, 기하학적 패턴, 포인트 컬러가 있는 의상

(8) 클래식 이미지

특징	• 전통적이고 차분하며 고급스러운 이미지 • 고상하고 톤과 색상의 분위기가 통일성 있는 깊이 있는 색상 및 탁색
피부표현	• 베이지 계열의 깨끗하고 매트하게 표현
눈썹	• 다크브라운 컬러의 각진 형태
아이 메이크업	• 베이지, 브라운, 골드 계열 컬러로 입체적으로 표현
블러셔	• 브라운 계열, 골드 쉬머 • 입체감 있는 사선 형태
립	• 레드, 브라운계열 • 라인을 또렷하게 살려 표현
헤어스타일	• 굵은 웨이브헤어, 업스타일, 핑거웨이브
패션스타일	• 벨벳, 트위드, 자켓, 블라우스

(9) 아방가르드 이미지

특징	• 전위적이고 실험적인 독특한 기하학적 이미지 • 선, 면, 라인, 볼륨감 등을 강조함 • 패션에서는 대중성을 무시한 실험 요소가 강한 디자인과 유행에 앞선 독창적이고 기묘한 디자인
피부표현	• 매트, 글로시
눈썹	• 컨셉에 맞는 다양한 디자인 시도
아이 메이크업	• 매트, 글로시, 펄
블러셔	• 입체적이거나 평면적인 다양한 스타일
립	• 글로시, 매트, 기하학적 디자인의 입술형
헤어스타일	• 독특하고 실루엣을 강조한 기하학적 디자인
패션스타일	• 실루엣을 강조한 예술성을 띤 디자인 • 기본틀을 깬 창의적인 디자인

Chapter 7

핵심쏙쏙 예상문제

01 다음 중 T.P.O의 의미로 틀린 것은?
① 시간
② 장소
③ 연령
④ 상황

해설 T.P.O
- 시간(Time) : 고객과의 상담을 통해 시간대를 파악하여 알맞은 메이크업 연출
- 장소(Place) : 장소에 맞는 메이크업의 이미지를 파악하여 고객에게 제안
- 상황(Occasion) : 시술 목적을 파악하여 상황에 알맞은 메이크업 제안

02 계절별 메이크업에 대한 설명으로 틀린 것은?
① 봄 메이크업 – 피치톤, 핑크색의 색조로 화사하게 표현한다.
② 여름 메이크업 – 자외선 차단의 기능이 뛰어난 트윈 케이크를 사용한다.
③ 가을 메이크업 – 깨끗한 피부와 색조에 어울릴 수 있는 펄 화이트를 사용한다.
④ 겨울 메이크업 – 유·수분의 함량이 적당한 크림 타입의 파운데이션을 사용한다.

해설 가을 메이크업은 따뜻한 베이지 계열이나 오렌지 계열, 브라운 계열, 카키, 다크브라운 컬러와 골드 펄의 색조를 사용하는 것이 좋다.

03 파티 메이크업에 대한 설명으로 틀린 것은?
① 파스텔 톤의 색조 메이크업이 가장 어울린다.
② 조명을 감안하여 선과 색조를 조금 강하게 메이크업한다.
③ 광택이 있는 파우더를 T존 부위나 볼에 바르면 더욱 화사하고 입체감 있게 보인다.
④ 명도 대비나 보색 대비 등으로 입체감을 강조한다.

해설 파티 메이크업은 화려한 인공조명 아래에서 보이는 메이크업으로, 조명 아래에서는 메이크업 톤이 다운되어 보일 수 있으므로 펄 또는 광택이 있는 제품으로 화려함과 화사함을 강조한다.

04 섹시한 이미지의 메이크업 테크닉으로 옳지 않은 것은?
① 눈꼬리에 그레이나 블랙 등의 강한 색상으로 포인트를 준다.
② 입술은 스트레이트형으로 하고 입술산을 각지게 한다.
③ 리퀴드 아이라이너로 라인을 진하고 길게 그린다.
④ 눈썹은 짙은 브라운 계열로 눈썹산이 낮고 가는 화살형으로 그린다.

해설 섹시한 이미지의 입술은 아웃커브형으로 곡선형이 적합하다.

01 ③   02 ③   03 ①   04 ②   05 ③

05 로맨틱 메이크업에 대한 설명으로 옳지 않은 것은?
① 핑크 계열의 파운데이션과 파우더를 사용한다.
② 입술은 펄을 이용한 글로시한 질감이 좋다.
③ 진한 흑색으로 아이브로우를 강조한다.
④ 핑크 계열의 색조를 사용하여 사랑스러운 이미지를 표현한다.

해설 로맨틱 메이크업의 아이브로우 색상은 부드럽고 자연스러운 브라운 톤이 적합하다.

06 데이 메이크업에 대한 설명으로 틀린 것은?
① 자연스럽고 내추럴한 메이크업
② 인공 조명에 영향을 많이 받아 명암 표현과 색조 톤을 진하게 함
③ 의상이나 계절에 따라 색조 선택을 함
④ 일상에서의 낮시간을 위한 메이크업

해설 나이트 메이크업 – 인공 조명에서의 메이크업으로 데이 메이크업에 비해 명암 표현과 색조 톤을 진하게 하며 입체감을 표현할 수 있는 메이크업이 좋다.

07 패션쇼 메이크업에 대한 설명이 옳지 않은 것은?
① 무대의 크기와 쇼장의 규모에 따라 메이크업의 톤과 진하기 등을 조절한다.
② 의상 디자이너의 의도 및 컨셉을 이해하여 메이크업을 계획한다.
③ 패션쇼의 무대의 높이를 고려하여 메이크업한다.
④ 창의적이고 과감한 메이크업으로 메이크업을 디자인한다.

해설 패션쇼 메이크업은 메이크업 단독의 창의성이 아닌 의상 디자이너와 쇼의 컨셉을 고려한 메이크업을 계획하여야 한다.

08 액티브 이미지에 어울리는 스타일링의 특징으로 틀린 설명은?
① 기능성을 추구하는 활동적인 의상
② 원색과 채도가 높은 색상
③ 여성미를 강조한 웨이브 헤어
④ 건강미를 살리고 두껍지 않게 자연스러움을 살린 피부 표현

해설 여성미를 강조한 웨이브 헤어는 엘레강스 스타일이 어울리는 헤어스타일이다.

09 로맨틱 이미지에 적합한 메이크업의 색상은?
① 검정, 그레이, 페일톤
② 덜톤, 레드, 브라운
③ 카키, 페일톤, 라이트 톤
④ 핑크, 페일톤, 라이트톤

해설 로맨틱 이미지에 알맞은 색상은 라이트톤, 페일톤(파스텔), 핑크 계열의 색이다.

10 가을 메이크업에 대한 설명으로 맞는 것은?
① 차분한 흑갈색의 눈썹 컬러로 분위기 있고 지적인 이미지를 살린다.
② 페일톤의 아이섀도로 화사함을 강조한다.
③ 연한 핑크 컬러의 블러셔로 볼 중앙 부위를 중심으로 그라데이션한다.
④ 핑크톤이 가미 된 파운데이션으로 혈색을 준다.

해설 가을 메이크업의 눈썹 표현은 흑갈색의 차분한 컬러로 지적인 여성미를 살린다.

06 ② 07 ④ 08 ③ 09 ④ 10 ①

Chapter 8
트렌드 메이크업

Section 1. 트렌드 조사

1 트렌드 자료수집 및 분석

- 현재 가장 유행하는 메이크업
- 패션, 사회적 이슈, 문화적 현상에 의해 영향을 받는다.
- 패션 전문가 그룹이나 브랜드, 패션 리더들로 하여금 생겨나 일반인들에게 전파되는 현상에서 생겨난다.
- 패션, 헤어, 컬러, 메이크업, 제품 정보 등의 트렌드로 인해 생겨났다가 사라지고 다시 새로운 트렌드가 생겨나는 방식으로 형성된다.
- 프레따 포르테, 오뜨꾸뛰르, 펜톤 컬러 등을 통해 시즌별 유행 동향과 유행 패턴 스타일들이 시즌별로 생겨난다.

(1) 프레따 포르테(Pret-A-Porter)
- 고급 기성복 패션쇼, 'Ready-to-Wear'
- 뉴욕, 런던, 밀라노, 파리 컬렉션이 세계적인 4대 컬렉션, 일본과 서울을 포함하면 6대 컬렉션
- 보통 2월에 F/W 컬렉션, 9월에 S/S 컬렉션이 열린다.
- 루이비통, 입센로랑, 지방시, 크리스찬 디올, 샤넬, 베르사체, 프라다, 미소니, 구찌, 돌체 앤 가바나 등의 브랜드가 대표적이다.

(2) 오뜨꾸뛰르
- 주문복, 맞춤복, 달인의 경지에 이른 사람들을 타겟으로 만들어진다.
- 일반적인 의상이라기 보다는 작품성이 뛰어난 의상으로 표현되며 자기 과시와 명예의 상징

(3) 펜톤 컬러
컬러를 시스템으로 구조화, 체계화시킨 회사로, 시각 디자인 관련 색상 분야에서 많은 영향력을 갖고 있다. 매년 12월에 펜톤에서는 '올해의 컬러'라는 타이틀로 매년 유행될 컬러를 선보인다. 이는 디자인, 패션, 뷰티 분야 등에서 막대한 영향을 끼친다. 오늘날 펜톤 컬러는 약 1만 가지 이상의 배색 체계가 갖추어져 있으며, 가장 보편적으로 사용되고 있다.

Section 2. 트렌드 메이크업

1 트렌드 메이크업 표현

(1) 질감표현 메이크업

1) 글로시 메이크업(Glossy Make-up)

'광택 있는', '윤이 나는'의 뜻으로 촉촉하고 수분을 머금은 듯한 피부 표현으로 윤기 있는 피부 연출을 하는 메이크업이다.

특징	• 건강한 피부를 수분감 있게 표현하고자 하는 웰빙 트랜드에서 영향을 받아 나타나게 됨 • 물광 메이크업이라고도 함 • 피부의 기본 상태와 원래 피부의 중요성을 강조함
피부표현	물을 머금은듯한 촉촉한 수분감을 표현하며 기초 메이크업에서부터 보습과 내추럴하고 매끈한 피부 표현을 연출함
눈썹	브라운, 그레이 등의 모발 컬러에 맞는 색으로 자연스럽게 표현
아이 메이크업	크림 타입의 섀도, 베이지 핑크, 피치 등의 자연스러운 컬러로 표현
블러셔	피치, 핑크, 베이지브라운 컬러. 크림 타입의 제품 등을 사용하여 광택있는 질감으로 표현
립	립글로즈를 발라 볼륨감과 촉촉한 입술로 표현

2) 쉬머 메이크업(Shimmer Make-up)

특징	'반짝이다'라는 뜻으로 펄이 함유되어 있어 은은하게 반짝임을 주는 메이크업
피부표현	• 펄 입자가 함유된 메이크업 베이스 바름 • 소량의 리퀴드 파운데이션과 펄 파우더를 바른다.
눈썹	• 내추럴한 눈썹으로 진하지 않게 표현
아이 메이크업	• 펄 아이섀도, 크림타입 섀도를 사용하고 포인트 컬러를 표현
블러셔	• 펄감이 있는 크림 타입, 핑크, 피치 등의 컬러로 가볍게 바른다.
립	• 펄과 글리터 질감의 립제품 사용

3) 실키 메이크업(Silky Make-up)

특징	• 실크와 같이 매끈하고 정교한 피부 표현 • 커버력과 입체감이 강조됨
피부표현	• 프라이머로 모공과 피부 요철을 메우고 피부 결점을 최대한 매끈하게 표현
눈썹	• 모발색에 맞추어 자연스럽고 강하지 않게 표현

아이 메이크업	• 약간의 펄감을 표현하고 피치, 옅은 브라운으로 포인트컬러를 준다. • 젤라이너, 리퀴드 라이너로 또렷한 눈매 연출
블러셔	• 피치, 핑크 톤으로 부드럽게 연출
립	• 핑크레드, 오렌지레드 컬러로 가볍게 바르고 안쪽에 한 톤 진한 컬러로 표현

4) 메탈릭 메이크업(Metallic Make-up)

특징	• 금속적인 질감을 표현한 메이크업 • 골드, 실버, 쿠퍼의 사이버틱하고 미래지향적인 이미지
피부표현	• 펄 입자가 있는 광택있는 베이스를 바른 후 파운데이션을 바르고 펄파우더를 얇게 발라준다. • 이마, 콧대, 광대, 턱 등에 하이라이터로 발라주어 얼굴의 입체감을 살린다.
눈썹	회갈색, 블랙 컬러로 형태를 강조하고 샤프하고 길이를 약간 길게 표현
아이 메이크업	펄이 가미된 블루, 실버, 브라운, 골드 등의 컬러로 메탈릭하고 입체감 있게 표현
블러셔	• 광대뼈 부분의 펄감을 살려 입체감 있게 표현 • 브론즈 계열, 골드나 실버가 섞인 오렌지 브라운, 핑크 등으로 광택을 준다.
립	• 립 컬러를 바른 뒤 펄입자가 있는 골드나 실버, 화이트펄로 입체감을 준다.

(2) 트랜드 메이크업

1) 스모키 메이크업(Smoky Make-up)

특징	• '연기나는, 그을린, 연기 자욱한'이란 뜻 • 섹시미를 강조하며 도발적이고 성숙한 이미지를 강조한 메이크업 • 눈을 강조한 메이크업 • 패션(패션쇼)에서 많이 사용
피부표현	• 눈에 포인트를 주기 위해 베이스는 밝고 깔끔하게 표현
눈썹	• 눈썹형태와 결을 살려 자연스럽게 표현
아이 메이크업	• 눈의 깊이감에 따라 브라운, 그레이 등의 다크한 색으로 포인트를 준다. • 펜슬 라이너로 아이라인 부분의 위, 아래 눈의 점막에 색을 채워 포인트 컬러와 함께 그라데이션한다.
블러셔	• 음영을 살리고 입체적으로 표현
립	• 진하지 않은 브라운 계열 또는 베이지 누드 계열로 매트하게 표현

2) 미니멀 메이크업(Minimal Make-up)

특징	• 최소한의 색조 표현과 단순함, 간결함이 기본이 되는 메이크업 • 화려하거나 기교를 부리지 않은 절제된 메이크업
피부표현	• 가볍고 두껍지 않게 절제된 양의 파운데이션을 사용하고 잡티는 컨실러로 보정한다. • 투명 파우더로 가볍게 바른다.
눈썹	빈부분을 채워주는 정도로 진하지 않고 자연스럽게 표현
아이 메이크업	• 아이보리, 베이지, 피치 베이지 등의 은은한 색으로 자연스럽게 그라데이션하며 색조가 진하지 않도록 한다. • 포인트색을 강하게 넣지 않고 베이스를 깔아주는 형태로 선이 생기지 않게 표현한다.
블러셔	윤각 수정와 섀딩을 강하게 하지 않고 볼은 약간의 혈색만 부여한다.
립	립라인을 강조하지 않고 옅은 핑크 베이지, 옅은 피치계열 등으로 은은하고 자연스럽게 표현한다.

3) 글래머러스 메이크업(Glamorous Make-up)

특징	여성미와 섹시미를 강조하고 성숙한 이미지를 표현한 메이크업
피부표현	• 쉬머, 글로시한 질감의 피부 표현 • 투명 파우더로 가볍게 바른다.
눈썹	브라운, 흑갈색 계열로 아치형이나 둥근형의 부드러운 형태로 여성스럽게 표현
아이 메이크업	• 아이홀 기법으로 입체감있고 화려한 메이크업 연출 • 길고 풍성한 인조속눈썹 사용 • 골드, 베이지, 브라운, 와인, 퍼플, 카키 등의 화려한 색조들을 혼합하여 사용한다.
블러셔	• 베이지브라운, 오클계열 • 하이라이트 표현과 윤각수정으로 입체감 있게 표현
립	• 입술산과 구각 부분을 둥글고 크게 아웃커브로 그려준다. • 펄이나 글로즈를 발라 입체감을 준다.

4) 레트로 메이크업(Retro Make-up)

- 현대 유행이 아닌 특정 시대를 풍미했던 이미지를 현대적으로 재해석하고 패러디한 시대적 이미지를 표현한 메이크업

5) 원포인트 메이크업(One-point Make up)

- 색조 표현 중 한 부분에 시선이 갈 수 있도록 강조하는 메이크업으로, 입술을 강조하는 기법을 주로 사용한다.
- 입술을 강조할 경우 눈과 볼 메이크업, 눈썹 부분들은 자연스럽고 부드럽게 표현하여 입술에 시선이 집중될 수 있도록 한다.

Section 3. 시대별 메이크업

1 시대별 메이크업 특성 및 표현

(1) 시대별 메이크업 특성 및 표현

1) 1900년대

특징	• 패션 잡지와 신문의 보급으로 유행에 관심을 갖게 되고 개인의 취향에 맞는 스타일을 추구함 • 아르누보의 등장(자연의 모든 유기적 생명체 속에 있는 근원으로 돌아가려는 경향)
메이크업	• 광택 없이 창백한 피부 표현과 짙은 눈매를 표현하는 아이 메이크업 • 입술은 검은색의 라인으로 테두리를 그려 진홍색으로 표현 • 도발적이고 경박한 여성미를 강조하는 대담한 메이크업 • 무대 메이크업과 같은 진한 색이 유행 • 동양적 성향을 가진 메이크업 유행
헤어	초기 5년 동안은 크기에 있어서는 상당히 절제되었으나 퐁파두르 스타일(Pompadour Style)로 뒤로 넘기거나 짧은 커트, 또는 아르누보의 풍요로움과 곡선미가 나타남
패션	• 아르누보의 섬세하고 유기적 곡선의 장식패턴으로 단순한 S자형 실루엣 • 신체의 곡선을 강조하는 S자 커브 실루엣이 유행

2) 1910년대

특징	• 러시아 발레단 공연의 영향으로 오리엔탈풍의 화장이 유행 • '태다 바라(Theda Bara)'와 '폴라 네그리(Pola Negri)'의 메이크업이 유행 • 오리엔탈 스타일에 대한 영향으로 강한 색조와 음영을 표현 • 메이크업이 일반화가 되면서 보편화
메이크업	• 눈썹 : 검은색으로 일자형 • 눈화장 : 옆으로 길며 강한 음영표현 • 입술 : 또렷하고 얇고 작은 앵두입술
헤어	기능성과 단순함을 추구하는 보브(Bob) 스타일
패션	• 아르데코의 영향으로 단순함을 강조한 디자인이 강세 • 로우 웨이스트(Low-waist)의 직선적인 실루엣 유행

3) 1920년대

특징	• '클라라 보우', '루이스 브룩스'의 메이크업이 유행 • 가늘게 다듬은 후 정교하게 연필로 그린 눈썹에 흰 피부에 큰 눈과 검붉은 입술이 특징
메이크업	• 눈썹은 가늘게 다듬은 후 정교하게 연필로 그린 둥근형 • 눈이 움푹 들어가 보이게 표현 • 또렷하고 얇은 입술 표현 • 우울해 보이는 느낌이 드는 메이크업이 특징
헤어	• 1910년의 보브 스타일에서 좀 더 짧아진 형태(싱글-Shingle) • 턱까지 떨어지는 짧은 단발 머리 • 퍼머의 유행
패션	• 보브 스타일이 유행 • 종의 형태의 모자인 클로셰(Cloche)가 유행 • 여성의 신체곡선을 무시한 보이쉬(Boyish style), 가르손느, 플래퍼 스타일 유행

4) 1930년대

특징	• 경제공황과 함께 헐리우드 영화의 전성기로 여배우 메이크업이 전성기 • '그레타 가르보', '마를린 디트리히', '진할로우'가 대표적인 배우
메이크업	• 눈썹은 활모양의 가늘고 긴 아치형 • 눈화장은 깊은 음영의 아이홀 메이크업이 유행으로 선명하고 눈이 커보이게 표현 • 인조속눈썹으로 과장되게 표현 • 붉은 입술로 크고 선명하게 표현
헤어	• 복고풍의 여성스러우면서 엘레강스 한 퍼머넌트 웨이브 스타일(Permanent wave style)이 나타남 • 금발을 선호하여 염색 유행
패션	여성스러움의 복귀와 아워글라스 실루엣이 다시 유행

5) 1940년대

특징	• 제2차 세계대전의 영향으로 강한 여성의 이미지와 성적 매력을 강조하는 이미지가 공존되게 존재했던 시대 • 립스틱과 메니큐어의 대중화
메이크업	• 눈썹: 두껍고 진한 아치형 • 눈화장은 끝을 상향형으로 올라가게 표현 • 붉고 관능미를 강조한 볼륨 있는 입술표현
헤어	퐁파두르(Pompadour) 스타일 유행
패션	• 나일론의 본격적인 상업화와 캐주얼웨어의 본격화, 틴에이저들의 패션문화 성립이 영향을 줌. • 액세서리로 스카프가 가장 인기였으며, 머리 위에 매거나 턱 아래로 매는 스타일 연출 • 뉴룩의 유행

6) 1950년대

특징	• 컬러 TV의 등장으로 배우들의 메이크업이 크게 유행 • 청순미의 이미지인 '오드리햅번'과 섹시 심볼인 '마를린 먼로'가 대표적인 배우
메이크업	• 눈썹 : 두껍고 각지고 진한 형태 • 눈화장 : 긴속눈썹, 올라간 눈꼬리 표현 • 입술 : 아웃커브의 도톰한 입술 • 마를린 먼로 : 긴 속눈썹에 아웃커버의 둥글고 광택있는 빨간 입술과 입가의 애교점이 섹시한 이미지를 대표 • 오드리 햅번 : 귀엽고 청순한 이미지로 각지고 두꺼운 눈썹에 올라간 눈꼬리를 강조
헤어	• 포니 테일(Pony Tail)과 프렌치 트위스트(French Twist), 페이지 보이 보브 스타일, 픽스컷(fix cut) 유행 • 입체감을 살린 풍부한 웨이브 강조
패션	여성들의 바지 착용이 일반화됨에 따라 바지가 일상복으로 착용

7) 1960년대

특징	• 히피스타일이 유행했던 시기 • 영국 패션 모델인 트위기의 자유롭고 소녀스러운 귀여운 화장이 유행 육감적인 이미지를 대표했던 '브리짓 바르도'는 자유로운 헤어 스타일과 섹시미를 강조하는 이미지의 대표 인물 • 아이홀의 강조한 메이크업이 유행
메이크업	• 피부표현 : 자연스럽고 얇게 • 눈화장 : 과장된 마스카라와 아이라인으로 눈 강조 • 입술 : 연핑크입술 • 트위기 : 주근깨의 표현, 가볍고 얇게 바른 베이스와 눈썹산을 강조한 눈썹, 쌍꺼풀 라인을 강조하고 인조속눈썹을 위아래로 강조하여 인형 같은 눈매 연출 • 브리짓 바르도 : 관능미와 섹시미, 매트한 피부에 아이라인을 강조하고 아이라인을 길게 강조. 풍성한 속눈썹의 마스카라와 인조속눈썹 표현
헤어	• 후반에는 히피스타일에 영향을 받은 자연스러운 롱 스트레이트 또는 에스닉 풍의 땋은 머리가 인기를 끌게 됨 • 트위기의 짧은 머리, 비달사순 컷, 아프로 컷
패션	• 영패션과 미니 스커트의 선풍적인 유행과 메탈 소재와 비닐 소재 등의 신소재의 의상 • 스페이스 룩과 히피 룩 등장 • 젊은이들의 패션인 '리틀 걸 룩'이 유행했던 시기

8) 1970년대

특징	• 경제공황의 영향으로 반항적이고 퇴폐적인 이미지의 펑크 스타일이 유행 • 강렬한 비비드 컬러와 블랙 컬러의 메이크업이 유행 • '파라포셋'의 건강미 있는 스타일이 유행 • 태닝 피부가 부의 상징으로 선호
메이크업	• 펑크 스타일의 메이크업으로 창백한 피부 표현에 진한 눈매, 검은 입술 등 혐오스러운 이미지의 메이크업 • 자연스럽고 아이홀과 눈꼬리를 강조한 눈 화장 • 황갈색의 입술 표현 • 눈화장은 브라운, 그레이, 어두운 그린 아이섀도, 광택있는 볼 메이크업과 립글로스
헤어	• 유니섹스의 영향으로 인해 남녀 공용의 헤어 스타일이 유행 • 펑크 스타일, 아프로 스타일
패션	• 펑크 스타일이 유행하게 되었으며 파괴적이고 야만적인 룩이 선보이는 시기 • 글래머스 룩의 출현으로 선정적이고 대담한 패션이 나타나기도 함

9) 1980년대

특징	• '브룩 쉴즈'의 진하고 두꺼운 눈썹과 붉은색의 입술이 유행 • '소피 마르소'와 영국의 '다이애나 왕세자비'의 자연스럽고 네추럴한 메이크업이 유행 • 마이클 잭슨, 마돈나 • 뷰티 살롱의 대중화
메이크업	• 복고풍의 성숙한 여성의 이미지 • 마돈나의 섹시하면서도 에로틱한 진한 메이크업과 팝가수 프린스, 보이 조지와 같은 화려한 컬러 메이크업 성행
헤어	• 펑크 스타일의 다양한 모양으로 자른 헤어 스타일과 여러 컬러의 염색이 유행
패션	• 여피의 등장으로 디자이너의 의상을 즐겨 입었고 캘빈 클라인, 랄프 로렌, 도나 카렌, 조르지오 알마니 등을 선호 • 신낭만주의(퍼프 소매, 프릴 장식), 어깨 패드와 다양한 치마 길이 • 앤드로지너스룩, 빅룩

10) 1990년대

특징	• 환경 오염 등에 영향으로 에콜로지에 대한 관심이 높아짐 • 네추럴 메이크업이 유행 • '기네스 펠트로', '줄리아 로버츠', '케이트 모스'등의 헐리웃 배우가 대표적 • 과거의 문화를 재해석한 레트로 패션과 힙합이 유행
메이크업	• 다양한 스타일이 공존하는 시기로 자연스러운 네츄럴에서부터 화려한 파티 메이크업까지 T.P.O에 따라 적절히 선택 • 펄과 글리터를 이용한 사이버, 테크노적인 메이크업
헤어	• 에콜로지 룩의 유행으로 밝은 컬러의 길고 자연스러운 웨이브 형태 • 장식을 배제한 짧은 머리나 스트레이트 헤어 굵은 웨이브

패션	• 영 패션인 스트리트 패션이 수용되면서 힙합 패션이 나타남 • 의복의 미니멀리즘 현상으로 장식적 요소를 최대한 줄이고 텍스타일 부각 • 무채색을 이용한 절제된 라인의 재켓, 팬츠, 스커트 등이 유행 • 미니멀리즘, 에스닉룩, 그런지룩, 복고풍룩, 등의 다양한 패션 공존

11) 2000년대

특징	• 색조보다는 건강하고 아름다운 피부를 중시 • 순수함을 강조하는 메이크업(투명 메이크업)이 부각 • 다양한 트렌드가 공존 • 스모키 메이크업, 질감 메이크업 등이 유행 • 웰빙 문화가 자리 잡으면서 극단적인 기계화, 도시적, 첨단적 라이프 스타일을 거부하고 자연적이고 건강한 인류의 모습 추구
메이크업	• 피부 건강을 중시하며 건강하고 내츄럴하고 자연스럽고 투명한 메이크업 성향 • 피부 표현을 중심으로하는 투명 메이크업이 성행 • 쇼에서는 눈의 라인을 강조한 스모키 메이크업이 나타남에 따라 여러 가지 변형된 스모키 스타일을 보여줌
헤어	• 다양한 스타일이 유행으로 개성을 강조함
패션	• 오리엔탈풍을 재해석하고 에스닉룩, 빈티지풍과 같은 자유로운 정신세계를 표현하는 히피 느낌의 보헤미안룩 유행

12) 2010년대

특징	• 스마트폰, 인터넷 네트워크의 글로벌화 • 문화, 정보의 급속도 발전
메이크업	• 피부 질감을 강조한 메이크업 • 물광, 윤광 메이크업 등의 베이스가 포인트가 되는 메이크업
헤어	• 느슨하고 자연스럽게 묶은 포니테일 등
패션	• 다양한 트랜드와 현대적 감각의 패션 믹스 앤 매치

Chapter 8

핵심쏙쏙 예상문제

01 2000년대 뷰티 패션 스타일로 알맞은 것은?

① 피부 건강을 중시하며 건강함과 웰빙의 대두로 인해 내츄럴하고 자연스럽고 투명한 메이크업 성향
② 영국의 모델인 트위기의 메이크업으로 인형같이 커다란 눈과 작은 입술, 장미빛 볼터치 주근깨 표현
③ 글래머스 룩의 출현으로 선정적이고 대담한 패션이 나타나기도 함
④ 번쩍이는 광택 소재의 가죽 자켓과 화려한 액세서리를 여러 개 착용함

해설
- 영국의 모델인 트위기의 메이크업으로 인형같이 커다란 눈과 작은 입술, 장밋빛 볼터치 주근깨 표현 : 1960년대
- 글래머스 룩의 출현으로 선정적이고 대담한 패션이 나타나기도 함 : 1970년대
- 번쩍이는 광택 소재의 가죽 자켓과 화려한 액세서리를 여러 개 착용함 : 1980년대

02 다음 설명에 해당하는 시기는?

- 환경 오염 등의 영향으로 에콜로지에 대한 관심이 높았다.
- 네추럴 메이크업이 유행하였다.
- 무채색을 이용한 절제된 라인의 자켓, 팬츠, 스커트 등이 유행
- 다양한 스타일이 공존하는 시기로 자연스런 네츄럴에서부터 화려한 파티 메이크업까지 T.P.O에 따라 적절히 선택하였다.

① 1930년대
② 1980년대
③ 1990년대
④ 1960년대

해설 1990년대
- 환경 오염 등에 영향으로 에콜로지에 대한 관심이 높아짐
- 네추럴 메이크업이 유행
- '기네스펠트로', '줄리아 로버츠', '케이트 모스'등의 헐리웃 배우가 대표적
- 과거의 문화를 재해석한 레트로 패션과 힙합이 유행
- 무채색을 이용한 절제된 라인의 자켓, 팬츠, 스커트 등이 유행
- 다양한 스타일이 공존하는 시기로 자연스런 네츄럴에서부터 화려한 파티 메이크업까지 T.P.O에 따라 적절히 선택하였다.

03 1950년대의 메이크업에 특징에 대한 설명이 틀린 것은?

① 눈썹은 두껍고 각지고 진한 형태로 표현하였다.
② 긴 속눈썹, 올라간 눈꼬리를 표현하였다.
③ 오드리 햅번의 아웃커버의 둥글고 광택 있는 빨간 입술과 입가의 애교점이 섹시한 이미지가 유행하였다.
④ 입체감을 살린 풍부한 웨이브 강조한 헤어 스타일이 유행하였다.

해설 마를린 먼로의 아웃커버의 둥글고 광택있는 빨간 입술과 입가의 애교점이 섹시한 이미지가 유행하였다.

01 ① 02 ③ 03 ③

04 미니멀 메이크업의 특징에 대한 설명이 잘못된 것은?

① 최소한의 색조 표현과 단순함, 간결함이 기본이 되는 메이크업
② 펄이 가미된 블루, 실버, 브라운, 골드 등의 컬러로 메탈릭하고 입체감 있게 표현
③ 립라인을 강조하지 않고 엷은 핑크 베이지나 피치 계열로 은은하고 자연스럽게 표현
④ 화려하거나 기교를 부리지 않은 절제된 메이크업

해설 메탈릭 메이크업 - 펄이 가미된 블루, 실버, 브라운, 골드 등의 컬러로 메탈릭하고 입체감 있게 표현함

05 스모키 메이크업에 대한 설명으로 틀린 설명은?

① '연기나는, 그을린, 연기 자욱한'이란 뜻이다.
② 펜슬 라이너로 아이라인 부분의 위, 아래 눈의 점막에 색을 채워 포인트 컬러와 함께 그라데이션한다.
③ 섹시미를 강조하며 도발적이고 성숙한 이미지를 강조한 메이크업
④ 화려하거나 기교를 부리지 않은 절제된 메이크업

해설 미니멀 메이크업 - 화려하거나 기교를 부리지 않은 절제된 메이크업

06 트렌드 자료 수집 및 분석 방법으로 틀린 것은?

① 영화에서 보여지는 메이크업 정보를 수집한다.
② 패션, 헤어, 컬러, 메이크업, 제품 정보 등의 트렌드로 인해 생겨났다가 사라지고 다시 새로운 트렌드가 생겨나는 방식으로 형성된다.
③ 패션 전문가 그룹이나 브랜드, 패션 리더들로 하여금 생겨나 일반인들에게 전파되는 현상에서 생겨난다.
④ 패션, 사회적 이슈, 문화적 현상에 의해 영향을 받는다.

해설 트렌드 자료 수집 및 분석 방법
• 현재 가장 유행하는 메이크업
• 패션, 사회적 이슈, 문화적 현상에 의해 영향을 받는다.
• 패션 전문가 그룹이나 브랜드, 패션 리더들로 하여금 생겨나 일반인들에게 전파되는 현상에서 생겨난다.
• 패션, 헤어, 컬러, 메이크업, 제품 정보 등의 트렌드로 인해 생겨났다가 사라지고 다시 새로운 트렌드가 생겨나는 방식으로 형성된다.
• 프레따 포르테, 오뜨꾸뛰르, 펜톤 컬러 등을 통해 시즌별 유행 동향과 유행 패턴 스타일들이 시즌별로 생겨난다

04 ② 05 ④ 06 ①

Chapter 9

미디어 캐릭터 메이크업

Section 1. 미디어 캐릭터 기획

- 미디어 메이크업은 TV 광고, 영화, 잡지, 화보 등에서 행해지는 메이크업이다.
- 모든 매체에서 요구되는 상황과 콘셉트에 맞는 캐릭터를 창출하여 목적에 따라 메시지와 이미지를 전달하는 것이 중요하다.
- 미디어의 종류와 제작 환경 등을 고려한다.
- 연기자의 특징, 이미지, 성격 및 심리 상태에 맞게 계획한다.

1 미디어 특성별 메이크업

(1) 미디어 영상 메이크업
- 카메라나 브라운관 등 각종 기자재를 통해 작품을 완성하여 시청자에게 전달되어 영상으로 보여지는 것을 말한다.
- 시대극, 현대극, 액션, 코믹, 멜로 등의 다양한 분야에서 사용되며 상황에 따라 특수효과를 가미하거나 특수분장을 통하여 캐릭터의 표현을 할 수 있다.
- 화면 영상으로 보이는 메이크업이므로 정교하고 세밀한 작업이 필요하다.
- 작품의 의도나 캐릭터의 특성을 표현하기 위해 부가적인 소품을 활용할 수 있다.

(2) TV 메이크업
- 영상 화면에 적절한 메이크업을 연출함으로써 프로그램의 목적과 상황에 맞도록 하는 메이크업 예) 드라마, 연예 프로그램, 뉴스 등
- 카메라나 브라운관 등 각종 기자재를 통해 작품을 완성하여 시청자에게 전달되어 영상으로 보여주며 영상 화면에 적절한 메이크업을 연출함으로써 프로그램의 목적과 상황에 맞도록 하는 메이크업

(3) 광고 메이크업
1) 광고 메이크업의 특징
- 영상 메이크업에 비해 지속성이 있고 정지되어 있으므로 섬세한 메이크업이 요구된다.

- 광고 목적에 따른 이미지를 확실하게 전달해야 하며, 브랜드 광고 또는 기업 광고의 경우 기업 전략에 따른 브랜드 이미지(B.I)를 숙지해야 한다.

2) 광고 목적의 파악
- 대상 파악 : 소구(訴求) 대상의 성별, 연령, 경제적 수준, 지식, 문화 등을 고려해야 한다.
- 광고 분위기 파악 : 광고 상품, 계절, 이미지 등을 분석하는 것으로, 광고의 컨셉과 메이크업을 과장되거나 지나치지 않게 연출해야 한다.

2 미디어 메이크업의 종류

(1) 스트레이트 메이크업
- 방송 출연자의 기본 메이크업
- 피부 결점 커버, 피부톤 보정, 조명과의 반사 방지 등을 위한 기본 메이크업

(2) 캐릭터 메이크업
- 컨셉에 따른 캐릭터의 성격, 특징들을 전달하기 위한 메이크업
- 등장인물의 성격을 간접적으로 보이도록 하는 메이크업

(3) 특수 효과 메이크업

1) 특수분장의 특징
① 특수한 재료를 사용하여 안면이나 목, 손, 전신 등을 입체적으로 표현하는 조각적인 분장기법을 말하며, 모형이나 틀 제작을 이용한 메이크업이므로 종합예술이다.
② 전문적이고 완벽한 테크닉을 요구하는 분야로 의학, 미술, 화학 등의 분야와 촬영, 특수효과, 컴퓨터 그래픽이 뒷받침되어야 한다.

2) 특수분장의 분류

특수효과 분장	라텍스, 더마왁스, 젤 스킨, 젤라틴 등을 활용하여 주름, 상처, 대머리, 화상 등을 표현하는 분장이다
보철 분장	• 응용물이나 보철물을 제작하여 분장효과를 표현하는 분장이다. • 안구, 이, 손, 발, 귀, 팔, 다리, 배 등을 3차원으로 만들고 신체에 부착하여 그대로 사용한다.

(4) 미디어 캐릭터 기획
- 연출자의 의도와 작품의 특성, 장르, 시대적 배경, 상황, 캐릭터의 이미지 등을 파악하여 고려함
- 캐릭터와 관련된 시대적 배경, 문화, 고증 자료, 사진 자료, 자서전 등의 정보 수집

Section 2. 볼드캡 캐릭터 표현

- 대머리(skin head)캐릭터의 분장을 위한 특수 분장으로 사전에 볼드캡을 제작하여 사용한다.
- 일반적으로는 글라짠(Glatzan)이나 라텍스(Latex)를 사용하여 플라스틱 두상 모형에 제작하며 글라짠에 비해 라텍스가 비용적인 면이나 보관 시 수축이나 변형이 되는 단점으로 인해 국내에서는 라텍스를 사용하여 제작하고 있다.
- 제작된 볼드캡은 스프리트 검으로 이마나 헤어라인 경계선에 고정하고 피부와 연결시키는 방법을 통해 사용한다.

1 볼드캡 제작 및 표현

(1) 재료

라텍스 캡(Latex cap)	• 천연고무 재질의 라텍스액을 사용하여 제작 • 두께 조절을 통해 피부와의 밀착도와 이음새 연결을 할 수 있다. • 일회용으로 사용됨 • 다양한 형태와 사이즈로 제작이 가능 • 가격이 저렴하고 가장 일반적으로 대머리분장에 많이 사용하는 재료임 • 신축성이 좋은편
플라스틱 캡(Plastic cap)	• 액체 플라스틱에 아세톤을 사용하여 농도를 조절하여 사용 • 가격이 라텍스에 비해 비싸고 제작이 까다로움 • 연결부위 마무리를 아세톤으로 녹여 조절하여 연결시키므로 영상매체에서 많이 사용 • 제작 시 환기에 유의 • 신축성이 없어 두상 사이즈를 맞게 제작해야함

(2) 볼드캡 제작

① 제작하려는 크기의 두상 사이즈를 재고 두상 모형에 유성 펜슬 또는 콤비 펜슬로 헤어라인을 표시한다.
② 바셀린을 두상 모형에 충분히 전체적으로 바른다.
③ 글라짠(용해제와 함께 희석) 또는 라텍스를 두상 모형에 붓으로 얇게 한겹 바른다.
④ 헤어 드라이기 찬바람으로 건조한다.
⑤ 경계선 부분을 얇게 조절하며 바르고 말리는 과정을 6~8회 반복하여 작업한다.
⑥ 완성된 볼드캡 위에 파우더를 충분히 바른다.
⑦ 목 뒷부분 가장자리부터 시작하여 분리시킨다.
⑧ 분리 된 볼드캡 안쪽은 파우더를 발라 주어 서로 엉겨 붙지 않게 주의한다.
⑨ 완전히 분리된 볼드캡에 마무리 파우더 처리를 하고 작업 모형틀에 보관한다.

(3) 볼드캡 착용법

① 모델의 피부의 유분과 헤어를 깔끔하게 물스프레이로 정리한다.
② 볼드캡의 중심과 이마 부분을 맞추어 씌운다.
③ 핀셋으로 볼드캡을 살짝 들춰 낸 뒤 이마 중앙 부위와 뒷목 부분에 접착제를 바른다.
④ 적당한 점성이 생긴 후 균형을 잡아가며 접착시킨다.
⑤ 이마 라인부터 시작하여 귓목덜미를 고정하고, 귀 옆부분을 재단하면서 부착한다.
⑥ 볼드캡 가장 자리 부분을 아세톤으로 녹여 자연스럽게 연결시킨다.
⑦ 채색 등의 필요한 분장을 한다.

Section 3. 연령별 캐릭터 표현

1 연령대별 캐릭터 표현

- 일반적으로 노화가 표현은 피부의 탄력과 잡티와 반점을 표현할 수 있으며 피부색이 탁해지고 주름과 얼굴의 지방의 감소로 음영을 통한 신체의 변화를 표현할 수 있다.
- 연령대별 주름, 피부 탄력의 정도, 피부톤의 특징 등을 고려하여 골격을 강조하고나 주름을 표현 한다.

(1) 연령대별 특징

구 분	청장년기 (20~40세)		중년기 (41~60세)		노년기 (61세~)
	20대	30대	40대	50대	60대 이상
노화 현상 거의없음	○				
피부건조	후반부터 시작	○	○	◎	◎
팔자 주름		○	○	◎	◎
콧등 주름		○	○	◎	◎
미간 주름			○	◎	◎
눈꺼풀(아이홀)꺼짐			○	◎	◎
눈밑 늘어짐			○	◎	◎
턱선/볼처짐			○	◎	◎
얼굴 근육 늘어짐			○	○	◎
흰머리/머리숱줄어듦			○	◎	◎
관자놀이 꺼짐				○	◎
검버섯/잡티				○	◎

○: 나타남 ◎: 많이 나타남

(2) 노인 메이크업의 특징

① 얼굴 골격의 변화

: 얼굴 안면 골격 주변에 피부가 살이 빠지고 늘어짐으로서 연골이 있는 부위(콧망울, 귀) 등이 처지게 된다.

② 안면 근육의 변화

: 안면 근육들 중 큰 근육들(눈 밑, 이마, 눈꺼풀, 턱)이 처지고 늘어짐이 생긴다.

③ 얼굴 주름의 변화

: 움직임이 많은 잔 근육들이 처지면서 주름으로 잡히고 늘어지게 된다.

④ 피부 표면의 변화

: 피부 표면이 얇아지고 검버섯, 기미, 반점, 사마귀 등의 잡티가 생긴다.

⑤ 모발의 변화

: 모발의 양이 줄어들고 힘이 약해지며 멜라닌 색소의 감소로 흰 머리가 생기게 된다. 머리카락, 귀밑머리 눈썹, 수염, 속눈썹들이 백모로 변화한다.

⑥ 목, 귀, 자세의 변화

: 목주변의 피부가 얇아지면서 주름이 생기고 귀의 연골의 처지고 척추가 굽어지는 현상이 생긴다.

(3) 노인 메이크업의 종류

1) 음영의 분장법

- 음영의 차이로 주름과 골격, 근육의 처짐을 파운데이션의 컬러 톤으로 조절하여 주름을 표현할 수 있다.
- 주름의 표현 시 밝은톤 – 중간톤 – 어두운톤을 표현하여 음영 차이와 주름의 흐름 및 패인 정도를 명암으로 표현한다.

2) 라텍스 분장법

- 라텍스를 사용하여 큰주름과 미세한 잔주름 등을 세밀하게 만들어낸다.
- 명암을 통한 표현법보다 세밀한 주름 표현과 노화 피부를 자연스럽게 표현 할 수 있다.
- 젊은 모델의 노화의 정도를 60세 이상으로도 효과적으로 연출할 수 있다.

3) 액체 플라스틱

- 액체 플라스틱에 파우더를 섞어 농도를 조절하여 주름을 표현할 수 있다.
- 여러번 덧발라 주름의 정도와 두께를 조절할 수 있다.
- 미세한 주름의 표현에 효과적이다.

4) 실리콘 분장법

- 얼굴에 본을 떠서 몰드를 제작하여 실리콘이나 핫폼으로 만든 후 부착하여 주름을 표현할 수 있다.
- 골격과 피부의 왜곡이 심하고 주름의 정도가 많은 경우 사용한다.

- 본을 뜬 모델 1인에게만 사용할 수 있다.
- 제작 비용이 비싸다.

(4) 노인 메이크업의 표현법

① 피부 표현
- 인물의 나이, 인종, 건강 상태, 생활 활등 등을 고려하여 섀딩 파운데이션을 이용하여 골격을 부각시켜주며 주름을 표현한다.
- 하이라이트와 섀딩을 적절히 사용하여 얼굴의 골격을 강조하는 피부 표현과 골격을 표현한다.
- 관자놀이와 볼 옆부분의 살을 빼주고 광대를 강조한다.
- 이마, 관자놀이, 아이홀, 눈밑주름, 팔자주름, 인중, 코볼, 볼, 늘어진 턱살을 갈색 펜슬과 섀딩 파운데이션으로 입체감을 표현한다.

② 색조 표현
- 눈썹은 연령에 맞게 백모를 표현하거나 하향형의 눈썹 표현을 할 수 있으며 입술은 혈색과 광택이 적은 것을 사용한다.
- 검버섯, 반점, 기미, 사마귀 등을 표현한다.

③ 흰머리 표현
- 연령의 정도나 백모의 위치에 따라 브러시나 솔을 이용하여 색을 묻혀 빗으며 백모를 표현한다.

Section 4. 수염 표현

- 수염의 형태에 맞게 그리거나 생사, 인조사 등을 스프리트 검으로 부착하여 노인의 캐릭터분장, 사극, 판타지물 등의 영화나 공연 등에서 쓰인다.

(1) 수염 분장의 종류

수염의 종류	특 징
그리는 수염	• 펜이나 붓으로 직접 그려서 표현하는 수염 • 정교함이 떨어지는 분장이므로 클로즈업 촬영이나 정교한 수염 분장으로는 많이 사용하지 않는다. • 빠른 시간에 많은 인원을 분장 할 수 있어 장거리 촬영 시나 엑스트라 등의 인물 분장 시 사용된다.
찍어내는 수염	• 기포가 큰 스펀지를 사용하여 색을 찍어 표현하는 수염 분장 • 스펀지를 찍는 부분이 뭉치지 않도록 주의해야 하며 짧은 수염 표현 시 사용된다. • 수염을 찍어 낸 후 파우더를 발라 형태와 색이 고정되도록 한다.
가루 수염	• 인모나 인조모를 1~2mm정도 짧게 잘라 피부에 눕지 않게 부착한다. • 수염 형태에 따라 접착제를 발라 털을 부착하는 방법이다.
생사/인조사 부착 수염	• 생사나 인조모 등을 부착하는 방법 • 수염의 길이와 형태, 컬의 모양 등을 조절할 수 있으며 털의 종류와 색을 다양하게 표현할 수 있다. • 작업 시마다 형태가 다르게 나올 수 있다.
망수염(뜬수염)	• 여러 번 재사용이 가능하여 작업 시간이 짧다. • 제작 비용이 비싸다. • 망에 수염을 한 가닥씩 떠서 제작한다.

(2) 수염의 소재

생사	• 누에고치에서 추출한 명주 비단실이다. • 염색이 가능하고 부드러우며 자연스럽다. • 물에 약한 편이고 유지력이 약하다.
인조사	• 화학섬유로 가발과 수염 제작에 사용된다. • 광택과 윤기가 있고 뻣뻣한 재질이며 모가 강한 편이다. • 다양한 길이로 작업이 가능하며 웨이브를 만들어 사용한다.
혼합사	• 생사와 인조사를 혼합하여 사용하므로 두 종류의 단점을 보완할 수 있어 효율적이다.

Section 5. 상처 메이크업

1 상처 표현

- 단순 상처, 멍, 뾰루지, 피부병, 칼자국, 동상, 화상 등의 피부 증상을 표현하는 특수 메이크업으로서 특수 재료를 덧붙여 표현하거나 피부와 연장시켜 표현을 할 수 있다.
- 상처의 경우 인조피(묽은피/굳은피)를 사용하여 생동감있는 상황 연출 메이크업이 가능하다.
- 상황이나 시간에 알맞은 상처의 진행 정도나 과정이 중요하므로 상처 발생 시간 설정 및 분장의 정도를 잘 고려하여 디자인 계획을 잡아야 한다.

(1) 상처 분장의 종류

상처의 종류	특 징
뾰루지/피부트러블	• 여드름, 종기, 버짐 등의 피부 내에서 자연적으로 생긴 트러블 • 부풀어 오르거나 고름을 동반한 경우 발생 시기에 따른 변화가 있다. • 트러블의 진행 과정을 고려하여 진물, 피, 흉터의 표현을 한다.
타박상(멍)	• 외부의 충격으로 인해 피부 조직 내 출혈로 생긴 상처 • 상처의 발생 시기에 맞게 색 조절과 부종의 상태를 고려한다. • 초기(붉은색) → 중기(보라, 적갈색) → 후기(노랑, 그린)의 과정으로 변화한다.
찰과상(긁힌 상처)	• 날카로운 도구 등에 의해 피부 표면에 긁혀서 생긴 상처
절상(베인 상처)	• 날이 있는 도구, 칼 등에 의해 피부 표면이 잘려서 생긴 상처 • 피부가 벌어지거나 혈관, 피부 조직을 잘리는 상처로 깊이에 따라 출혈 및 피부 조직을 표현한다. • 피의 종류(묽은피, 굳은피, 덩어리 피)를 사용하여 사실적인 표현을 한다.
화상(불에 탄 상처)	• 불에 그을리거나 타면서 생긴 상처 • 탄 정도에 따라 거스러미, 그을린 피부 조직 등을 표현한다. • 심한 화상의 경우 피부 속 조직의 표현, 피, 고름, 진물 등의 표현을 해준다. • 담뱃재, 콘푸레이크 조각, 라텍스액 등을 사용하여 상처 부위에 사용한다.

Chapter 9

핵심쏙쏙 예상문제

01 미디어 캐릭터 기획 시 고려해야 하는 사항이 아닌 것은?

① 미디어의 종류
② 연기자의 이미지
③ 연기자의 경력
④ 미디어의 제작 환경

해설 연기자의 경력을 고려 사항이 될 수 없다.

02 볼드캡 제작에 대한 설명이 잘못 된 것은?

① 두상 사이즈를 재고 두상 모형에 유성 펜슬 또는 콤비 펜슬로 헤어라인을 표시한다.
② 경계 부분은 여러 번 반복하여 두께를 두껍게 바른다.
③ 두상 모형에서 볼드캡을 떼어 낼 때 파우더를 충분히 발라 서로 엉겨 붙지 않도록 해준다.
④ 두상 모형에서 볼드캡을 분리시킬 시 목 뒷부분 가장자리에서부터 떼어낸다.

해설
- 경계선 부분은 두껍지 않게 얇게 조절하여 피부와의 경계를 자연스럽게 되도록 하며 바르고 말리는 과정을 6~8회 반복하여 작업한다.
- 목 뒷부분 가장자리부터 시작하여 분리시킨다.
- 분리 된 볼드캡 안쪽은 파우더를 발라 주어 서로 엉겨 붙지 않게 주의한다.
- 제작하려는 크기의 두상 사이즈를 재고 두상 모형에 유성 펜슬 또는 콤비 펜슬로 헤어라인을 표시한다.

03 상처 분장에 대한 설명이 올바른 것은?

① 피부 트러블 – 날카로운 도구 등에 의해 피부 표면에 긁혀서 생긴 상처
② 찰과상 – 여드름, 종기, 버짐 등의 피부 내에서 자연적으로 생긴 트러블
③ 화상 – 심한 화상의 경우 피부 속 조직의 표현, 피, 고름, 진물 등의 표현을 해 준다.
④ 타박상 – 피부가 벌어지거나 혈관, 피부 조직을 잘리는 상처로 깊이에 따라 출혈 및 피부 조직을 표현한다.

해설
- 찰과상(긁힌 상처) – 날카로운 도구 등에 의해 피부 표면에 긁혀서 생긴 상처
- 피부 트러블 – 여드름, 종기, 버짐 등의 피부내에서 자연적으로 생긴 트러블
- 절상(베인 상처) – 피부가 벌어지거나 혈관, 피부 조직을 잘리는 상처로 깊이에 따라 출혈 및 피부 조직을 표현한다.

04 다음 수염 분장의 종류와 망수염의 특징이 아닌 것은?

① 수염을 찍어 낸 후 파우더를 발라 형태와 색이 고정되도록 한다.
② 망에 수염을 한 가닥씩 떠서 제작한다.
③ 제작 기간이 오래 걸리고 비용이 비싸다.
④ 여러번 재사용이 가능하여 작업 시간이 짧다.

해설 수염을 찍어 낸 후 파우더를 발라 형태와 색이 고정하는 방법은 스폰지로 찍어내는 수염 분장이다.

01 ③ 02 ② 03 ③ 04 ①

05 수염 부착 시 접착제로 일반적으로 가장 많이 사용하는 것은?

① 라텍스 ② 글라짠
③ 스프리트 검 ④ 알코올

> 해설 피부에 사용하는 접착제로 수염 부착, 눈썹 커버, 볼드캡 부착 등에 가장 많이 사용되는 접착제이다.

06 노인 메이크업에 대한 설명으로 틀린 것은?

① 피부 베이스를 밝게 표현하여 혈색이 없고 깨끗한 피부로 연출한다.
② 피부 표면에 검버섯, 기미, 반점, 사마귀 등의 잡티를 표현한다.
③ 인물의 나이, 인종, 건강 상태, 생활 활동 등을 고려하여 섀딩 파운데이션을 이용하여 골격을 부각 시켜주며 주름을 표현한다.
④ 얼굴의 지방의 감소로 음영을 통한 신체의 변화를 표현한다.

> 해설 노인 메이크업은 일반 뷰티 메이크업에 비해 피부톤이 일정하게 만들어주거나 피부 결점과 잡티들을 컨실러로 커버하지 않아도 되며 베이스를 너무 화사하게 하거나 밝은 컬러의 파운데이션을 쓰지 않는다.

07 다음 중 스트레이트 메이크업에 대한 설명으로 옳은 것은?

① 피부 결점 커버, 피부톤 보정, 조명과의 반사 방지 등을 고려하여 기본 메이크업으로 표현한다.
② 눈은 음영을 강조하고 아이라인을 강하게 표현한다.
③ 골드, 실버의 컬러로 사이버틱하고 미래지향적인 이미지로 표현한다.
④ 글로시한 질감을 살려 수분감 있고 반짝이는 피부로 표현한다.

> 해설 스트레이트 메이크업
> • 방송 출연자의 기본 메이크업
> • 피부 결점 커버, 피부톤 보정, 조명과의 반사 방지 등을 위한 기본 메이크업

08 찍어내는 수염 표현에 대한 방법이 바르게 설명된 것은?

① 망에 수염을 한 가닥씩 떠서 제작한다.
② 기포가 큰 스폰지를 사용하여 색을 찍어 표현하는 수염 분장
③ 생사나 인조모 등을 부착하는 방법
④ 제작 비용이 비싸다.

> 해설 찍어내는 수염 방법
> • 기포가 큰 스폰지를 사용하여 색을 찍어 표현하는 수염 분장
> • 스폰지를 찍는 부분이 뭉치지 않도록 주의해야 하며 짧은 수염 표현 시 사용된다.
> • 수염을 찍어 낸 후 파우더를 발라 형태와 색이 고정되도록 한다.

09 수염의 종류와 설명이 바르게 연결된 것은?

① 생사 – 염색이 가능하고 부드러우며 자연스럽다.
② 인조사 – 광택과 윤기가 있고 뻣뻣한 재질이며 모가 강한 편이다.
③ 생사 – 누에고치에서 추출한 명주 비단실이다.
④ 인조사 – 물에 약한 편이고 유지력이 약하다.

> 해설 생사
> • 누에고치에서 추출한 명주 비단실이다.
> • 염색이 가능하고 부드러우며 자연스럽다.
> • 물에 약한 편이고 유지력이 약하다.
>
> 인조사
> • 화학섬유로 가발과 수염 제작에 사용된다.
> • 광택과 윤기가 있고 뻣뻣한 재질이며 모가 강한 편이다.
> • 다양한 길이로 작업이 가능하며 웨이브를 만들어 사용한다.

05 ③ 06 ① 07 ① 08 ② 09 ④

Chapter 10
무대공연 캐릭터 메이크업

Section 1. 작품 캐릭터 개발

1 공연 작품 분석 및 캐릭터 메이크업 디자인

(1) 작품의 구성 요소

1) 시나리오(대본) 분석
   ① 영화나 연극, 오페라, 뮤지컬 등의 작품을 위해 쓰인 각본으로 지문, 대화, 액션, 배경 등을 담고 있다.
   ② 시나리오를 파악하여 작가의 의도 및 시대 배경, 등장인물의 관계, 캐릭터의 성격 등을 분석하여 의상, 소품, 헤어, 메이크업을 디자인할 수 있다.

2) 캐릭터의 분석
   ① 극본이 요구하는 배역에 따른 인물상의 직업이나 지위·연령과 성격 등을 시각적으로 표현하기 위해 분석한다.
   ② 극장의 크기에 따른 관객과의 거리감과 조명과의 상관관계를 파악하여 명도와 채도의 강약을 조절하고 명암처리에 따른 입체감의 정도를 계산하여 시각적 결점을 보완하기 위한 작업이다.

3) 캐릭터 메이크업 디자인
   ① 얼굴의 특징

둥근 얼굴	귀여움, 부드러운
각진 얼굴	고집스러운, 강인한, 남성적인,
짧은 얼굴	어린, 동안의, 귀여운
긴 얼굴	성숙한, 나이든
창백한 얼굴	병약한, 깨끗한
까만 얼굴	건강한, 촌스러운

② 눈썹의 특징

상향형 눈썹	강인한, 활동적, 화난, 악당의, 날카로운
수평형 눈썹	온화한, 무덤덤한, 잔잔한
하향형 눈썹	바보스러운, 우스꽝스러운, 우울한
두꺼운 눈썹	강인한, 남성적인, 적극적인, 힘쎈
가는 눈썹	연약한, 섬세한, 날카로운
짧은 눈썹	어린, 명랑한
둥근 눈썹	여성스러운, 부드러운
각진 눈썹	강한, 딱딱한

③ 코의 특징

낮은 코	둔한, 소심한
높은 코	도도한, 강한, 공격적인
매부리코	예민한, 날카로운, 악당의, 신경질적인

④ 입술의 특징

얇은 입술	냉정, 약한, 예민한
두꺼운 입술	풍부한, 활동적
올라간 입술	밝은, 명랑한
처진 입술	우울한, 비관적인, 고집있는, 근엄한
큰입술	활동적, 생활력
작은 입술	소심한, 이기적

Section 2. 무대공연 캐릭터 메이크업

(1) 무대의 종류

소극장	• 200석 이하의 관객석의 작은 무대 • 관객과 무대의 거리가 가까우므로 지나치게 강한 메이크업은 하지 않도록 한다. • 무대의 조명 상태를 고려한 기본톤의 메이크업으로 표현
중극장	• 200~1000석 이하의 무대 • 명암 표현과 이목구비를 강조한 일반 분장
대극장	• 1000석 이상의 대형 무대 • 스크린이 설치된 무대의 경우는 너무 강한 메이크업을 하지 않으며 중극장 정도의 분장톤으로 명암을 조절한다. • 스크린이 없는 대극장의 경우 얼굴 윤각 수정 및 주름표현, 표정 근육의 표현 등을 진하게 메이크업 한다.
야외 무대	• 자연광의 영향을 받으므로 얼굴 윤곽의 음영이나 색조의 표현 등을 강하게 표현한다.

(2) 무대공연 캐릭터 메이크업 표현

1) 무대 공연 메이크업 중 유의사항

① 캐릭터별 메이크업 시안 및 계획표 확인
② 각 캐릭터별 사용제품, 수염, 가발, 소품 등을 확인
③ 공연 중 메이크업 체인지 사항 확인
④ 메이크업 수정이 필요한지 공연 중 체크
⑤ 공연 종료 후 속눈썹은 클렌징하여 캐릭터와 배우명을 표기하여 보관해야 함
⑥ 공연 시작 전 파우더로 유분 정돈 및 립 메이크업을 확인

Chapter 10

핵심쏙쏙 예상문제

01 캐릭터 메이크업의 분석과 디자인 과정에서 얼굴 형태에 따른 이미지가 틀린 것은?
① 각진 얼굴은 강인하고 여성적인 이미지를 준다.
② 짧은 얼굴은 동안의 귀여운 이미지를 나타낸다.
③ 긴 얼굴형은 성숙하고 나이든 이미지를 나타낸다.
④ 둥근 얼굴은 귀엽고 부드러운 이미지를 준다.

해설 각진 얼굴은 강인하고 남성적인 이미지를 준다.

02 다음 중 소극장의 공연 메이크업에 대한 설명이 아닌 것은?
① 무대의 조명 상태를 고려한 기본톤의 메이크업으로 표현
② 200석 이하의 관객석의 작은 무대
③ 지나치게 강한 메이크업은 하지 않도록 함
④ 스크린이 설치되어 있어 명암과 이목구비를 살린 기본 분장을 한다.

해설 소극장
• 200석 이하의 관객석의 작은 무대
• 관객과 무대의 거리가 가까우므로 지나치게 강한 메이크업은 하지 않도록 한다.
• 무대의 조명 상태를 고려한 기본톤의 메이크업으로 표현
• 소극장의 경우 스크린이 설치 되어 있지 않다.

03 무대 공연을 위한 캐릭터 디자인으로 고려되는 사항이 아닌 것은?
① 공연장의 규모
② 배우의 성격
③ 시대배경
④ 조명과의 상관 관계

해설 배우의 성격은 고려 사항이 될 수 없다.

04 무대 공연 메이크업 시 유의 사항으로 알맞지 않는 것은?
① 공연 중 메이크업 체인지나 퀵체인지 사항이 있는지 확인한다.
② 공연 종료 후 속눈썹은 클렌징하여 배우에게 보관 하도록 한다.
③ 공연 시작 전 얼굴 유분 정돈 및 입술 메이크업을 체크하고 수정한다.
④ 캐릭터별 메이크업 시안 및 계획표 확인하여 준비한다.

해설 공연 종료 후 속눈썹은 클렌징하여 캐릭터와 배우명을 표기하여 시술자가 보관하도록 한다.

05 무대의 조명이 그린톤일 때 색으로 갈색으로 보이게 되는 색조는?
① 옐로우 계열 색조
② 퍼플 계열 색조
③ 오렌지 계열 색조
④ 레드 계열 색조

해설 오렌지색 섀도의 경우 그린톤의 조명에서 보면 갈색으로 느껴진다.

01 ① 02 ④ 03 ② 04 ② 05 ③

PART 4

공중위생관리

Chapter 1. 공중보건

Section 1. 공중보건 기초

1. 공중보건학의 개념

(1) 공중보건학의 정의
보건이란 전국민 지역사회를 대상으로 개인 및 가족의 건강을 유지·증진 시키고 육체적 정신적 효율을 증진시키는 기술이며 과학이다.

> **Tip** 윈슬로(C.E.A Winslow)는 공중보건학을 "조직된 지역사회의 노력을 통하여 질병을 예방하고 수명을 연장하며 건강과 효율을 증진시키는 기술이며 과학이다"라고 정의하였다.

(2) 공중보건의 주체(대상)
개인이 아닌 국가, 공공단체 및 조직화된 지역사회 전체 주민

(3) 공중보건학의 3대 목적
① 질병예방
② 수명연장
③ 신체적·정신적 건강 및 효율증진

> **Tip** 공중 보건사업의 대상 : 개인이 아닌 지역 사회 주민이며, 공중 보건 사업을 수행하기 위해서는 보건 교육을 통한 접근 방법이 가장 중요하다.

(4) 공중보건학의 범위

환경보건분야	환경위생, 식품위생, 환경보건, 공해 및 산업환경
질병관리분야	감염병 및 비감염성관리, 역학, 기생충 질병관리, 성인병관리
보건관리분야	보건행정, 보건영양, 인구 및 가족보건, 학교보건, 사고관리, 정신보건, 가족계획, 의료보장제도

(5) 공중보건 3대 수행요소
① 보건교육
② 보건행정
③ 보건관계법규

(6) 공중보건수준평가표
① 종합건강지표 : 조사망률, 비례사망지수, 평균수명
② 보건수준 3대 평가지표 : **영아사망률(대표적 지표)**, 비례사망지수, 평균수명

2 건강과 질병

(1) 건강의 정의
질병이 없을 뿐 아니라 허약하지 않고 육체적·정신적·사회적으로 안녕한 상태이다.

> **Tip** 세계보건기구(WHO, World Health Organization, 1948)는 "건강이란 질병이 없거나 허약하지 않을 뿐만 아니라 육체적·정신적·사회적 및 영적 안녕이 역동적이며 완전한 상태를 말한다"라고 정의한다.

(2) 건강의 3요소
환경, 유전, 개인의 행동 및 생활습관

(3) 질병 발생원인의 3대 요소

1) 숙주
인간과 같이 영양소를 갖고 있어 병원체의 영양공급체가 되는 것을 숙주라 한다. 인간의 유전적 요인, 후천적 요인, 성별, 인종, 연령 및 직업, 생활습관 등이 관여한다.

2) 병인
질병을 일으키는 병인, 즉 병의 원인으로 생물학적인 요인, 물리적 요인, 화학적 요인이 있다.

3) 환경
인간이 살아가고 있는 환경으로, 환경은 숙주와 질병의 다리역할을 한다.

병인(병원체)	• 생물학적 병인 : 곰팡이, 기생충, 세균, 박테리아 등 감염성 병원체 • 물리적 병인 : 화상, 동상, 이상기압, 자외선, 수질, 기온 • 화학적 병인 : 오존, 일산화탄소, 화학약품, 중금속, 영양 과잉 또는 결핍 등 • 유전적 병인 : 고혈압, 당뇨
숙주	성별, 인종, 연령 및 직업, 생활습관, 유전적(선천적)·후천적 요인
환경	• 물리적·화학적 환경 : 지리적, 기상학적 환경 • 생물학적 환경 : 병원소, 중간숙주(식품, 감염성 질병의 매개체) • 사회·경제적 환경 : 경제수준, 교육수준, 보건의료시설, 문화, 직업

(4) 질병 예방의 3단계

1) 1차적 예방
신체와 정신의 기능을 최대한 발휘하기 위하여 소극적·적극적 예방활동을 수행하는 진정한 의미의 예방

2) 2차적 예방
건강검진 등을 통하여 조기진단 및 치료를 할 수 있고, 발병 시에는 적절한 치료를 하여 질병의 진전을 억제하는 활동

3) 3차적 예방
당뇨병과 같은 만성질환자의 경우 합병증을 예방하기 위한 교육 등 질병의 악화를 방지하기 위한 치료와 장애를 최소화하기 위한 단계

4) 질병 발생과 예방대책 단계

단계	내용	초기병원성기
1단계 (비병원성기)	• 질병의 과정 : 병원체(병인), 숙주, 환경이 상호작용 • 예비적 조치 : 환경개선, 건강증진, 생활조건 개선	1차적 예방 (질병발생의 억제)
2단계 (초기병원기)	• 질병의 과정 : 병원체(병인)의 자극적 형성 • 예비적 조치 : 예방접종, 특수예방	
3단계 (불현성감염기)	• 질병의 과정 : 병원체 자극에 대한 숙주의 반응, 초기의 병적 변화 • 예비적 조치 : 조기진단, 집단검진	2차적 예방 (조기발견과 조기치료)
4단계 (발현성질환기)	• 질병의 과정 : 질병 • 예비적 조치 : 조기치료	3차적 예방 (재활 및 사회복구)
5단계 (회복기)	• 질병의 과정 : 회복, 불구 또는 사망 • 예비적 조치 : 재활	

3 인구보건 및 보건지표

(1) 인구와 보건

1) 인구(Population)의 개념
① 인구란 '일정한 특정시간에 일정한 지역에 거주하고 있는 사람의 집단'으로 정의된다.
② 인구는 시공공동체(時空共同體)로서 시간 및 공간이 결합되어 있다.
③ 인종은 인구집단을 혈연적·생물학적 관점에서 본 유전공동체이고 민족은 문화적 관점에서 본 정신적·문화적 공동체이며, 국민은 법적인 관점에서 본 국적 공동체이다.
④ 인구는 출생, 사망, 그리고 이동이라는 3요소에 의하여 변하는데 이를 인구변수라 한다.

2) 인구론의 발전
인구론이란 인구에 관한 과학적인 연구를 의미함으로써 인구학과 인구분석학적 연구를 뜻한다.

① 맬서스주의(Malthsism)
  인구 억제의 필요성을 제시하며 인구의 증가를 식량과 연관시켜 다음의 세 가지 원리로 요약하였다.
  - 규제의 원리 : 인구는 반드시 생존자료인 식량에 의하여 필연적으로 규제된다.
  - 증식의 원리 : 인구는 특별한 장애요인이 없는 한 식량이 증가하면 인구도 증가한다.
  - 파동의 원리 : 인구는 증식과 규제의 상호작용에 의하여 균형에서 불균형으로, 불균형에서 균형으로 주기적으로 반복한다.

  맬서스는 인구 증가의 적극적 억제는 인구의 증가에 따라 생기는 죄악, 빈곤, 조기사망, 전쟁과 같은 환경에 의하여 인구가 강력히 억제되는 것이고, 예방적 억제는 만혼, 결혼 억제, 금욕 등 미연에 인구 증가를 방지하는 도덕적 억제라고 주장하였다. 그러나 맬서스주의는 식량의 구매력과 기술력의 발전 등을 생각하지 못하였고 인구억제정책을 오직 식량에만 국한시켰다는 비판을 받고 있다.

> **Tip** 맬서스는 '기아는 신의 섭리이다. 인구는 기하급수적으로 증가하고 식량은 산술적으로 증가한다'라고 주장하였다.

② 신맬서스주의(Neo-Malthusism)
  맬서스주의의 만혼, 금욕 및 성적 순결은 현실적인 성욕의 억제가 어렵다고 판단되어 피임법을 주장하였고 이는 출산율을 감소시켰다.

③ 적정인구론(Optimum Population Theory)

적정인구란 인구와 자원과의 관련성을 근거로 한 이론으로, 최고의 생활수준이 주어질 때 실질소득을 최대로 할 수 있다는 주장이다.

④ 안정인구론(Stable Population Theory)

인구 이동이 없는 폐쇄인구에서 어느 지역의 성별, 연령별 사망률과 출생률이 변하지 않고 오랫동안 지속되면 인구 구조가 고정되고, 인구 규모도 일정하게 된다는 주장이다. 이는 현대 인구분석학의 기초가 된다.

3) 인구의 구성

① 성별 구성

성비는 여자 100명에 대한 남자의 인구비를 나타난다. 1차 성비는 태아의 성비, 2차 성비는 출생 시의 성비, 3차 성비는 현재 인구의 성비이다.

> **Tip** 성비 = $\dfrac{\text{남자의 수}}{\text{여자의 수}} \times 100$

② 연령별 구성

연령별 인구구성은 영아인구, 소년인구, 생산인구, 노년인구 등으로 구분한다. 이는 산업의 방향 및 확대 정도, 아동 및 노인복지, 고용문제 등 사회·경제적으로 큰 의미가 있다.

③ 인구구조의 형태

인구구조 중 성별 및 연령별 구성을 그래프로 표시하여 남자는 왼쪽, 여자는 오른쪽으로 하고, 5세 간격으로 가로축에는 수량을, 세로축에는 연령을 나타낸다.

분류	특징
피라미드형 (Pyramid form)	• 출생률이 높고 사망률이 낮은 인구증가 잠재력을 가진 유형으로 **인구증가형**이다. • 15세 미만 인구가 64세 초과 인구의 2배 이상이 되고 **후진국** 및 개발도상국에 많은 유형이다.
종형 (Bell form)	• 출생률과 사망률이 낮아 인구증가가 정지되는 **인구정지형으로 이상적인 형태**이다. • 15세 미만 인구가 64세 초과 인구의 2배 정도로 선진국이 이에 해당된다.
항아리형 (Pot form)	• 출생률이 사망률보다 낮은 **인구감소형**이다. • 15세 미만 인구가 64세 초과 인구의 2배 이하로 평균수명이 높은 일부선진국에 나타나며 국가 경쟁력 약화가 우려된다.
별형 (Star form)	• 15~49세 생산연령층이 전체 인구의 50% 이상으로 젊은 생산연령층이 많이 모여드는 도시형이다. • 대도시, 위성도시, 신흥 공업도시 등에 나타난다. (인구유입형)
표주박형 (Guitar form)	• 15~49세 생산연령층이 전체 인구의 50% 미만으로 **농어촌형, 인구유출형**이다. • 노동력 부족 현상이 나타난다.

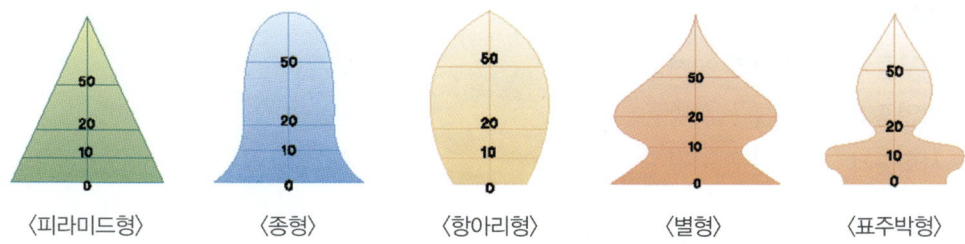

<피라미드형>   <종형>   <항아리형>   <별형>   <표주박형>

4) 인구조사

① 인구정태(State of Population)
일정 지역의 인구는 출생, 사망, 전입, 전출 등 여러 요인에 의하여 끊임없이 변동된다. 일정 시점에 있어서 일정 지역의 인구 크기를 자연적(성별, 연령별), 사회적(국적별, 학력별, 가족관계법), 경제적(직업별, 산업별) 구조에 따라 연구한 인구 상태의 통계이다. 국세조사는 일종의 정태통계로, 인구의 크기, 인구밀도, 인구구조 등이 인구정태통계이다.

② 인구동태(Movement of Population)
어느 일정 기간에 있어서의 인구 변동사항을 인구동태라 한다. 인구동태통계란 출생과 사망, 전입과 전출, 결혼과 이혼, 이민 등 각종 신고자료를 기초로 하여 만들어진 것으로 출생통계, 사망통계가 이에 포함되며 상부지 조사와 발생지 조사 방법이 있다.

③ 국세조사(National Census)
국정의 기본정책의 자료를 마련하기 위하여 **5년마다** 실시하는 조사로서 방법으로는 현재인구조사와 상주인구조사가 있다.

5) 인구문제

인구의 사회적 변화에 의해 발생하는 인구의 양적·질적 불균형 문제 등 사람의 생존에 필요한 균형이 파괴됨으로써 발생되는 문제를 인구문제라 한다.

문 제	특 징
경제발전	인구성장과 경제발전은 서로 상호간 긴밀한 관계이다. 개발도상국의 인구증가는 자본과 자원의 부족을 초래하며 이는 완전고용을 저해함으로써 경제성장을 어렵게 한다.
자원부족	인구증가는 자연적으로 자원의 소비를 촉진시켜 제한된 자원의 부족을 야기한다.
기아	개발도상국은 선진국에 비하여 식량이 심각하게 부족하다. 이는 농경지 및 농업용수의 부족 등으로 발생된다.
환경오염	인구증가로 인하여 자원의 소비에 따른 폐기물의 증가가 늘어났고, 이는 지구 생태계가 수용할 수 있는 폐기물을 넘어섰으므로 현재 생태계의 파괴가 진행되고 있다.
공중보건	개발도상국의 인구증가로 인하여 부족한 공중보건시설 및 의료물품, 식량부족, 기아, 영양실조는 질병의 전염과 사망률을 높이는 심각한 문제로 나타나고 있다.

6) 인구증가

① 인구증가 : 자연증가 + 사회증가

② 자연증가 : 출생률 – 사망률

③ 사회증가 : 전입인구 – 전출인구

> **Tip** 인구의 양적 증가로 인한 문제
> - 3P : 인구, 오염, 빈곤(Population, Pollution, Poverty)
> - 3M : 영양실조, 질병증가, 사망증가(Malnutrition, Morbidity, Mortality)

7) 인구통계

① 조출생률
- 한 국가의 출생수준을 나타낸다.

> **Tip** 조출 생률 = $\frac{1년간 태어난 출생아 수}{당해 연도 총인구} \times 1,000$

② 일반출생률

가임 여성(15세~49세) 1,000명당 출생률이다.

(2) 보건지표

1) 보건지표의 의미

인간의 건강상태뿐만 아니라 이와 관련된 제반사항, 즉 보건정책, 보건의료제도, 보건의료자원, 자연환경, 인구규모와 구조, 국민의 보건에 대한 의식과 가치관 등에 대한 전반적인 수준이나 특성을 나타내는 척도이다.

2) 보건지표의 목적

① 한 지역사회의 건강상태 및 보건실태를 측정한다.

② 보건정책 결정 및 이와 관련된 의사결정 시 필요한 자료를 제공한다.

③ 보건향상을 위한 사회적 변동을 유도 및 통제한다.

④ 보건의료정보조직을 개발 및 활용한다.

3) 보건지표의 조건

이용가능성(Availability)	주기적으로 생산되어 쉽게 이용이 가능해야 한다.
일반화(Universality)	모든 인구집단에 적용이 가능해야 하며, 특정 집단인 경우 별도 표시를 해야 한다.
수용성(Acceptance)	개발방법이 타당하여 결과를 받아들일 수 있어야 한다.
재현성(Reproducibility)	동일한 대상을 동일한 방법으로 측정 시 동일한 결과가 나와야 한다.
특이성(Specificity)	측정하고자 하는 현상만을 반영하여야 한다.
민감성(Sensitivity)	측정하고자 하는 현상의 변화 정도(크기)를 나타낼 수 있어야 한다.
정확성(Validity)	측정하고자 하는 현상을 정확히 나타내어야 한다.

4) 보건지표의 생산항목

보건지표	건강지표	비례사망지수, 평균수명, 조사망률 등
	보건의료서비스지표	의료 인력과 시설, 보건정책지표 등
	사회·경제지표	인구증가율, 국민소득, 주거상태 등

5) ★건강지표

세계보건기구(WHO)에서 제시한 개인·가족·지역사회 또는 인구단위의 건강수준이나 특성을 나타내는 수량적 지표로서 다소 축소된 한계적인 개념이다. 건강지표는 **보통사망률(조사망률)★, 비례사망지수, 평균수명**을 제시하고 있다.

(3) 보건지표의 종류

1) **보통사망률(CDR, Crude Death Rate, 조사망률)**
   ① 정해진 인구집단을 대상으로 한 연간의 사망자수이며 인구 1,000명당 1년 동안 발생한 사망 수로 표시되는 비율이다.
   ② 영안인구는 주민등록에 등록되어 있는 인구를 말한다.

$$\text{보통사망률(조사망률)} = \frac{\text{1년간 총 사망자수}}{\text{영안인구}} \times 1,000$$

2) 영아사망률(Infantmortality Rate)

① 영아란 생후 1년 미만의 아이를 말하며, 영아사망률은 세계보건기구가 국가 간 보건수준의 비교에는 사용하지 않는 지표이지만, 여성과 아동건강의 척도가 된다.
② 영아사망률이 감소한다는 것은 사회, 경제, 생물학적 보건 수준이 향상되어 선진국임을 뜻한다.

$$영아사망률 = \frac{생후\ 1년\ 미만의\ 영아\ 사망수}{같은\ 해의\ 연간\ 출생수} \times 1,000$$

3) 비례사망지수(PMI, Proportional Mortality Indicator)

① 연간 총 사망자 수 중 50세 이상의 사망자수가 차지하는 구성비율이다. 이 지표는 평균 수명이나 보통사망률의 보정지표가 된다.
② 비례사망지수가 높을수록 건강수준은 좋다는 것을 나타내는 반면에, 비례사망지수가 낮으면 영아사망률이 높다는 것을 의미하므로 건강수준이 낮은 것을 의미한다.

$$비례사망지수 = \frac{50세\ 이상의\ 사망자수}{총\ 사망자수} \times 1,000$$

4) 평균수명(Expectation of Life)

① 평균수명이란 어떤 연령의 사람이 평균적으로 몇 년 살 수 있는가의 기댓값으로, 생명표상에 나타난 출생 시의 평균여명을 의미한다.
② 비교지표로써 중요한 가치를 지닌다.

> Tip
> - 조사망률 : 인구 1,000명당 1년간 사망자 수
> - 영아사망률 : 생후 1년간 사망한 영아의 사망률로 한 국가의 보건수준을 나타내는 지표
> - 비례사망지수 : 총 사망자수에 대한 50세 이상의 사망자 수를 백분율한 지수로 한 국가의 건강수준을 나타내는 지표

Section 2. 질병관리

1 역학과 질병의 발생단계

(1) 역학

1) 역학의 유래
역학(Epidemiology)은 Epi(up on) + demos(People) + ology(Study)의 합성어로서, 'Study up on the People'의 의미를 지닌다. 유행병(Epidermic)은 히포크라테스(Hippocrates, B.C.460~377)의 저서 〈Epidemic〉에서 유행병의 집단발생 현상을 기술하며 유래되었다.

2) 역학의 정의
① 역학이란 인구집단에서의 질병 혹은 전염병에 관하여 연구하는 학문이다.
② 인간집단을 대상으로 하여 질병의 발생과 존재하는 질병의 분포를 관찰하고, 그와 관련된 요인을 규명하여 그 질병의 관리와 예방을 목적으로 하는 학문이다.

맥마흔(Macmahon)	역학은 인간집단에서 발생하는 질병빈도의 분포와 이들의 결정요인에 관한 연구이다.
고든(John Gorden)	역학은 인간집단 내의 분포와 이들의 결정요인에 관한 연구이다.
앤더스(Anderson)	역학은 질병 발생을 연구하는 과학이다.
프로스트(Frost)	역학은 질병의 자연사에 관한 과학을 연구하는 학문이다.
김일순	역학은 인간사회집단을 대상으로 그 속에서 질병의 발생, 분포 및 경향과 양상을 명백히 하고 그 원인을 탐구하는 학문이다.

3) 역학의 목적
인간집단을 대상으로 질병의 발생이나 분포를 관찰하고, 그 원인을 규명함으로써 그 질병에 대한 관리와 예방대책을 강구할 수 있도록 하는 데에 목적이 있다고 할 수 있다.

4) 역학의 범위
① 전염성질환과 비전염성질환을 모두 포함한다.
② 생활수준 향상 및 의학 발전으로 인한 노인인구 증가로 야기된 만성 퇴행성질환, 대사성 질환 및 악성 신생물에 의한 질환을 중심으로 한 역학적 연구도 진행한다.

5) 역학의 역할
① 질병 발생의 원인규명 역할
② 지역사회의 질병발생 및 유행상태의 감시 역할
③ 보건의료 기획과 평가자료 제공 역할

④ 임상분야에 대한 역할
⑤ 보건사업의 효과 파악

6) 역학의 기본요인 : 질병 발생의 3요소

병인	질병 발생의 직접적인 원인이 되는 요소	• 생물학적 요인 : 감염병의 병원체로서 매우 중요하며 박테리아, 바이러스, 리케차, 곰팡이, 기생충 등 • **물리적 요인** : 열과 관련된 화상 및 동상, 기압변화에 의한 잠함병 또는 고산병, 방사선에 의한 백혈병과 암, 물리적 힘에 의한 외상, 소음 및 진동에 의한 병인 등 • 화학적 요인 : 피부에 영향을 미치는 강산 및 강알칼리, 유독가스, 항생물질, 중금속, 독극물 등 • **사회적 요인** : 환경오염에 의한 공해, 산업재해로 인한 직업성 질환, 의료행위의 부작용으로 인한 외인성 질환 • 영양소 : 영양소의 결핍 또는 과잉으로 인한 비만증, 당뇨병, 심장병 등
숙주	병원체가 기생할 수 있는 매체로 질병 발생에 영향을 주는 요소	• 인적 요인 : 연령, 성별, 직업, 결혼상태 등 사회경제적인 상태 • 신체적 요인 : 해부학적 구조와 생리적 변화 • 정신적 요인 : 정신적 스트레스로 인한 질병, 스트레스성 마비 및 질병 유발 등 • 유전적 요인
환경	숙주를 둘러싼 모든 것	• 생물학적 환경 : 병원소, 활성전파체인 매개곤충 등 • 물리·화학적 환경 : 계절의 변화, 기후 등 • 사회적 환경 : 직업, 인구밀도, 풍습, 경제활동 등

7) 질병 발생 모형

① 역학적 삼각형 모형(3대 요인설)

질병 발생의 역학적 모형 중 가장 보편적으로 인정되고 있는 모형이다.

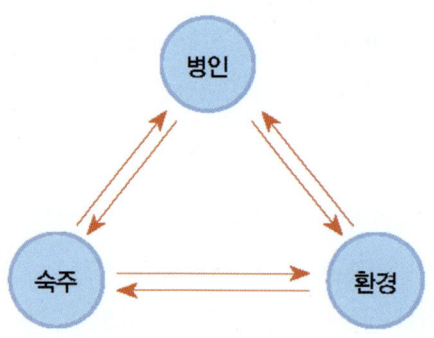

② 수레바퀴 모형

역학적 분석에 유용한 특성과 숙주 및 환경요인의 분리묘사를 강조하는 장점이 있다.

③ 원인망 모형(거미줄 모형설)

질병의 발생은 한 가지 원인이 아니라 질병 발생에 관련되는 모든 요소가 연결되어 발생하며, 비전염성 질환의 발생을 이해하는 데에 유리한 장점이 있다.

8) 역학 조사방법

질병의 원인 및 발생에 관계되는 병인, 숙주, 환경의 세 가지 요소간의 관계를 연구하는 방법이다.

① 기술역학의 의의

인구집단에서 질병 발생과 관계되는 인적, 시간적, 지역적 변수를 기술하고 양상을 비교 분석하여 질병 발생의 원인에 대한 가설을 얻기 위하여 시행되는 제1단계 역학적 연구방법이다.

> **Tip** 역학의 4대 현상
> - 생물학적 현상
> - 시간적 현상
> - 지역적 현상
> - 사회적 현상

② 분석역학의 의의

기술역학의 관찰을 통해 얻은 결과를 바탕으로 질병 발생에 대한 가설을 규명하려는 제2단계 역학적 연구방법이다.

③ 실험역학의 의의

사람을 직접 대상으로 하는 실험연구로서 효과적인 질병 예방법과 진단법 및 치료방법을 개발하기 위한 연구이다.

실험적 방법		지역사회실험과 임상실험
관찰적 방법	기술역학	인적 변수 : 연령, 성별, 인종, 결혼, 경제적 상태, 직업, 가족상태
		사회적 변수
		지역적 변수 : 국가 또는 지역사회의 특성
		시간적 변수 : 질병 유행의 주기적·계절적 변화
	분석역학	단면적 연구 : 원인요소와 질병을 동시 조사하여 관련성을 조사하는 방법(상관관계연구)
		환자-대조군 연구 : 환자군과 대조군의 질병원인과 관계를 비교·분석하는 방법
		코호트 연구 : 동일한 속성을 가진 인구집단에서 질병원인의 노출 집단과 비노출집단을 추적 및 관찰하는 방법

(2) 감염병 관리

1) 감염병의 정의

① 감염병이란 감수성이 있는 사람(숙주, host)이 병원체에 감염되어 짧은 시간에 많은 사람에게 발병하는 질병을 말한다.

② 사람에서 사람으로 전파되거나 공기, 동물, 곤충, 음식물 등의 매개물을 통해 전파 된다.

2) 감염병 유행의 3대 요인

감염원	감염병의 병원체를 내포하고 있어 감수성 숙주에게 병원체를 전파시킬 수 있는 근원이 되는 모든 것을 의미한다.
감염경로	감염원으로부터 감수성 숙주에게 병원체가 운반되는 과정을 뜻한다.
감수성 숙주	저항력에 상대되는 의미로, 저항력이 높으면 감수성이 낮고 저항력이 낮으면 감수성이 높다. 즉, 감수성이 높으면 질병 감염에 취약하다.

3) 감염성 질병의 생성과정

병원체 → 병원소 → 병원소로부터 병원체의 탈출 → 새로운 숙주에 침입 → 숙주의 감염(감수성, 면역)

Tip	질병 발생의 3대 요소	감염성 질병 유행의 6대 요소
	병인	• 병원체 • 병원소
	환경	• 병원소로부터 병원체의 탈출 • 병원체의 전파 • 새로운 숙주에 침입
	숙주	숙주의 감염(감수성, 면역)

2 병원체 및 병원소

(1) 병원체

1) 세균(Bacteria)
① 적정한 온도와 습도 유지 시 급속히 증가한다.
② 콜레라, 결핵, 백일해, 장티푸스, 디프테리아, 나병 등

호흡기계	폐렴, 디프테리아, 결핵, 백일해, 나병, 수막구균성수막염
소화기계	세균성 이질, 파상열, 장티푸스, 콜레라, 파라티푸스
피부점막계	매독, 임질, 파상풍, 페스트

2) 바이러스(Virus)
① 살아있는 세포 내에 기생한다.
② AIDS, 소아마비, 인플루엔자, 홍역, 일본뇌염, 광견병, 유행성 간염 등

호흡기계	인플루엔자, 홍역, 유행성 이하선염
소화기계	소아마비, 폴리오, 유행성 간염
피부점막계	황열, 공수병, 일본뇌염, 후천성면역결핍증(AIDS)

3) 리케차(Rickettsia)
① 세균과 바이러스의 중간 크기로 세포 안에서만 기생한다.
② 발진티푸스, 발진열, 쯔쯔가무시병 등

4) 기생충(Parasite)
① 동물성 기생체로 육안으로 식별이 가능하다.
② 말라리아, 이질, 사상충, 회충, 십이지장충, 구충 등

5) 진균
칸디다증, 백선 등

6) 클라미디아
트라코마, 앵무새병 등

7) 곰팡이
캔디디아시스, 스포로티코시스 등

8) 수인성 감염
콜레라, 장티푸스, 이질, A형 간염, 소아마비, 파라티푸스 등

(2) 병원소

병원소	인간 병원소	환자	• 현성감염자(스스로 질병을 인지) : 유증상자 • 불현성감염자(자각불인지) : 무증상자이며 장티푸스, 콜레라 등
		보균자	• 건강보균자 : 증상 없이 병원균만 배출하며 격리가 어렵고, **활동영역이 넓어 색출이 어려움** • 잠복기보균자 : 임상증상 전 잠복기간 중 병원체를 배출하는 호흡기 감염성 질병, 홍역, 백일해 등 • 회복기보균자 : 임상증상 소실 후에도 병원체를 배출하며 소화기계 감염병, 세균성 이질 등 • 만성보균자 : 증상 없이 병원체를 오랫동안 보유하는 장티푸스, 만성 B형간염, 장티푸스 등
	동물 병원소 : 동물이 병원체 보유(개, 소, 말, 돼지)		
	토양 병원소 : 진균류와 파상풍, 오염된 토양		

1) 병원소로부터 병원체의 탈출
호흡기, 소화기, 비뇨생식기 계통으로의 탈출, 개방 상처로의 직접 탈출, 기계적 탈출이 있다.

2) 병원체의 전파
① 직접전파 : 병원체가 매개체 없이 직접 새로운 숙주에 전파하는 **탄저, 파상풍, 사상균, 구충증**이 있다.

② 간접전파 : 병원체가 중간 역할을 하는 매개체를 통해 전파된다.

3) 새로운 숙주에 침입

4) 숙주의 감염(감수성, 면역)
병원체가 침입하여도 숙주의 감수성과 면역력에 따라 전염병 발병이 결정된다.

3 면역 및 감염병 접종시기

(1) 능동면역
몸 속에 면역성 항체가 만들어져 지속적으로 효력을 가진다.

(2) 수동면역
면역 혈청을 통해 이를 사람에게 접종 및 주사하여 형성되는 면역이다.

	선천면역	종속(종별), 종족(인종), 개인특이성	
면역	후천면역 : 전염병 이완, 예방접종 후 형성	능동면역 : 숙주 스스로가 면역체 형성	자연능동면역
			인공능동면역 : 백신 등 예방접종
		수동면역 : 다른 숙주에 의하여 형성된 면역체	자연수동면역 : 태반, 수유
			인공수동면역 : 면역글로불린 등 항체를 얻어 예방 또는 경감시키거나 치료하는 주사

(3) 자연능동면역 ★

1) 영구면역

장티푸스, 콜레라, 페스트, 홍역, 백일해, 발진티푸스 등

2) 일시면역

폐렴, 세균성 이질, 인플루엔자 등

(4) 인공능동면역 ★
1) 생균백신 ★

결핵, 홍역, 폴리오

2) 사균백신

콜레라, 장티푸스, 백일해, 폴리오

> **Tip** DPT 접종
> 디프테리아(Diphtheria), 백일해(Pertussis), 파상풍(Tetanus) 예방접종 3종의 약자

(5) 감염병 접종 시기

감염병	접종시기
B형 간염	• HBsAg 양성의 경우 : 생후 12시간 • HBsAg 음성의 경우 : 생후 1~2개월
결핵	생후 1개월 이내
백일해 디프테리아 폴리오 파상풍 폐렴구균	• 1차접종 : 생후 2개월 • 2차접종 : 생후 4개월 • 3차접종 : 생후 6개월
풍진 홍역 유행성이하선염	• 1차접종 : 생후 12~15개월 • 2차접종 : 만 4~6세
일본뇌염	생후 12~24개월
수두	생후 12~15개월

4 검역

(1) 대상

감염병이 유행하는 지역을 방문하였거나 또는 입국하는 사람 및 수입되는 동·식물 등

(2) 감염병 감시기간

① 콜레라 : 5일
② 황열, 페스트 : 6일
③ 조류인플루엔자, 중증급성호흡기증후군(SARS) : 10일

5 법정감염병의 관리

제1급 감염병	• 생물테러 감염병 또는 치명률이 높거나 집단 발생의 우려가 커서 음압격리와 같은 높은 수준의 격리가 필요한 감염병 • 질병 : 에볼라바이러스병, 마버그열, 라싸열, 크리미안콩고출혈열, 남아메리카출혈열, 리프트밸리열, 두창, 페스트, 탄저, 보툴리눔독소증, 야토병, 신종감염병증후군, 중증급성호흡기증후군(SARS), 중동호흡기증후군(MERS), 동물인플루엔자 인체감염증, 신종인플루엔자, 디프테리아 • 신고주기 : 즉시
제2급 감염병	• 전파가능성을 고려하여 격리가 필요한 감염병 • 질병 : 결핵, 수두, 홍역, 콜레라, 장티푸스, 파라티푸스, 세균성이질, 장출혈성대장균감염증, A형간염, 백일해, 유행성이하선염, 풍진, 폴리오, 수막구균 감염증, B형헤모필루스인플루엔자, 폐렴구균 감염증, 한센병, 성홍열, 반코마이신내성황색포도알균(VRSA) 감염증, 카바페넴내성장내세균속균종(CRE) 감염증, E형간염(추가 2020.07.04) • 신고주기 : 24시간 이내
제3급 감염병	• 그 발생을 계속 감시할 필요가 있는 감염병 • 파상풍, B형간염, 일본뇌염, C형간염, 말라리아, 레지오넬라증, 비브리오패혈증, 발진티푸스, 발진열, 쯔쯔가무시증, 렙토스피라증, 브루셀라증, 공수병, 신증후군출혈열, 후천성면역결핍증(AIDS), 크로이츠펠트-야콥병(CJD) 및 변종크로이츠펠트-야콥병(vCJD), 황열, 뎅기열, 큐열, 웨스트나일열, 라임병, 진드기매개뇌염, 유비저, 치쿤구니야열, 중증열성혈소판감소증후군(SFTS), 지카바이러스 감염증 • 신고주기 : 24시간 이내
제4급 감염병	• 제1~3급감염병까지의 감염병 외에 유행 여부를 조사하기 위하여 표본 감시 활동이 필요한 감염병 • 인플루엔자, 매독, 회충증, 편충증, 요충증, 간흡충증, 폐흡충증, 장흡충증, 수족구병, 임질, 클라미디아감염증, 연성하감, 성기단순포진, 첨규콘딜롬, 반코마이신내성장알균(VRE) 감염증, 메티실린내성황색포도알균(MRSA) 감염증, 다제내성녹농균(MRPA) 감염증, 다제내성아시네토박터바우마니균(MRAB) 감염증, 장관감염증, 급성호흡기감염증, 해외유입기생충감염증, 엔테로바이러스감염증, 사람유두종바이러스 감염증 • 신고주기 : 7일 이내
기생충 감염병	• 기생충에 감염되어 발생하는 감염병 중 보건복지부장관이 고시하는 감염병
세계보건기구 감시대상 감염병	• 세계보건기구의 감시대상 질환으로 국제공중보건의 비상사태에 대비하기 위해 정한 질환 • 질병 : 신종인플루엔자, 두창, 폴리오, 황열, 콜레라, 폐렴성페스트, 중증급성호흡기증후군(SARS), 바이러스성출혈열, 웨스트나일열
인수공통감염병	• 사람과 동물, 곤충 등으로 병원체로 발병되는 감염병 • 질병 : 일본뇌염, 조류인플루엔자, 탄저, 공수병, 장출혈성대장균감염증, 인체감염증, 중증급성호흡기증후군(SARS), 큐열, 결핵, 변종크로이츠펠트-야콥병(vCJD)
성매개감염병	• 성 접촉을 통한 감염병 • 질병 : 임질, 매독, 클라미디아, 성기단순포진, 연성하감, 첨규콘딜롬

6 주요 감염병

(1) 급성소화기계 감염병

콜레라	• 수인성 감염병 • 증상 : 구토, 설사, 탈수
장티푸스	• 수인성 감염병 • 주로 파리에 의해 전파 • 증상 : 고열, 식욕 감퇴, 림프절 종창
세균성이질	• 파리나 환자의 분변에 의해 감염 • 증상 : 구토, 설사, 고열, 복통
파라티푸스	• 살모넬라균 • 환자의 배설물에 의해 감염 • 증상 : 고열, 식욕 감퇴, 위장염
폴리오	• 폴리오 바이러스 • 환자의 배설물과 분비물에 의해 감염 • 증상 : 구토, 설사, 발열, 신경계 손상, 마비

(2) 급성호흡기계 감염병

디프테리아	• 환자의 분비물 및 피부 상처 등에 의해 전염 • 증상 : 발열, 심한 인후염, 신경염
홍역	• 바이러스 • 환자와의 호흡기 접촉에 의한 감염 • 증상 : 고열, 기침, 두통
백일해	• 호흡기 접촉에 의한 감염 • 증상 : 심한 기침
조류독감	• 조류인플루엔자 바이러스에 감염된 조류와 접촉 시 감염 • 증상 : 발열, 설사, 근육통, 기침, 호흡곤란, 의식저하
결핵	• 출생 후 1달 이내에 예방 접종 • 증상 : 기침, 객혈, 흉통
중증급성호흡기증후군	• 사스코로나 바이러스 • 호흡기를 통해 감염 • 증상 : 마른기침, 발열, 두통, 근육통, 호흡곤란
풍진	• 비말을 통한 호흡기 감염 • 증상 : 발열, 림프절 발진

| 성홍열 | • 화농연쇄상구균
• 환자 접촉에 의한 감염
• 증상 : 구토, 복통, 두통, 인후염, 발진 |

(3) 동물 및 절지동물 매개 감염병
1) 동물 매개 감염병

공수병(광견병)	• 공수병 바이러스 • 공수병에 걸린 개의 타액의 병원체에 의해 감염 • 증상 : 혼수상태, 근육마비
탄저	• 탄저병균 • 소, 양(산양), 말 • 증상 : 급성 패혈증

2) 절지동물 매개 감염병

페스트	• 페스트간균 • 쥐, 벼룩에 의해 감염 • 증상 : 패혈증, 폐렴
말라리아	• **모기**에 의해 전염 • 급성 감염병 • 증상 : 두통, 고열, 근육통
발진티푸스	• 이, 벼룩에 의해 감염 • 호흡기계를 통해 감염 • 증상 : 근육통, 발열, 발진, 전신신경증상
쯔쯔가무시	• 진드기, 쥐, 들쥐의 털진드기에 의해 전염 • 증상 : 고열, 구토, 복통
일본뇌염	• 일본뇌염 바이러스 • 모기에 의해 전염됨 • 증상 : 고열, 뇌염증, 두통

(4) 매개체별 감염병

구 분	매개체	감염병
동물	소	탄저, 결핵, 살모넬라증, 파상열
	돼지	일본뇌염, 살모넬라증, 탄저
	양	탄저, 큐열
	말	탄저, 살모넬라증
	개	공수병
	쥐	페스트, 살모넬라증, 쯔쯔가무시병, 재귀열, 발진열
	토끼	야토병
곤충	모기	일본뇌염, 댕기열, 말라리아, 사상충, 황열
	파리	콜레라, 장티푸스, 파라티푸스, 이질
	진드기	쯔쯔가무시병, 신증후군출혈열
	바퀴벌레	콜레라, 장티푸스, 이질
	벼룩	페스트, 재귀열
	이	재귀열, 발진티푸스

(5) 감염병의 신고 및 보고

1) 감염병의 신고
① 제1급 감염병 : 즉시 신고
② 제2급, 제3급 감염병 : 24시간 이내
③ 제4급 감염병 : 7일 이내

2) 감염병의 보고
① 보건소장 → 관할 특별자치도지사 또는 시장·군수·구청장 → 보건복지부장관 및 시·도지사
② 신고 받은 후 지체 없이 제1~3급 감염병 발생 및 예방접종 후 이상반응 보고

> **Tip** 제1, 2급 감염병은 전염의 우려가 있으므로 환자의 격리가 필요하다.

7 식품 관련 기생충질환

(1) 조충류(육류 관련 기생충)

유구조충(갈고리촌충)	• 오염된 사료를 먹은 돼지고기 섭취 • 중간숙주 : **돼지** • 작은창자에 기생 • 증상 : 구토, 설사, 식욕저하
무구조충(민촌충)	• 오염된 사료를 먹은 소고기 섭취 • 중간숙주 : 소 • 증상 : 구토, 설사, 복통, 장폐색
선모충	개, 돼지 감염

(2) ★흡충류(민물고기 관련 기생충)

간디스토마(간흡충)	• 간 담도에 기생 • 제1중간숙주 : 왜우렁이 • 제2중간숙주 : 잉어, 담수어(붕어, 잉어) • 증상 : 소화장애, 황달, 빈혈
폐디스토마(폐흡충)	• 폐에 기생 • 제1중간숙주 : 다슬기 • 제2중간숙주 : 가재, 게 • 증상 : 국소마비, 기침, 객혈

(3) ★선충류(소화기, 근육, 혈액에 기생)

회충	• 소장 부위에 기생 • 음식물을 통해 침입하여 위에서 부화하여 소장에 정착 • 증상 : 발열, 구토, 복통 등
구충	• 소장(공장)에 기생 • 경구감염, 경피감염 • 증상 : 체독증, 폐로 침입 시 기침, 가래
요충	• 맹장 부위에 기생 • 사람의 **항문 주위에 알을 낳으며** 더러운 손이나 음식물을 통해 몸에 침입 • 집단감염이 쉬움 • 증상 : 구토, 설사, 복통
편충	• 대장 상부에 기생 • 경구감염
말라리아사상충	열대성 풍토병

> **Tip**
> - **경구감염** : 입을 통해 병원체가 전달되어 감염됨
> - **경피감염** : 피부를 통해 병원체가 전달되어 감염됨

8 기생충 질환 예방책

① 고기는 완전히 익혀서 먹는다.
② 여름에는 생선회, 조개류의 섭취를 피한다.
③ 야채는 흐르는 물에 5회 이상 씻고 마지막에 식초 1~2방울을 섞어 씻는다.
④ 도마, 칼 등의 식기구는 조리 후에 햇빛에 말린다.

9 암

① 성인병 중 대표적인 질환이다.
② 암의 발병율은 높은 순서대로 **폐암 〉 간암 〉 대장암 〉 췌장암**이다.

남성	폐암 〉 간암 〉 위암
여성	폐암 〉 위암 〉 대장암

10 고혈압

(1) 심장과 혈압
① 심장의 역할은 수축과 이완을 통해 혈액의 순환기능을 담당하는 것이다.
② 혈압이란 심장이 수축해서 동맥으로 간 혈액이 혈관벽에 미치는 힘을 말한다.
③ 수축기 혈압이란 심장이 수축할 때 혈관벽에 미치는 압력이다.
④ 이완기 혈압은 심장으로 돌아올 때의 압력이다.

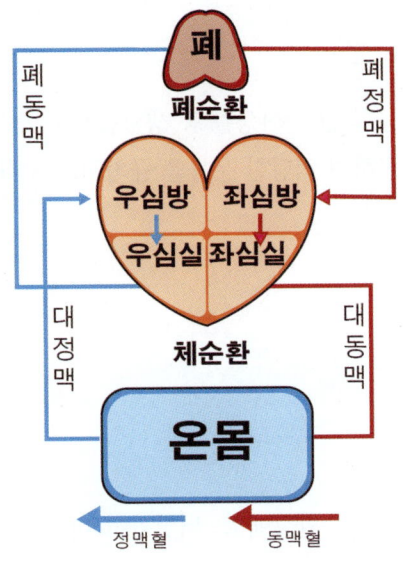

> **Tip** 세계보건기구(WHO)의 혈압기준

구 분	수축기 혈압	이완기 혈압
저혈압	100mmHg 이하	60mmHg 이하
정상	140mmHg 미만	90mmHg 미만
경계 고혈압	140~160mmHg	90~95mmHg
경중 고혈압	140~180mmHg	90~105mmHg

(2) 고혈압의 종류

1) 속발성 고혈압

유전적 요인, 염분 섭취량, 기호식품, 스트레스, 비만증, 기후, 직업 등의 요인으로 고혈압을 일으킨다고 본다.

2) 이차성 고혈압

신장질환이나 호르몬 계통의 이상으로 인해 부수적으로 나타나는 증상이 고혈압인 경우이다. 치료를 위해서는 원인 질환의 치료가 요구된다.

(3) 증상

고혈압의 증상으로는 두통, 이명, 현기증, 불면증, 불안, 피로감 및 신경질적인 증상이 나타난다.

(4) 예방
① 비만을 예방한다.
② 염분의 섭취를 줄이고 균형 있는 식생활 등 생활습관을 개선한다.
③ 흡연과 과도한 음주를 금하며 적당한 운동을 규칙적으로 하고, 충분한 휴식을 가진다.
④ 정기적인 혈압측정을 한다.

11 뇌졸중

(1) 정의
① 뇌혈관장애로 인한 질환인 순환장애로, 뇌혈관이 터지거나 막힘으로써 의식장애와 신체마비를 일으킨다.
② 보통 '중풍'이라 하며 '뇌혈관질환'이라고도 부른다.

(2) 원인
① 연령이 높을수록 증가한다.
② 동맥경화증, 고혈압, 당뇨병, 고지혈증이 있다.
③ 뇌출혈 : 뇌혈관의 파열로 뇌조직을 압박하여 발생한다.
④ 뇌경색 : 혈전이나 전색으로 혈관이 막혀서 발생한다.

(3) 예방
① 체계적인 운동은 회복기간을 단축시킬 수 있다.
② 식이요법으로는 콜레스테롤이 많은 음식, 단 음식, 염분이 많은 음식 섭취를 제한하는 것이 좋다.

> **Tip** 우리나라 세계 발병률 1위 성인병은 뇌졸중이다.

12 심장질환

(1) 개념
① **허혈성 심장질환**
　관상동맥이 동맥경화증과 같이 혈관 통로가 좁아지거나 막히게 되어 심장에 혈액 공급이 제대로 되지 못하여 흉통이 생기는 증상을 말한다.
② **동맥경화증**
　대동맥이나 동맥의 혈관 내 벽에 콜레스테롤 등이 축적되어 동맥이 좁아지거나 막혀서 혈액 순환이 원활하지 않는 것을 말한다.

(2) 원인
고혈압, 당뇨병, 비만증, 운동부족, 나이 및 유전 등의 요인이 있다.

(3) 예방
① 콜레스테롤 식품 섭취를 제한하고 적당한 운동으로 비만을 예방한다.
② 흡연 및 음주 등을 피한다.

13 당뇨병

(1) 원인
인체의 혈당을 조절하는 **인슐린의 분비가 감소**되거나 조직에서 **인슐린의 작용이 저하**되어 고혈당과 요당을 나타내는 만성 대사성 질환이다.

> **Tip　인슐린**
> 혈중 포도당 농도의 조절과 세포 내의 포도당 섭취에 관여한다. 혈중 포도당 농도가 증가하면 분비되고, 감소하면 분비가 억제되어 에너지의 적절한 활동을 조절하는 역할을 한다.

(2) 증상
① 갑작스러운 체중 감소, 심한 갈증, 배뇨 횟수의 증가, 권태감 등이 나타난다.
② 합병증으로는 고혈압과 신경, 망막, 신장 등의 기능장애가 오며 시력저하, 백내장 등의 증상이 나타난다.

(3) 원인
① 유전적인 요인이 있다.
② 유행성 이하선염이나 풍진, 홍역에 걸린 후 당뇨병이 나타나기도 한다.
③ 비만, 운동부족, 스트레스, 외상이나 수술 후 임신, 약물남용 등이 있다.

(4) 예방 ★
① **식이요법** : 균형 있는 식사를 해야 한다. 과식은 당뇨에 악영향을 미친다.
② **약물요법** : 경구 혈당 강하제 및 인슐린을 투여하는 방법이다.
③ **운동요법** : 규칙적인 운동을 통해 비만을 예방 및 개선한다.

14 정신보건

(1) 정신보건의 개념
정신질환이 없고 자신의 행동에 대한 심각한 정신적 갈등이 없으며 자신이 만족할 만한 근로능력이 있고 도덕적으로 건전한 사고를 가진 상태를 뜻한다.

> **Tip** 정신보건의 목적
> - 개인의 정신적 장애 예방
> - 개인과 사회의 건전한 정신기능을 유지 및 증진
> - 정신적 장애를 적절하게 치료
> - 정신적 장애 치료 후에 정상적인 사회생활로 복귀

(2) 정신질환의 원인

유전적 원인	정신지체, 간질, 정신분열증, 알코올 중독, 양극성 장애, 공황장애 등이 있다.
심리적 원인	부모와의 갈등, 열등감과 우월감, 몽상, 번민 등이 있다.
사회·문화·환경적 원인	가족적·사회적·문화적 요인이 있다.
신체적 원인	• 남성은 알코올성 정신장애, 외상성 정신장애, 진행마비, 동맥경화증, 간질과 관련된 정신장애가 많다. • 여자는 망상성 장애, 우울증 및 신체질환과 관련된 정신장애가 많다.

(3) 정신질환의 종류

정신분열증	• 정신병환자 중에서 가장 많다. • 감정, 사고, 행동 등에 장애가 있는 정신질환이다.
조울병	감정장애가 주요 증상이다.
간질	• 주로 경련발작, 정신발작을 나타내는 질환이다. • 알코올 중독, 뇌막염, 매독 감염 등에 의한 외적 원인도 있다.
지적장애 (정신박약, 지체장애)	• 유전적 요인 및 후천적 요인으로 발생한다. • IQ 50~70이면 경증, 35~49이면 중증, 23~34이면 심도 지적장애인이다.
신경증	• 불안장애 증후군으로 분류되기도 하며 심리적 요인에 의해 발생한다. • 히스테리, 강박신경증, 불안신경증, 우울신경증 등이 있다.
인격장애	• 폭력적이고 사회성이 결여되거나 사회적 관계 형성능력에 결함이 있다. • 성격장애라고도 한다.

(4) 정신보건의 목표

① 지역사회 전체 주민의 정신건강 증진과 유지
② 정신장애 또는 정신질환의 예방활동
③ 정신질환자의 조기발견
④ 정신질환자의 재발 방지
⑤ 치료자의 복원 및 사회 복귀

Section 3. 가족 및 노인보건

1 가족 및 노인보건

(1) 모자보건관리의 대상
① 모성은 넓은 의미로 전 여성에 걸쳐 사용하는 언어이다.
② 모성보건관리의 대상은 2차 성징이 나타나는 시기에서 폐경기에 이르는 모든 여성(15~49세)이 해당한다.

(2) 모성사망(임산부 사망)의 원인
① 임신, 분만, 산욕 등의 합병증으로 야기되는 사망이다.
② 직접 모성 사망 : 고혈압성 질환(임신중독증, 임신성 고혈압, 임산부의 5~7%), 출혈성 질환 임신(유산), 감염증(패혈증, 산욕열)

$$\text{모성사망률 지표} = \frac{\text{연간 임신, 분만, 산욕과 관련된 사망수}}{\text{연간 출생아수}} \times 10,000$$

(3) 가족계획

1) 목적
계획적인 가족 형성으로 알맞은 수의 자녀를 적당한 터울로 낳아서 양육하여 잘 살 수 있도록 하는 것이 목적이다.

2) 방법
① 출산의 시기 및 간격을 조절한다.
② 가정 경제에 맞는 출생 자녀 수를 제한하여 가족 전체의 삶의 질을 유지한다.
③ 불임 의심이 있는 경우 진단 및 치료를 한다.

> **Tip**
> - 초산 연령 조절
> - 출산 횟수 조절
> - 출산 간격 조절
> - 출산 기간 조절

> **Tip** 모자보건지표 수준
> 출생률, 사망률, 신생아(4주 이내)사망률, 영아(1년)사망률, 모성사망률

(4) 영유아보건
① 질병에 따른 면역력과 저항력이 매우 낮으므로 영유아의 질병관리 및 보건대책은 매우 중요한 비중을 차지한다.
② 예방접종을 통해 질병 예방 및 항체 형성을 할 수 있도록 적절한 시기에 예방해야 한다.
③ 신생아 : 출생 후 28일 미만
④ 영아 : 만 1세 이하
⑤ 유아 : 만 4세 이하

(5) 노인보건

1) 노인보건의 개념
노인이란 신체적·정신적인 기능의 쇠퇴와 심리적인 변화로 인하여 자기유지기능 및 사회적 역할의 기능이 약화되고 있는 사람을 뜻한다.

구분		정의 내용
국내제도	고령자고용촉진법	고령자는 55세 이상인 자
		준고령자는 50세 이상 66세 미만인 자
	국민연금법상(노령연금급여대상자)	60세로부터로 규정
	노인복지법/국민기초생활보장법	65세 이상
국제연합(UN)		65세 이상

- 노령화지수 = {노년인구 / (소년인구 + 영아인구)} × 100
- 고령화사회 : 노령화지수가 7% 이상
- 고령사회 : 노령화지수가 14% 이상
- 초고령사회(후기 고령사회) : 노령화지수가 20% 이상

2) 노인보건의 목적
① 가능한 노화의 진행을 억제하고 노인의 건강을 유지한다.
② 질병을 감소하고 수명을 연장하며 지역사회에서 의미 있는 삶을 영위하도록 한다.

3) 노인문제
① 소득 감소에 따른 경제문제
② 고독과 소외문제
③ 건강문제(의료비 부담)
④ 사회적 프로그램의 부재에 의한 여가문제

4) 노인 의료의 특징

① 장기간의 관리가 시행되어야 하므로 만성적이고 복잡하다.
② 의료비 부담능력은 작고 필요는 커지므로 의료 이용에 제한이 오고 부담이 된다.
③ 인생종말에 대비하여 노인과 가족 전체에 대한 관리가 고려되어야 한다.
④ 젊은 층에 비해 현저하게 많은 수발과 돌봄이 필요하다.

Section 4. 환경보건

1 환경보건

(1) 환경보건의 개념

환경보건은 인간의 건강 및 생존에 유해한 영향을 미칠 수 있는 생활환경에 있어서의 모든 요소를 통제하는 것을 말한다.

(2) 환경의 분류

환경	자연적 환경	생물학적 환경	동물, 식물, 곤충, 병원미생물 등
		물리·화학적 환경	기후, 공기, 토양, 물, 광선, 소리 등
	사회적 환경	인위적 환경	의복, 식생활, 주거, 위생시설, 산업시설 등
		문화적 환경	정치, 경제, 사회, 종교, 교육 등

> **Tip** 쾌적한 온도 및 습도
> - 온도 : 여름 21~22℃, 겨울 18~21℃
> - 습도 : 40~70%

(3) 공기와 건강

이산화탄소	• **지구 온난화 현상의 주요 요인**이 된다. • **실내공기의 오염지표**이다. • 공기 중 약 0.03%를 차지한다.
산소	• 대기 중 21%를 차지한다. • 산소량이 **10% 미만 시 호흡 곤란**이 올 수 있다. • 산소량이 **7% 이하 시 질식사의 위험**이 있다.

일산화탄소	• 불완전연소 시 발생하며 산소부족 현상을 일으킨다. • 무색, 무취의 기체이다. • 의식불명과 신경장애가 올 수 있다. • 연탄가스 중독의 원인이다.
질소	• 공기 중 78%를 차지한다. • 호흡과는 관련이 없다.

> **Tip** 군집독
> 일정한 공간에 다수의 인원이 수용범위 이상 밀집되어 있을 때 공기의 이산화탄소 증가 및 기온 상승, 두통, 현기증, 구토 등의 현상이 생기는 것을 뜻한다.

(4) 대기환경

1) 대기환경의 개념
작업장의 실내 환경과는 구별되는 것으로, 사람과 자연생태계가 생활을 영위하는 실외의 대기를 의미한다.

2) 대기환경의 기준
아황산가스, 일산화탄소, 이산화질소, 미세먼지, 오존, 납, 벤젠이 대기환경의 기준이 된다.

3) 대기오염의 개념
인위적으로 배출된 오염물질이 대기 중에 존재하여 인간에게 해를 주는 것을 의미한다.

4) 대기오염물질

1차 오염물질	• ★일산화탄소 : 주로 불완전연소 시 발생한다. • 황산화물 : 석탄, 석유 속에 포함되어 있어 연소할 때 산화되어 발생하며 산성비를 유발한다. • 질소산화물 : 광화학 반응에 의해 2차 오염물질이 발생한다. • 먼지 : 대기 중의 입자상의 물질이다.
2차 오염물질	• 오존(O_3) : 눈과 목을 자극하는 무색의 강한 산화제로 폐렴, 폐부종 등을 유발한다. • PAN : 스모그의 광화학 반응에서 발생하는 산화물이다. • 알데히드 : 자극적인 냄새가 나며 점막에 자극을 준다. • 스모그 : 대기에 안개가 낀 것 같은 현상이다.

5) 대기오염의 영향

지구환경에 미치는 영향	• 지구온난화 : 온실효과 • 기후변화 : 엘니뇨, 라니냐, 홍수, 가뭄 등 • 산성비 : pH 5.6 이하의 비로 아황산가스, 질소산화물, 염화수소 등이 원인
인체에 미치는 영향	• 황산화물 : 만성 기관지염, 폐기능 감소 • 질소산화물 : 만성 신장염, 호흡기 악화 • 탄화수소 : 폐기능 저하 • 일산화탄소 : 헤모글로빈과 산소 결합 및 운반 저해 • 납 : 신경계통 손상 • 수은 : 중추신경 장애, 단백뇨, 피부염

 열섬현상
대기오염이나 인공열에 의해 도심 속 온도가 주변 지역보다 높게 나타나는 현상

(5) 수질환경

1) 수질오염의 종류
생활하수, 공장폐수, 축·농업폐수, 광산업폐수 등이 있다.

2) 수질오염 측정법

용존산소(DO)ppm	• 물에 1L에 녹아 있는 유리산소의 양을 뜻한다. • 정상적인 물인 경우는 DO가 포화상태이다. • 기압이 높고 수온이 낮을수록 증가한다.
생물화학적 산소요구량(BOD)ppm	• 수질 오염도를 나타낸다. • BOD요구량이 높을수록 DO가 낮을 경우 오염도는 높다. (오염된 물) • BOD요구량이 낮을수록 DO가 높을 경우 오염도는 낮다. (깨끗한 물) • 호기성 미생물에 의해 분해될 때 소비되는 산소의 양이다. • 용존산소를 측정함으로써 수질의 오염도를 나타낸다.
화학적 산소요구량(COD)ppm	• 수중의 유기물질 등의 오염물질을 산화제로 산화할 때 필요로 하는 산소량을 나타낸다. • COD가 높을수록 오염도는 높다.
수소이온농도(pH)	수중의 산성, 알칼리성으로 수질 오염 여부를 판단한다.
부유물질(SS)	먼지, 세균, 유기물 등 물의 탁도로 수질을 판단한다.
대장균군	• 분변성 오염지표로 쓰인다(100ml에서 검출되지 않아야 한다). • 수인성 감염병의 가능성을 간접적으로 나타내어 준다.

3) 수질오염의 기준
① 일반세균은 1cc 중 100개를 넘지 않아야 한다.
② 대장균군은 50cc 중 검출되지 않아야 한다.
③ 암모니아성 질소는 0.5mg/L를 넘지 않는다.
④ 질산성 질소는 10mg/L를 넘지 않는다.
⑤ pH 6.5~7.5이어야 한다.

4) 수질오염으로 인한 대표적 질병
① 미나마타병 : 메틸수은을 함유한 공장폐수가 바다로 유입 → 오염된 어패류 섭취 → 근교 지역주민의 수은중독현상(뇌손상으로 인한 마비, 언어 및 시력 마비증상 등)
② 이타이이타이병 : 카드뮴을 함유한 공장폐수 유출 → 하천과 토양에 축적 → 오염된 농작물 섭취 → 카드뮴 중독(칼슘 재흡수 방해로 인한 골연화증, 신장기능 장애)

5) 수인성 감염병 ★
① 물이나 오염된 음식물에 들어 있는 세균으로 전염되는 질병이다.
② 콜레라, 이질, 장티푸스, 파라티푸스, 세균성 대장균 등이 있다.

6) 하수처리과정 : 예비처리 → 본처리 → 오니처리
① 예비처리 : 스크리닝처리, 침사법, 침전법으로 제거한다.
② 본처리 : 하수에 남아 있는 물질을 미생물에 의해 처리한다(혐기성처리, 호기성처리).
③ 오니처리 : 제거되지 않은 질소, 인 등을 제거하고 방류지의 부영양화 방지를 위한 고도의 처리방법이다(소화법, 소각법, 퇴비법, 건조법).

7) 상수도
물의 정화는 침사 → 침전 → 여과 → 소독의 순서로 이루어진다.

침사	물에 포함된 흙과 모래를 침전으로 제거하는 것이다.
침전	응집제로 처리하는 급속침전과 보통침전이 있다.
여과	• 완속여과 : 상수도에 사용하는 정화방법이다. • 급속여과 : 물과 압축공기를 이용하여 역류 세척하여 모래를 깨끗이 씻어내는 방법이다.
소독	• 염소소독 : 경제적이고 잔류기간이 길며 강한 살균력이 있다. 상수도는 염소소독을 한다. • 오존소독 : 비용이 많이 들고 잔류효과가 약하다. 상수도의 소독제로 많이 사용되며, 반응성이 좋고 강력한 산화작용이 있다. • 가열소독 : 100℃에 30분 동안 가열한다.

8) 수질오염 방지대책
① 하수도 정비 및 하수처리장 증설
② 산업폐수 처리시설 완비
③ 정확한 실태 파악 및 감시
④ 폐수처리법의 연구 및 개발
⑤ 법적 규제 강화
⑥ 수질보전을 위한 교육 및 계몽 등

2 주거 및 의복환경

(1) 주거환경
① 방향은 남향, 동남향, 동향이 좋다.
② 지질은 건조하고 하수처리 시설이 잘 되어 있어야 한다.
③ **실내온도**는 거실 기준 18±2℃, **실내습도**는 40~70%가 적당하다.
④ 경제성과 심리적 안정을 주고 소음, 진동, 공해가 없어야 한다.

(2) 채광 및 인공조명

1) 채광
창문은 남향으로 거실 면적의 $\frac{1}{7} \sim \frac{1}{5}$ 정도로 세로형이 적당하다.

2) 인공조명(Lux)
① 미용실 조명 : 75Lux 이상 ② 보통작업 시 : 150Lux 이상
③ 정밀작업 시 : 300Lux 이상 ④ 초정밀작업 시 : 750Lux 이상
⑤ 입사각은 28도 이상이어야 하고, 개각은 4~5도여야 한다.
⑥ 거실 안쪽의 길이는 창틀 위까지 1.5배 이하인 것이 좋다.

> **Tip** 부적절한 조명으로 장기적 작업 시 유발증세
> 안내압, 안구진탕증, 전광선 안염, 백내장 등

(3) 의복환경

1) 의복의 목적
① 인체의 체온을 조절한다.
② 신체를 청결하게 유지하고 신체를 보호한다.
③ 사회생활에서의 예의와 품격을 지키고 개인의 취향을 반영한다.

2) 의복의 위생조건
① 온도, 습도, 기류 등의 기후 조절력이 중요하다.
② 피부에 자극을 주지 않으며 피부 보호력과 체온 조절력이 있어야 한다.

3 산업보건

(1) 산업보건의 개념
국제노동기구(ILO)와 세계보건기구(WHO)는 산업보건을 "모든 직업에서 일하는 근로자들의 육체적·정신적·사회적 건강을 고도로 유지·증진시키며, 작업조건으로 인한 질병을 예방하고 건강에 유해한 취업을 방지하며, 근로자를 생리적으로나 심리적으로 적합한 작업환경에 배치하여 일하도록 하는 것이다"라고 정의하였다.

(2) 산업보건의 중요성
① 급속한 산업발달에 따른 근로인구의 증가로 인해 인력자원의 관리가 중요해졌다.
② 노동력 증진으로 생산성 및 품질이 향상되었다.
③ 산업보건 관리가 근로자들의 인권문제로 대두되었다.

(3) 산업재해

1) 산업재해의 정의
노동과정에서 작업환경 또는 작업행동 등의 업무에 기인하여 사망 또는 부상하거나 질병이 이환되는 것 또는 정신적으로 피해를 입는 것을 뜻한다.

> **Tip** RMR(Relative Metabolic Rate) : '작업 대사율'을 뜻하며 작업 대사량(기초대사량)을 말한다.

2) 산업재해의 종류

사망재해	사망으로 인한 인명 손실을 수반하는 것
주요재해	입원할 정도의 상해가 일어나는 것
경미재해	통원(외래)할 정도의 상해가 일어나는 것
유사재해	상해 없이 재산피해만을 가져오는 것

3) 산업재해 발생의 요인

인적 요인	• 관리상의 요인 : 작업지식의 부족, 작업미숙, 작업진행의 혼란, 인원부족 또는 과잉, 과중한 작업부담, 보건교육의 미실시, 기타 돌발사고 등 • 생리적 요인 : 피로, 질병, 신체적 결함, 수면부족, 체력부족, 음주, 약물, 임신 등 • 심리적 요인 : 집중력 부족, 부주의, 태만, 착오, 무리한 행동, 정신상의 결함, 작업규칙이나 명령의 미준수 등
환경적 요인	• 기계요인이 가장 중요한 요인으로 온도, 환기, 소음 등에 따라 더욱 조장 가능하므로 재해 원인 분석 및 재해 예방대책 수립 시 가장 중점 • 시설물의 불량, 작업장의 환경, 정돈불량, 공구불량 및 부적합, 재료 및 취급품의 부적당, 복장 미비 등의 물적 요인 • 높은 작업밀도, 빠른 작업속도, 감독자의 재해예방에 대한 태도, 작업장소의 면적, 위치 및 주변 상황

4) 산업재해의 지표

① 건수율(발생률)
- 근로자 1,000명당 1년간에 발생하는 재해건수를 나타낸다.
- 재해건수 / 평균 실근로자수 × 1,000으로 계산한다.

② 도수율
- 연 근로시간 100만 시간당 재해가 발생한 건수를 나타내는 것으로, 산업활동에서 차지하는 재해건수를 파악하는 데 중요하다.
- 재해건수 / 연근로시간수 × 1,000,000 또는 재해건수 / 연근로일수 × 1,000으로 계산한다.

③ 강도율
- 근로시간 1,000시간당 발생한 근로작업 손실일수를 나타낸다.
- 근로작업 손실일수 / 연근로시간수 × 1,000로 계산한다.

> **Tip** 산업재해 상병은 휴업일수에 따라 나뉜다.
> - 중상(휴업 14일 이상)
> - 중등상(휴업 8~13일)
> - 경상(휴업 3~7일)
> - 미상(휴업 1~2일)
> - 불휴재해(휴업일 없음)

5) 직업병

① 직업병의 종류

요인	종류
고온·고열	열사병, 열경련증, 열허탈증, 열쇠약증, 열중증, 열성발진
이상저온	전신 체온저하, 동상, 침수족, 침호족
이상기압	고압환경장애, 저압환경장애
방사선	정신장애, 백혈병, 백내장, 탈모
진동	**레이노병**(손가락 마비)
분진	**진폐증, 규폐증, 석면폐증**
공업중독	납중독, 수은중독, 크롬중독, 벤젠중독, 카드뮴중독

> **Tip** 분진에 의한 직업병
> - 진폐증 : 폐포의 섬유증식증
> - 규폐증 : 만성 섬유증식증
> - 석면폐증 : 기침, 객담, 호흡곤란

② 잠함병의 4대 증상
- 척추전색증 및 마비
- 피부소양감 및 사지 관절통
- 내이장애
- 뇌내 혈액순환 및 호흡기장애

③ 소음
- 소음이 인체에 미치는 영향으로는 불안증 및 노이로제, 청력장애, 작업능률 저하 등이 있다.
- 소음으로 인한 작업병의 요인은 주파수, 소음의 크기, 폭로기간이 있다.
- 산업장 소음의 경우 4,000~6,000Hz에서 일과성 청력 손실이 일어난다.
- 소음허용한계

시간	소음 크기
1일 1시간	105dB
1일 2시간	100dB
1일 4시간	95dB
1일 8시간	90dB

6) 공업중독

종류	증상
납중독	빈혈, 신경마비, 권태, 체중감소, 헤모글로빈의 양 감소
수은중독	구역, 설사, 피로감, 두통, 기억력 감퇴, 구내염, 피로감
카드뮴중독	신장기능 저하, 구토, 복통, 급성 폐렴, 당뇨
크롬중독	기관지염, 피부염, 인두염, 비염
벤젠중독	구역, 이명, 현기증, 조혈기능장애, 백혈병

Section 5. 식품위생과 영양

1 식품위생과 영양

(1) 식품위생

1) 식품위생의 개념
세계보건기구(WHO)가 제시한 '식품위생이란 식품의 생육, 생산, 제조에서 최종적으로 사람에게 섭취될 때까지의 모든 단계에서 식품의 안전성, 건전성, 완전무결성을 위해 필요한 모든 수단을 말한다.'라고 정의한다.

2) 식품위생의 목적
식품위생의 목적은 식품으로 인한 위생상의 위해 방지와 식품영양의 질적 향상을 도모함으로써 국민보건의 향상과 증진에 기여하는 것이다.

3) 식품위생 파괴 생성요인

구 분	종 류	병인물질의 예
내인성	유해·유독물질, 생리작용성분	복어독, 마비성 조개독, 버섯독, 항비타민성 물질, 식이성 알레르겐
외인성	미생물, 기생충, 식품첨가물	경구전염병균, 세균성 식중독균, 회충, 잔류농약, 공장 배출물, 방사성 물질

(2) 식중독
식중독이란 식품 섭취로 인한 인체에 해로운 미생물 또는 유독 물질에 의한 감염성 질환을 뜻한다.

1) 세균성 식중독
① 특징
  ㉠ 잠복기가 짧다.
  ㉡ 수인성 전파가 적다.
  ㉢ 면역성이 없다.
② ★감염형 : 병원성 대장균, 장염비브리오균, 살모넬라균 등

살모넬라 식중독 ★	• 잠복기 : 12~48시간 • 증상 : 구토, 설사, 복통, 열
장염비브리오 ★	• 잠복기 : 8~20시간 • 증상 : 복통, 설사, 구토, 위장염(급성) • 부패된 어패류에 접촉된 식기, 행주 등에 의한 감염 • 여름철 부패된 어패류에 의해 감염
병원성 대장균	• 잠복기 : 2~8일 • 감염된 유제품, 김밥, 빵 등 • 설사, 복통

③ 독소형 ★ : 웰치균, 포도상구균, 보툴리누스균 등

포도상구균	• 잠복기 : 30분~6시간 • 감염된 유제품, 김밥, 빵 등 • 구토, 설사, 복통, 급성 위장염
보툴리누스균	• 잠복기 : 12~36시간 • 감염된 육류, 과일, 신경독소, 통조림, 소시지 • 증상 : 설사, 구토, 호흡장애 • 치명률이 가장 높음
웰치균	• 잠복기 : 6~24시간 • 육류, 어패류에 의해 감염 • 복통, 설사, 출혈성 장염

2) 자연독 식중독

식물성	• **감자독** : 솔라닌 • 버섯독 : 무스카린, 아마니타톡신
동물성	• **복어** : 테트로도톡신 • 어패류 : 베네루핀
곰팡이독	• 옥수수, 땅콩 : 아플라톡신 • 황변미 독 : 시트리닌 • 페니실륨 루브륨에 오염된 곡물을 가축 사료로 이용 시 : 루브라톡신

2 영양소

(1) 영양소의 개념
영양소란 생명과 성장을 유지할 수 있도록 하는 물질이다.

(2) 영양소의 구분

3대 영양소	단백질, 탄수화물, 지방
5대 영양소	단백질, 탄수화물, 지방, 비타민, 무기질
열량소	단백질, 탄수화물, 지방
조절소	비타민, 무기질

(3) 영양소의 작용
① **열량 공급** : 단백질, 탄수화물, 지방
② **신체의 조직 구성** : 수분, 단백질, 탄수화물, 지방, 무기질
③ **생리기능 조절** : 물과 무기질, 비타민 등의 작용

(4) 열량소의 작용

1) 단백질
① 체조직의 구성물질이다.
② 효소와 호르몬의 성분이다.
③ 면역과 항독물질의 성분이다.
④ 체내 생리작용의 조절기능을 하는 열량공급원이다.

2) 탄수화물
① 에너지 공급원으로 사용되며 체내에서 글리코겐 형태로 간에 저장된다.
② 결핍 시 영양장애, 허약, 피로, 산혈증 등이 나타난다.
③ 과잉 섭취 시 비만증의 원인이 된다.

3) 지방질
① 열량공급원이며 체내의 열량을 저장한다.
② 피부의 탄력과 부드러움을 유지한다.
③ 지용성 비타민(A, D, E, K)을 운반하는 작용을 한다.

4) 무기질

① 근육조직과 체액, 골격의 주요 성분이다.
② 효소의 기능을 활성화한다.
③ 체액의 산도를 유지한다.
④ 체내 삼투압을 조절하는 기능이 있다.

Tip

식염(NaCl)	• 근육 및 신경의 자극 · 전도 · 삼투압 등의 조절소로 기능한다. • 결핍 시 열중증과 무력감이 있다.	
칼슘(Ca)	• 뼈와 치아의 주성분이다. • 결핍 시 발육불량, 골다공증, 골격의 이상형태가 나타난다.	
철분(Fe)	• **혈액의 구성성분**이다. • 음식물을 통해 공급되며 부족 시 빈혈이 나타난다.	
인(P)	• 뼈와 뇌신경의 주성분이다. • 부족 시 뼈와 신경작용에 장애가 오며 저항력이 약화된다.	
요오드(I)	• 갑상선의 기능을 유지해준다. • 부족 시 갑상선 장애가 오며 결핍 시 크레틴병, 갑상선 부종이 나타난다. • 임산부에게 필요한 영양소이다.	

5) 비타민

① 조효소로 기능한다.
② 정상적인 대사작용을 위해 필수적이다.
③ 미량이 필요하지만 결핍 시 영양장애가 오며, 과잉 시에는 체외로 배출된다.
④ 체내에서 합성되지 않으므로 음식으로 섭취해야 한다.
⑤ 지용성 비타민과 수용성 비타민

지용성 비타민	비타민 A · D · E · F · K · U	• 지방에 녹는다. • 가공 및 조리하여도 손실이 적다. • 체내에 저장된다.
수용성 비타민	비타민 B · C · L · P	• 물에 녹는다. • 가공 · 조리 시 손실된다. • 소변과 땀으로 배설된다.

⑥ 비타민 결핍증

종류		증상
비타민 A		**야맹증**, 안구건조증, 각막연화증, 피부점막의 각질화
비타민 B	티아민	**각기병**, 식욕부진, 피로감
	리보플라빈	구순염, 설염, 각막염, 피부염, 성장정지, 식욕감퇴
	B_6	피부염
	B_{12}	악성빈혈
비타민 C		괴혈병, 치아의 발육
비타민 D		**구루병**, 충치, 골연화증
비타민 E		불임, 유산
비타민 F		발육정지, 피부건조
비타민 K		혈액 응고시간 지연
니아신		펠라그라병

(5) 영양상태 판정 및 영양장애

1) 영양상태 평가방법

① 직접측정 : 임상증상에 의한 판정(주관적 판정), 객관적 판정법
② 간접측정 : 연령별 특수사망률, 이환율 및 특정 질환의 사망률, 식이섭취 평가

> **Tip 영양상태 평가법**
>
> | 지수명 | 특 징 | 측정 방법 |
> |---|---|---|
> | Kaup 지수 | • 영유아기~학령기 전반의 판정에 이용
• 22 이상은 비만, 15 이하는 허약체질 | 체중(kg) / 신장$(cm)^2$ × 104 |
> | Rohrer 지수 | 학교 보건분야 비만아의 판정에 이용 | 체중(kg) / 신장$(cm)^3$ × 107 |
> | Broca 지수 | • 성인의 비만증의 판정에 이용
• 피하지방층의 두께 측정 | 표준체중 = [신장(cm) − 100] × 0.9(남자), 0.85(여자) |
> | BMI | • 비만을 나타내는 지표
• 20 미만은 저체중, 20~30은 정상, 25 이상은 과체중, 30 이상은 비만 | 체중(kg) / (키, m)^2 |

2) 영양장애

① 영양장애의 개념

결핍증	필요영양소의 결핍으로 발생하는 병적상태
저영양	열량 섭취의 부족상태
영양실조증	영양소의 공급이 질적·양적으로 부족상태
기아상태	저영양과 영양실조증이 동시 발생

② 영양장애의 종류

탄수화물	• 결핍 시 : 체중 감소, 기력부족 등 • 과잉 시 : 혈액산도 증가, 부종 유발, 비타민 B_1과 비타민 B_2의 소비 증가
단백질	• 결핍 시 : 발육부진, 빈혈, 체중 감소, 부종, 거친 피부 • 과잉 시 : 악취, 콩팥기능 저하, 비만, 소화부진 등
지방	• 결핍 시 : 체중 감소, 피부염 유발, 거친 피부 • 과잉 시 : 비만, 혈액순환 장애 등

비타민	• 수용성 비타민
	  결핍 시 : 각기병, 피부염, 부종, 우울증
	• 지용성 비타민
	  결핍 시 : 식욕부진, 피부염, 거친 피부, 피부노화, 신진대사 장애 등

무기질	결핍 시 : 골연화증 및 골다공증 유발, 성장부진, 빈혈 등

3) 에너지 대사

① 기초대사량(BMR, Basal Merabolic Rate)

신체 내에서 생명을 유지하기 위해 사용되는 최소의 에너지량이다.

② 활동대사량(RMR, Relative Metabolic Rate)

실제 활동대사에 필요한 에너지량은 식후 안정 시 대사량을 초과한 값을 이용한다.

Section 6. 보건행정

1 보건행정

(1) 보건행정의 정의 및 체계

1) 보건행정의 정의
국민보건에 관한 행정으로서, 보건사업이나 공중보건을 위해 국가 또는 지방자치단체에서 행하는 행정적 활동이다. 국민의 수명연장, 질병예방, 건강증진을 도모한다.

2) 보건행정의 체계
① **중앙보건행정조직** : 보건복지부(산하기관 : 질병관리본부, 의료기관, 검역소 등)
② **지방보건행정조직** : 보건복지부 감독, 행정안전부와 행정기관 집행
  - 시 · 도 보건행정조직 : 시 · 군 · 구 보건행정조직을 감독 및 지휘한다.
  - 시 · 군 · 구 보건행정조직 : 보건소, 보건지소, 보건진료소가 있다.

3) 보건행정의 분류

일반보건행정	일반주민 대상	감염병, 모자보건행정, 예방보건행정, 기생충질환
산업보건행정	산업체 근로자 대상	산업재해 예방, 근로자 복지시설 관리 및 안전교육
학교보건행정	학생, 교직원 대상	학교급식, 건강교육, 학교보건사업

4) 보건행정의 특성
① 보건학은 사회과학과 자연과학의 혼합이다.
② 공공성, 사회성, 봉사성, 교육성, 과학성을 지닌다.

5) 보건행정이 추구하는 목적
① 형평성(Equity)
② 능률성(Efficiency)
③ 효과성(Effectiveness)
④ 접근성(Accessibility)
⑤ 대응성(Responsiveness)
⑥ 민주성 및 참여성(Democracy & Participation)

6) 보건의료체계

국민의 건강을 향상시키기 위한 보건의료서비스의 생산·분배·소비와 관련되는 요인들 간의 구조적·기능적 체계의 총칭이다.

7) 보건행정 관리과정

> 기획 ⇒ 조직 ⇒ 인사 ⇒ 지휘 ⇒ 조정 ⇒ 보고 ⇒ 예산

8) 보건소

① 기능 : 지방보건행정의 최일선 조직으로 보건행정의 말단 행정기관
② 업무
- 국민건강 증진, 보건교육, 구강건강, 영양관리사업
- 노인보건 사업
- 감염병 예방, 관리
- 감염병 진료
- 모자보건, 가족계획사업
- 공중위생 및 식품위생
- 정신보건에 대한 사항
- 가정·사회복지시설 등의 보건의료사업
- 사회복지사업
- 보건의료의 행상 및 증진을 위한 연구 등의 사업
- 의료인, 의료기관에 대한 지도 관련사항

(2) 사회보장과 세계보건기구

1) 사회보장의 정의

사회보장기본법에 따른 사회보장이란 출산, 양육, 실업, 노령, 장애, 질병, 빈곤 및 사망 등의 사회적 위험으로부터 모든 국민을 보호하고 국민 삶의 질을 향상시키는 데 필요한 소득·서비스를 보장하는 사회보험, 공공부조, 사회서비스를 말한다.

2) 사회보장의 목적

① 생활의 보장과 생활의 안정
② 개인의 자립 지원
③ 가정기능 지원

3) 사회보장의 기능
① 최저생활의 보장
② 경제적 기능
③ 소득 재분배
④ 사회 통합 기능

4) 사회보장의 체계

사회보험	공공부조	사회서비스
• 건강보험 • 장기요양보험 • 국민연금 • 고용보험 • 산업재해보상보험	• 기초생활보장 • 의료급여	• 노인복지서비스 • 장애인복지서비스 • 아동복지서비스 • 가정복지서비스

> **Tip** 세계보건기구
> • WHO(World Health Organization, 세계보건기구) : 1948년 7월 10일 세계보건기구 헌장을 발표하였으며 스위스 제네바에 본부 위치
> • 유니세프(UNICEF) : 아동의 보건 및 복지 향상을 위한 원조사업
> • FAO : 국제연합 식량농업기구
> • ILO : 국제노동기구
> • UNESCO : 국제연합 교육과학문화기구

5) 사회 보장 제도의 유형 비교 추가

구 분	사회보험	공공부조	사회서비스
주체	정부/보험자	정부(중앙 및 지방)	정부(중앙 및 지방),민간부문
객체	전국민	빈곤층	법률이 정한 특정인(소년소녀가장, 조손가정, 장애인, 장애아동, 노인)
기능	국민연금 건강보험 산재보험 고용보험 노인장기요양보험	생계보험 의료보호 교육보호 주택보호	시설이용 아동복지,영유아복지 노인복지 장애인복지 모자복지
재원		조세	조세,일부 본인부담

Chapter 1

핵심쏙쏙 예상문제

01 공중보건학의 정의와 목적으로 가장 알맞은 것은?

① 질병예방 및 치료, 수명연장
② 질병예방, 수명연장, 조기치료
③ 질병예방, 수명연장, 건강증진
④ 질병의 조기발견 및 예방, 수명연장

해설 윈슬로(Winslow)는 공중보건학을 "조직된 지역사회의 노력을 통하여 질병을 예방하고 수명을 연장하며 건강과 효율을 증진시키는 기술이며 과학이다"라고 정의하였다.

02 공중보건학의 범위에 알맞은 것은?

① 환경보건분야, 질병관리분야, 보건관리분야
② 질병관리분야, 보건관리분야, 질병조기치료분야
③ 전염병관리, 개인위생교육, 질병의 조기치료
④ 질병의 조기치료, 전염병관리, 환경위생 향상

해설
• 환경보건분야 : 환경위생, 식품위생, 환경보전과 공해, 산업환경
• 질병관리분야 : 전염병관리, 역학, 성인병관리 등
• 보건관리분야 : 보건행정, 보건영향, 인구보건, 가족보건 등

03 공중보건학의 범위 중 환경보건분야가 아닌 것을 고르면?

① 산업환경
② 식품위생
③ 보건교육
④ 환경위생

해설 환경보건분야는 환경위생, 식품위생, 환경보전과 공해, 산업환경으로 나뉜다. 보건교육은 보건관리분야에 해당한다.

04 공중보건의 목적이 알맞게 나열된 것은?

① 수명연장, 건강증진, 조기발견의 기술과학
② 수명연장, 조기치료, 건강증진의 기술과학
③ 수명연장, 질병예방, 건강증진의 기술과학
④ 건강증진, 조기치료, 질병예방의 기술과학

해설 공중보건학은 질병을 예방하고 생명을 연장할 뿐만 아니라, 신체적·정신적 효율을 증진시키는 기술이며 과학이다.

05 공중보건사업의 대상을 가장 올바르게 서술한 것은?

① 교육수준이 낮고 비위생적인 사람을 대상으로 한다.
② 빈민층을 대상으로 한다.
③ 질병이 있는 사람을 골라서 보건사업을 한다.
④ 지역사회의 전체 국민을 대상으로 한다.

해설 공중보건사업의 대상은 지역사회의 전체 주민이다.

06 공중보건의 요소가 아닌 것은?

① 수명연장
② 질병치료
③ 건강증진
④ 질병예방

해설 공중보건은 질병의 치료보다는 예방에 중점을 두는 예방의학·사회의학이다.

01 ③   02 ①   03 ③   04 ③   05 ④   06 ②

07 "공중보건학이란 조직된 지역사회의 노력을 통하여 질병을 예방하고 수명을 연장하며 건강과 효율을 증진시키는 기술이며 과학이다"라고 주장하였던 학자는?
① Wylie
② Bernard
③ Winslow
④ Disraeli

해설 윈슬로(Winslow)의 주장이며, 현재까지도 공중보건학의 보편적인 개념으로 받아들여진다.

08 조직된 지역사회의 구체적인 노력을 공중보건학의 정의로 접근할 시 옳지 않은 것은?
① 질병의 조기진단
② 전염병의 관리
③ 환경위생
④ 질병의 조기치료

해설 조직화된 지역사회의 노력으로 환경위생, 전염병 관리, 개인위생에 대한 교육, 질병의 조기진단과 예방, 치료를 위한 의료서비스의 제공 및 적절한 삶의 보장을 위한 사회적 구축 등을 들 수 있다.

09 공중보건학의 개념과 유사한 의미를 갖는 학문은 다음 중 어떤 것인가?
① 치료의학
② 예방의학
③ 지역사회의학
④ 건설의학

해설 모든 사람들의 건강을 보호하는 공중보건학의 개념과 가장 유사한 의미를 갖는 것은 지역사회의학이다.

10 세계보건기구(WHO)의 정의 중 건강에 대한 것이 아닌 것은?
① 사회적 안녕이 완전한 상태
② 육체적 안녕이 완전한 상태
③ 물질적 안녕이 완전한 상태
④ 정신적 안녕이 완전한 상태

해설 WHO(세계보건기구)는 1998년 5월에 기존 건강의 개념에 영적인 개념을 추가하여 건강이란 "단순히 질병에 걸리지 않거나 허약하지 않은 상태뿐만 아니라 육체적·정신적·사회적 및 영적 안녕이 역동적이며 온전히 행복한 상태"라고 정의하였다.

11 다음 중 질병의 3대 요인이 올바르게 나열된 것은?
① 숙주, 병인, 매개체
② 숙주, 매개체, 환경
③ 숙주, 병원체, 환경
④ 숙주, 병원체, 매개체

해설 질병의 3대 요인으로는 숙주, 환경, 병원체가 있다.

12 현대의 질병 발생의 변화양상을 설명한 것으로 올바르지 않은 것은?
① 질병의 원인이 다양하다.
② 치료보다는 예방이 중요하다.
③ 만성병이 증가하고 있다.
④ 급성 전염병의 시대이다.

해설 현대에는 과거에 만연하던 급성 전염성 질병이 많이 줄어든 대신 만성질환이나 퇴행성질환이 늘어나고 있다.

13 다음 중 건강에 관한 지표로 알맞은 조합은?
① 인간생명, 보건서비스
② 경제활성화, 교육발전
③ 인간생명, 교육발전
④ 보건서비스, 경제활성화

해설 건강에 관한 지표에는 인간생명, 교육발전, 영아사망률, 조사망률, 모성사망률, 평균여명 등이 있다.

07 ③ 08 ④ 09 ③ 10 ③ 11 ③ 12 ④ 13 ③

14 다음 인구구조의 유형 중 인구가 감소하는 유형은?

① 별형
② 종형
③ 항아리형
④ 피라미드형

해설 항아리형(인구감소형)은 출생률이 사망률보다 낮아 인구가 감소한다.

15 인구증가의 억제책으로 피임에 의한 산아 조절을 주장하는 인구이론은?

① 적정인구론
② 안정인구론
③ 맬서스주의
④ 신맬서스주의

해설 신맬서스주의는 맬서스주의를 계승하면서도 인구 증가의 억제책으로 피임에 의한 산아 조절을 주장한다.

16 다음 중 인구성장의 결정요인으로 바르지 않은 것은?

① 이동
② 사망
③ 경제력
④ 출생

해설 인구성장은 출생, 사망 및 사회적 요인인 인구이동에 의해 결정된다.

17 다음 인구문제 중 3P에 해당하지 않는 것은?

① 인구
② 빈곤
③ 오염
④ 환경

해설 3P는 인구(Population), 빈곤(Poverty), 오염(Pollution)이다.

18 인구구조에 영향을 미치지 않는 구성요소는?

① 이민
② 사망
③ 출생
④ 결혼

해설 인구구조에 영향을 미치는 요소에는 출생, 사망, 인구유입, 인구유출 등이 있다.

19 다음 보건지표에 대한 설명 중 바르지 않은 것은?

① 모성사망률은 연간 출생아수에 대한 모성사망의 수이다.
② 영아사망률은 연간 출생아수에 대한 영아사망의 수이다.
③ 신생아사망률은 연간 출생아수에 대한 1개월 미만의 사망수이다.
④ 비례사망지수란 총 사망자수에 대한 50세 미만의 사망자수이다.

해설 비례사망지수는 전체 사망자수 중 50세 이상의 사망자가 차지하는 비율을 말한다.

20 인구의 적절한 상태를 실현하기 위한 국가의 의식적·계획적 대책은?

① 인구조사
② 인구동태
③ 인구정책
④ 인구통계

해설 인구정책을 말하며, 인구조정정책과 인구대응정책으로 나뉜다.

21 국가 간 또는 지역사회 간의 보건수준을 비교하는 3대 보건지표는?

① 비례사망지수, 평균수명, 영아사망률
② 신생아사망률, 평균수명, 조사망률
③ 영아사망률, 신생아사망률, 조사망률
④ 비례사망지수, 의사 1인당 인구수, 질병군별 사망비율

14 ③ 15 ④ 16 ③ 17 ④ 18 ④ 19 ④ 20 ③ 21 ①

해설 보건수준평가의 3대 지표로 비례사망지수, 평균수명, 영아사망률을 들 수 있다.

22 세계보건기구에서 추천한 건강지표와 가장 거리가 먼 것은?
① 조사망률
② 평균수명
③ 비례사망지수
④ 영아사망률

해설 영아사망률은 가장 대표적인 보건지표에 해당되지만, 세계보건기구에서 추천한 보건지표(비례사망지수, 평균수명, 조사망률)에는 포함이 되지 않는다.

23 비례사망지수가 매우 높은 지역은?
① 건강수준이 높다.
② 건강수준이 낮다.
③ 영아의 사망률이 높다.
④ 건강수준과 비례사망지수는 관련이 없다.

해설 비례사망지수가 높을수록 전체 사망자 중 50세 이상 인구의 사망자가 많은 것을 의미하므로 건강수준이 좋다는 것을 나타낸다. 반면 비례사망지수가 낮으면 어린 연령층의 사망률이 높은 것을 의미하므로 건강수준이 낮음을 나타낸다.

24 공중보건수준평가의 기초자료로 중요시되는 것은?
① 비례사망지수
② 영아사망률
③ 평균수명
④ 조사망률

해설 생후 1년 미만 연령군의 사망률은 일반 사망률에 비해 통계적 유의성이 크다. 그러므로 영아사망률은 공중보건수준평가의 기초자료가 된다.

25 인구 증가에 대한 내용으로 맞는 것은?
① 사회증가 = 출생인구 − 사망인구
② 자연증가 = 전입인구 − 전출인구
③ 사회증가 = 자연증가 − 사망인구
④ 인구증가 = 자연증가 + 사회증가

해설 • 인구증가 = 자연증가 + 사회증가
• 자연증가 = 출생률 − 사망률
• 사회증가 = 전입인구 − 전출인구

26 역학의 역할 중에서 가장 중요한 것은?
① 질병의 자연사 연구
② 보건의료서비스 연구
③ 질병의 발생원인 규명
④ 질병의 예방대책 수립

해설 역학의 역할에는 질병의 발생원인 규명의 역할, 질병의 발생이 미칠 유행의 감시 역할, 질병의 자연사 연구역할, 보건의료서비스 연구에 대한 역할, 임상 분야에 대한 역할 등이 있다.

27 역학적 연구방법 중 기술역학의 주요 변수로 조합된 것은?
① 인적 특성, 지역적 특성, 시간적 특성
② 지리적 특성, 물리적 특성, 역사적 특성
③ 시간적 특성, 지리적 특성, 물리적 특성
④ 인적 특성, 물리적 특성, 지역적 특성

해설 기술역학은 인간집단에서 발생하는 질병 또는 건강현상의 자연사를 기술하는 것으로, 인구집단에서 발생하는 역학적 현상의 빈도를 인적·시간적·지역적 변수로 기술하고 양상을 비교·분석하여 질병 발생과 관련되는 원인적 가설을 유도해 내는 분야를 말한다.

22 ④ 23 ① 24 ② 25 ④ 26 ③ 27 ①

28 역학의 4대 변수 중의 하나인 생물학적 변수에 대한 설명으로 맞는 것은?

① 숙주의 연령, 성, 인종에 따라 같다.
② 연소층은 만성전염병이 잘 발생한다.
③ 중년층은 고혈압, 심장병, 뇌졸중이 많이 발생한다.
④ 남자는 소화성위궤양과 발진티푸스, 여자는 백일해와 이질 등이 잘 걸린다.

해설 ① 숙주의 연령, 성, 인종에 따라 다르다.
② 연소층은 급성전염병이 잘 발생한다.
③ 고혈압, 심장병, 뇌졸중이 많이 발생하는 연령층은 노년층이다.

29 구체적인 가설을 가진 상태에서 그 가설을 검증하기 위해 시행된 연구방법은?

① 기술역학
② 단면적 연구
③ 환자-대조군 연구
④ 분석역학

해설 분석역학에 대한 내용으로, 기술역학에서 설정된 구체적 가설을 검증하기 위한 2단계 역할을 말한다.

30 환자-대조군 연구의 장점을 바르게 설명한 것은?

① 연구가 비교적 용이하며 비용이 많이 든다.
② 적은 연구대상자로도 연구가 가능하다.
③ 연구결과에 대한 시간이 비교적 오래 걸린다.
④ 비교하려는 요소 이외의 모든 조건이 비슷한 대조군의 선정이 쉽다.

해설 환자-대조군 연구의 장점은 연구가 비교적 용이하며 비용이 적게 들고, 발생이 적은 질병의 연구가 가능하며 연구결과를 비교적 빠른 시일 내에 알 수 있다는 점 등이 있다.

31 20~30년의 주기로 질병이 많이 발생하는 역학현상은?

① 추세변화
② 순환변화
③ 불규칙변화
④ 계절변화

해설 추세변화를 하는 질병으로는 장티푸스(30~40년), 디프테리아(10~24년), 인플루엔자(30년) 등이 있다.

32 다음 중 역학의 목적이 아닌 것은?

① 질병발생의 원인을 규명
② 질병의 치료
③ 건강수준과 질병발생 양상을 파악
④ 보건사업의 기획과 평가에 필요한 자료를 제공

해설 질병의 치료는 역학의 목적이 아니다. 역학의 목적은 ① 원인규명의 역할, ③ 기술적 역할, ④ 보건사업평가의 역할 외에도 임상의학에의 기여 역할, 연구전략개발의 역할 등이 있다.

33 역학의 4대 현상에 속하지 않는 것은?

① 생물학적 현상
② 시간적 현상
③ 지역적 현상
④ 물리적 현상

해설 역학의 4대현상은 생물학적 현상, 시간적 현상, 지역적 현상과 사회적 현상이다.

34 역학에 대한 내용으로 옳은 것은?

① 인간 개인을 대상으로 질병 발생현상을 설명하는 학문 분야이다.
② 원인과 경과보다 결과 중심으로 해석하여 질병 발생을 예방한다.

28 ④ 29 ④ 30 ② 31 ① 32 ② 33 ④ 34 ④

③ 질병 발생현상을 생물학과 환경적으로 이분하여 설명한다.
④ 인간집단을 대상으로 질병 발생과 그 원인을 탐구하는 학문이다.

해설 역학은 인간집단의 질병 발생과 분포를 조사하여 그 원인을 파악하고 예방대책을 수립하기 위한 것이다.

35 다음 중 무좀 등 피부 관련 질환의 감염원인인 것은?
① 바이러스
② 리케차
④ 유구조충
④ 진균

해설 진균의 대표적인 균은 곰팡이균으로 무좀, 두부백선 등의 피부질환을 일으킨다.

36 감염병 감염 후 얻어지는 면역의 종류는?
① 인공능동면역
② 인공수동면역
③ 자연능동면역
④ 자연수동면역

해설 감염 후 회복이 되면서 병원체에 대한 면역력을 자연적으로 지닌다.

37 절지동물에 의해 매개되는 감염병이 아닌 것은?
① 유행성 일본뇌염
② 발진티푸스
③ 탄저
④ 페스트

해설 절지동물은 곤충, 해충을 뜻하며 탄저병은 돼지, 양 등에 의해 감염된다.

38 매개곤충과 전파하는 감염병의 연결이 틀린 것은?
① 진드기 – 유행성 출혈열
② 모기 – 일본뇌염
③ 파리 – 사상충
④ 벼룩 – 페스트

해설 사상충은 모기에 의해 전파된다.

39 예방접종에 있어서 디.피.티(D.P.T)와 무관한 질병은?
① 디프테리아
② 파상풍
③ 결핵
④ 백일해

해설 D.P.T는 백일해, 디프테리아, 파상풍을 말한다.

40 다음 중 제1급 감염병에 대해 잘못 설명된 것은?
① 감염속도가 빨라 환자의 격리가 즉시 필요하다.
② 페스트, 신종인플루엔자, 디프테리아가 속한다.
③ 환자의 수를 매월 1회 이상 관할 보건소장을 거쳐 보고한다.
④ 환자 발생 즉시 환자 또는 시체 소재지를 보건소장을 거쳐 보고한다.

해설 제1급 감염병은 발생 즉시 신고해야 하며, 환자 격리를 필요로 한다.

41 다음 중 제2급 감염병이 아닌 것은?
① 황열
② 풍진
③ 세균성 이질
④ 장티푸스

해설 황열은 제3급 감염병에 속한다.

35 ④ 36 ③ 37 ③ 38 ③ 39 ③ 40 ③ 41 ①

42 건강보균자에 대한 설명으로 알맞은 것은?
① 감염병이 걸렸다가 치유된 자
② 감염병이 걸렸지만 자각증상이 없는 자
③ 감염병을 앓고 있는 자
④ 병원체를 보유하고 있으나 증상 없이 체외로 병원균만 배출하고 있는 자

해설
- 건강보균자 : 병원체를 보유하고 있으나 증상 없고 체외로 이를 배출하고 있는 자
- 잠복기보균자 : 임상증상 전 잠복기간 중 병원체 배출
- 만성보균자 : 증상 없이 병원체를 오랫동안 보유하며 장티푸스, 만성 B형간염, 장티푸스 등

43 감염병 발생 시 취해야 하는 대처사항으로 적합하지 않는 것은?
① 예방접종을 실시한다.
② 감염병의 상황에 따라 환자의 격리가 필요하다.
③ 환자 문병을 통해 위로를 해준다.
④ 주변 환경 위생과 개인 위생에 힘쓴다.

해설 환자 문병과 같은 접촉은 피하는 것이 좋다.

44 민물가재를 날것으로 먹었을 때 감염되기 쉬운 기생충 질환은?
① 간디스토마
② 회충
③ 편충
④ 페디스토마

45 사람의 항문 주위에 알을 낳는 기생충은?
① 요충
② 사상충
③ 십이지장충
④ 회충

46 간흡충에 대한 설명으로 틀린 것은?
① 기생부위는 간의 담도이다.
② 경피감염이다.
③ 제1중간숙주는 왜우렁이다.
④ 인체 감염형은 피낭유충이다.

해설 경피감염이 아닌 경구감염이다.

47 다음 중 돼지와 관련된 질환이 아닌 것은?
① 일본뇌염
② 살모넬라증
③ 유구조충
④ 발진티푸스

해설 발진티푸스는 이가 흡혈하여 생기거나 먼지를 통한 호흡기계 감염병이다.

48 기생충과 중간숙주의 연결이 틀린 것은?
① 무구조충 – 소
② 흡충류 – 돼지
③ 회충 – 야채
④ 사상충 – 모기

해설 유구조충의 중간숙주는 돼지이다.

49 다음 기생충 중 집단생활로 인해 어린이에게 주로 감염될 수 있는 것은?
① 유구낭충증
② 유구조충증
③ 무구조충증
④ 요충증

해설 요충은 토사물 또는 비위생적인 손에 의해 사람에서 사람으로 감염되며, 주로 집단생활의 어린이에게 감염률이 높다.

42 ④　43 ③　44 ①　45 ①　46 ②　47 ④　48 ②　49 ④

50 폐흡충증의 제2중간숙주에 해당되는 것은?
① 잉어
② 다슬기
③ 모래무지
④ 가재

해설 폐흡충(폐디스토마)의 전파는 다슬기 → 게, 가재 → 사람으로 전파된다.

51 다음 중 어느 것을 날것으로 먹었을 때 무구조충에 감염될 수 있는가?
① 돼지고기
② 잉어
③ 개
④ 소고기

해설
- 소고기 : 무구조충
- 돼지고기 : 유구조충, 선모충
- 개 : 선모충

52 성인병 중 가장 대표적인 질환은?
① 당뇨병　　② 치매
③ 심장병　　④ 암

53 흡연이 인체에 미치는 영향으로 가장 적합한 것은?
① 구강암, 식도암 등의 원인이 된다.
② 피부 혈관을 이완시켜서 피부 온도를 상승시킨다.
③ 소화촉진, 식욕증진 등에 영향을 미친다.
④ 폐기종에는 영향이 없다.

해설 흡연은 암뿐만 아니라 심혈관질환 등 성인병의 유병률을 증가시킨다.

54 성인병에 대한 설명으로 틀린 것은?
① 전염성이 없다.
② 비만이나 식습관과 밀접한 관계가 있다.
③ 음주, 흡연과는 관련이 없다.
④ 경제성장으로 인해 발병률이 증가하는 추세이다.

해설 음주와 흡연은 성인병에 영향을 줄 수 있다.

55 다음 중 암 발병률이 가장 높은 것은?
① 폐암
② 대장암
③ 간암
④ 췌장암

56 당뇨병의 특징과 거리가 먼 것은?
① 갈증이 난다.
② 인슐린 분비가 정상적이지 않게 된다.
③ 합병증의 우려가 있다.
④ 혈중 포도당의 농도가 낮아진다.

해설 당뇨병은 혈중 포도당의 농도가 높아진다.

57 성인병 중 우리나라가 세계 발병률 1위인 질병은?
① 당뇨병
② 암
③ 뇌졸중
④ 심장병

해설 우리나라가 세계 발병률 1위인 질병은 뇌졸중이다.

50 ④　51 ④　52 ④　53 ①　54 ③　55 ①　56 ④　57 ③

58 일반적으로 이·미용업소의 실내 쾌적 습도범위로 가장 알맞은 것은?

① 0~10%
② 10~30%
③ 40~70%
④ 80~100%

해설 일반적으로 실내 쾌적 습도(가습)는 40~70%이다.

59 다음 중 실내공기 오염의 지표로 널리 사용되는 것은?

① CO_2
② CO
③ O_2
④ He

해설 CO_2(이산화탄소)는 공기오염의 전반적인 상태를 추출하는 오염지표로 사용된다.

60 대기오염을 일으키는 원인으로 거리가 가장 먼 것은?

① 도시의 인구감소
② 교통량의 증가
③ 기계문명의 발달
④ 중화학공업의 난립

해설 인구의 증가는 환경오염의 중요 요소이다.

61 다음 중 만성 카드뮴(Cd) 중독의 3대 증상이 아닌 것은?

① 단백뇨
② 빈혈
③ 신장기능장애
④ 폐기종

해설 카드뮴은 중금속의 일종으로 중독 시 폐, 신장의 장애, 뼈 연화증 등의 증상이 있다.

62 미용업의 영업장 실내조명 기준은?

① 40Lux 이상
② 60Lux 이상
③ 75Lux 이상
④ 120Lux 이상

해설 이·미용업소에서 실내조명 기준은 75Lux 이상이다.

63 국제노동기구(ILO)와 세계보건기구(WHO) 공동위원회에서 말하는 산업보건의 정의 중 거리가 먼 것은?

① 근로자들의 정신적, 육체적, 사회적 건강을 증진시킨다.
② 작업장의 유해요인으로 인한 손상을 사전에 예방한다.
③ 건강에 유해한 취업을 방지한다.
④ 직업병을 치료하는 데에 목적이 있다.

해설 세계보건기구(WHO)와 국제노동기구(ILO)의 산업보건 합동위원회는 산업보건이란 모든 직업에서 일하는 근로자들이 육체적·정신적·사회적인 건강을 고도로 유지·증진시키며, 작업조건으로 인한 질병을 예방하고 건강에 유해한 취업을 방지하여 근로자를 생리적·심리적으로 적합한 작업환경에 배치하여 일하도록 하는 것이다.

64 산업보건의 목적으로 잘못된 것은?

① 근로자의 보건 유지
② 산업재해 예방
③ 근로자의 안전유지 및 증진
④ 직업병 치료

해설 우리나라 「산업안전보건법」은 '산업안전·보건에 관한 기준을 확립하고 그 책임의 소재를 명확하게 하여 산업재해를 예방하고 쾌적한 작업환경을 조성함으로써 근로자의 안전과 보건을 유지·증진함'을 목적으로 하고 있다.

58 ③ 59 ① 60 ① 61 ② 62 ③ 63 ④ 64 ④

65 다음 사항 중 산업재해지표와 무관한 것은?
① 건수율 ② 발병률
③ 강도율 ④ 도수율

해설 산업재해지표에는 건수율(발생률), 도수율 및 강도율이 있다.

66 재해 발생의 요인에서 생리적 요인은?
① 작업지식의 부족, 작업진행의 혼란, 과중한 작업부담
② 피로, 질병, 체력 부족, 음주
③ 정신력 부족, 경솔, 부주의, 착오
④ 과중한 작업부담, 체력 부족, 피로

해설 생리적 요인에는 피로, 질병, 체력 부족, 음주, 약물, 임신 등이 있다.

67 산업재해의 상병분류 중 중상의 휴업일수는?
① 10일 이상 ② 14일 이상
③ 20일 이상 ④ 30일 이상

해설 산업재해의 상병은 휴업일수에 따라 중상(휴업 14일 이상), 중등상(휴업 8~13일), 경상(휴업 3~7일), 미상(휴업 1~2일), 불휴재해(휴업일 없음)으로 나눈다.

68 산업보건의 중요성으로 볼 수 없는 것은?
① 노동인구의 증가
② 근로자의 권익 보호
③ 노동인력 관리의 필요성 증대
④ 산업재해 예방 및 치료

해설 산업보건의 중요성은 급격한 산업의 발달로 산업자의 노동인구가 많아졌다는 점, 노동력의 유지 및 증진을 통하여 생산성과 품질을 향상시킬 수 있다는 점, 산업보건관리가 노동자들의 인권문제로 대두되었다는 점 등에서 찾을 수 있다.

69 다음 중 진동과 관련이 있는 질환은?
① 잠함병
② 안구진탕증
③ 열중증
④ 레이노현상

해설 레이노현상은 말초신경 장애로 인한 손가락의 국소성 혈관경련으로, 동통과 지각 이상을 초래한다. 진동작업에 5년간 종사했을 경우 나타날 수 있다.

70 산업장 소음의 대책으로 적당하지 않은 것은?
① 소음원을 제거하거나 감약시킨다.
② 차음, 흡음 조치를 한다.
③ 기계에 소음기를 부착하거나 공명 부분을 차단한다.
④ 소음원이 되는 기계의 설치장소를 변경하지 않는다.

해설 소음원이 되는 기계의 설치장소를 변경해야 하고 귀마개, 귀덮개 등 보호구를 착용해야 하며 소음에 대한 폭로시간을 단축한다.

71 산업장 소음의 경우 일과성 청력손실이 일어나는 범위는?
① 1,000~2,000Hz
② 2,000~3,000Hz
③ 3,000~4,000Hz
④ 4,000~6,000Hz

해설 산업장 소음의 경우 4,000~6,000Hz에서 일과성 청력손실이 일어난다. 청력손실의 대부분은 폭로 후 2시간 이내에 일어나며 폭로 중지 후 1~2시간 내에 대부분 회복된다.

---

65 ② 66 ② 67 ② 68 ③ 69 ④ 70 ④ 71 ④

72 다음 중 보통 8시간 작업을 기준으로 한 소음의 허용기준은?

① 70dB ② 80dB
③ 90dB ④ 100dB

> 해설 소음의 허용기준은 8시간 작업을 기준으로 90dB이며, 소음의 크기, 주파수 구성, 폭로시간, 시간적 변동 등과 관계되어 발생할 수 있다.

73 각종 산업재해지표를 잘못 기술한 것은?

① 중독률 = (재해건수 / 손실작업일수) × 1,000
② 강도율 = (손실작업일수 / 연근로시간수) × 1,000
③ 도수율 = (재해건수 / 연근로시간수) × 1,000,000
④ 건수율 = (재해건수 / 평균실근로자수) × 1,000

> 해설 중독률 = (손실작업일수 / 재해건수) × 1,000

74 열경련증의 원인은?

① 지방의 결핍
② 아미노산의 결핍
③ 단백질의 결핍
④ 체내 수분 및 염분의 결핍

> 해설 열경련증은 고온·고습한 환경에서 작업을 했을 경우 체내 수분 및 염분의 결합으로 순환기능이 떨어져서 발생된다.

75 다음 중 고기압으로 인하여 발생되는 직업병이 아닌 것은?

① 잠수병 ② 고압증
③ 고산병 ④ 산소중독증

> 해설 고산병, 저압증, 저산소증은 저기압으로 인한 직업병이다.

76 다음 중 분진에 의한 진폐증의 증상으로 맞는 것은?

① 위장장애
② 수면장애
③ 근육장애
④ 폐포의 섬유증식증

> 해설 진폐증 : 폐포의 섬유증식증

77 고열로 인한 산업재해질환의 작업병이 아닌 것은?

① 열사병
② 열경련
③ 열허탈증
④ 규폐증

> 해설
> • 규폐증은 분진에 의한 질병이다.
> • 고열로 인한 산업재해질환은 열사병, 열경련증, 열허탈증, 열쇠약증, 열중증, 열발진증 등이 있다.

78 세계보건기구(WHO)가 제시한 식품위생의 정의에 속하지 않는 것은?

① 안전성 ② 건전성
③ 기호성 ④ 완전무결성

> 해설 식품위생이란 식품의 생육·생산·제조에서 최종적으로 사람에게 섭취될 때까지의 모든 단계에서 식품의 안전성, 건전성 및 완전무결성을 위해 필요한 모든 수단을 말한다.

79 식품위생법상 식품위생의 대상이 아닌 것은?

① 첨가물 ② 용기
③ 포장   ④ 영양

> 해설 식품위생법에서는 "식품위생이라 함은 식품, 식품첨가물, 기구 또는 용기·포장을 대상으로 하는 음식에 관한 위생을 말한다"라고 규정한다.

72 ③　73 ①　74 ④　75 ②　76 ④　77 ④　78 ③　79 ④

80 세균성 식중독 중 감염형만 나열된 것은?
① 살모넬라균, 병원성 대장균, 장염비브리오
② 포도상구균, 보툴리누스균, 살모넬라균
③ 캠피로박터, 장관병원성대장균, 포도상구균
④ 독소원성대장균, 가스괴저균, 병원성대장균

해설 감염형 식중독은 식품은 식품에서 미리 증식한 균이 식품과 함께 섭취되어 소장에서 더욱 증식한 후 중독증상을 일으키는 것이다. 원인균은 살모넬라 식중독, 장염비브리오, 병원성대장균, 캠피로박터, 리스테리아, 여시니아 등이 있다.

81 다음 중 독소형 식중독의 원인균은?
① 보툴리누스
② 살모넬라
③ 장염비브리오
④ 장출혈성 대장균

해설 독소형 식중독에는 보툴리누스 식중독, 포도상구균 식중독 등이 있다.

82 다음 중 통조림 등 밀봉식품의 부패로 인한 식중독은?
① 살모넬라 식중독
② 보툴리누스 식중독
③ 프토마인 식중독
④ 포도상구균 식중독

해설 보툴리누스 식중독은 소세지, 햄, 채소, 과일 등의 통조림에서 번식하는 세균의 독소에 의해 감염된다.

83 다음 중 세균성 식중독이 아닌 것은?
① 감염형 식중독
② 독소형 식중독
③ 감염독소형 식중독
④ 아데노바이러스 식중독

해설 세균성 식중독에는 감염형 식중독, 독소형 식중독, 감염독소형 식중독이 있다.

84 당질이나 지방질이 미생물에 분해되어 변질되는 것은?
① 부패   ② 변패
③ 산패   ④ 발효

해설 부패와 변패를 엄격하게 구분하는 것은 불가능하다. 그러나 편의상 식품의 주성분에 따라 부패는 단백질 식품(육류·어패류·난류 등)의 미생물에 의한 변질을 뜻하고, 변패는 단백질 이외의 당류나 지방질의 성분을 갖는 식품(밥류·버터류 등)이 변질되는 것을 뜻한다.

85 다음 중 복어 중독증상이 아닌 것은?
① 호흡장애   ② 고열 및 오한
③ 지각마비   ④ 언어장애

해설 복어 중독증상은 호흡곤란, 구순 및 혀의 지각마비, 구토, 두통, 보행장애, 언어장애, 운동불능, 연하, 호흡곤란, 혈압하강, 호흡정지 등이 있다.

86 식품의 보존방법 중 성격이 다른 것은?
① 가열법   ② 건조법
③ 밀봉법   ④ 염장법

해설 염장법은 화학적 처리법에 해당하고, 나머지는 물리적 처리법에 해당한다.

87 다음 중 3대 영양소가 아닌 것은?
① 탄수화물   ② 단백질
③ 지방   ④ 비타민

해설 탄수화물, 단백질, 지방을 3대 영양소라고 하며, 여기에 비타민과 무기질을 합하면 5대 영양소라고 한다.

80 ①　81 ①　82 ②　83 ④　84 ②　85 ②　86 ④　87 ④

88 에너지원으로 대부분 이용되며 체내에는 글리코겐으로 저장되는 영양소는?

① 단백질
② 탄수화물
③ 지방
④ 무기질

해설 탄수화물은 에너지원으로 대부분 이용되며 체내에는 글리코겐으로 저장된다. 결핍 시에는 영양장애, 허약, 피로, 산혈증 등이 나타나며 과잉 시 비만증의 원인이 된다.

89 식중독에 대한 설명으로 옳은 것은?

① 음식 섭취 후 장시간 뒤에 증상이 나타난다.
② 근육통 호소가 가장 빈번하다.
③ 병원성 미생물에 오염된 식품 섭취 후 발병한다.
④ 독성을 나타내는 화학물질과는 무관하다.

해설 식중독은 미생물 또는 유독물질에 의해 오염된 음식을 섭취하여 생기는 질환이다.

90 다음 중 감염형 식중독에 속하는 것은?

① 살모넬라 식중독
② 보툴리누스 식중독
③ 포도상구균 식중독
④ 웰치균 식중독

해설 감염형 식중독 : 살모넬라 식중독, 장염비브리오 식중독, 병원성 대장균 식중독 등

91 다음 식중독 중에서 치명률이 가장 높은 것은?

① 살모넬라 식중독
② 포도상구균 식중독
③ 연쇄상구균 식중독
④ 보툴리누스균 식중독

해설 보툴리누스균은 독소형 식중독 중 치명률이 가장 높다.

92 결핍 시 불임증, 생식불능이 나타나며 피부의 노화방지작용과 가장 관계가 깊은 비타민은?

① 비타민 A
② 비타민 B 복합체
③ 비타민 E
④ 비타민 D

해설 비타민 E는 항산화효과가 있어 노화방지작용을 한다.

93 다음 중 비타민과 그 결핍증과의 연결이 틀린 것은?

① 비타민 B_2 : 구순염
② 비타민 D : 구루병
③ 비타민 A : 야맹증
④ 비타민 C : 각기병

해설 비타민 C 결핍 시 : 괴혈병, 피로, 면역력 저하 등

94 시기적으로 7~9월 사이에 많이 발생하며, 어패류에 의해 발병되는 식중독으로 맞는 것은?

① 장염비브리오 식중독
② 포도상구균 식중독
③ 살모넬라 식중독
④ 보툴리누스균 식중독

해설 장염비브리오 식중독은 7~9월 사이에 많이 발생하며, 어패류에 의해 발병되는 식중독이다.

88 ② 89 ③ 90 ① 91 ④ 92 ③ 93 ④ 94 ①

95 다음 중 식품 섭취를 통해 걸리는 독소형 식중독은?

① 장염 비브리오 식중독
② 살모넬라균 식중독
③ 병원성 대장균 식중독
④ 포도상구균 식중독

해설 장염 비브리오 식중독, 살모넬라균 식중독, 병원성 대장균 식중독은 감염형 식중독이다.

96 감자에 함유되어 있는 독소는?

① 무스칼린
② 아플라톡신
③ 솔라닌
④ 시트리닌

해설 자연독의 종류
- 감자독 : 솔라닌
- 버섯독 : 무스카린, 아마니타톡신
- 복어 : 테트로도톡신
- 어패류 : 베네루핀
- 옥수수, 땅콩 : 아플라톡신
- 황변미독 : 시트리닌
- 루브라톡신 : 페니실륨 루브룸

97 보건행정의 정의에 포함되는 내용과 가장 거리가 먼 것은?

① 국민의 수명연장
② 질병 예방
③ 공적인 행정활동
④ 수질 및 대기보건

해설 수질 및 대기보건은 환경보건에 속한다.

98 일반주민을 대상으로 하는 일반보건행정의 하위분류로 옳지 않은 것은?

① 감염병
② 노약자보건행정
③ 예방보건행정
④ 기생충질환

해설 일반보건행정(일반주민 대상) : 감염병, 모자보건행정, 예방보건행정, 기생충질환

99 산업체 근로자를 대상으로 하는 산업보건행정의 하위분류로 옳지 않은 것은?

① 산업재해 예방
② 근로자 복지시설 관리
③ 안전교육
④ 노무관리

해설 산업보건행정(산업체 근로자 대상) : 산업재해 예방, 근로자 복지시설 관리 및 안전교육

100 학생, 교직원을 대상으로 하는 학교보건행정의 하위분류로 옳지 않은 것은?

① 학교급식
② 건강교육
③ 성적관리
④ 학교보건사업

해설 학교보건행정(학생, 교직원 대상) : 학교급식, 건강교육, 학교보건사업

101 보건행정이 추구하는 목적으로 옳지 않은 것은?

① 형평성
② 성실성
③ 효과성
④ 민주성 및 참여성

해설 보건행정의 목적 : 형평성, 능률성, 효과성, 접근성, 대응성, 민주성 및 참여성

95 ④ 96 ③ 97 ④ 98 ② 99 ④ 100 ③ 101 ②

102 다음 중 국제보건기구가 아닌 것은?

① WHO : 세계보건기구
② 유니세프 : 아동의 보건 및 복지 향상을 위한 원조사업
③ UN : 국제노동기구
④ UNESCO : 국제연합 교육과학문화기구

해설 국제보건기구
- WHO(World Health Organization) : 세계보건기구
- 유니세프(UNICEF) : 아동의 보건 및 복지 향상을 위한 원조사업
- FAO : 국제연합 식량농업기구
- ILO : 국제노동기구
- UNESCO : 국제연합 교육과학문화기구

103 보건행정의 체계에 대한 설명으로 옳지 않은 것은?

① 중앙보건행정조직은 보건복지부(산하기관 : 질병관리본부, 의료기관, 검역소 등)에서 진행한다.
② 지방보건행정조직은 보건복지부 감독, 행정안전부와 행정기관이 집행한다.
③ 시·도 보건행정조직은 시·군·구 보건행정조직을 감독 및 지휘한다.
④ 시·군·구 보건행정조직은 대형 병원에서 관리한다.

해설 시·군·구 보건행정조직은 보건소, 보건지소, 보건진료소에서 집행한다.

104 다음 보건행정 관리과정의 절차에서 빈 칸에 들어갈 것은?

| 기획 ⇒ 조직 ⇒ 인사 ⇒ 지휘 ⇒ 조정 ⇒ ( ) ⇒ 예산 |

① 보고　　　② 관리
③ 행정　　　④ 결정

해설 보건행정 관리과정 : 기획 ⇒ 조직 ⇒ 인사 ⇒ 지휘 ⇒ 조정 ⇒ 보고 ⇒ 예산

105 보건행정의 말단 행정기관으로 국민건강 증진 및 감염병 예방관리사업을 하는 기관은?

① 대법원
② 보건기관
③ 종합병원
④ 보건소

106 사회보장 중 공공부조에 해당하는 것을 모두 고르면?

㉠ 산재보험	㉡ 건강보험
㉢ 고용보험	㉣ 의료급여
㉤ 국민연금	㉥ 기초생활보장

① ㉠, ㉡
② ㉢, ㉣
③ ㉣, ㉥
④ ㉡, ㉤

해설 공공부조
- 소득보장 : 국민기초생활보장제도, 보훈사업
- 의료보장 : 의료급여제도

102 ③　103 ④　104 ①　105 ④　106 ③

Chapter 2 소독

Section 1. 소독의 정의 및 분류

1 소독

(1) 소독용어

멸균	병원성·비병원성 미생물, 포자 등 모든 미생물을 전부 사멸 또는 제거하는 것
살균	• 생활력을 가지고 있는 미생물을 여러 가지 물리·화학적 작용을 통해 급속하게 죽이는 것 • 멸균과는 달리 내열성 포자는 잔존
소독	• 사람에게 유해한 미생물을 파괴하여 감염의 위험을 제거하는 비교적 약한 살균 작용 • 세균의 포자에는 작용하지 못함
방부	병원성 미생물의 발육과 작용을 제거하거나 정지시켜 음식물의 부패나 발효를 방지하는 것
청결	• 사람이나 기구 표면에 부적합하게 부착된 이물질의 제거를 의미 • 소독의 필수적인 과정
위생	건강의 유지 및 증진을 위해 질병의 예방이나 치료에 힘쓰는 것

> **Tip** 소독력 비교
> 멸균 〉 살균 〉 소독 〉 방부 〉 청결 〉 위생

(2) 소독의 5요소

① 소독으로 없애야 한다.
② 증식 가능한 상태의 미생물을 억제하는 것뿐만 아니라 사멸시켜야 한다.
③ 아포를 사멸시킬 필요는 없다.
④ 보통은 화학제를 이용하지만 물리적인 방법도 사용한다.
⑤ 인체나 동물이 아닌 무생물체에만 사용한다.

(3) 소독약 사용 및 보존 시 주의사항

① 약품을 **냉암소에** 보관한다.

② 소독 대상물품에 적당한 소독약과 소독방법을 선정한다.
③ 병원미생물의 종류, 저항성 및 멸균, 소독의 목적에 따라 그 방법과 시간을 고려한다.

(4) 소독제의 조건
① 살균효과가 있어야 한다.
② 광범위한 미생물에 적합해야 한다.
③ 유기화합물과 금속물질을 손상시키지 않아야 한다.
④ 가격이 경제적이어야 한다.
⑤ 침투성과 안정성이 있어야 한다.
⑥ 인체에 독성이 없어야 한다.

2 소독기전

(1) 소독기전의 정의
소독기전이란 소독제가 미생물에 작용하여 살균하는 기전이다.

(2) 소독에 영향을 미치는 인자
온도, 수분, 시간

(3) ★ 소독작용에 영향을 미치는 요인
① 온도가 높을수록 : 소독 효과가 크다.
② 접속시간이 길수록 : 소독 효과가 크다.
③ 농도가 높을수록 : 소독 효과가 크다.
④ 유기물질이 많을수록 : 소독 효과가 작다.

(4) 살균작용의 작용기전(Action Mechanism)

구 분	종 류
산화작용	과산화수소, 오존, 염소 및 그 유도체, 과망간산칼륨
균체의 단백질 응고작용	석탄산, 크레졸, 승홍, 알코올, 포르말린, 생석회
균체의 효소 불활성화 작용	석탄산, 알코올, 역성비누, 중금속염

구분	종류
균체의 가수분해작용	강산, 강알칼리, 중금속염
탈수작용	알코올, 포르말린, 식염, 설탕
중금속염의 형성	승홍, 머큐로크롬, 질산은
핵산에 작용	자외선, 방사선, 포르말린, 에틸렌옥사이드
균체의 감수성 변화작용	석탄산, 역성비누, 중금속염

3 소독법의 분류

(1) 물리적 소독법

1) 건열멸균법

화염멸균법	• 물체에 직접 불을 접촉시켜 표면에 붙어 있는 미생물을 사멸한다. • 유리기구, 도자기, 금속기구의 소독에 적합하다. • 알코올램프, 천연가스의 화염을 사용한다.
소각법	• 병원균에 오염된 의류, 침구 등을 태워 멸균한다. • **감염병** 환자가 사용했던 물건 처리를 위해 **소각**하는 경우 안전하다. • **이 · 미용업소**에서 손님으로부터 나온 **객담이 묻은 휴지** 등을 소독하는 방법이다.
건열멸균법	• 건열멸균기에서 고온으로 멸균하는 방법이다. • 165~170℃의 건열멸균기에 1~2시간 동안 멸균하는 방법이다. • 유리기구, 금속기구, 자기제품, 주사기, 분말, 거즈 등의 멸균에 이용한다. • 미생물과 포자 및 습기가 침투하기 어려운 바세린, 글리세린 등의 멸균에도 효과적이다.

2) 습열멸균법

자비멸균법 (자비소독)	• 포자는 사멸되지 않는다. • 100℃의 끓는 물에서 20~30분 동안 소독한다. • 금속기구, 도자기, 주사기, 의류, 식기의 소독에 적합하다. • 물에 탄산나트륨 1~2%를 넣으면 살균력이 강해진다. • 보조제로 탄산나트륨, 붕산, 크레졸액, 석탄산을 사용한다. • 아포형성균, B형 간염 바이러스의 멸균에는 부적합하다.
간헐멸균법	• 100℃의 유통증기 속에서 30~60분간 멸균시킨 다음 20℃ 이상의 실온에서 24시간 동안 방치하는 방법을 3회 반복하는 멸균법이다. • 코흐멸균기를 사용한다. • 아포를 형성하는 미생물을 멸균 시 사용한다.

증기멸균법	• 끓는 물의 수증기를 이용하여 병원균을 멸균시키는 방법이다. • 100℃에서 30분간 처리한다.
고압증기멸균법	• 고압증기 멸균기를 이용하여 소독하는 방법이다. • 소독방법 중 완전 멸균으로 가장 빠르고 효과적인 방법이다. • 포자를 형성하는 세균을 멸균한다. • 수증기가 통과하므로 용해되는 물질은 멸균할 수 없다. • 의료기구, 유리기구, 금속기구, 의류, 고무제품, 미용기구, 무균실 기구 등에 사용한다.
저온살균법	• 프랑스의 파스퇴르에 의해 개발된 방법이다. • 우유, 술, 주스 등에 활용한다. • 62~65℃에서 30분간 소독한다. • 결핵균, 살모넬라균, 유산균, 디프테리아를 제거한다.
초고온살균법	• 130~150℃에서 0.75~2초간 가열 후 급랭시킨다. • 우유를 소독할 때 사용한다.

3) 무가열멸균법

일광소독법	• 자외선을 이용하는 방법이다. • 결핵균, 페스트균, 장티푸스균 등의 사멸에 사용한다.
자외선살균법	• 무균실, 실험실, 조리대 등의 표면적 멸균 효과를 얻기 위한 방법이다. • 자외선은 260~280mm에서 살균력이 가장 강하다.
방사선살균법	• 코발트나 세슘 등의 감마선을 이용한 방법이다. • 포장식품이나 약품의 멸균 등에 이용한다. • 시설비가 비싸다는 단점이 있다.
초음파멸균법	8,800cycle 음파의 강력한 교반작용을 이용한 미생물 살균방법이다.

(2) 화학적 소독법

화학약품을 이용하며 사용범위가 넓지만 아포는 사멸하기 어렵다.

1) ★석탄산(페놀) : 석탄산 3% + 물 97%

① 살균력과 냄새가 강하고 독성이 있어 점막을 자극하며 고온일수록 효과가 크다.
② 단백질 응고작용이 있다.
③ 살균력의 지표로 사용한다.
④ 금속을 부식시킨다.
⑤ 인체에 유독성이 있어 상처 치료에는 사용할 수 없다.
⑥ 손 소독 시 2%의 수용액을 사용한다.
⑦ 비용이 저렴하며 잔류효과가 크다.

⑧ 넓은 지역을 방역할 때나 의류, 화장실, 이·미용실 소독에 적합하다.

> **Tip** **석탄산 계수**
> - 5% 농도의 석탄산을 사용하여 장티푸스균에 대한 살균력과 비교하여 각종 소독제의 효능을 표시한다.
> - 어떤 소독약의 석탄산의 계수가 2.0이면 살균력이 석탄산의 2배라는 것을 의미한다.
> - 석탄산 계수 = $\dfrac{\text{소독액의 희석배수}}{\text{석탄산의 희석배수}}$

2) 승홍수 : 승홍수 0.1% + 물 99.9% ★

① 피부 소독 시 0.1~0.2%의 수용액을 사용한다.
② 금속물질을 부식시킨다.
③ 포도상구균, 대장균을 사멸한다.
④ 플라스틱 제품의 소독에 적합하다.
⑤ 금속 부식성이 있어 금속류의 소독에는 적당하지 않다.
⑥ 상처가 있는 피부에는 적합하지 않다.

3) 포르말린 : 포름알데히드의 물에 35% 용해 수용액 ★

① 단백질을 응고시킨다.
② 포자를 사멸시킬 수 있다.
③ 강한 살균력으로 1~1.5%의 수용액을 사용한다.
④ 온도가 높을수록 살균력이 크다.
⑤ 살균제, 소독제, 방부제 등으로 널리 사용한다.
⑥ 무균실, 병실, 거실 등의 소독 및 금속제품, 고무제품, 플라스틱 등의 소독에 사용한다.
⑦ 수증기를 동시에 혼합하여 사용한다.

4) 크레졸 : 크레졸 0.1% + 물 97% ★

① 피부 소독 시 1~2%의 수용액을 사용한다.
② 피부, 고무제품, 화장실, 이·미용실의 바닥 소독에 적합하다.
③ 결핵, 오물, 배설물, 객담의 소독에 적합하여 병원에서 사용한다.
④ 석탄산에 비해 2배의 소독력이 있다.

5) 알코올 : 알코올 70% + 물 30% ★

① 균체 단백질을 응고시키거나 아포는 사멸하지 못한다.
② 가격이 저렴하고 살균력이 있다.
③ 쉽게 증발되어 잔여량이 없는 살균제이다.

④ 미용도구 및 기구, 손 소독에 적당하다.

6) 과산화수소 : 과산화수소 3% + 물 97%
① 피부 상처, 점막 소독에 주로 사용한다.
② 혐기성 세균에 효과적이다.
③ 일반 세균, 바이러스, 결핵균, 진균, 아포에 모두 효과적이다.

7) 역성비누액(산성비누)
① 냄새가 거의 없고 자극이 적다.
② 물에 잘 녹고 흔들면 거품이 난다.
③ 일반비누와 혼용할 경우 살균력이 없어진다.
④ 양이온 계면활성제의 일종으로 세정력은 거의 없으며 살균작용이 강하다.

8) 요오드
① 살균력이 강해 광범위한 포자나 바이러스를 사멸할 때 사용한다.
② 금속을 부식시킨다.
③ 페놀에 비해 강한 살균력이 있고 독성은 훨씬 적다.
④ 착색의 우려가 있다는 단점이 있다.

9) 오존(O_3)
① 식수를 살균시키는 산화제이다.
② 잔여물을 남기지 않는다.
③ 산화작용이 강하여 물의 살균에 이용한다.

10) 염소
① 살균력이 강하고 경제적이다.
② 잔류효과가 크나 냄새가 강하다.

11) 생석회 : 생석회 20% + 물 80%
① 가격이 저렴하다.
② 화장실, 하수도 소독 시 사용한다.

12) 포름알데히드
금속류를 소독할 때 사용한다.

(3) 여과소독법(여과멸균법)

열에 의해 파괴되거나 변질되는 액상물질을 미세한 여과기에 통과시켜 미생물을 분리·제거하는 것으로 효소, 백신 등의 액체 혈청은 여과법으로 처리한다.

(4) 빛에 의한 소독

자외선멸균법	• 자외선 UV-C를 이용하여 소독하는 방법이다. • 자외선 파장이 2,800~32,00Å(도노선)이어야 살균 소독이 된다. • 빨래나 이불을 말릴 때 사용한다.
방사선멸균법	• 산업용품, 식품, 의료용에 방사선을 조사하는 방법이다. • 코발트나 세슘 등을 이용한다. • 시설 설비에 소요되는 비용이 비싸다는 단점이 있다.

(5) 소독인자

물	• 물에 젖어 있는 균체와 접촉을 한 후 균막을 통하여 균체에 용해되어 들어가 단백질을 변성시킨다. • 건조한 상태에서는 소독약의 화학반응이 어려우므로 살균작용은 물에 젖어있는 상태에서 진행된다.
온도	• 미생물의 종류에 따라 고온·저온에 따른 생존조건이 다른 것을 이용하여 미생물을 사멸시키는 방법이다. • 열을 이용하며 그 온도가 대상물의 내부까지 침투하여야 한다. • 습열에 온도를 상승시키면 반응속도가 균체에 빠르게 확산되며 단백질의 변형을 가져온다.
농도	• 소독약의 농도가 높으면 그에 비례하여 소독력이 강해지나, 피부에 상해를 주거나 소독 대상물을 손상시키는 부작용도 심해진다. • 종류에 따라 농도를 적당하게 조절해야 한다.
시간	물리적 소독과 화학적 소독은 일정 시간이 필요하다.
자외선	• 파장이 적은 자외선이나 방사선은 강력한 살균작용을 한다. • 자외선은 직접 조사되는 곳에서만 강하게 작용한다.

Section 2. 미생물 총론

1 미생물의 정의

① 미생물은 약 0.1㎛ 이하의 미세하게 작은 생물체를 말하며 현미경으로만 확인이 가능하다.
② 단세포이고 숙주에 붙어 기생한다.
③ 질병을 일으키는 미생물과 질병을 일으키지 않는 비병원성 미생물로 나뉜다.

>
> - 병원성 미생물 : 세균(구균, 간균, 나선균), 바이러스, 리케차, 진균 등
> - 비병원성 미생물 : 효모, 곰팡이균, 유산균, 발효균 등

2 미생물의 역사

(1) 히포크라테스(Hippocrates, 고대 그리스)
페스트, 콜레라, 홍역 등 질병의 원인은 나쁜 공기가 병을 운반해온 것이라고 믿었다.

(2) 안토니 반 레벤후크(Antonie van Leeuwenhoek, 1632~1723, 네덜란드)
① 1673년 현미경 발명으로 원생동물, 간균, 구균, 조류, 나선균 등의 미생물을 최초로 관찰하였다.
② 질병을 일으키는 원인을 과학적으로 연구할 수 있게 되었다.

(3) 루이 파스퇴르(Louis Pasteur, 1822~1895, 프랑스)
① 저온멸균법, 간헐멸균법, 고압증기멸균법, 건열멸균법 등을 발견했다.
② 포도주, 맥주의 발효, 효모균, 젖산균을 발견했다.
③ 탄저병, 광견병 백신 등의 개발로 백신 접종에 의한 전염병 예방법의 일반화에 성공하였다.

(4) 로버트 코흐(Robert Koch, 1843~1910, 독일)
① **병원균** 설이라는 현대 미생물학을 확립하였고 세균의 순수배양법을 발견하였다.
② 탄저균, 결핵균, 콜레라균을 발견하여 세균연구법의 기초를 확립하였다.
③ 1905년 노벨 생리학과 의학상을 수상하였다.

3 미생물의 구조

진핵세포	• 단백질(염색체)로 구성된 DNA이다. • 세포질을 채우고 있는 물질들이 내부 구조를 형성하고 관리한다. • 식물, 동물, 원생동물, 조류 등의 세포이다.
원핵세포	• 핵막이 없는 작고 간단한 원형 염색체(운형질막)이다. • 세균 형태(바이러스)이고 편모, 선모를 갖고 있다.

4 미생물의 분류

(1) 세균

육안으로는 관찰할 수 없다.

구균	• 둥근 형태의 균을 말한다. • 펩토코쿠스, 포도상구균, 연쇄상구균 등이 있다.
간균	• 막대 모양으로 가늘고 긴 형태이나 끝의 모양은 다양하다. • 대장균, 장티푸스균, 이질균 등이 있다.
나선균	• 나선 모양의 균으로 편모를 이용하여 굴곡운동으로 이동한다. • 콜레라균, 매독균 등이 있다.

> **Tip** 미생물은 세포질막(세포막), 세포벽, 협막, 점질층, 섬모, 편모, 핵물질, 아포로 구성된다.

(2) 바이러스

① 크기가 가장 작은 미생물이다.
② 살아 있는 세포 내에만 존재하고 동·식물이나 세균에 기생하며 살아간다.
③ 수두, 인플루엔자, 천연두, 폴리오, 후천적 면역결핍증(AIDS) 등이 있다.

(3) 진균

① 곰팡이균을 말하며 미생물 중 가장 크기가 크다.
② 곰팡이, 버섯, 아포 형성, 효모 등이 있다.
③ 무좀, 백선과 같은 피부병을 유발한다.

(4) 리케차

① 세균과 바이러스의 중간 크기이다.
② 벼룩, 진드기, 이 등의 절지동물이 매개가 된다.
③ 발진티푸스, 발진열, 쯔쯔가무시, 큐열, 참호열 등이 있다.

5 미생물의 증식

미생물의 발육과 증식을 위해서는 온도, 산소, 수분, 수소이온 농도, 영양이 필요하다.

(1) 온도

① 미생물의 최적온도는 28~32℃이다.
② **저온균** : 20℃ 이하로 비브리오균과 같이 어패류에서 발견되며 냉장고에서도 증식 가능하다.
③ **중온균** : 25~45℃, 인간체온 37℃에 최적화하여 이질균, 장티푸스균 등이 인체 내에서 성장할 수 있다.
④ **고온성균** : 50~80℃ 이상의 높은 온도에서 자라는 호열성 세균들은 약 55~60℃에서 최적으로 증식하며 배수구, 온천 등에서 발견된다.

(2) 산소 및 수소이온 농도

① 병원성 세균이 자라는 최적의 수소이온 농도는 pH 6~8이다.
② **호기성균** : 산소를 필요로 하는 균으로 곰팡이, 결핵, 디프테리아, 백일해 등이 있다.
③ **혐기성균** : 산소를 필요로 하지 않는 균으로 파상풍균, 보툴리누스균이 있다.
④ **통성혐기성균** : 산소의 유무에 관계없이 증식하지만 산소가 있다면 더 잘 증식하는 균이다. 포도상구균, 대장균, 살모넬라균이 있다.

(3) 수분

① 세균의 80~90%는 수분으로 이루어져 있다.
② 미생물 발육과 증식에 필요한 영양소는 보통 물에 녹기 때문에 **수분이 필요**하다.

(4) 영양과 신진대사

물, 질소, 탄소 및 유기물질이 필요하다.

Section 3. 병원성 미생물

1 병원성 미생물의 종류

(1) 병원성 미생물의 특성
① 병원성 미생물은 식중독이나 각종 질병을 유발하는 병원성을 띠는 미생물이다.
② 비병원성 미생물은 각종 질병의 병원성을 유발하지 않는 미생물이다.
③ 동물이나 사람에 감염되어 질병을 일으키는 병원성을 가진 미생물로 부패, 감염병의 원인이며 발효에도 이용된다.

> **Tip** 미생물
> 0.1mm 이하의 미세한 생물체를 총칭한다.

(2) 세균
1) 세균의 특징
① 0.5~2㎛로 현미경상에서만 관찰이 가능하다.
② 원색 생물계에 속하는 단세포 생물이며 세포벽이 있다.
③ 종속 영양체로서 유기화합물로부터 에너지를 획득한다.
④ 사람과 공생하는 비병원성균이 병원성균에 비해 많다.

2) 세균의 종류

구균	• 공 모양의 둥근 형태 • 포도상구균 : 화농성 질환의 병원균 • 연쇄상구균 : 편도선염 및 인후염의 원인균 • 임균 : 임질의 병원균 • 수막염균 : 유행성 수막염의 병원균	폐렴균, 임질균, 유행성 뇌척수막염균
간균	• 막대 모양의 가늘고 짧은 것, 끝이 둥글거나 직사각형, 가늘고 뾰족한 형태 • 탄저균, 파상풍균, 결핵균, 나균, 디프테리아균	파상풍, 디프테리아, 결핵균, 이질균, 탄저균
나선균	• 나선 모양(S자) • 매독균, 콜레라균, 렙토스피라균	매독, 장티푸스, 콜레라

(3) 바이러스
① 다른 미생물과 달리 핵산 DNA나 RNA 중 어느 하나만을 갖는다.

② 절대기생체로서 살아 있는 세포에서만 증식한다.
③ 크기가 가장 작아 전자현미경으로만 관찰이 가능하다.
④ 황열 바이러스가 인간 질병 최초의 바이러스이며 항생제에 대한 감수성이 없어 항생제로 치료가 불가능하다.
⑤ 소아마비, 폴리오, 홍역, 유행성 이하선염, 일본뇌염, AIDS, 광견병, 간염 등이 있다.

(4) 진균
① 진정핵을 갖는 진핵생물로 세균보다 크기가 크다.
② 형태에 따라 사상균(균사를 형성), 효모(아포를 형성)가 있고 분열로 증식한다.
③ 해를 끼치기도 하나 유용한 것이 많다.
④ 곰팡이, 효모, 버섯 등이 있다.

(5) 리케차
① 이, 진드기 등의 절지동물을 매개체로 하여 음식물을 통해 감염된다.
② 감염되면 발진성, 열성 질환을 일으킨다.
③ 큐열, 참호열 등이 있다.

(6) 원생동물
① 단세포 진핵생물이며 편모가 존재하여 활발한 운동을 한다.
② 이질, 사상충증, 말라리아, 수면병 등이 있다.

(7) 클라미디아
리케차와 같이 진핵생물 세포 내에서만 증식하는 세포 내 기생체이다.

 Tip 미생물의 크기
곰팡이 > 효모 > 세균 > 리케차 > 바이러스

2 미생물 증식의 요인

(1) 온도
① **저온균** : 15~20℃, 해양성 미생물
② **중온균** : 28~45℃, 곰팡이, 효모
③ **고온균** : 50~80℃, 토양미생물, 온천에 증식하는 미생물

(2) 산소
① **호기성 세균** : 산소가 반드시 필요한 균(결핵균, 디프테리아, 백일해)
② **혐기성 세균** : 산소가 없어야 증식하는 균(파상풍균, 보툴리누스균)
③ **통성혐기성 세균** : 산소가 있으면 증식이 증가하는 균(대장균, 포도상구균, 살모넬라균)

(3) 수소이온농도
pH 6.5~7.5(중성)가 가장 증식이 잘 된다.

성 분	농 도	세균류
약산성	pH 5.0~6.0	진균, 결핵균, 유산간균
중성	pH 7.0~7.5	병원성 세균
약알카리성	pH 7.6~8.0	콜레라균, 장염비브리오균

(4) 수분
40% 미만이면 증식이 억제된다.

(5) 영양
탄소, 질소염, 무기염류의 영양 공급이 충분히 되어야 한다.

> **Tip** 미생물 증식의 3대 요인
> 영양소, 수분, 온도

Section 4. 분야별 위생·소독

1 분야별 위생·소독

(1) 대상물에 따른 소독 방법

대상물의 종류	소독법
대소변, 배설물, 토사물	소각법, 석탄산, 크레졸, 생석회 분말
침구류, 모직물, 의류	석탄산, 크레졸, 일광소독, 증기소독, 자비소독
초자기구, 목죽제품, 자기류	석탄산, 크레졸, 승홍, 포르말린, 증기소독, 자비소독
모피, 칠기, 고무·피혁제품	석탄산, 크레졸, 포르말린
병실	석탄산, 크레졸, 포르말린
환자	석탄산, 크레졸, 승홍, 역성비누

(2) 실내환경 위생·소독

① 냉수와 온수 시설을 갖추고 화장실에는 일회용 종이수건, 펌프식 물비누, 소독제를 구비하며 휴지통은 뚜껑이 있는 것을 설치한다.
② 소독을 한 기구와 소독을 하지 아니한 기구로 분리하여 보관하고, 일회용품은 손님 1인에 한하여 사용한다.
③ 실내에 환풍기를 설치하고 공기를 자주 환기시킨다.
④ 모든 전기제품은 6개월마다 안전점검을 한다.
⑤ 고객용 가운과 유니폼은 청결하게 보관한다.

(3) 도구 및 기기 위생·소독(시행규칙 제5조, 별표3)

이용기구 및 미용기구의 종류·재질 및 용도에 따른 구체적인 소독기준 및 방법은 보건복지부장관이 정하여 고시한다.
① 소독기, 자외선 살균기 등 미용기구를 소독하는 장비를 갖추어야 한다.
② 고객에게 사용된 모든 도구들은 살균한다.
③ 타월은 자비소독, 일광·소독하여 완전히 건조 후 1인 1회로 사용한다.
④ 실내소독은 석탄산수, 크레졸수, 포르말린수를 사용한다.
⑤ 금속제품은 자비소독, 알코올로 소독 후 사용한다.

> **Tip**
> - 타월 : 1회용 또는 소독 후 사용
> - 가운 : 일광소독 또는 세탁
> - 가위 : 70% 에탄올 사용하며 고압증기 소독 시 수건으로 싸서 소독
> - 브러시 : 미온수 세척 후 그늘에 눕혀서 건조
> - 스펀지, 퍼프 : 중성세제로 세척한 후 건조, 자외선 소독기 사용
> - 유리제품 : 건열멸균기 사용

(4) 이 · 미용업 종사자 및 고객의 위생관리

① 감염성 질병에 있을 경우 작업을 제한한다.
② 손을 청결히 하여 병원균의 전하를 방지한다.
③ 작업 시 머리카락이 흘러내리거나 호흡에 의해 고객이 불쾌하지 않도록 적당한 거리를 유지하고 작업 상태를 청결히 한다.

Chapter 2

핵심쏙쏙 예상문제

01 다음 중 물리적 소독법이 아닌 것은?
① 일광
② 자외선
③ 초음파
④ 소독약

> 해설 소독약은 화학적 소독법으로 분류한다.

02 단백질 응고에 의한 살균 목적으로 사용되는 소독제가 아닌 것은?
① 구리
② 질산염
③ 산화아연
④ 철

> 해설 단백질 응고에 의한 살균 목적으로는 2가 또는 3가의 양이온을 생성하는 구리, 질산염, 방사성수은, 산화아연 등의 중금속이 소독제로 사용된다.

03 이·미용실의 기구 소독 시 적합한 크레졸의 농도는?
① 0.1%
② 1%
③ 3%
④ 10%

> 해설 크레졸의 소독력은 석탄산보다 2배의 효과가 있으며, 사용하는 농도는 2~3% 수용액이다.

04 소독약을 보관하기에 가장 적합한 곳은?
① 일광이 비치는 곳
② 냉암소
③ 어두운 곳
④ 건조한 곳

> 해설 소독액을 보관하는 곳은 열과 빛을 동시에 차단할 수 있는 냉암소가 적절하다.

05 건열멸균법에 대한 설명으로 적합한 것은?
① 120℃, 1시간
② 140℃, 4시간
③ 150℃, 6시간
④ 160~180℃, 3시간

> 해설 건열멸균할 내용물의 재질, 양에 따라 온도와 시간이 다르다. 140℃에서 4시간, 160~180℃에서는 1~2시간 정도의 시간이 필요하다.

06 화염멸균 시 주의해야 될 사항으로 적합하지 않은 것은?
① 멸균할 물건을 종이나 천 등에 싸서 멸균한다.
② 분비물 등이 묻어 있는 것은 오븐에 넣기 전에 충분히 씻어 제거한 후 멸균을 실시한다.
③ 멸균 후 피멸균물이 어느 정도 냉각된 후 꺼낸다.
④ 젖은 손으로 뜨거워진 오븐을 만지지 않는다.

> 해설 멸균하고자 하는 물체를 알코올 버너나 램프를 이용하여 화염에 직접 접촉시켜 피멸균품의 표면에 붙어 있는 미생물을 태워서 멸균시키는 방법이다.

07 습열멸균법의 특징으로 올바른 것은?
① 자비소독만으로도 멸균이 된다.
② 끓는 물속에 2~3%의 크레졸 비누액을 가해주면 세척작용을 상승시킨다.
③ 세균포자, 간염바이러스, 원충류의 시스트에 효과가 크다.
④ 아포를 형성하는 전염병 병원체를 사멸시킬 수 있고 그 방법이 간편하여 널리 이용된다.

---

01 ④ 02 ④ 03 ③ 04 ② 05 ② 06 ① 07 ②

해설 자비소독으로 멸균을 기대할 수 없으나, 영양세포는 수초에서 수분 내에 사멸된다. 자비소독은 세균포자, 간염바이러스, 원충류의 시스트에는 효과가 없다. 금속기구, 접시, 도자기, 주사기, 고무제품 등에 아포를 형성하지 않는 전염병 병원체를 사멸시킬 수 있고 그 방법이 간편하여 널리 이용된다.

08 저온소독법의 특징으로 적합하지 않은 것은?
① 소독할 대상은 음식물보다 기구에 더 효과가 있다.
② 영양성분이 파괴되지 않는다.
③ 우유 또는 술 종류의 부패 방지 목적으로 많이 사용된다.
④ 대장균은 저온소독법으로 완전히 사멸되지는 않는다.

해설 저온소독법은 62~63℃에서 약 30분간, 75℃에서 15분간 가열하여 아포를 형성하지 않는 미생물을 사멸시키는 방법이다. 소독할 대상은 기구보다 음식물에 더 효과가 있다.

09 아포를 포함한 모든 미생물을 빠른 시간 내에 사멸시키는 가장 효과적인 소독법은?
① 건열멸균법
② 습열멸균법
③ 고압증기멸균법
④ 간헐멸균법

해설 고압증기멸균법은 100~135℃에서 15분간 원형질을 응고시킴으로써 아포를 포함한 모든 미생물을 빠른 시간 내에 사멸시키는 가장 효과적이고 독성이 없는 경제적 방법이다.

10 고압증기멸균법의 특징으로 올바르지 않은 것은?
① 유리와 금속과 같은 물질에 효과적이다.
② 이·미용기구, 의류, 약액 등의 멸균에 이용된다.
③ 옷, 고무 및 플라스틱 제품의 손상이 적다.
④ 멸균된 물건의 유효기간은 멸균팩한 것이 2개월 정도까지 간다.

해설 유리 또는 금속과 같은 물질은 열에 매우 잘 견디지만 옷, 고무 및 플라스틱 제품은 손상될 수 있다.

11 다음 중 고압증기멸균법의 장점이 아닌 것은?
① 피멸균물에 잔류독성이 없다.
② 멸균 진행과정을 감시할 수 있다.
③ 대량으로 멸균시킬 수 있다.
④ 완전포장된 물품의 멸균이 가능하다.

해설 물품에 대한 방사선의 투과력이 강해서 완전포장된 물품의 멸균을 가능하게 하며 짧은 시간 내에 멸균 효과를 얻을 수 있는 것은 자외선멸균법이다.

12 고압증기멸균법에 의한 가열온도에서 파괴될 위험이 있는 물품을 멸균할 때 이용하는 방법은?
① 자외선멸균법
② 간헐멸균법
③ 방사선멸균법
④ 초음파살균법

해설 간헐멸균법은 고압증기멸균법에 의한 가열온도에서 파괴될 위험이 있는 물품을 멸균할 때 이용되는 방법을 말하며, 보통 3회 정도 가열처리한다. 증기멸균법 또는 유통증기멸균법이라고도 한다.

13 자외선멸균법의 단점으로 올바른 것은?
① 멸균 진행과정을 감시할 수 있다.
② 외과수술실, 무균실, 미용용 가위나 빗 등을 효과적으로 멸균시킨다.
③ 내부 침투력이 약해 살균작용이 주로 표면에서만 일어난다.

08 ① 09 ③ 10 ③ 11 ④ 12 ② 13 ③

④ 투과력이 매우 강해 생체에 미치는 영향이 있을 수도 있다.

해설 자외선멸균법
- 단점 : 내부 침투력이 약하기 때문에 살균작용이 주로 표면에서만 일어난다.
- 장점 : 피멸균물에 거의 변화를 주지 않고 멸균시킬 수 있다. 자외선램프가 비치는 거리와 각도에 따라 살균력과 살균시간이 달라진다.

14 저온살균된 우유의 보관법으로 가장 적합한 것은?
① 상온에서 보관한다.
② 찬 곳에서 보관한다.
③ 어두운 곳에서 보관한다.
④ 방부처리 후 찬 곳에서 보관한다.

해설 저온살균된 우유는 방부처리 후에 찬 곳에서 보관한다.

15 건열멸균법과 습열멸균법을 비교한 것 중 가장 적당한 것은?
① 건열멸균법의 소독효과가 좋다.
② 습열멸균법이 능률적이다.
③ 건열멸균법이 능률적이다.
④ 습열멸균법의 소독효과가 나쁘다.

해설 습열멸균법은 수분이 열전도의 역할을 하여 열이 고루 전달된다. 수분의 존재로 미생물의 단백질 응고가 되고 멸균효과가 크므로 건열멸균소독법보다 더 능률적이다.

16 다음 중 저온살균법으로 사멸되지 않는 것은?
① 콜레라균
② 이질균
③ 결핵균
④ 대장균

해설 저온살균법은 병원성 미생물은 사멸되나 비병원성인 부패균은 사멸되지 않는 단점이 있다.

17 다음 소독법 중 효과가 가장 확실한 것은?
① 소각소독
② 건열소독
③ 자비소독
④ 유통증기

해설 소각소독은 세균을 태워 죽이는 방법으로 효과가 매우 확실한 소독법이다.

18 건열멸균법으로 소독 시 소독시간으로 가장 알맞은 것은?
① 65℃에서 30분
② 100℃에서 15분
③ 120℃에서 20분
④ 180℃에서 60분

해설 건열소독은 건조하고 높은 온도의 공기를 사용하며 건열멸균기를 사용하여 살균한다. 180℃에서 60분 가열한다.

19 건열멸균법에 대한 설명으로 올바른 것은?
① 습한 열로 소독한 것이다.
② 건조한 열에 의해서 소독하는 법이다.
③ 고압증기소독법이라고도 불린다.
④ 연기에 쏘이는 것이다.

해설 건열멸균법은 건조한 열에 의해 미생물을 산화 또는 탄화시켜서 소독하는 방법이다.

20 자비소독은 100℃의 물에 끓이기 시작하여 몇 분 정도 소독하는 것인가?
① 3분
② 5~10분
③ 10~15분
④ 20분 이상

해설 자비소독은 100℃의 끓는 물 속에 20분 이상 피소독물을 직접 담그는 방법이다.

14 ④　15 ②　16 ②　17 ①　18 ④　19 ②　20 ④

21 자비소독에 대한 설명으로 옳지 않은 것은?

① 고무 또는 가죽 소독 시 적합하다.
② 가위나 칼은 거즈에 싸서 끓인다.
③ 100℃에서 10~15분간 소독한다.
④ 세균포자, 간염바이러스에는 효과가 없다.

> 해설 자비소독을 할 때 녹는 물질은 적합하지 않다. 금속기구, 접시, 도자기, 주사기, 고무제품 등에 사용하며 아포를 형성하지 않는 전염성 병원체를 사멸시킬 수 있다. 그 방법이 간편하므로 널리 이용되는 방법이다.

22 보기의 내용은 어떤 소독법인가?

- 피멸균물에 잔류독성이 없다.
- 포자까지 사멸시키는 데 시간이 짧게 걸린다.
- 대량으로 멸균시킬 수 있다.

① 저온소독법
② 고압증기멸균법
③ 화학적 소독법
④ 습열멸균법

> 해설 보기는 고온의 수증기를 미생물포자 등과 접촉시켜 원형질을 응고시킴으로써 미생물을 사멸시키는 고압증기멸균법의 장점에 대한 내용이다.

23 화학적 소독법에 가장 많은 영향을 끼치는 것은?

① 순수성　　② 농도
③ 융점　　　④ 빙점

> 해설 화학약품은 농도가 가장 중요한 역할을 하는데, 농도가 높으면 소독력이 강해지나 부작용도 심하다.

24 석탄산류의 살균작용으로 옳지 않은 것은?

① 산화작용
② 세균의 단백응고작용
③ 세포 용해작용
④ 효소계의 침투작용

> 해설 석탄의 살균작용 : 세균의 단백응고작용, 세포 용해작용, 효소계의 침투작용이다.

25 석탄산류 소독 시 장점으로 적합한 것은?

① 피부 및 점막에 자극이 없다.
② 바이러스에 대한 효력이 크다.
③ 살균력이 크레졸보다 높다.
④ 살균력의 안전성이 강하고 화학변화가 적다.

> 해설 석탄산류의 장점
> - 살균력의 안전성이 강하다.
> - 유기물에도 약화되지 않는다.
> - 고온일수록 소독효과가 매우 높다.

26 크레졸수의 장점으로 적합한 것은?

① 값이 매우 싸다.
② 냄새가 강하다.
③ 진한 용액이 피부에 닿으면 짓무른다.
④ 바이러스에 대한 소독력이 약하다.

> 해설 크레졸수는 가격이 매우 싼 장점이 있다. 일반 병원균과 포자, 결핵균에 효과가 있으며 페놀보다 3배 정도 소독력이 강하다.

27 석탄산수 소독의 단점으로 올바른 것은?

① 값이 싸다.
② 독성은 있으나 맹독이 아니다.
③ 피부 및 점막에 자극성이 있다.
④ 거의 모든 균에 효과가 있다.

> 해설 석탄산수 소독은 피부에 대한 자극성이 크고 독성이 있다.

21 ①　22 ②　23 ②　24 ①　25 ④　26 ①　27 ③

28 역성비누의 특징으로 알맞은 것은?

① 살균력이 약하다.
② 무미, 무해하다.
③ 침투력이 약하다.
④ 세정력이 강하다.

해설 역성비누는 무색, 무취, 무미, 무해하다. 살균력과 침투력이 강하고 세정력이 약하다.

29 다음 중 계면활성제로 적합한 것은?

① 크레졸
② 역성비누
③ 과산화수소
④ 승홍수

해설 우리 일상생활에서 쓰는 비누는 음성비누로 세정력을 갖고 있다. 역성 양성비누는 세정력은 물론이고 살균력도 포함하고 있어 손 소독이나 2차 소독 시에 많이 쓰인다.

30 미생물의 발육과 그 작용을 제거 또는 정지시켜 음식물의 부패나 발효를 방지하는 것은?

① 방부
② 소독
③ 살균
④ 살충

해설 방부는 미생물의 감염력을 제거하는 것이 아니라 작용을 억제하는 것이다.

31 다음 중 소독에 영향을 가장 적게 미치는 인자는?

① 온도
② 기압
③ 수분
④ 시간

해설 기압은 공기의 압력을 말하며 소독에 영향을 가장 적게 미친다.

32 100℃ 이상 고온의 수증기를 고압 상태에서 미생물, 포자 등과 접촉시켜 멸균할 수 있는 것은?

① 자외선소독기
② 건열멸균기
③ 고압증기멸균기
④ 자비소독기

해설 고압증기멸균기는 고온, 고압력의 증기솥을 이용하여 아포와 미생물을 멸균한다.

33 보통 상처의 표면을 소독하는 데 이용하며 발생기 산소가 강력한 산화력으로 미생물을 살균하는 소독제는?

① 석탄산
② 과산화수소
③ 크레졸
④ 에탄올

해설 과산화수소는 아포를 살균하지는 않으나 혐기성 살균에는 효과적이다.

34 병원성·비병원성 미생물, 포자 등 모든 미생물을 사멸하는 것을 무엇이라고 하는가?

① 소독
② 방부
③ 멸균
④ 살균

해설 멸균은 병원성·비병원성 미생물, 포자 등 모든 미생물을 사멸하는 것을 말한다.

35 다음 중 소독력이 강한 순서대로 바르게 나열된 것은?

① 소독 > 살균 > 멸균 > 청결 > 방부
② 살균 > 멸균 > 소독 > 방부 > 청결
③ 멸균 > 살균 > 소독 > 방부 > 청결
④ 멸균 > 방부 > 소독 > 살균 > 청결

해설 멸균 > 살균 > 소독 > 방부 > 청결

28 ② 29 ② 30 ① 31 ② 32 ③ 33 ② 34 ③ 35 ③

36 다음 중 미생물의 종류에 해당하지 않는 것은?
① 세균
② 곰팡이
③ 효모
④ 편모

해설 편모는 균체의 털로 이루어진 운동기관이다.

37 다음 중 원핵세포는 어느 것인가?
① 곰팡이
② 남조류
③ 버섯
④ 효모

해설 곰팡이, 버섯, 효모, 조류(남조류 제외), 원생동물 등은 진핵세포이며 세균, 방선균, 남조류 등은 원핵세포이다.

38 미생물에 대한 설명으로 옳은 것은?
① 현미경으로만 그 형태를 볼 수 있는 미세한 생물이다.
② 다세포 또는 가장 간단한 생물의 한 개체로 되어 있다.
③ 미생물은 동·식물과는 외관상으로 구조상 차이가 있다.
④ 미생물의 물질대사 기본이 다르기 때문에 이들은 공통적인 기초에서 분화하고 진화하여 온 것이다.

해설 미생물은 현미경을 통하지 않고는 볼 수 없는 크기가 0.1mm 이하인 미세한 생물체를 말한다. 단세포 또는 가장 간단한 생물의 한 개체로 되어 있다.

39 다음 중 비병원성 미생물에 속하는 것은?
① 티푸스균
② 젖산균
③ 콜레라균
④ 이질균

해설 병원성 미생물은 몸속에 침입해서 일정한 병적반응을 일으키는 것이다. 티푸스균, 결핵균, 콜레라균, 이질균 등이 있다.

40 세균의 구조 중 세포의 뇌에 해당하며 생물의 모든 정보를 가지고 있는 부분은?
① 세포핵
② 세포질
③ 세포막
④ 아포

해설 핵은 세포의 뇌에 해당하며 생물의 모든 정보를 가지고 있다.

41 다음 중 산소가 없는 곳에서만 증식을 하는 균은?
① 디프테리아균
② 결핵균
③ 파상풍균
④ 백일해균

해설
• 호기성균(산소를 필요로 하는 균) : 곰팡이, 결핵, 디프테리아, 백일해
• 혐기성균(산소를 필요로 하지 않는 균) : 파상풍균, 보툴리누스균
• 통성혐기성균 : 포도상구균, 대장균, 살모넬라균

42 병원체 중 가장 작아 세균여과기로 분리할 수 없을 정도로 작은 입자로 되어 있는 것은?
① 바이러스
② 진균류
③ 리케차
④ 원생동물

해설 바이러스는 병원체 중에서 가장 작아 세균여과기로도 분리할 수 없다. 광학현미경으로는 볼 수 없고 전자현미경으로만 볼 수 있는 작은 입자로 열에 약하다.

43 다음 중 바이러스에 대한 설명으로 옳은 것은?
① 입자가 커서 광학현미경으로 볼 수 있다.
② 세균여과기로 분리할 수 있다.
③ 열에 강하다.
④ 핵산으로 DNA와 RNA 중 어느 한쪽만 가진 특별한 생물로 세포 구조가 결여되어 있다.

36 ④ 37 ② 38 ① 39 ② 40 ① 41 ③ 42 ① 43 ④

해설
① 광학현미경으로 볼 수 없고, 전자현미경으로만 볼 수 있다.
② 병원체 중에서 가장 작아 세균여과기로도 분리할 수 없다.
③ 열에 약하다.

44 바이러스의 특징으로 옳은 것은?
① 바이러스 입자에는 에너지 생성기구나 단백질 합성기구가 있다.
② 핵산과 소수의 단백질을 가지고 있어 숙주에 의존하여 살아간다.
③ 바이러스는 살아있는 세포에서는 증식할 수 없다.
④ 바이러스 질환은 항생제, 설파제 등의 약물에 효과가 있다.

해설 바이러스 입자에는 에너지 생성기구나 단백질 합성기구가 없으며, 생존에 필요한 물질로 핵산과 소수의 단백질만을 가지고 있어 숙주에 의존하여 살아간다.

45 공기의 전파로 호흡기의 기능성 감염을 일으키는 바이러스는?
① 분야 바이러스
② 아레나 바이러스
③ 인플루엔자 바이러스
④ 코로나 바이러스

해설 인플루엔자 바이러스는 공기 전파에 의해 새, 포유류, 사람에게 감염된다.

46 다음 중 진균류로만 짝지어진 것은?
① 곰팡이, 버섯, 효모
② 로키산홍반열, 큐열, 창호열
③ 트리파노소마, 티리코모나스
④ 앵무새병, 성병, 림프육종

해설 핵막을 가진 진핵생물을 진균류라고 한다. 아포형성 식물로서 곰팡이, 버섯, 효모 등이 이에 해당한다.

47 진균류의 특징으로 옳지 않은 것은?
① 종류가 다양하며 약 8,000여 종에 이른다.
② 진균은 사람에게 해를 끼치지 않는다.
③ 진균은 포자라고 하는 생식세포를 형성하여 증식을 한다.
④ 병원성 진균은 무좀, 진균증 등의 피부병을 유발한다.

해설 진균은 사람에게 해를 끼치기도 하지만 생활에 유용한 것이 많으며 바다와 육지에 널리 분포한다.

48 산소가 있는 곳에서 생육 및 번식하는 세균은?
① 호기성균
② 혐기성균
③ 통성혐기성균
④ 악혐기균

해설 호기성균은 산소가 있는 곳에서 생육 및 번식하는 세균이다. 공기 중의 유리 산소를 이용하여 영양소를 산화분해하고, 이때 발생되는 에너지를 생활에 쓴다.

49 산소 유무에 상관없이 생육하는 미생물은 어디에 속하는가?
① 호기성
② 미호기성
③ 편성혐기성
④ 통성혐기성

해설 통성혐기성 미생물은 산소 유무에 상관없이 생육하지만 산소가 존재하는 경우 더욱 증식이 잘 된다.

50 미생물의 성장과 번식에서 저온균의 최적온도는?
① 0~25℃
② 25~37℃
③ 15~20℃
④ 45~60℃

해설
• 저온균 최적온도 : 15~20℃
• 중온균 최적온도 : 25~37℃
• 고온균 최적온도 : 45~60℃

44 ② 45 ③ 46 ① 47 ② 49 ① 49 ④ 50 ③

51 미생물의 구조에 대한 내용 중 옳은 것은?
① 세포막은 원형질막, 세포벽, 점층, 협막 등으로 되어 있다.
② 세포질은 생명과 유정에 관계있는 중요한 부분이다.
③ 핵은 복잡한 콜로이드 물질로 균이 발육함에 따라 과립상이 된다.
④ 세포봉입체는 각종 과립과 결정이 없다.

해설 ② 핵에 대한 내용이다.
③ 세포질에 대한 내용이다.
④ 세포봉입체는 각종 과립과 결정이 있다.

52 미생물의 크기 중 가장 작은 것은?
① 바이러스
② 스피로헤타
③ 세균
④ 리케차

해설 바이러스는 병원미생물 중 가장 작다.

53 대부분의 세균이 가장 잘 증식할 수 있는 수소이온농도는?
① 강산성
② 약산성
③ 중성 또는 약알칼리성
④ 강알칼리성

해설 대부분의 세균은 혈액의 pH와 같은 중성 또는 약알칼리성에서 증식이 가장 잘 된다.

54 다음 중 미생물의 증식에 영향을 미치는 요인은?
① 온도
② 수분
③ 산소
④ 온도, 수분, 산소 셋 다

해설 미생물 증식에 영향을 미치는 요인으로는 수분, 영양분, 온도, 수분활성도, 산소, pH 등이 있다.

55 일반적인 미생물의 번식에 가장 중요한 요소로만 나열된 것은?
① 온도, 적외선, pH
② 온도, 습도, 자외선
③ 온도, 습도, 영양분
④ 온도, 습도, 시간

해설 미생물의 특성에 따른 온도, 습도, 영양분에 의해 번식률이 증가된다.

56 광견병의 병원체는 어디에 속하는가?
① 세균(Bacteria)
② 바이러스(Virrus)
③ 리케차(Rickettsia)
④ 진균(Fungi)

해설 바이러스는 절대 기생체로서 살아 있는 세포에만 증식한다. (광견병, 에이즈 등)

57 다음 미생물 중 크기가 가장 작은 것은?
① 세균
② 곰팡이
③ 리케차
④ 바이러스

해설 바이러스 〈 리케차 〈 세균 〈 곰팡이

58 세균의 증식방법으로 옳은 것은?
① 영양번식
② 이분열법
③ 출아법
④ 포자법

해설 세균은 대개 이분열법으로 증식(생식)한다.

51 ① 52 ① 53 ③ 54 ④ 55 ③ 56 ② 57 ④ 58 ②

59 주로 출아에 의하여 증식 및 생식하며 단세포 세대가 비교적 길고, 진핵세포의 구조를 갖는 미생물군은?

① 세균
② 곰팡이균
③ 효모
④ 버섯류

해설 효모란 일반적으로 출아에 의하여 증식 및 생식을 하며 단세포 세대가 비교적 길고 진핵세포 구조를 갖는 진균류 중에서 효모형의 세포인 작은 미생물 군을 말한다.

60 세균의 형태가 S자형 혹은 가늘고 길게 만곡되어 있는 것은?

① 구균
② 간균
③ 구간균
④ 나선균

해설 나선균의 S자형이 굴곡을 이용하여 이동하며 콜레라, 매독을 발병시킨다.

61 인체에 질병을 일으키는 병원체 중 대체로 살아 있는 세포에서만 증식하고 크기가 가장 작아 전자현미경으로만 관찰할 수 있는 것은?

① 구균
② 간균
③ 바이러스
④ 원생동물

해설 바이러스는 스스로 증식할 수 없기 때문에 살아 있는 세포에 기생증식한다.

62 병원체 중 가장 작아 세균여과기로도 분리할 수 없을 정도로 작은 입자로 되어 있는 것은?

① 바이러스
② 진균류
③ 리케차
④ 원생동물

해설 바이러스는 병원체 중에서 가장 작아 세균여과기로도 분리할 수 없다. 광학현미경으로는 볼 수 없고 전자현미경으로만 볼 수 있는 작은 입자로 열에 약하다.

63 다음 중 미생물의 증식에 영향을 미치는 요인으로 틀린 것은?

① 수분
② 온도
③ 영양소
④ 호르몬

해설 미생물 증식의 3대 요인 : 영양소, 수분, 온도

64 세균이 가장 잘 자라는 최적의 수소이온농도에 해당하는 것은?

① 약산성
② 중성
③ 산성
④ 강알카리성

65 미생물의 분류에 대한 설명으로 옳지 않은 것은?

① 병원성 미생물은 체내에 침투하여 병적인 반응을 일으킨다.
② 미생물은 크게 병원성과 비병원성 미생물로 나뉜다.
③ 비병원성 미생물은 진균류, 유산균류 등으로 인체에 해가 되며 질병을 유발한다.
④ 병원성 미생물은 세균, 바이러스 등을 포함한다.

해설 비병원성 미생물은 각종 질병의 병원성을 유발하지 않는 미생물이다.

59 ③   60 ④   61 ③   62 ①   63 ④   64 ②   65 ③

66 다음 중 진균류로만 짝지어진 것은?
① 곰팡이, 버섯, 효모
② 로키산홍반열, 큐열, 참호열
③ 트리파노소마, 티리코모나스
④ 앵무새병, 성병, 림프육종

해설 핵막을 가진 진핵생물을 진균류라고 하며, 아포 형성 식물로써 곰팡이, 버섯, 효모 등이 이에 해당한다.

67 미생물의 증식온도에 대한 설명으로 맞지 않은 것은?
① 온도에 따라 저온균, 중온균, 고온성균으로 나뉜다.
② 미생물 증식의 최적온도는 28~38°C이다.
③ 온도는 미생물의 증식과 사멸에 중요한 요소이다.
④ 증식의 생존온도 범위는 0~70°C이다.

68 리케차(Rickettsia)의 특징으로 옳지 않은 것은?
① 스스로 영양분을 만들어 생활한다.
② 진핵생물체의 세포 내에서 기생생활을 한다.
③ 이, 진드기 등을 매개체로 한다.
④ 리케차 질환으로는 장티푸스열, 로키산 황반열, 큐열, 참호열 등이 있다.

해설 리케차는 스스로 영양분을 만들지 못하므로 진핵생물체의 세포 내에 기생하며 감염을 일으킨다.

69 이·미용실에서 사용되는 타올의 소독법으로 적합한 것은?
① 건열소독
② 포르말린 소독
③ 자비소독
④ 석탄산소독

해설 자비소독은 끓인 물에 소독하는 방법으로 100°C의 끓는 물 속에 20분 이상 피소독물을 직접 담그는 방법을 말한다.

70 미용업소에서 가장 많이 사용되고 있는 소독법은?
① 건열소독   ② 증기소독
③ 소각소독   ④ 자비소독

해설 미용실에서는 주로 증기소독을 많이 쓰는 편이고, 건성타올인 경우엔 일광소독을 한다.

71 화염멸균법으로 소독하기에 적합하지 않은 것은?
① 쓰레기   ② 도자기
③ 수건   ④ 페이퍼

해설 화염멸균법으로 소독하기에 적합한 것은 도자기, 쓰레기, 페이퍼 등이다.

72 가위나 면도날 등을 소독제에 적신 후에는 어떻게 처리하는 것이 좋은 방법인가?
① 그대로 담가 놓고 사용한다.
② 마른 타월로 닦아준다.
③ 증기소독을 한다.
④ 건열멸균소독을 한다.

해설 소독제에 적신 후 마른 타월로 닦아준다.

66 ① 67 ② 68 ① 69 ③ 70 ② 71 ③ 72 ②

73 다음 중 미용실의 물건 중 소각소독을 하기에 가장 적합한 것은?

① 브러시
② 스펀지, 퍼프
③ 객담이 묻은 휴지
④ 빗

74 다음 중 자비소독을 하기에 가장 적합한 물건은?

① 스테인리스 볼
② 제모용 고무장갑
③ 플라스틱 스패츌러
④ 피부관리용 팩붓

해설 금속제품은 자비소독이나 알코올소독이 적합하다.

73 ③ 74 ①

Chapter 3

공중위생 관리법규 (법, 시행령, 시행규칙)

Section 1. 목적 및 정의

1 목적 및 정의

(1) 공중위생관리법의 목적

이 법은 공중이 이용하는 영업의 위생관리 등에 관한 사항을 규정함으로써 위생수준을 향상시켜 국민의 건강증진에 기여함을 목적으로 한다.

(2) 공중위생관리법의 정의

이 법에서 사용하는 용어의 정의는 다음과 같다.

① **공중위생영업** : 다수인을 대상으로 위생관리서비스를 제공하는 영업으로서 숙박업 · 목욕장업 · 이용업 · 미용업 · 세탁업 · 건물위생관리업을 말한다.

② **숙박업** : 손님이 잠을 자고 머물 수 있도록 시설 및 설비 등의 서비스를 제공하는 영업을 말한다. 다만, 농어촌에 소재하는 민박 등 대통령령이 정하는 경우는 제외한다.

③ **목욕장업** : 물로 목욕을 할 수 있는 시설 및 설비 등의 서비스, 맥반석 · 황토 · 옥 등을 직접 또는 간접 가열하여 발생되는 열기 또는 원적외선 등을 이용하여 땀을 낼 수 있는 시설 및 설비 등의 서비스를 손님에게 제공하는 영업을 말한다. 다만, 숙박업 영업소에 부설된 욕실 등 대통령령이 정하는 경우를 제외한다.

④ **이용업** : 손님의 머리카락 또는 수염을 깎거나 다듬는 등의 방법으로 손님의 용모를 단정하게 하는 영업을 말한다.

⑤ **미용업**
  - 일반 미용업 : 머리자르기, 머리모양내기, 머리피부 손질, 머리카락 염색, 파마, 머리감기, 의료 기기나 의약품을 사용하지 않는 눈썹 손질
  - 피부 미용업 : 의료 기기나 의약품을 사용하지 않는 피부 상태 분석, 피부 관리, 제모, 눈썹 손질
  - 화장, 분장 미용업 : 의료 기기나 의약품을 사용하지 않는 얼굴 등 신체의 화장, 분장 및 눈썹 손질
  - 네일 미용업 : 손톱, 발톱을 손질, 화장하는 영업

- 종합 미용업 : 일반(헤어), 피부, 네일, 화장, 분장과 그 밖에 대통령령으로 정하는 세부 영업의 업무를 모두하는 영업

⑥ **세탁업** : 의류 기타 섬유 제품이나 피혁 제품 등을 세탁하는 영업을 말한다.

⑦ **건물위생관리업** : 공중이 이용하는 건축물·시설물 등의 청결 유지와 실내공기 정화를 위한 청소 등을 대행하는 영업을 말한다.

※ 숙박업과 미용업은 대통령령이 정하는 바에 의하여 이를 세분할 수 있다.

> **Tip** 공중위생업
> 숙박업, 이용업, 미용업, 목욕장업, 세탁업, 건물위생관리업

Section 2. 영업의 신고 및 폐업

1 영업의 신고 및 폐업신고

(1) 영업 신고(공중 위생 관리법 제3조)
1) 영업신고
- 공중위생영업의 종류별로 보건복지부령이 정하는 시설 및 설비를 갖추고 시장·군수·구청장에게 신고하여야 한다.
- 미용 기구는 소독을 한 기구와 소독을 하지 아니한 기구를 구분하여 보관할 수 있는 용기를 비치한다.
- 소독기, 자외선 살균기 등 미용기구를 소독하는 장비를 갖춘다.

2) 영업신고 시 제출서류
① 영업 신고서(전자신고서 포함), 영업시설 및 설비개요서, 교육수료증(미리 교육을 받은 경우에만 해당)
② 확인 서류 (시장·군수·구청장) : 건축물 대장, 토지이용계획 확인서, 면허증
③ 영업신고증 교부 및 관리
- 신고를 받은 시장·군수·구청장은 즉시 영업신고증을 교부하고, 신고 관리 대장을 작성, 관리해야 한다.
- 신고를 받은 시장·군수·구청장은 해당 영업소의 시설 및 설비에 대한 확인이 필요한 경우에는 영업 신고증을 교부한 후 30일 이내에 확인해야 한다.

(2) 변경 신고
1) 변경신고(공중 위생 관리법 제3조의2)
영업신고사항 변경신고서를 시장·군수·구청장에게 제출하여야 한다.
① 영업소의 명칭 또는 상호
② 영업소의 소재지
③ 신고한 영업장 면적의 3분의 1이상의 증감
④ 대표자의 성명 또는 생년월일
⑤ 미용업 업종간 변경

2) 변경 신청 시 제출 서류
① 신고인 제출 서류

- 영업 신고 사항 변경 신청서(전자신고서 포함)
- 영업 신고증(신고증 분실 시 분실사유를 기재하는 경우는 첨부하지 않음)
- 변경 사항을 증명하는 서류

② 확인 서류(시장 · 군수 · 구청장)
건축물 대장, 토지이용계획 확인서, 면허증
③ 변경신고를 받은 날부터 30일 이내에 확인해야 하는 경우 : 변경 신청사항이 영업장 주소, 미용업 업종간 변경인 경우
④ 신고증 재교부
- 신고증 분실이나 헐어서 못쓰게 되어 재교부를 받는 경우 : 재교부신청서를 시장 · 군수 · 구청장에게 제출해야 한다. (기존 못쓰게 된 신고증을 첨부)
- 변경 신고 후 재교부를 받는 경우 : 시장 · 군수 · 구청장은 영업 신고증을 수정 또는 재교부해야 한다.

(3) 폐업 신고 (공중 위생 관리법 제3조)

① 공중위생영업을 폐업한 날부터 20일 이내에 시장 · 군수 · 구청장에게 신고하여야 한다. 다만, 영업정지 등의 기간 중에는 폐업신고를 할 수 없다.
② 시장 · 군수 · 구청장은 공중위생영업자가 부가가치세법에 따라 관할 세무서장에게 폐업신고를 하거나 관할 세무서장이 사업자 등록을 말소한 경우에는 신고사항을 직권으로 말소할 수 있다.
③ 신고의 방법과 절차 및 필요 사항은 보건복지부령으로 정함

(4) 영업의 승계 (공중 위생 관리법 제3조의2)

1) 승계 가능자
① 양수인 미용업을 양도받은 경우
② 상속인 미용영업자가 사망한 경우
③ 법인 : 법인 또는 합병에 의해 설립되는 법인
④ 경매, 매각, 압류 등의 설비 및 시설 인수자

2) 신고
1개월 이내에 보건복지부령에 따라 시장 · 군수 · 구청장에게 신고

3) 제출 서류
영업자 지위승계신청서, 관련 서류

- 영업 양도의 경우 : 양도 · 양수 증명 서류
- 상속의 경우 : 상속인임을 증명하는 서류
- 이외의 승계 : 사유별 영업자의 지위 승계를 증명하는 서류

2 영업의 승계

(1) 승계 가능자 ★
① **양수인** : 미용업을 양도받은 경우
② **상속인** : 미용영업자가 사망한 경우
③ **법인** : 법인 또는 합병에 의해 설립되는 법인
④ 경매, 매각, 압류 등의 설비 및 **시설 인수자**

(2) 영업의 승계
① 공중위생영업자가 그 공중위생영업을 양도하거나 사망한 때 또는 법인의 합병이 있는 때에는 그 양수인 · 상속인 또는 합병 후 존속하는 법인이나 합병에 의하여 설립되는 법인은 그 공중위생영업자의 지위를 승계한다.
② 민사집행법에 의한 경매, 「채무자 회생 및 파산에 관한 법률」에 의한 환가나 국세징수법 · 관세법 또는 「지방세징수법」에 의한 압류재산의 매각 그 밖에 이에 준하는 절차에 따라 공중위생영업 관련 시설 및 설비의 전부를 인수한 자는 이 법에 의한 그 공중위생영업자의 지위를 승계한다.

> **Tip** 승계 시 주의사항
> - **면허를 소지한 자**에 한하여 공중위생영업자의 지위를 승계할 수 있다.
> - 공중위생영업자의 지위를 승계한 자는 1월 이내에 보건복지부령이 정하는 바에 따라 시장 · 군수 또는 구청장에게 신고하여야 한다.

Section 3. 영업자 준수사항

(1) 위생관리
① 공중위생업자는 보건복지부령이 정하는 위생관리기준에 적합하도록 한다.
② 영업소, 관련 시설 및 설비 위생적이고 안전하게 관리한다.

(2) 이·미용업자가 준수사항

1) 이용업자
① 이용기구 중 소독을 한 기구와 소독을 하지 아니한 기구는 각각 다른 용기에 넣어 보관
② 일회용 면도날은 손님 1인에 한하여 사용
③ 영업장 안의 조명도는 75Lux 이상 유지
④ 영업소 내부에 이용업 신고증 및 개설자의 면허증 원본 게시
⑤ 영업소 내부에 부가가치세, 재료비 및 봉사료 등이 포함된 요금표(최종지불요금표)를 게시
⑥ 영업장 면적이 66㎡ 이상인 영업소의 경우 영업소 외부에 「옥외광고물 등 관리법」에 적합하게 최종 지불요금표를 게시함. (이 경우 최종지불요금표에는 일부 항목(5개 이상)만을 표시할수 있다)
⑦ 3가지 이상의 이용서비스를 제공하는 경우에는 개별 이용서비스의 최종 지불가격 및 전체 이용서비스의 총액에 관한 내역서를 이용자에게 미리 제공함. (해당 내역서 사본을 1개월간 보관)

2) 미용업자
① 점빼기·귓불 뚫기·쌍꺼풀 수술·문신·박피술 그밖에 이와 유사한 의료 행위를 하여서는 안됨
② 피부미용을 위하여 의약품 또는 의료기기를 사용하면 안됨
③ 미용기구 중 소독을 한 기구와 소독을 하지 아니한 기구는 각각 다른 용기에 넣어 보관
④ 일회용 면도날은 손님 1인에 한하여 사용
⑤ 영업장 안의 조명도는 75Lux 이상유지
⑥ 영업소 내부에 미용업 신고증 및 개설자의 면허증 원본을 게시
⑦ 영업소 내부에 최종지불 요금표를 게시
⑧ 영업장 면적이 66㎡ 이상인 영업소의 경우 영업소 외부에 최종지불요금표를 게시함. (최종지불요금표에는 일부항목(5개이상)만을 표시)

⑨ 3가지 이상의 이용서비스를 제공하는 경우에는 개별 이용서비스의 최종 지불가격 및 전체 이용서비스의 총액에 관한 내역서를 이용자에게 미리 제공함. (해당 내역서 사본을 1개월간 보관)

(3) 이·미용업의 시설 및 설비기준
1) 이용업
- 이용기구 중 소독을 한 기구와 소독을 하지 아니한 기구는 각각 다른 용기를 구분하여 보관할 수 있는 용기를 비치하여야 함
- 소독기, 자외선 살균기 등의 이용기구를 소독하는 장비를 갖추어야 함
- 영업소 안에 별실 또는 그밖에 유사한 시설을 설치해서는 안됨

2) 미용업
- 미용기구 중 소독을 한 기구와 소독을 하지 아니한 기구는 각각 다른 용기를 구분하여 보관할 수 있는 용기를 비치하여야 함
- 소독기, 자외선 살균기 등의 미용기구를 소독하는 장비를 갖추어야 함

(4) 미용업(피부), 미용업(종합)
① 미용기구는 소독을 한 기구와 소독을 하지 아니한 기구를 구분하여 보관할 수 있는 용기를 비치하여야 한다.
② 소독기, 자외선 살균기 등 미용기구를 소독하는 장비를 갖추어야 한다.
③ 작업장소, 응접장소, 상담실 등을 분리하기 위해 칸막이를 설치할 수 있으나, 설치된 칸막이에 출입문이 있는 경우 출입문의 3분의 1 이상을 투명하게 하여야 한다. 다만, 탈의실의 경우에는 출입문을 투명하게 하여서는 아니 된다.
④ 작업장소 내 베드와 베드 사이에 칸막이를 설치할 수 있으나, 설치된 칸막이에 출입문이 있는 경우 그 출입문의 3분의 1 이상은 투명하게 하여야 한다.

(5) 이·미용 기구의 소독 기준 및 방법
① 일반기준
- 자외선소독 : $1cm^2$ 당 $85\mu W$ 이상의 자외선을 20분 이상 쬐어 준다.
- 건열멸균소독 : 100℃ 이상의 건조한 열에 20분 이상 쬐어 준다.
- 증기소독 : 100℃ 이상의 습한 열에 10분 이상 쬐어 준다.
- 열탕소독 : 100℃ 이상의 물 속에서 10분 이상 끓여 준다.

- 석탄산수소독 : 석탄산수(석탄산 3%, 물 97%의 수용액)에 10분 이상 담가 둔다.
- 크레졸소독 : 크레졸수(크레졸 3%, 물 97%의 수용액)에 10분 이상 담가 둔다.
- 에탄올소독 : 에탄올수용액(에탄올이 70%인 수용액)에 10분 이상 담가 두거나 에탄올 수용액을 머금은 면 또는 거즈로 기구의 표면을 닦아 준다.

② 개별기준

이용기구 및 미용기구의 종류, 재질 및 용도에 따른 구체적인 소독기준 및 방법은 보건복지부장관이 정하여 고시한다.

Section 4. 면허

1 면허발급 및 취소

(1) 면허발급

이용사 또는 미용사가 되고자 하는 자는 다음 사항 중 하나에 해당하는 자로서 보건복지부령이 정하는 바에 의하여 **시장·군수·구청장**의 면허를 받아야 한다.

① 전문대학 또는 이와 동등 이상의 학력이 있다고 교육부장관이 인정하는 학교에서 이용 또는 미용에 관한 학과를 졸업한 자
② 대학 또는 전문대학을 졸업한 자와 동등 이상의 학력이 있는 것으로 인정되어 이용 또는 미용에 관한 학위를 취득한 자
③ 고등학교 또는 이와 동등의 학력이 있다고 교육부장관이 인정하는 학교에서 이용 또는 미용에 관한 학과를 졸업한 자
④ 교육부장관이 인정하는 고등기술학교에서 1년 이상 이용 또는 미용에 관한 소정의 과정을 이수한 자
⑤ 「국가기술자격법」에 의한 이용사 또는 미용사의 자격을 취득한 자

1) 면허 발급 신청

① 제출서류
- 면허 신청서(전자 신청서 포함)
- 면허 발급 대상자 중 이수 증명서류 1부
- 정신 질환자가 아님을 증명하는 최근 6개월 이내의 의사 진단서
- 공중의 위생에 영향을 미칠 수 있는 감염병 환자 또는 약물 중독자가 아님을 증명하는 최근 6개월 이내의 의사 진단서
- 사진 1장(6개월 이내에 탈모 정면 사진. 3.5×4.5cm) 또는 파일 형태의 정면 사진

② 서류 확인
- 국가기술취득사항 확인서(해당인만 제출)
- 학점은행제학위증명(해당인만 제출)
- 시장·군수·구청장은 행정정보의 공동 이용을 통해 다음 서류를 확인해야 함(신청인이 확인에 동의하지 아니하는 경우 해당 서류 첨부)

③ 면허증 교부
- 시장·군수·구청장은 요건들이 적합하다고 인정되는 경우 면허증을 교부하며, 면허등록 관리대장(전자문서 포함)을 작성하고 관리한다.

(2) 면허 결격사유

① 피성년후견인
② 정신질환자(전문의가 이용사 또는 미용사로서 적합하다고 인정하는 사람은 제외)
③ 공중의 위생에 영향을 미칠 수 있는 감염병 환자로서 보건복지부령이 정하는 자
④ 마약 등의 약물 중독자
⑤ 면허가 취소된 후 1년이 경과되지 아니한 자

(3) 면허취소

시장·군수·구청장은 이용사 또는 미용사가 다음 사항 중 하나에 해당하는 때에는 그 면허를 취소하거나 6월 이내의 기간을 정하여 그 면허의 정지를 명할 수 있다. 다만, ①, ③, ⑤ 또는 ⑥에 해당하는 경우에는 그 면허를 취소하여야 한다.

① 이용사 또는 미용사의 면허 결격사유 : 면허취소
- 피성년후견인
- 정신질환자(전문의가 이용사 또는 미용사로서 적합하다고 인정하는 사람은 제외)
- 공중의 위생에 영향을 미칠 수 있는 감염병 환자로서 보건복지부령이 정하는 자
- 마약 기타 대통령령으로 정하는 약물 중독자

② 면허증을 다른 사람에게 대여한 때
③ 「국가기술자격법」에 따라 자격이 취소된 때 : 면허취소
④ 「국가기술자격법」에 따라 자격정지 처분을 받은 때(「국가기술자격법」에 따른 자격정지 처분 기간에 한정한다)
⑤ 이중으로 면허를 취득한 때(나중에 발급받은 면허를 말한다) : 면허취소
⑥ 면허정지 처분을 받고도 그 정지기간 중에 업무를 한 때 : 면허취소
⑦ 「성매매알선 등 행위의 처벌에 관한 법률」이나 「풍속영업의 규제에 관한 법률」을 위반하여 관계 행정기관의 장으로부터 그 사실을 통보받은 때

※ 면허취소·정지 처분의 세부적인 기준은 그 처분의 사유와 위반의 정도 등을 감안하여 보건복지부령으로 정한다.

(4) 면허증 반납

① 면허가 취소되거나 면허정지명령을 받은 자는 지체 없이 관할 **시장·군수·구청장**에게 면허증을 **반납**하여야 한다.
② 면허의 정지명령을 받은 자가 규정에 의하여 반납한 면허증은 그 면허정지기간 동안 관할 시장·군수·구청장이 이를 보관하여야 한다.

(5) 면허 수수료

1) 재교부 대상
① 면허증 기재사항에 변경이 있을 경우
② 면허증 분실
③ 면허증이 헐어서 못쓰게 된 경우

2) 제출서류
다음서류를 시장·군수·구청장에게 제출한다.
① 면허 재발급 신청서(전자서류 포함)
② 면허증 원본
③ 사진 1장(정면 사진 3.5x 4.5cm) 또는 전자파일 사진

3) 면허 수수료
수수료는 지방자치단체의 수입증지 또는 정보통신망을 이용한 전자화폐·전자결제 등의 방법으로 시장·군수·구청장에게 납부하여야 하며, 그 금액은 다음과 같다.
① 이용사 또는 미용사 면허를 신규로 신청하는 경우 : 5,500원
② 이용사 또는 미용사 면허증을 재교부 받고자 하는 경우 : 3,000원

> **Tip** 청문실시사항(시장·군수·구청장의 업무)
> ① 이용사 또는 미용사의 면허취소 및 면허정지
> ② 공중위생영업의 정지, 일부 시설의 사용 중지
> ③ 영업소 폐쇄명령 등의 처분을 하고자 할 때
> ④ 신고사항의 직권말소

Section 5. 업무

1 이용사 및 미용사의 업무 범위 등

(1) 이·미용사의 업무범위
① 이, 미용사의 면허를 받은 자가 아니면 이용업 또는 미용업을 개설하거나 그 업무에 종사할 수 없다. 다만, 이용사 또는 미용사의 감독을 받아 이·미용 업무의 보조를 행하는 경우에는 제외
② 이, 미용의 업무는 영업소 외의 장소에서 행할 수 없다. 다만, 보건복지부령이 정하는 특별한 사유가 있는 경우에는 제외이다.
③ ①의 규정에 의한 이·미용사의 업무범위와 이·미용의 업무보조 범위에 관하여 필요한 사항은 보건복지부령으로 정한다.

2 ★ 영업소 외에서의 이용 및 미용 업무

이용 및 미용의 업무는 영업소 외의 장소에서 행할 수 없으나 보건복지부령이 정하는 다음의 특별한 사유인 경우에는 가능하다.
① 질병이나 그 밖의 사유로 영업소에 나올 수 없는 자에 대하여 이용 또는 미용을 하는 경우
② 혼례나 그 밖의 의식에 참여하는 자에 대하여 그 의식 직전에 이용 또는 미용을 하는 경우
③ 「사회복지사업법」에 따른 사회복지시설에서 봉사활동으로 이용 또는 미용을 하는 경우
④ 방송 등의 촬영에 참여하는 사람에 대하여 그 촬영 직전에 이용 또는 미용을 하는 경우
⑤ ①부터 ④까지의 경우 외에 특별한 사정이 있다고 시장·군수·구청장이 인정하는 경우

3. 업무범위

이용사	이발, 면도, 머리손질, 염색, 머리감기, 아이론
미용사(일반)	머리자르기, 파마, 머리카락 모양내기, 머리피부손질, 염색, 머리감기, 의료기기나 의약품을 사용하지 않는 눈썹 손질
미용사(피부)	의료기기나 의약품을 사용하지 아니하는 피부관리, 피부상태분석, 제모, 눈썹손질
미용사(메이크업)	얼굴, 신체의 화장, 분장 및 의료기기나 의약품을 사용하지 아니하는 눈썹 손질
미용사(네일)	손톱과 발톱의 손질 및 화장
미용사(종합)	미용 영업에 해당하는 모든 업무

4. 이·미용의 업무 보조범위

① 이용·미용의 업무를 위한 사전 준비에 관한 사항
② 이용·미용의 업무를 위한 기구·제품 등의 관리에 관한 사항
③ 영업소의 청결 유지 등 위생관리에 관한 사항
④ 그밖에 머리감기 등 이용·미용 업무의 조력(助力)에 관한 사항

Section 6. 행정지도감독

1 영업소 출입,검사

(1) 영업장 보고 및 출입검사

특별시장·광역시장·도지사(이하 시·도지사)또는 시장·군수·구청장은 공중위생관리상 필요하다고 인정하는 때에는 공중위생영업자에 대하여 필요한 보고를 하게 하거나 소속 공무원으로 하여금 업소·사무소 등에 출입하여 공중위생영업자의 위생관리의무 이행 등에 대하여 검사해야 한다.

(2) 검사의뢰기관

① 시·도의 보건환경연구원
② 국가표준기본법에 의하여 인증된 시험, 검사기관
③ 시,도지사, 시장,군수,구청장이 인증한 검사기관

2 영업 제한

시·도지사는 공익상 또는 선량한 풍속을 유지하기 위하여 필요하다고 인정하는 때에는 공중위생영업자 및 종사원에 대하여 영업시간 및 영업행위에 관한 필요한 제한을 할 수 있다.

3 영업소 폐쇄

(1) 영업 정지/일부시설 사용중지/영업소 폐쇄를 명령의 경우

시장·군수·구청장은 공중위생영업자가 다음 사항 중 하나에 해당하면 6월 이내의 기간을 정하여 영업의 정지 또는 일부 시설의 사용 중지를 명하거나 영업소 폐쇄 등을 명할 수 있다.

① 영업신고를 하지 아니하거나 시설과 설비기준을 위반한 경우
② 변경신고를 하지 아니한 경우
③ 지위승계 신고를 하지 아니한 경우
④ 공중위생영업자의 위생관리 의무 등을 지키지 아니한 경우
⑤ 영업소 외의 장소에서 이용 또는 미용 업무를 한 경우

⑥ 보고를 하지 아니하거나 거짓으로 보고한 경우 또는 관계 공무원의 출입, 검사 또는 공중 위생영업 장부 또는 서류의 열람을 거부·방해하거나 기피한 경우
⑦ 개선명령을 이행하지 않은 경우
⑧ 「성매매알선 등 행위의 처벌에 관한 법률」, 「풍속영업의 규제에 관한법률」, 「청소년보호법」, 「아동·청소년의 성보호에 관한 법률」또는 「의료법」을 위반하여 관계 행정기관의 장으로부터 그 사실을 통보받은 경우

(2) 영업소 폐쇄를 명하는 경우(시장,군수,구청장)
① 시장·군수·구청장은 (1)에 따른 영업정지 처분을 받고도 그 영업정지 기간에 영업을 한 경우에는 영업소 폐쇄를 명할 수 있다.
② 공중위생 영업자가 정당한 사유 없이 6개월 이상 휴업을 하는 경우
③ 관할 세무서장이 사업자 등록을 말소한 경우
④ 공중위생 영업자가 세무서장에게 폐업 신고를 한 경우

(3) 영업소 폐쇄조치
시장·군수·구청장은 공중위생 영업자가 영업소 폐쇄 명령을 받고도 영업을 계속하거나 영업 신고를 하지 아니하고 영업을 하는경우에 영업소를 폐쇄하기 위해 다음과 같이 조치할 수 있다.
① 해당 영업소의 간판 및 영업표지물 제거
② 위반 업소를 알리는 게시물 부착
③ 영업을 위하여 필요불가결한 기구 또는 시설물을 사용할 수 없게 하는 봉인

(4) 게시물/폐쇄봉인 해제
① 시장·군수·구청장은 봉인을 계속할 필요가 없다고 인정되는 때
② 영업자나 그 대리인이 영업소를 폐쇄할 것을 약속하는 때
③ 정당한 사유를 들어 봉인의 해제를 요청하는 때

(5) 위반사실 공표
시장·군수·구청장은 면허취소,영업소 폐쇄, 과징금 처분 명령에 따라 행정처분이 확실히 된 공중위생영업자에 대한 위반 사실을 공표해야 함
① 공중위생관리법 위반 사실을 공표하라는 내용의 표제
② 공중위생영업의 종류
③ 영업소의 명칭,소재지,대표자 성명
④ 위반 내용

⑤ 행정처분 내용 및 처분일과 기간
⑥ 그밖에 보건복지부 장관이 공표할 필요가 있다고 인정한 사항

(6) 같은 종류의 영업 금지
① 2년: 불법 카메라 설치, 「성매매알선 등 행위의 처벌에 관한 법률」, 「아동·청소년의 성보호에 관한 법률」, 「풍속영업규제에 관한 법률 및 청소년 보호법」을 위반하여 영업소 폐쇄를 받은 자
② 1년: ① 외의 법률을 위반하여 영업소 폐쇄를 받은 자

4 공중위생 감시원

(1) 임명
임명특별시장·광역시장·도지사, 시장·군수·구청장 공중위생감시원을 임명함

(2) 공중위생 감시원의 자격
① 위생사 또는 환경기사 2급 이상의 자격증이 있는 사람
② 공중위생감시원의 자격 :「고등교육법」에 따른 대학에서 화학·화공학·환경공학 또는 위생학 분야를 전공하고 졸업한 사람 또는 법령에 따라 이와 같은 수준 이상의 학력이 있다고 인정되는 사람
③ 외국에서 위생사 또는 환경기사의 면허를 받은 사람
④ 1년 이상 공중위생 행정에 종사한 경력이 있는 사람
⑤ 시·도지사 또는 시장·군수·구청장은 다음 사항 중 어느 하나에 해당하는 사람만으로는 공중위생감시원의 인력 확보가 곤란하다고 인정되는 때에는 공중위생 행정에 종사하는 사람 중 공중위생 감시에 관한 교육훈련을 2주 이상 받은 사람을 공중위생 행정에 종사하는 기간 동안 공중위생감시원으로 임명할 수 있다.

(3) 공중위생 감시원의 업무범위
① 시설 및 설비의 확인
② 공중위생영업 관련 시설 및 설비의 위생상태 확인·검사, 공중위생영업자의 위생관리의무 및 영업자 준수사항 이행 여부의 확인
③ 위생지도 및 개선명령 이행 여부의 확인

④ 공중위생영업소의 영업의 정지, 일부 시설의 사용중지 또는 영업소 폐쇄명령 이행 여부의 확인
⑤ 위생교육 이행 여부의 확인

(4) 명예 공중위생 감시원의 자격
① 자격 : 명예 공중위생 감시원(이하 명예감시원)은 시·도지사가 다음 사항 중 하나에 해당하는 자 중에서 위촉
① 공중위생에 대한 지식과 관심이 있는 자
② 소비자 단체, 공중위생 관련 협회 또는 단체의 소속 직원 중에서 해당 단체 등의 장이 추천하는 자

(5) 명예감시원의 업무범위
① 업무범위
- 공중위생감시원이 행하는 검사 대상물의 수거 지원
- 법령 위반행위에 대한 신고 및 자료 제공
- 그 밖에 공중위생에 관한 홍보·계몽 등 공중위생관리업무와 관련하여 시·도지사가 따로 정하여 부여하는 업무

② 수당지급 : 시·도지사는 명예감시원의 활동 지원을 위하여 예산의 범위 안에서 시·도지사가 정하는 바에 따라 수당 등을 지급할 수 있다.
③ 운영에 필요한 사항 : 시·도지사가 정한다.

5 청문

보건 복지부장관 또는 시장·군수·구청장은 다음 처분을 하려면 청문을 하여야 한다.
① 신고사항의 직권말소
② 이·미용사의 면허취소 및 정지
③ 영업정지명령, 일부시설 사용금지명령, 영업자 폐쇄명령

Section 7. 업소 위생등급

1 위생평가

(1) 위생서비스 수준의 평가
① 시 · 도지사는 공중위생영업소(관광숙박업 제외)의 위생관리수준을 향상시키기 위하여 위생서비스 평가계획을 수립하여 시장 · 군수 · 구청장에게 통보함
② 시장 · 군수 · 구청장은 평가계획에 따라 관할 지역별 세부평가계획을 수립한 후 공중위생영업소의 위생서비스 수준을 평가함
③ 시장 · 군수 · 구청장은 위생서비스 평가의 전문성을 높이기 위하여 필요하다고 인정하는 경우, 관련 전문기관 및 단체로 하여금 위생서비스 평가를 실시
④ 위의 규정에 의한 위생서비스 평가의 주기 · 방법, 위생관리등급의 기준 기타 평가에 관하여 필요한 사항은 보건복지부령으로 정한다.

(2) ★위생서비스 수준의 평가 주기
① 위생서비스 수준 평가는 2년마다 실시한다.
② 공중위생영업소의 보건위생영업소의 보건위생관리를 위하여 특히 필요한 경우에는 보건복지부장관이 정하여 고시하는 바에 의하여 공중위생영업의 종류 또는 위생관리 등급별로 평가 주기를 달리할 수 있다.

2 위생등급

(1) 위생관리등급의 공표 등
① 시장 · 군수 · 구청장은 보건복지부령이 정하는 바에 의하여 위생서비스 평가의 결과에 따른 위생관리 등급을 해당 공중위생영업자에게 통보하고 이를 공표하여야 한다.
② 공중위생영업자는 시장 · 군수 · 구청장으로부터 통보받은 위생관리 등급의 표지를 영업소의 명칭과 함께 영업소의 출입구에 부착할 수 있다.
③ 시 · 도지사 또는 시장 · 군수 · 구청장은 위생서비스 평가의 결과 위생서비스의 수준이 우수하다고 인정되는 영업소에 대하여 포상을 실시할 수 있다.
④ 시 · 도지사 또는 시장 · 군수 · 구청장은 위생서비스 평가의 결과에 따른 위생관리 등급별로 영업소에 대한 위생 감시를 실시하여야 한다. 이 경우 영업소에 대한 출입 · 검사와 위생 감

시의 실시 주기 및 횟수 등 위생관리 등급별 위생 감시기준은 보건복지부령으로 정한다.

(2) 위생관리등급의 구분 등

위생관리 등급의 구분은 다음과 같으며, 위생관리 등급의 판정을 위한 세부항목, 등급 결정 절차와 기타 위생서비스 평가에 필요한 구체적인 사항은 보건복지부장관이 정하여 고시한다.
① 최우수업소 : 녹색등급
② 우수업소 : 황색등급
③ 일반관리대상업소 : 백색등급

(3) 위생지도 및 개선명령

시·도지사 또는 시장·군수·구청장은 다음 사항 중 하나에 해당하는 자에 대하여 보건복지부령으로 정하는 바에 따라 기간을 정하여 그 개선을 명할 수 있다.
① 공중위생영업의 종류별 시설 및 설비기준을 위반한 공중위생영업자
② 위생관리의무 등을 위반한 공중위생영업자

> **Tip** 개선기간
> - 시·도지사 또는 시장·군수·구청장은 공중위생영업자에게 위반사항에 대한 개선을 명하고자 하는 때에는 위반사항의 개선에 소요되는 기간 등을 고려하여 즉시 그 개선을 명하거나 6개월의 범위에서 기간을 정하여 개선을 명하여야 한다.
> - 시·도지사 또는 시장·군수·구청장으로부터 개선명령을 받은 공중위생영업자는 천재지변 기타 부득이한 사유로 인하여 규정에 의한 개선기간 이내에 개선을 완료할 수 없는 경우에는 그 기간이 종료되기 전에 개선기간의 연장을 신청할 수 있다. 이 경우 시·도지사 또는 시장·군수·구청장은 6개월의 범위에서 개선기간을 연장할 수 있다.

Section 8. 위생교육

1 영업자 위생교육

- 공중위생영업자는 매년 위생교육을 받아야 함
- 위생교육의 방법, 절차 등에 관하여 필요한 사항은 보건복지부령으로 정함

위생교육 주기	매년 3시간
위생교육 대상자	• 공중위생영업의 신고를 하고자 하는 자. • 보건복지부령으로 정하는 부득이한 사유로 미리 교육을 받을 수 없는 경우에는 영업 개시 후 6개월 이내에 위생교육을 받아야 함 (천재지변, 본인의 질병 및 사고, 업무상 국외 출장 등의 사유로 교육을 받을 수 없는 경우, 교육을 실시하는 단체의 사정 등으로 미리 교육을 받기 불가능한 경우) • 휴업신고를 한 자(휴업 신고 후 다음해부터 영업 재개하기 전까지 유예 가능)
위생 교육 내용	• 공중위생 관리법. 관련법규 • 소양교육(친절 및 청결에 관한 사항 포함) • 기술교육 • 공중위생에 관하여 필요한 내용

위생교육기관	• 보건복지부장관이 허가한 단체
	• 공중위생영업자 단체가 실시
	• 위생교육 실시 단체 및 장의 업무
	  – 교육교재를 편찬하여 교육 대상자에게 제공
	  – 위생교육을 수료한 자에게 수료증을 교부
	  – 교육 실시 결과를 교육 후 1개월 이내에 시장·군수·구청장에게 통보
	  – 수료증 교부 대장 등 교육에 관한 기록을 2년 이상 보관·관리해야함

위생교육 대체	• 보건복지부장관이 고시하는 도서·벽지 지역에서 영업을 하고 있거나 하려는 자에 대하여는 교육교재를 배부하여 이를 익히고 활용하도록 함으로써 교육에 갈음할 수 있음 • 위생교육을 받은 날부터 2년 이내에 위생교육을 받은 업종과 같은 업종의 영업을 하려는 경우 위생교육을 받은 것으로 인정됨 • 영업에 직접 종사하지 아니하거나 2이상의 장소에서 영업을 하는 자는 종업원 중 영업장별로 공중위생에 관한 책임자를 지정하여 위생 교육을 받음 • 동일한 공중위생영업자가 둘 이상의 미용업을 같은 장소에서 하는 경우 하나의 위생교육만 받아도 다른곳도 받은 것으로 인정됨
미교육 이수 시 과태료	200만원 이하의 과태료

2 위생교육기관

① 위생교육은 **3시간**으로 한다.
② 위생교육의 내용은 「공중위생관리법」 및 관련 법규, 소양교육(친절 및 청결에 관한 사항 포함), 기술교육, 그 밖에 공중위생에 관하여 필요한 내용으로 한다.
③ 위생교육 대상자 중 보건복지부장관이 고시하는 도서·벽지 지역에서 영업을 하고 있거나 하려는 자에 대하여는 교육교재를 배부하여 이를 익히고 활용하도록 함으로써 교육에 갈음할 수 있다.
④ 영업신고 전에 위생교육을 받아야 하는 자 중 다음 사항 중 하나에 해당하는 자는 영업신고를 한 후 **6개월** 이내에 위생교육을 받을 수 있다.
  - 천재지변, 본인의 질병 및 사고, 업무상 국외출장 등의 사유로 교육을 받을 수 없는 경우
  - 교육을 실시하는 단체의 사정 등으로 미리 교육을 받기 불가능한 경우
⑤ 위생교육을 받은 자가 위생교육을 받은 날부터 2년 이내에 위생교육을 받은 업종과 같은 업종의 영업을 하려는 경우에는 해당 영업에 대한 위생교육을 받은 것으로 본다.
⑥ 위생교육을 실시하는 단체(이하 위생교육 실시단체)는 보건복지부장관이 고시한다.
⑦ 위생교육 실시단체는 교육교재를 편찬하여 교육대상자에게 제공하여야 한다.
⑧ 위생교육 실시단체의 장은 위생교육을 수료한 자에게 수료증을 교부하고, 교육 실시 결과를 교육 후 **1개월** 이내에 시장·군수·구청장에게 통보하여야 하며, 수료증 교부대장 등 교육에 관한 기록을 2년 이상 보관·관리하여야 한다.
⑨ ①부터 ⑧까지의 규정 외에 위생교육에 관하여 필요한 세부사항은 보건복지부장관이 정한다.

Section 9. 벌칙

1 위반자에 대한 벌칙과 과징금

(1) 벌금
금전적으로 국가에게 납부하는 형벌로 미납부 시 유치 가능

1) 1년 이하의 징역 또는 1천만 원 이하의 벌금
① 공중위생영업의 신고를 하지아니한 자
② 영업정지명령 또는 일부 시설의 사용중지명령을 받고도 그 기간 중에 영업을 한 자
③ 영업소 폐쇄 명령을 받고도 계속하여 영업을 한 자

2) 6월 이하의 징역 또는 500만 원 이하의 벌금
① 변경신고를 하지 아니한 자
② 공중위생영업자의 지위를 승계한 자로서 규정에 의한 신고를 하지 않은 자
③ 건전한 영업질서를 위하여 공중위생영업자가 준수하여야 할 사항을 준수하지 않은 자

3) 300만 원 이하의 벌금
① 면허의 취소 또는 정지 중에 이용업 또는 미용업을 한 사람
② 무면허로 미용업을 개설하거나 그 업무에 행했을 시
③ 다른 사람에게 이·미용사 면허증을 빌려주거나 빌린 사람
④ 다른 사람에게 이·미용사 면허증을 빌려주거나 빌리는 것을 알선 한 사람

(2) 과징금
행정법상 위반사항에 대한 제재로 불법적인 경제이익에 따라 과하여지는 행정제재금

1) 처분
① 시장·군수·구청장은 영업정지가 이용자에게 심한 불편을 주거나 그밖에 공익을 해할 우려가 있는 경우에는 영업정지 처분에 갈음하여 1억원 이하의 과징금을 부과할 수 있다. 다만, 「성매매알선 등 행위의 처벌에 관한 법률」, 「아동·청소년의 성보호에 관한 법률」, 「풍속영업의 규제에 관한 법률」 또는 이에 상응하는 위반행위로 인하여 처분을 받게 되는 경우를 제외한다.
② 과징금을 부과하는 위반행위의 종별·정도 등에 따른 과징금의 금액 등에 관하여 필요한 사항은 대통령령으로 정한다.

③ 시장·군수·구청장은 과징금을 납부하여야 할 자가 납부기한까지 이를 납부하지 아니한 경우에는 대통령령으로 정하는 바에 따라 과징금 부과처분을 취소하고, 영업정지 처분을 하거나 「지방세외수입금의 징수 등에 관한 법률」에 따라 이를 징수한다.
④ 시장·군수·구청장이 부과·징수한 과징금은 해당 시·군·구 에 귀속된다.

2) 과징금 부과와 납부
① 시장·군수·구청장은 과징금을 부과하고자 할 때에는 그 위반행위의 종별과 해당 과징금의 금액 등을 명시하여 이를 납부할 것을 서면으로 통지하여야 한다.
② 통지를 받은 날부터 20일 이내에 과징금을 시장·군수·구청장이 정하는 수납기관에 납부하여야 한다. 천재지변 그밖에 부득이한 사유로 인하여 그 기간 내에 과징금을 납부할 수 없는 때에는 그 사유가 없어진 날부터 7일 이내에 납부하여야 한다.
③ 과징금의 납부를 받은 수납기관은 영수증을 납부자에게 교부하여야 한다.
④ 과징금의 수납기관은 ②의 규정에 따라 과징금을 수납한 때에는 그 사실을 시장·군수·구청장에게 통보하여야 한다.
⑤ 과징금은 이를 분할하여 납부할 수 없다.
⑥ 과징금의 징수 절차는 보건복지부령으로 정한다.

(3) 과태료
① 금처럼 형벌의 성질을 가지지 않는 법령 위반에 대해 과하여지는 금전벌
② 대통령령으로 정하는 바에 따라 보건복지부장관 또는 시장·군수·구청장이 부과·징수 함
③ 보건복지부장관 또는 시장·군수·구청장은 위반 행위의 동기와 결과 등에 따라 해당 금액의 2분의 1 범위 내에서 과태료 금액을 늘리거나 줄일 수 있음

1) 300만 원 이하의 과태료
① 보고 및 출입·검사에 의한 보고를 하지 아니하거나 관계공무원의 출입·검사 기타 조치를 거부·방해 또는 기피한 자
② 위생관리의무, 시설 설비기준 및 개선명령에 위반한 자

2) 200만 원 이하의 과태료
① 이용업소의 위생관리 의무를 지키지 아니한 자
② 영업소 외의 장소에서 이·미용업무를 행한 자
③ 위생교육을 받지 아니한 자
④ 과태료는 대통령령으로 정하는 바에 따라 보건복지부장관 또는 시장·군수·구청장이 부과·징수

> **Tip**
> - 위생교육을 받지 않은 경우 : 60만원
> - 이·미용업소의 위생관리 의무를 지키지 않은 경우: 80만원
> - 영업소 외의 장소에서 이·미용 업무를 행한 경우: 80만원
> - 보고를 하지 않거나 관계 공무원의 출입·검사 기타 조치를 거부·방해 또는 기피한 경우 : 150만원
> - 개선명령을 위반한 경우 :150만원

(4) 양벌 규정

법인의 대표자나 법인 또는 개인의 대리인, 사용인, 그밖의 종업원이 그 법인 또는 개인의 업무에 관하여 벌칙의 위반행위를 하면 그 행위자를 벌하는 외에 그 법인 또는 개인에게도 해당 조문의 벌금형을 과(科)한다. 다만, 법인 또는 개인이 그 위반행위를 방지하기 위하여 해당 업무에 관하여 상당한 주의와 감독을 게을리 하지 아니한 경우에는 그러하지 아니하다.

Section 10. 시행령 및 시행규칙 관련 사항

1 행정처분

(1) 행정 지원
① 시장·군수·구청장은 위생교육 실시단체의 자의 요청이 있을 시 공중위생영업의 신고 및 폐업 신고, 영업자의 지위 계승 신고 수리에 따른 위생교육대상자의 명단을 통보해야 함 (업종, 업소명, 대표자 성명, 업소 소재지, 전화번호)
② 시·도지사 또는 시장·군수·구청장은 위생교육 실시 단체의 장의 요청 시 교육대상자의 소집, 교육 장소 확보 등에 대해 협조하여야 함

(2) 권한 위임 및 위탁
① 보건복지부 장관은 공중위생관리법에 의한 권한의 일부를 대통령령이 정하는 바에 의하여 시·도지사 또는 시장·군수·구청장에게 위임 할 수 있음
② 보건복지부 장관은 대통령령이 정하는 바에 의하여 위생교육 관련 전문기관에 그 업무의 일부를 위탁 할 수 있음

(3) 행정처분

위반행위	행정처분기준				관련 법규
	1차 위반	2차 위반	3차 위반	4차 위반	
가. 영업신고를 하지 않거나 시설과 설비기준을 위반한 경우					
1) 영업신고를 하지 않은 경우	영업장 폐쇄명령				법 제11조 제1항 제1호
2) 시설 및 설비기준을 위반한 경우	개선명령	영업정지 15일	영업정지 1월	영업장 폐쇄명령	
나. 변경신고를 하지 않은 경우					
1) 신고를 하지 않고 영업소의 명칭 및 상호 또는 영업장 면적의 3분의 1 이상을 변경한 경우	경고 또는 개선명령	영업정지 15일	영업정지 1월	영업장 폐쇄명령	법 제11조 제1항 제2호
2) 신고를 하지 아니하고 영업소의 소재지를 변경한 경우	영업정지 1월	영업정지 2월	영업장 폐쇄명령		

위반행위	행정처분기준				관련 법규
	1차 위반	2차 위반	3차 위반	4차 위반	
다. 지위승계신고를 하지 않은 경우	경고	영업정지 10일	영업정지 1월	영업장 폐쇄명령	법 제11조 제1항 제3호
라. 공중위생영업자의 위생관리의무 등을 지키지 않은 경우					
1) 소독을 한 기구와 소독을 하지 않은 기구를 각각 다른 용기에 넣어 보관하지 않거나 1회용 면도날을 2인 이상의 손님에게 사용한 경우	경고	영업정지 5일	영업정지 10일	영업장 폐쇄명령	법 제11조 제1항 제4호
2) 피부미용을 위하여 「약사법」에 따른 의약품 또는 「의료기기법」에 따른 의료기기를 사용한 경우	영업정지 2월	영업정지 3월	영업장 폐쇄명령		
3) 점빼기·귓볼뚫기·쌍꺼풀수술·문신·박피술 그 밖에 이와 유사한 의료행위를 한 경우	영업정지 2월	영업정지 3월	영업장 폐쇄명령		
4) 미용업 신고증 및 면허증 원본을 게시하지 않거나 업소 내 조명도를 준수하지 않은 경우	경고 또는 개선명령	영업정지 5일	영업정지 10일	영업장 폐쇄명령	
5) 개별 미용서비스의 최종 지불가격 및 전체 미용서비스의 총액에 관한 내역서를 이용자에게 미리 제공하지 않은 경우	경고	영업정지 5일	영업정지 10일	영업정지 1월	
마. 불법 카메라나 기계장치를 설치한 경우	영업정지 1월	영업정지 2월	영업장 폐쇄명령		법 제11조 제1항 제4호2
바. 면허정지 및 면허취소 사유에 해당하는 경우					
1) 피성년후견인, 정신질환자, 감염병환자, 약물중독자	면허취소				법 제7조 제1항
2) 면허증을 다른 사람에게 대여한 경우	면허정지 3월	면허정지 6월	면허취소		
3) 「국가기술자격법」에 따라 자격이 취소된 경우	면허취소				
4) 「국가기술자격법」에 따라 자격정지처분을 받은 경우(「국가기술자격법」에 따른 자격정지처분 기간에 한정한다)	면허정지				
5) 이중으로 면허를 취득한 경우(나중에 발급받은 면허를 말한다)	면허취소				법 제7조 제1항
6) 면허정지처분을 받고도 그 정지기간 중 업무를 한 경우	면허취소				

위반행위	행정처분기준				관련 법규
	1차 위반	2차 위반	3차 위반	4차 위반	
사. 영업소 외의 장소에서 미용 업무를 한 경우	영업정지 1월	영업정지 2월	영업장 폐쇄명령		법 제11조 제1항 제5호
아. 보고를 하지 않거나 거짓으로 보고한 경우 또는 관계 공무원의 출입, 검사 또는 공중위생 영업 장부 또는 서류의 열람을 거부·방해하거나 기피한 경우	영업정지 10일	영업정지 20일	영업정지 1월	영업장 폐쇄명령	법 제11조 제1항 제6호
자. 개선명령을 이행하지 않은 경우	경고	영업정지 10일	영업정지 1월	영업장 폐쇄명령	법 제11조 제1항 제7호
차. 「성매매알선 등 행위의 처벌에 관한 법률」, 「풍속영업의 규제에 관한 법률」, 「청소년 보호법」, 「아동·청소년의 성보호에 관한 법률」 또는 「의료법」을 위반하여 관계 행정기관의 장으로부터 그 사실을 통보받은 경우					법 제11조 제1항 제8호
1) 손님에게 성매매알선 등 행위 또는 음란행위를 하게 하거나 이를 알선 또는 제공한 경우					
가) 영업소	영업정지 3월	영업장 폐쇄명령			
나) 미용사	면허정지 3월	면허취소			
2) 손님에게 도박 그 밖에 사행행위를 하게 한 경우	영업정지 1월	영업정지 2월	영업장 폐쇄명령		
3) 음란한 물건을 관람·열람하게 하거나 진열 또는 보관한 경우	경고	영업정지 15일	영업정지 1월	영업장 폐쇄명령	
4) 무자격안마사로 하여금 안마사의 업무에 관한 행위를 하게 한 경우	영업정지 1월	영업정지 2월	영업장 폐쇄명령		
카. 영업정지처분을 받고도 그 영업정지 기간에 영업을 한 경우	영업장 폐쇄명령				법 제11조 제2항
타. 공중위생영업자가 정당한 사유 없이 6개월 이상 계속 휴업하는 경우	영업장 폐쇄명령				법 제11조 제3항 제1호
파. 공중위생영업자가 「부가가치세법」 제8조에 따라 관할 세무서장에게 폐업신고를 하거나 관할 세무서장이 사업자 등록을 말소한 경우	영업장 폐쇄명령				법 제11조 제3항 제2호

Chapter 3

핵심쏙쏙 예상문제

01 공중위생관계법규에 대한 설명으로 옳지 않은 것은?
① 공중위생관계법규의 법원에서는 공중위생관리법뿐만 아니라 행정규칙에 속하는 각종 고시들도 포함된다.
② 공중위생영업에는 숙박업, 목욕장업, 이용업, 미용업, 세탁업, 건물위생관리업이 있다.
③ 현행법상 피부미용은 따로 구분되어 있지 않고 이용업의 영역에 속한다.
④ 손님의 얼굴, 머리, 피부 등을 손질하여 손님의 외모를 아름답게 꾸미는 영업을 미용업이라고 한다.

해설 현행법상 피부미용은 따로 구분되어 있지 않고 미용업의 영역에 속해 있다. 따라서 피부미용업을 경영 또는 종사할 수 있는 면허에 관한 부분도 미용사의 영역에 속한다.

02 다음 중 공중위생관리법의 목적으로 볼 수 없는 것은?
① 공중이 이용하는 영업과 시설의 위생관리 등에 관한 사항 규정
② 위생수준의 향상
③ 국민의 건강증진 기여
④ 기술인력의 사회적 지위의 향상

해설 공중위생관리법은 공중이 이용하는 영업과 시설의 위생관리 등에 관한 사항을 규정함으로써 위생수준을 향상시켜 국민의 건강증진에 기여함을 목적으로 한다.

03 공중위생관리법의 규정에서 공중위생영업의 종류가 아닌 것은?
① 세탁업
② 학원업
③ 이용업
④ 건물위생관리업

04 공중위생관리법의 정의는?
① 고객의 용모를 단정하게 해주는 영업이다.
② 6가지의 영업 중 이·미용업에 포함된다.
③ 모발 또는 수염을 정돈하는 영업이다.
④ 위생수준을 향상시켜 국민의 건강증진에 기여한다.

해설 공중위생관리법은 위생수준을 향상시켜 국민의 건강증진에 기여한다.

05 공중위생업에 해당하지 않는 것은?
① 미용업
② 목욕장업
③ 위생관리업
④ 세탁업

해설 공중위생업에는 숙박업, 이용업, 미용업, 목욕장업, 세탁업, 건물위생관리업이 있다.

06 공중위생관리법상 미용업의 정의로 바른 것은?
① 고객의 얼굴, 머리, 피부 등을 손질하여 외모를 아름답게 꾸미는 영업
② 고객의 두발을 다듬으며 용모를 단정하게 하는 영업
③ 고객의 두발을 손질하고 용모를 아름답고 단정하게 하는 영업
④ 고객의 얼굴을 손질하여 용모를 아름답고 단정하게 하는 영업

해설 미용업 : 고객의 얼굴, 머리, 피부 등을 손질하여 외모를 아름답게 꾸미는 영업

01 ③ 02 ④ 03 ② 04 ④ 05 ③ 06 ①

07 미용영업자가 시장·군수·구청장에게 변경신고를 하여야 하는 사항이 아닌 것은?

① 영업소의 명칭의 변경
② 영업소의 소재지의 변경
③ 신고한 영업장 면적의 $\frac{1}{3}$ 이상의 증감
④ 영업소 내 시설의 변경

해설 변경신고 대상(보건복지부령이 정하는 중요사항)
- 영업소의 명칭 또는 상호 영업소의 소재지
- 신고한 영업장 면적의 $\frac{1}{3}$ 이상의 증감
- 대표자의 성명 또는 생년월일
- 미용업 업종 간 변경

08 이·미용사 영업자의 지위를 승계 받을 수 있는 자의 자격은?

① 자격증이 있는 자
② 면허를 소지한 자
③ 보조원으로 있는 자
④ 상속권이 있는 자

해설 공중위생업의 승계
이용업 또는 미용업의 경우에는 면허를 소지한 자에 한하여 공중위생영업자의 지위를 승계할 수 있다.

09 다음 중 공중위생영업 신고를 받지 않는 자는?

① 시장　　　② 군수
③ 구청장　　④ 동장

해설 공중위생영업을 하고자 하는 자는 공중위생영업의 종류별로 보건복지부령이 정하는 시설 및 설비를 갖추고 시장·군수·구청장에게 신고하여야 한다.

10 이·미용업의 시설 및 설비기준에 대한 설명 중 잘못된 것은?

① 이·미용기구는 소독을 한 기구와 소독을 하지 아니한 기구를 구분하여 보관할 수 있는 용기를 비치하여야 한다.
② 영업소 안에 별실 그 밖에 이와 유사한 시설을 설치할 수 있다.
③ 소독기, 자외선 살균기 등 이·미용기구를 소독하는 장비를 갖추어야 한다.
④ 피부미용업무를 행하는 동안 베드와 베드 사이에 120cm 이하의 이동용 간이 칸막이를 사용할 수 있다.

해설 영업소 안에는 별실 그 밖에 이와 유사한 시설을 설치하여서는 안 된다.

11 다음 중 공중위생영업의 신고에 대한 설명으로 틀린 것은?

① 신고를 받은 시장·군수·구청장은 신고관리대장(전자문서를 포함한다)을 작성·관리하여야 한다.
② 신고서를 제출받은 담당 공무원은 영업소의 건축물대장등본을 확인하여야 한다.
③ 영업신고증을 잃어버린 경우 영업신고증 재교부 신청서에 그 사유서를 첨부하여야 한다.
④ 이·미용업의 경우 신고서에 면허증 원본을 첨부하여야 한다.

해설 영업신고증 재교부 신청서
- 영업신고증을 잃어버린 경우에는 영업신고증 재교부 신청서만 제출하면 된다.
- 헐어 못쓰게 되어 재교부 받고자 하는 때에는 재교부 신청서(전자문서로 된 신청서를 포함한다)에 헐어 못쓰게 된 신고증을 첨부하여 시장·군수·구청장에게 신청하여야 한다.

07 ④　08 ②　09 ④　10 ②　11 ③

12 다음 중 공중위생영업의 변경신고 대상이 잘못된 것은?

① 영업소의 명칭 또는 상호
② 영업소의 소재지
③ 신고한 영업장 면적의 $\frac{1}{2}$ 이상의 증감
④ 법인 대표자의 성명

해설 공중위생업을 하는 자는 중요사항을 변경하고자 하는 때에도 시장·군수·구청장에게 신청하여야 한다. 중요사항에는 ①, ②, ④와 신고한 영업장 면적의 $\frac{1}{3}$ 이상의 증감이 해당된다.

13 다음 중 공중위생영업의 신고 시 첨부해야 할 서류를 모두 고르면?

> ㉠ 영업시설 및 설비개요서
> ㉡ 교육필증
> ㉢ 면허증 원본(이용업·미용업의 경우)
> ㉣ 건축물대장등본
> ㉤ 인감증명서

① ㉠, ㉡
② ㉠, ㉡, ㉢
③ ㉠, ㉡, ㉢, ㉣
④ ㉠, ㉡, ㉢, ㉣, ㉤

해설 공중위생영업의 신고를 하고자 하는 자는 공중위생영업의 종류별 시설 및 설비기준에 적합한 시설을 갖춘 후 신고서에 ㉠ 영업시설 및 설비개요서, ㉡ 교육필증, ㉢ 면허증 원본을 첨부하여 시장·군수·구청장에게 제출하여야 한다.

14 공중위생영업의 폐업신고기간은?

① 폐업한 날로부터 7일
② 폐업한 날로부터 14일
③ 폐업한 날로부터 20일
④ 폐업한 날로부터 30일

해설 공중위생영업의 신고를 한 자는 공중위생영업을 폐업한 날부터 20일 이내에 시장·군수·구청장에게 신고하여야 한다.

15 다음 중 공중위생영업의 지위 승계에 대한 설명으로 옳은 것은?

① 공중위생영업자가 사망한 때에는 상속인은 그 공중위생영업자의 지위를 승계한다.
② 이·미용업의 경우에는 면허를 소지하지 않아도 영업자의 지위를 승계할 수 있다.
③ 경매나 압류재산의 매각 등에 의하여 공중위생영업 관련 시설 및 설비의 전부 또는 일부를 인수한 자는 공중위생영업자의 지위를 승계한다.
④ 공중위생영업자의 지위를 승계한 자는 20일 이내에 시장·군수 또는 구청장에게 신고하여야 한다.

해설 ② 이용업 또는 미용업의 경우에는 면허를 소지한 자에 한하여 공중위생영업자의 지위를 승계할 수 있다.
③ 일부가 아닌 전부를 인수한 경우여야 한다.
④ 공중위생영업자의 지위를 승계한 자는 1월 이내에 보건복지부령이 정하는 바에 따라 시장·군수 또는 구청장에게 신고하여야 한다.

16 이·미용업소의 위생 준수사항으로 적합하지 않은 것은?

① 소독한 기구와 소독을 하지 아니한 기구를 분리하여 보관한다.
② 1회용 면도날을 손님 1인에 한하여 사용한다.
③ 피부미용을 위한 의약품은 따로 보관한다.
④ 영업장 안의 조명도는 75Lux 이상이어야 한다.

12 ③   13 ②   14 ③   15 ①   16 ③

해설 이·미용업은 의약품을 사용하면 안 된다. 의약품 관리는 의료 업무에 속한다.

17 이·미용업소의 시설 및 설비기준으로 적합한 것은?

① 소독을 한 기구와 소독을 하지 아니한 기구를 구분하여 보관할 수 있는 용기를 비치하여야 한다.
② 소독기, 적외선 살균기 등 기구를 소독하는 장비를 갖추어야 한다.
③ 밀폐된 별실을 24개 이상 둘 수 있다.
④ 작업장소와 응접장소, 상담실, 탈의실 등을 분리하여 칸막이를 설치하려는 때에는 각각 전체 벽 면적의 2분의 1 이상은 투명하게 하여야 한다.

해설 소독기, 자외선 살균기 등 미용기구를 소독하는 장비를 갖추어야 한다. 영업소 안에는 별실 그 밖에 유사한 시설을 설치하여서는 아니 된다. 작업장소, 응접장소, 상담실 등을 분리하기 위해 칸막이를 설치할 수 있으나, 설치된 칸막이에 출입문이 있는 경우 출입문의 3분의 1 이상을 투명하게 하여야 한다. 다만, 탈의실의 경우에는 출입문을 투명하게 하여서는 아니 된다.

18 다음 중 이·미용영업자의 준수사항에 대한 설명으로 틀린 것은?

① 이·미용기구는 소독을 한 기구와 소독을 하지 아니한 기구로 분리하여야 한다.
② 면도기는 1회용 면도날만을 손님 1인에 한하여 사용하여야 한다.
③ 이·미용사 면허증을 영업소 안에 게시하여야 한다.
④ 미용업자는 의료기구와 의약품을 사용하여 피부미용을 하여야 한다.

해설 미용업을 하는 자는 의료기구와 의약품을 사용하지 아니하는 순수한 화장 또는 피부미용을 하여야 한다.

19 이·미용기구의 소독기준 및 방법에 대한 연결이 잘못된 것은?

① 열탕소독 : 섭씨 100℃ 이상의 물 속에 20분 이상 끓여준다.
② 건열멸균소독 : 섭씨 100℃ 이상의 건조한 열에 20분 이상 쐬어준다.
③ 증기소독 : 섭씨 100℃ 이상의 습한 열에 20분 이상 쐬어준다.
④ 자외선소독 : 1cm²당 85μW 이상의 자외선을 20분 이상 쐬어준다.

해설 열탕소독은 섭씨 100℃ 이상의 물 속에 10분 이상 끓여준다.

20 공중이용시설 안에서 발생되지 아니하여야 할 오염물질의 종류와 허용되는 오염의 기준에 대한 연결이 잘못된 것은?

① 미세먼지(PM-10) : 24시간 평균치 150μg/m³ 이하
② 일산화탄소(CO) : 1시간 평균치 25ppm 이하
③ 이산화탄소(CO_2) : 1시간 평균치 100ppm 이하
④ 포름알데이드(HCHO) : 1시간 평균치 120μg/m³ 이하

해설 이산화탄소(CO_2)는 1시간 평균치 1,000ppm 이하가 되어야 한다.

21 미용업자가 준수하여야 하는 위생관리기준으로 옳은 것은?

① 피부미용을 위하여 「약사법」 규정에 의한 의약품 또는 의료용구를 사용할 수 있다.
② 점빼기, 귓불뚫기, 쌍꺼풀수술, 문신, 박피술 등을 하여서는 아니 된다.

17 ① 18 ④ 19 ① 20 ③ 21 ②

③ 업소 내에 미용업 신고증, 개설자의 면허증 사본 및 미용요금표를 게시하여야 한다.
④ 영업장 안의 조명도는 65Lux 이상이 되도록 유지하여야 한다.

> 해설 ① 피부미용을 위하여 「약사법」 규정에 의한 의약품 또는 의료용구를 사용하여서는 아니 된다.
> ③ 업소 내에 미용업 신고증 및 개설자의 면허증 원본, 최종지불요금표를 게시하여야 한다.
> ④ 영업장 안의 조명도는 75Lux 이상이 되도록 유지하여야 한다.

22 영업소에 게시 및 부착해야 하는 것이 아닌 것은?
① 면허자의 면허증 원본
② 건강진단증
③ 미용업 신고증
④ 최종지불요금표

> 해설 이·미용업소에서는 신고증, 면허증 원본, 이·미용요금표를 게시해야 하는 의무가 있다.

23 다음 중 이·미용사 면허를 받을 수 있는 자가 아닌 것은?
① 고등학교에서 이용 또는 미용에 관한 학과를 졸업한 자
② 국가기술자격법에 의한 이용사 또는 미용사 자격을 취득한 자
③ 보건복지부장관이 인정한 외국인 이용사 또는 미용사 자격 소지자
④ 전문대학에서 이용 또는 미용에 관한 학과 졸업자

> 해설 이용사 및 미용사의 면허 : 이·미용사가 되고자 하는 자는 다음에 해당하는 자로서 보건복지부령이 정하는 바에 의하여 시장·군수·구청장이 발급하는 면허를 받아야 한다.

- 전문대학 또는 이와 동등 이상의 학력이 있다고 교육부장관이 인정하는 학교에서 이용 또는 미용에 관한 학과를 졸업한 자
- 「학점인정 등에 관한 법률」에 따라 대학 또는 전문대학을 졸업한 자와 동등 이상의 학력이 있는 것으로 인정되어 이용 또는 미용에 관한 학위를 취득한 자
- 고등학교 또는 이와 동등의 학력이 있다고 교육부장관이 인정하는 학교에서 이용 또는 미용에 관한 학과를 졸업한 자
- 교육부장관이 인정하는 고등기술학교에서 1년 이상 이용 또는 미용에 관한 소정의 과정을 이수한 자
- 「국가기술자격법」에 의한 이용사 또는 미용사의 자격을 취득한 자

24 다음 중 이용사 또는 미용사의 면허를 취소할 수 있는 대상에 해당되지 않는 자는?
① 정신질환자
② 감염병환자
③ 피성년후견인
④ 당뇨병환자

> 해설 당뇨병은 일반적인 성인병으로 이·미용사의 면허 취소 대상이 아니다.

25 이·미용사 면허가 일정기간 정지되거나 취소되는 경우는?
① 영업을 하지 아니한 때
② 해외에 정기 체류 중일 때
③ 다른 사람에게 대여해 주었을 때
④ 교육을 받지 아니한 때

> 해설 행정처분기준 : 면허증을 다른 사람에게 대여한 경우
>
> | 1차 위반 | 면허정지 3월 |
> | 2차 위반 | 면허정지 6월 |
> | 3차 위반 | 면허취소 |

22 ② 23 ③ 24 ④ 25 ③

26 이·미용사 면허증을 분실하였을 때 누구에게 재교부 신청을 하여야 하는가?

① 보건복지부장관
② 시·도지사
③ 시장·군수·구청장
④ 협회장

해설 면허증의 재교부 신청을 하고자 하는 자는 신청서에 해당되는 서류(전자문서를 포함한다)를 첨부하여 시장·군수·구청장에게 제출하여야 한다.

27 이·미용사 면허증을 분실하여 재교부를 받은 자가 분실한 면허증을 찾았을 때 취하여야 할 조치로 옳은 것은?

① 시·도지사에게 찾은 면허증을 반납한다.
② 시장·군수·구청장에게 찾은 면허증을 반납한다.
③ 본인이 모두 소지하여도 무방하다.
④ 재교부 받은 면허증을 반납한다.

해설 면허증을 잃어버린 후 재교부 받은 자가 그 잃어버린 면허증을 찾은 때에는 지체 없이 관할 시장·군수·구청장에게 이를 반납하여야 한다.

28 이·미용사 면허증을 신규로 신청하는 경우 납부하여야 하는 수수료는?

① 3,000원
② 4,500원
③ 5,000원
④ 5,500원

해설 수수료 금액은 이·미용사 면허증을 신규로 신청하는 경우는 5,500원, 이·미용사 면허증을 재교부 받고자 하는 경우는 3,000원이다.

29 이·미용사 면허신청 시 첨부서류에 대한 설명으로 틀린 것은?

① 전문대학에서 이용 또는 미용에 관한 학과를 졸업한 자는 졸업증명서 1부
② 고등기술학교에서 1년 이상 이용 또는 미용에 관한 소정의 과정을 이수한 자는 이수증명서 1부
③ 최근 6개월 이내에 찍은 가로 3.5cm, 세로 4.5cm 탈모 정면 상반신 사진 2매
④ 정신질환자 또는 간질병자에 해당하지 아니함을 증명하는 최근 3개월 이내의 건강진단서 1부

해설 피성년후견인, 정신질환자, 감염병 환자 및 마약 등의 약물 중독자 등 면허 결격 사유에 해당되지 아니함을 증명하는 최근 6개월 이내에 진단받은 건강진단서 1부를 첨부하여야 한다.

30 이·미용사의 면허와 관련된 설명으로 틀린 것은?

① 이·미용사가 되고자 하는 자는 시장·군수·구청장의 면허를 받아야 한다.
② 시장·군수·구청장이 면허증을 교부한 경우에는 면허등록관리대장(전자문서를 포함한다)을 작성·관리하여야 한다.
③ 시장·군수·구청장은 이용사 또는 미용사가 면허증을 다른 사람에게 대여한 때에는 면허를 취소하여야 한다.
④ 면허의 취소 또는 정지명령을 받은 자는 지체 없이 관할 시장·군수·구청장에게 면허증을 반납하여야 한다.

해설 면허증을 다른 사람에게 대여한 경우 시장·군수·구청장은 이용사 또는 미용사의 면허를 취소하거나 6월 이내의 기간을 정하여 그 면허의 정지를 명할 수 있다. 따라서 필요적 취소 사유가 아니다.

26 ③ 27 ④ 28 ④ 29 ④ 30 ③

31 이·미용사의 면허를 반드시 취소하여야 하는 경우가 아닌 것은?

① 마약중독자
② 정신질환자
③ 한정치산자
④ 감염병 환자

해설 한정치산자가 아니라 피성년후견인이어야 한다.

32 이·미용사의 면허증 재교부 신청사유에 해당하지 않는 것은?

① 성명 및 주소의 변경이 있는 때
② 주민등록번호의 변경이 있는 때
③ 면허증을 잃어버린 때
④ 면허증이 헐어 못쓰게 된 때

해설 이용사 또는 미용사는 면허증의 기재사항에 변경(성명 및 주민등록번호의 변경에 한한다)이 있는 때, 면허증을 잃어버린 때 또는 면허증이 헐어 못쓰게 된 때에는 면허증의 재교부를 신청할 수 있다. 주소의 변경은 면허증 재교부 신청사유가 아니다.

33 다음 중 이·미용사 면허증의 재교부 신청 시 첨부서류를 모두 고르면?

┌─────────────────────────────────┐
│ ㉠ 최근 6월 이내에 찍은 탈모 정면 상반
│   신 사진 1매
│ ㉡ 기재사항이 변경되거나 헐어 못쓰게
│   된 경우에는 면허증 원본
│ ㉢ 잃어버린 경우에는 분실사유서
│ ㉣ 주민등록번호가 변경된 경우에는 주
│   민등록표등(초)본
│ ㉤ 성명이 변경된 경우에는 호적등(초)본
└─────────────────────────────────┘

① ㉠, ㉡
② ㉠, ㉡, ㉢
③ ㉠, ㉡, ㉢, ㉣
④ ㉠, ㉡, ㉢, ㉣, ㉤

해설 면허증의 재교부 신청을 하고자 하는 자는 신청서에 면허증 원본과 최근 6월 이내에 찍은 가로 3.5cm, 세로 4.5cm의 탈모 정면 상반신 사진 1매를 첨부하여 이용업 또는 미용업에 종사하고 있는 자는 영업소를 관할하는 시장·군수·구청장에게, 해당 영업에 종사하고 있지 아니한 자는 면허를 받은 시장·군수·구청장에게 제출하여야 한다. ㉢, ㉣, ㉤의 서류는 시행규칙의 개정으로 삭제되었다.

34 다음 중 미용사 면허를 허가 받을 수 있는 사람은?

① 감염병 환자
② 대통령령으로 정한 마약 및 약물 중독자
③ 전과자
④ 피성년후견인

해설 전과자는 미용사 면허 취득이 가능하다.

35 이·미용사는 영업소 외의 장소에는 이·미용업무를 할 수 없다. 그러나 특별한 사유가 있는 경우는 예외가 인정되는데 다음 중 특별한 사유에 해당하지 않는 것은?

① 질병으로 영업소까지 나올 수 없는 자에 대한 이·미용
② 혼례 기타 의식에 참여하는 자에 대하여 그 의식 직전에 행하는 이·미용
③ 긴급히 국외에 출타하는 자에 대한 이·미용
④ 시장·군수·구청장이 특별한 사정이 있다고 인정하는 경우에 행하는 이·미용

해설 영업소 외에서의 이용 및 미용 업무 : 보건복지부령이 정하는 특별한 사유란 다음의 사유를 말한다.
• 질병이나 그 밖의 사유로 영업소에 나올 수 없는 자에 대하여 이용 또는 미용을 하는 경우
• 혼례나 그 밖의 의식에 참여하는 자에 대하여 그 의식 직전에 이용 또는 미용을 하는 경우
• 「사회복지사업법」에 따른 사회복지시설에서 봉사활동으로 이용 또는 미용을 하는 경우

31 ③ 32 ① 33 ① 34 ③ 35 ③

- 방송 등의 촬영에 참여하는 사람에 대하여 그 촬영 직전에 이용 또는 미용을 하는 경우
- 이외에 특별한 사정이 있다고 시장·군수·구청장이 인정하는 경우

36 미용의 업무보조 범위 중 옳지 않은 것은?

① 미용의 업무를 위한 사전 준비에 관한 사항
② 미용의 업무를 위한 기구·제품 등의 관리에 관한 사항
③ 영업소의 청결 유지 등 위생관리에 관한 사항
④ 의료기기나 의약품을 사용한 피부상태 분석·피부관리·제모·눈썹손질

해설 업무보조 범위에 의료기기나 의약품을 사용한 피부상태분석·피부관리·제모·눈썹손질은 포함되지 않는다.

37 미용사의 업무범위의 설명으로 다음 (   )에 들어갈 내용은?

> 미용사의 (   )을(를) 받은 자가 아니면 미용업을 개설하거나 그 업무에 종사할 수 없다. 다만, 미용사의 감독을 받아 이용 또는 미용 업무의 보조를 행하는 경우에는 그러하지 아니하다.

① 검증   ② 검사
③ 면허   ④ 자격

38 다음 중 미용사의 업무가 아닌 것은?

① 머리카락 모양내기
② 머리카락 염색
③ 면도
④ 머리감기

해설 면도는 미용사가 아니라 이용사의 업무범위에 속한다.

39 다음 중 공중위생관리상 필요하다고 인정하는 때에 공중위생영업자에 대하여 필요한 보고를 하게 할 수 없는 자는?

① 시·도지사
② 시장
③ 보건복지부장관
④ 구청장

해설 보고 및 출입·검사
특별시장·광역시장·도지사(이하 시·도지사) 또는 시장·군수·구청장은 공중위생관리상 필요하다고 인정하는 때에는 공중위생영업자에 대하여 필요한 보고를 하게 하거나 소속 공무원으로 하여금 영업소·사무소 등에 출입하여 공중위생영업자의 위생관리의무 이행 등에 대하여 검사하게 하거나 필요에 따라 공중위생영업장부나 서류를 열람하게 할 수 있다.

40 영업허가 취소 또는 영업장 폐쇄명령을 받고도 계속하여 이·미용 영업을 하는 경우에 시장·군수·구청장이 취할 수 있는 조치가 아닌 것은?

① 당해 영업소의 간판 기타 영업표지물의 제거
② 당해 영업소가 위법한 것임을 알리는 게시물 등의 부착
③ 영업을 위하여 필수불가결한 기구 또는 시설물을 사용할 수 없게 하는 봉인
④ 당해 영업소의 업주에 대한 손해배상 청구

해설 당해 영업소의 업주에 대한 손해배상 청구 등은 해당되지 않는다.

36 ④   37 ③   38 ③   39 ③   40 ④

41 다음 중 공중위생감시원이 될 수 없는 사람은?

① 위생사 또는 환경기사 2급 이상의 자격증이 있는 사람
② 1년 이상 공중위생 행정에 종사한 경력이 있는 사람
③ 외국에서 공중위생감시원으로 활동한 경력이 있는 사람
④ 「고등교육법」에 의한 대학에서 화학·화공학·위생학 분야를 전공하고 졸업한 사람

해설 외국에서 위생사 또는 환경기사의 면허를 받은 사람이 공중위생감시원이 될 수 있다.

42 공중위생시설 등의 보고 및 출입·검사에 대한 설명으로 틀린 것은?

① 시·도지사 또는 시장·군수·구청장은 공중위생관리상 필요하다고 인정하는 때에는 공중위생영업자 및 공중이용시설의 소유자 등에 대하여 필요한 보고를 하게 할 수 있다.
② 소속 공무원으로 하여금 영업소·사무소·공중이용시설 등에 출입하여 위생관리의무 이행 및 위생관리실태 등에 대하여 검사하게 할 수 있다.
③ 공중이용시설 등에의 출입·검사 시 관계 공무원은 그 권한을 표시하는 증표를 지녀야 하며, 관계인에게 이를 내보여야 한다.
④ 미용업의 경우에는 보고 및 출입·검사 시 해당 미용업장의 소유자 등과 사전에 협의하여야 한다.

해설 보고 및 출입검사 시 당해 관광숙박업의 관할행정기관의 장과 사전에 협의하여야 하는 것은 관광숙박업의 경우이다.

43 공중위생영업소 또는 공중이용시설의 위생관리실태 검사대상물의 검사 의뢰기관이 아닌 것은?

① 특별시·광역시·도의 보건환경연구원
② 「국가표준기본법」에 의하여 인정을 받은 시험검사기관
③ 보건복지부장관이 검사능력이 있다고 인정하는 검사기관
④ 시장·군수·구청장이 검사능력이 있다고 인정하는 검사기관

해설 시·도지사 또는 시장·군수·구청장은 소속 공무원이 공중위생영업소 또는 공중이용시설의 위생관리실태를 검사하기 위하여 검사 대상물을 수거한 경우에는 수거증을 공중위생영업자 또는 공중이용시설의 소유자·점유자·관리자에게 교부하고, ①, ②, ④의 기관에 검사를 의뢰하여야 한다.

44 공중위생영업소 또는 공중이용시설의 위생관리실태의 검사를 의뢰할 수 있는 자가 아닌 것은?

① 보건복지부장관
② 특별시장
③ 군수
④ 구청장

해설 검사 의뢰는 특별시장·광역시장·도지사(시도지사) 또는 시장·군수·구청장이 할 수 있다.

45 공중위생영업자 및 종사원에 대하여 영업시간 및 영업행위에 관한 필요한 제한을 할 수 있는 사람은?

① 보건복지부장관
② 행정자치부장관
③ 시·도지사
④ 시장·군수·구청장

41 ③ 42 ④ 43 ③ 44 ① 45 ③

해설 시·도지사는 공익상 또는 선량한 풍속을 유지하기 위하여 필요하다고 인정하는 때에는 공중위생영업자 및 종사원에 대하여 영업시간 및 영업행위에 관한 필요한 제한을 할 수 있다.

46 다음 중 공중위생감시원의 자격에 관한 설명으로 잘못된 것은?

① 위생사 또는 환경기사 2급 이상의 자격증이 있는 사람
② 「고등교육법」에 따른 대학에서 화학·화공학·환경공학 또는 위생학 분야를 전공하고 졸업한 사람 또는 법령에 따라 이와 같은 수준 이상의 학력이 있다고 인정되는 사람
③ 외국에서 위생사 또는 환경기사의 면허를 받은 사람
④ 6개월 이상 공중위생행정에 종사한 경력이 있는 사람

해설 특별시장·광역시장·도지사 또는 시장·군수·구청장은 1년 이상 공중위생행정에 종사한 경력이 있는 소속 공무원 중에서 공중위생감시원을 임명한다.

47 다음 중 공중위생감시원의 업무범위가 잘못된 것은?

① 공중위생영업 관련 시설 및 설비의 위생상태 확인·검사
② 위생지도 및 개선명령
③ 공중이용시설의 위생관리상태의 확인·검사
④ 위생교육 이행 여부의 확인

해설 위생지도 및 개선명령은 시·도지사 또는 시장·군수·구청장이 한다. 공중위생감시원은 위생지도 및 개선명령 이행 여부의 확인을 할 수 있다.

48 공중위생관리법상 위생서비스 수준의 평가에 대한 설명 중 맞는 것은?

① 평가의 전문성을 높이기 위하여 필요하다고 인정하는 경우에는 관련 전문기관 및 단체로 하여금 위생서비스 평가를 실시하게 할 수 있다.
② 평가주기는 3년마다 실시한다.
③ 평가주기와 방법, 위생관리등급은 대통령령으로 정한다.
④ 위생관리등급은 2개 등급으로 나뉜다.

해설 위생서비스 수준의 평가는 2년마다 실시하고 평가주기와 방법, 위생관리 등급은 보건복지부령으로 정하고 있으며, 위생관리 등급은 최우수업소(녹색), 우수업소(황색), 일반관리대상업소(백색)의 3등급으로 나뉜다.

49 공중위생관리법규상 위생관리 등급의 구분이 바르게 짝지어진 것은?

① 최우수업소 : 녹색등급
② 우수업소 : 백색등급
③ 관리미흡대상업소 : 청색등급
④ 일반관리대상업소 : 황색등급

해설 위생관리 등급의 구분

최우수업소	녹색등급
우수업소	황색등급
일반관리대상 업소	백색등급

50 위생서비스 수준의 평가에 대한 설명으로 옳은 것은?

① 보건복지부장관은 공중위생영업소(관광숙박업 제외)의 위생서비스 평가를 하여야 한다.
② 시·도지사는 평가계획에 따라 관할 지역별 세부평가계획을 수립한 후 위생서비스 평가를 하여야 한다.

46 ④ 47 ② 48 ① 49 ① 50 ③

③ 시장·군수·구청장은 필요하다고 인정하는 경우에는 관련 전문기관 및 단체로 하여금 위생서비스 평가를 실시하게 할 수 있다.
④ 공중위생영업소의 위생서비스 수준평가는 1년마다 실시한다.

해설 ① 시·도지사는 공중위생영업소(관광숙박업 제외)의 위생관리 수준을 향상시키기 위하여 위생서비스 평가계획을 수립하여 시장·군수·구청장에게 통보하여야 한다.
② 시장·군수·구청장은 평가계획에 따라 관할 지역별 세부평가계획을 수립한 후 공중위생영업소의 위생서비스 수준을 평가하여야 한다.
④ 공중위생영업소의 위생서비스 수준평가는 2년마다 실시한다.

51 다음 중 위생서비스 평가에서 제외되는 공중위생영업소는?
① 세탁업　　② 이용업
③ 미용업　　④ 관광숙박업

해설 관광숙박업은 위생서비스 평가에서 제외된다.

52 공중위생영업소의 위생서비스 수준평가의 주기는?
① 6월　　② 1년
③ 2년　　④ 3년

해설 공중위생영업소의 위생서비스 수준평가는 통상 2년마다 실시한다.

53 위생관리등급의 구분 중 황색등급에 해당하는 업소는?
① 최우수업소
② 우수업소
③ 일반관리대상업소
④ 중점관리대상업소

해설 황색등급은 우수업소이다. 최우수업소는 녹색등급, 일반관리대상업소는 백색등급이며 중점관리대상업소는 없다.

54 위생서비스 평가에 따른 위생관리등급의 공표 권자는?
① 보건복지부장관
② 시·도지사
③ 시장·군수·구청장
④ 공중위생감시원

해설 시장·군수·구청장은 보건복지부령이 정하는 바에 의하여 위생서비스 평가의 결과에 따른 위생관리등급을 해당 공중위생영업자에게 통보하고 이를 공표하여야 한다.

55 위생교육 수준이 우수한 영업소에 대한 조치는?
① 포상을 수여한다.
② 포상과 표창장을 수여한다.
③ 표창장을 수여한다.
④ 상금을 준다.

56 위생서비스 평가로 우수영업소 포상을 하는 관청은?
① 보건소
② 보건복지부장관
③ 행정자치부
④ 시·도지사 또는 시장·군수·구청장

57 공중위생관리법규상 공중위생영업자가 받아야 하는 위생교육시간은?
① 매년 3시간
② 매년 6시간
③ 2년마다 3시간
④ 2년마다 6시간

51 ④　52 ③　53 ②　54 ③　55 ①　56 ④　57 ①

> **해설** 공중위생영업의 신고를 하고자 하는 자는 미리 위생교육을 받아야 하며, 공중위생영업자는 매년 3시간의 위생교육을 받아야 한다.

58 공중위생영업의 위생교육에 대한 설명으로 틀린 것은?

① 공중위생영업자는 매년 위생교육을 받아야 한다.
② 공중위생영업 신고를 한 자는 신고 후 6월 이내에 위생교육을 받아야 한다.
③ 공중위생영업에 직접 종사하지 아니하는 자는 종업원 중 공중위생에 관한 책임자로 하여금 위생교육을 받게 할 수 있다.
④ 시장·군수·구청장은 위생교육을 받거나 받은 것으로 보는 자에게 수료증을 교부하여야 한다.

> **해설** 공중위생영업 신고를 하고자 하는 자는 미리 위생교육을 받아야 한다. 부득이한 사유로 미리 교육을 받을 수 없는 경우에는 영업 개시 후 보건복지부령이 정하는 기간 안에 위생교육을 받을 수 있다.

59 위생교육의 내용 중 옳지 않은 것은?

① 공중위생영업자는 매년 위생교육을 받아야 한다.
② 공중위생영업의 신고를 하고자 하는 자는 미리 위생교육을 받아야 한다.
③ 보건복지부령으로 정하는 부득이한 사유로 미리 교육을 받을 수 없는 경우에는 영업 개시 후 3년 이내에 위생교육을 받을 수 있다.
④ 위생교육을 받아야 하는 자 중 영업에 직접 종사하지 아니하거나 2 이상의 장소에서 영업을 하는 자는 종업원 중 영업장별로 공중위생에 관한 책임자를 지정하고 그 책임자로 하여금 위생교육을 받게 하여야 한다.

> **해설** 보건복지부령으로 정하는 부득이한 사유로 미리 교육을 받을 수 없는 경우에는 영업 개시 후 6개월 이내에 위생교육을 받을 수 있다.

60 위생교육에 대한 설명 중 옳지 않은 것은?

① 위생교육을 받은 자가 위생교육을 받은 날부터 2년 이내에 위생교육을 받은 업종과 같은 업종의 영업을 하려는 경우에는 해당 영업에 대한 위생교육을 받은 것으로 본다.
② 위생교육을 실시하는 단체는 보건복지부장관이 고시한다.
③ 위생교육 실시단체는 교육교재를 편찬하여 교육대상자에게 제공하여야 한다.
④ 위생교육 실시단체의 장은 위생교육을 수료한 자에게 수료증을 교부하고, 교육 실시 결과를 교육 후 6개월 이내에 시장·군수·구청장에게 통보하여야 하며, 수료증 교부대장 등 교육에 관한 기록을 10년 이상 보관·관리하여야 한다.

> **해설** 위생교육 실시단체의 장은 위생교육을 수료한 자에게 수료증을 교부하고, 교육 실시 결과를 교육 후 1개월 이내에 시장·군수·구청장에게 통보하여야 하며, 수료증 교부대장 등 교육에 관한 기록을 2년 이상 보관·관리하여야 한다.

58 ② 59 ③ 60 ④ 61 ③

61 다음 위생교육의 내용 중 ( )에 알맞은 기간은?

> 영업신고 전에 위생교육을 받아야 하는 자 중 다음 사항 중 어느 하나에 해당하는 자는 영업신고를 한 후 ( ) 이내에 위생교육을 받을 수 있다.
> - 천재지변, 본인의 질병 및 사고, 업무상 국외출장 등의 사유로 교육을 받을 수 없는 경우
> - 교육을 실시하는 단체의 사정 등으로 미리 교육을 받기 불가능한 경우

① 1년　　② 10년
③ 6개월　④ 3개월

62 다음 위생교육의 내용 중 ( )에 알맞은 기간은?

> 위생교육 실시단체의 장은 위생교육을 수료한 자에게 수료증을 교부하고, 교육 실시 결과를 교육 후 ( ) 이내에 시장·군수·구청장에게 통보하여야 하며, 수료증 교부대장 등 교육에 관한 기록을 2년 이상 보관·관리하여야 한다.

① 1개월　② 10년
③ 6개월　④ 3개월

63 위생교육 규정에 따른 위생교육의 방법·절차 등에 관하여 필요한 사항은 ( )으로 정한다. ( )에 알맞은 것은?

① 법무부령
② 외무부령
③ 보건복지부령
④ 교육부령

64 부득이한 사유가 없는 한 공중위생영업소 개설자가 위생교육을 받아야 하는 시기는?

① 영업 개시 전
② 영업 개시 후 1개월 이내
③ 영업 개시 후 2개월 이내
④ 영업 개시 후 3개월 이내

65 이·미용사 종사자로 위생교육을 받아야 하는 자는?

① 공중위생영업을 승계한 자
② 공중위생 종사자로 처음 시작하는 자
③ 공중위생영업을 2년 이상 종사한 자
④ 공중위생영업을 1년 이상 종사한 자

> 해설 위생교육 대상자는 이·미용 종사자가 아니라 영업신고를 하려는 자이므로, 공중위생영업을 승계한 자는 위생교육을 받아야 한다.

66 건전한 영업질서를 위하여 공중위생영업자가 준수하여야 할 사항을 준수하지 아니한 자에 대한 벌칙기준은?

① 1년 이하의 징역 또는 1천만 원 이하의 벌금
② 6개월 이하의 징역 또는 500만 원 이하의 벌금
③ 3개월 이하의 징역 또는 300만 원 이하의 벌금
④ 300만 원 이하의 벌금

> 해설 벌칙 : 다음에 해당하는 자는 6개월 이하의 징역 또는 500만 원 이하의 벌금에 처한다.
> - 공중위생영업의 변경신고를 하지 아니한 자
> - 공중위생영업자의 지위를 승계한 자로서 규정에 의한 신고를 하지 아니한 자
> - 건전한 영업질서를 위하여 공중위생영업자가 준수하여야 할 사항을 준수하지 아니한 자

62 ①　63 ③　64 ①　65 ①　66 ②

67 시장·군수·구청장은 영업정지가 이용자에게 심한 불편을 주거나 그 밖에 공익을 해할 우려가 있는 경우에는 영업정지 처분에 갈음하여 얼마의 과징금을 부과할 수 있는가?

① 1천만 원 이하
② 3천만 원 이하
③ 5천만 원 이하
④ 1억 원 이하

해설 과징금처분
시장·군수·구청장은 영업정지가 이용자에게 심한 불편을 주거나 그밖에 공익을 해할 우려가 있는 경우에는 영업정지 처분에 갈음하여 1억 원 이하의 과징금을 부과할 수 있다.

68 이·미용업소의 위생관리 의무를 지키지 아니한 자의 과태료 기준은?

① 30만 원 이하
② 50만 원 이하
③ 100만 원 이하
④ 200만 원 이하

해설 과태료 : 다음에 해당하는 자는 200만 원 이하의 과태료에 처한다.
• 이·미용업소의 위생관리 의무를 지키지 아니한 자
• 영업소 외의 장소에서 이용 또는 미용업무를 행한 자
• 위생교육을 받지 아니한 자

69 청문을 실시하여야 하는 사항과 거리가 먼 것은?

① 이·미용사의 면허취소, 면허정지
② 공중위생영업의 정지
③ 영업소의 폐쇄명령
④ 과태료 징수

해설 청문 : 보건복지부장관 또는 시장·군수·구청장은 다음 사항 중 어느 하나에 해당하는 처분을 하려면 청문을 하여야 한다.
• 신고사항의 직권 말소

• 이용사와 미용사의 면허취소 또는 면허정지
• 영업정지명령, 일부 시설의 사용중지명령 또는 영업소 폐쇄명령

70 이·미용업의 행정처분기준에 대한 설명으로 틀린 것은?

① 면허취소 및 면허정지처분을 하고자 하는 때에는 청문을 실시하여야 한다.
② 위반행위가 2 이상인 경우로서 그에 해당하는 각각의 처분기준이 다른 경우에는 차수에 따른 행정처분기준은 최근 6개월 동안 같은 위반행위로 행정처분을 받은 경우에 이를 적용한다.
③ 위반행위의 차수에 따른 행정처분기준은 최근 6월 동안 같은 위반행위로 행정처분을 받은 경우에 이를 적용한다.
④ 행정처분권자는 그 위반정도가 경미하거나 해당 위반사항에 관하여 검사로부터 기소유예의 처분을 받거나 법원으로부터 선고유예의 판결을 받은 때에는 그 처분기준을 경감할 수 있다.

해설 위반행위의 차수에 따른 행정처분기준
최근 1년간 같은 위반행위로 행정처분을 받은 경우에 이를 적용한다. 이때 그 기준적용일은 동일 위반사항에 대한 행정처분과 그 처분 후의 재적발일(수거검사에 의한 경우에는 검사결과를 처분청이 접수한 날)을 기준으로 한다.

71 영업정지의 경우 경감할 수 있는 범위는?

① 처분기준 일수의 $\frac{1}{2}$의 범위 안에서
② 처분기준 일수의 $\frac{1}{3}$의 범위 안에서
③ 처분기준 일수의 $\frac{1}{4}$의 범위 안에서
④ 처분기준 일수의 $\frac{1}{5}$의 범위 안에서

해설 행정처분권자는 위반사항의 내용으로 보아 그 위반정도가 경미하거나 해당 위반사항에 관하여 검사로

67 ④ 68 ④ 69 ④ 70 ③ 71 ①

부터 기소유예의 처분을 받거나 법원으로부터 선고유예의 판결을 받은 때에는 개별기준에 불구하고 그 처분기준을 영업정지의 경우에는 그 처분기준 일수의 $\frac{1}{2}$의 범위 안에서 경감할 수 있다.

72 행정처분권자가 개별기준에 불구하고 그 처분기준을 경감할 수 있는 경우가 아닌 것은?

① 위반정도가 경미한 경우
② 기소유예의 처분을 받은 경우
③ 선고유예의 판결을 받은 경우
④ 위반사항을 원상회복한 경우

해설 행정처분권자는 위반사항의 내용으로 보아 그 위반정도가 경미하거나 해당 위반사항에 관하여 검사로부터 기소유예의 처분을 받거나 법원으로부터 선고유예의 판결을 받을 때에는 개별기준에 불구하고 그 처분기준을 경감할 수 있다.

73 다음 중 1차 위반 시 이·미용업의 면허가 취소되는 상황은?

① 이·미용업소 안에 별실을 설치한 때
② 면허정지처분을 받고 그 정지기간 중 업무를 행한 때
③ 영업자의 지위를 승계한 후 1월 이내에 신고하지 아니한 때
④ 면허증을 다른 사람에게 대여한 때

해설 면허정지처분을 받고 그 정지기간 중 업무를 행한 때에는 1차 위반만으로도 면허가 취소된다. ①은 영업정지 1월, ③은 개선명령, ④는 면허정지 3월에 해당한다.

74 다음 중 이·미용사의 면허정지 또는 면허취소 사유는?

① 시설 및 설비기준을 위반한 때
② 「성매매알선 등 행위의 처벌에 관한 법률」에 위반하여 관계 행정기관의 장의 요청이 있는 때
③ 면허에 관한 규정을 위반한 때
④ 영업정지처분을 받고 그 영업정지기간 중에 영업을 한때

해설 이·미용사가 면허에 관한 규정을 위반한 때에만 이·미용사의 면허정지 또는 면허취소에 해당한다. 이 외의 다른 위반사항은 경고, 영업정지, 개선명령 또는 영업장 폐쇄명령에만 해당한다.

75 다음 중 위반행위와 행정처분의 연결이 잘못된 것은?

① 영업소 외의 장소에서 업무를 행하여 1차 위반한 때 : 경고
② 위생교육을 받지 아니하여 2차 위반한 때 : 영업정지 5일
③ 이중으로 면허를 취득한 때 : 나중에 발급받은 면허의 취소
④ 음란한 물건을 관람·열람하게 하여 1차 위반한 때 : 영업정지 1월

해설 영업소 외의 장소에서 업무를 행한 때 1차 위반은 영업정지 1월, 2차 위반은 영업정지 2월, 3차 위반은 영업장 폐쇄명령에 해당한다.

76 다음 중 1차 위반 시 경고에 해당하는 것을 모두 고르면?

㉠ 관계 공무원의 출입·검사를 거부·기피하거나 방해한 때
㉡ 영업소 안에 출입·검사 등의 기록부를 비치하지 아니한 때
㉢ 무자격 안마사로 하여금 안마사의 업무에 관한 행위를 하게 한 때
㉣ 시장·군수·구청장의 개선명령을 이행하지 아니한 때

① ㉠, ㉡
② ㉠, ㉢
③ ㉡, ㉣
④ ㉢, ㉣

72 ④ 73 ② 74 ③ 75 ① 76 ③

해설 ㄴ, ㄹ은 모두 1차 위반 시 경고에 해당한다. ㄱ은 영업정지 10일, ㄷ은 영업정지 1월에 해당한다.

77 개선명령 시의 명시사항을 모두 고르면?

> ㄱ 위생관리기준
> ㄴ 발생된 오염물질의 종류
> ㄷ 오염허용기준을 초과한 정도
> ㄹ 개선기간
> ㅁ 사업규모·위반사유와 위반의 횟수

① ㄱ, ㄴ
② ㄱ, ㄴ, ㄷ
③ ㄱ, ㄴ, ㄷ, ㄹ
④ ㄱ, ㄴ, ㄷ, ㄹ, ㅁ

해설 시·도지사 또는 시장·군수·구청장은 법 제5조 공중이용시설의 위생관리의 규정을 위반한 공중이용시설의 소유자 등에게 개선명령을 하는 때에는 위생관리기준, 발생된 오염물질의 종류, 오염허용기준을 초과한 정도와 개선기간을 명시하여야 한다.

78 공중위생영업자가 영업소 폐쇄명령을 받고도 계속하여 영업을 하는 경우 취할 수 있는 조치가 아닌 것은?

① 당해 영업소의 간판 기타 영업표지물의 제거
② 당해 영업소가 위법한 영업소임을 알리는 게시물 등의 부착
③ 영업을 위하여 필수불가결한 기구 또는 시설물을 사용할 수 없게 하는 봉인
④ 공중위생영업 허가의 취소

해설 시장·군수·구청장은 공중위생영업자가 영업소 폐쇄명령을 받고도 계속하여 영업을 하는 때에는 관계 공무원으로 하여금 당해 영업소를 폐쇄하기 위하여 ①, ②, ③의 조치를 하게 할 수 있다.

79 과징금의 부과 및 납부와 관련된 설명으로 옳은 것은?

① 과징금의 부과는 서면 또는 구두로 통지할 수 있다.
② 과징금 부과통지를 받은 날부터 30일 이내에 납부하여야 한다.
③ 과징금의 납부를 받은 수집기관은 영수증을 납부자에게 교부하여야 한다.
④ 과징금은 이를 분할하여 납부할 수 있다.

해설 ① 과징금을 부과하고자 할 때에는 서면으로 통지하여야 한다.
② 과징금 부과통지를 받은 자는 통지를 받은 날부터 20일 이내에 과징금을 시장·군수·구청장이 정하는 수납기관에 납부하여야 한다.
④ 과징금은 이를 분할하여 납부할 수 없다.

80 과징금 산정 기준에서 영업정지 1개월은 며칠로 계산하는가?

① 28일   ② 29일
③ 30일   ④ 31일

81 면허를 받지 않은 자가 영업소를 개설한 경우 벌금은?

① 100만 원 이하의 벌금
② 200만 원 이하의 벌금
③ 300만 원 이하의 벌금
④ 1,000만 원 이하의 벌금

82 1년 이하의 징역 또는 1천만 원 이하의 벌금에 해당하지 않는 것은?

① 영업신고 규정을 어겼을 때
② 퇴폐 영업을 하였을 때
③ 영업소 폐쇄 명령을 어겼을 때
④ 영업정지 명령을 어겼을 때

PART
5

실전 모의고사

1회

실전 모의고사

01 18세기 말 "인구는 기하급수적으로 늘고 생산은 산술급수적으로 늘기 때문에 체계적인 인구 조절이 필요하다"라고 주장한 사람은?
① 프랜시스 플레이스
② 에드워드 윈슬로
③ 토마스 R. 말더스
④ 포베르토 코흐

> 해설 토마스 R. 말더스 : 영국의 경제학자이며 저서인 〈인구론〉에서 '인구는 기하급수적으로 증가하고 식량은 산술급수적으로 증가하므로 인구와 식량 사이의 불균형이 필연적으로 발생할 수밖에 없으며, 여기에서 기근·빈곤·악덕이 발생한다'라고 주장하였다.

02 감염병 예방 및 관리에 관한 법률상 제2급 감염병이 아닌 것은?
① A형간염
② 장출혈성대장균감염증
③ 세균성이질
④ 파상풍

> 해설
> • A형간염, 장출혈성대장균감염증, 세균성이질 : 제2급 감염병
> • 파상풍 : 제3급 감염병

03 장염 비브리오 식중독의 설명으로 가장 거리가 먼 것은?
① 원인균은 보균자의 분변이 주원인이다.
② 복통, 설사, 구토 등이 생기며 발열이 있고 2~3일이면 회복된다.
③ 예방은 저온 저장, 조리기구나 손 등의 살균을 통해 할 수 있다.
④ 여름철에 집중적으로 발생한다.

> 해설 장염 비브리오 식중독 : 해수에서 생존하는 호염균으로 부패된 어패류에서 많이 발견된다. 증상으로는 발열, 구토, 심한 복통과 설사 등이 있다. 6월부터 10월 사이에 볼 수 있다.

04 이·미용사의 위생복을 흰색으로 하는 것이 좋은 주된 이유는?
① 오염된 상태를 가장 쉽게 발견할 수 있다.
② 가격이 비교적 저렴하다.
③ 미관상 가장 보기가 좋다.
④ 열 교환이 가장 잘 된다.

> 해설 위생복의 경우 청결한 상태가 중요하므로 주로 흰색으로 한다.

05 보건행정에 대한 설명으로 가장 적합한 것은?
① 공중보건의 목적을 달성하기 위해 공공의 책임하에 수행하는 행정활동
② 개인보건의 목적을 달성하기 위해 공공의 책임하에 수행하는 행정활동
③ 국가 간의 질병교류를 막기 위해 공공의 책임하에 수행하는 행정활동
④ 공중보건의 목적을 달성하기 위해 개인의 책임하에 수행하는 행정활동

> 해설 보건행정은 공공성과 사회성을 지니며 봉사의 의미를 가진다.

---

01 ③ 02 ④ 03 ① 04 ① 05 ①

06 모기가 매개하는 감염병이 아닌 것은?
① 일본뇌염 ② 콜레라
③ 말라리아 ④ 사상충증

해설 콜레라는 파리, 바퀴벌레 등에 매개되고 부패된 음식이나 물을 통해 감염되며 분변이나 구토물로 인해 감염된다.

07 다음 중 대기오염 방지 목표와 연관성이 가장 적은 것은?
① 경제적 손실 방지
② 직업병의 발생 방지
③ 자연환경의 약화 방지
④ 생태계 파괴 방지

해설 경제적 손실 방지, 자연환경의 약화 방지, 생태계 파괴 방지 등은 대기오염 방지 목표와 연관성이 있다.

08 식기류 소독에 가장 적당한 것은?
① 30% 알코올   ② 역성 비누액
③ 40℃의 온수   ④ 염소

해설 역성 비누액은 양이온 계면활성제로 무취이고, 독성이 적으며 살균작용이 강하여 식기 및 손 소독에 효과적이다.

09 살균력과 침투성은 약하지만 자극이 없고 발포 작용에 의해 구강이나 상처 소독에 주로 사용되는 소독제는?
① 페놀   ② 염소
③ 과산화수소 ④ 알코올

해설 과산화수소는 미생물 살균 소독제로서 3% 정도의 수용액을 사용하며, 피부 상처 소독, 구강 세척제, 구내염 등에 사용된다.

10 세균 증식 시 높은 염도를 필요로 하는 호염성 균에 속하는 것은?
① 콜레라
② 장티푸스
③ 장염 비브리오
④ 이질

해설 장염 비브리오는 염분이 많은 곳에서 번식하는 호염성균에 속한다.

11 소독 방법에서 고려되어야 할 사항으로 가장 거리가 먼 것은?
① 소독 대상물의 성질
② 병원체의 저항력
③ 병원체의 아포 형성 유무
④ 소독 대상물의 그람 염색 유무

해설 그람 염색은 덴마크 의사 그람이 고안한 특수 세균 염색법으로, 자주색으로 염색되는 세균을 그람양성균, 붉은색으로 염색되는 세균을 그람 음성균으로 구분한다.

12 병원체의 병원소 탈출 경로와 가장 거리가 먼 것은?
① 호흡기로부터 탈출
② 소화기 계통으로 탈출
③ 비뇨생식기 계통의 탈출
④ 수질 계통으로 탈출

해설 병원체의 병원소 탈출 경로는 호흡기(기침, 재채기), 소화기(분변, 토사물), 비뇨생식기(소변, 성기 분비물), 기계(주사기, 흡혈), 개방병소로 직접 탈출(농양, 피부병)이다.

06 ② 07 ② 08 ② 09 ③ 10 ③ 11 ④ 12 ④

13 따뜻한 물에 중성세제로 잘 씻은 후 물기를 없앤 다음 70% 알코올에 20분 이상 담그는 소독법으로 가장 적합한 것은?

① 유리제품 ② 고무제품
③ 금속제품 ④ 비닐제품

해설 유리제품 소독법으로 가장 적합한 방법으로 따뜻한 물에 중성세제로 잘 씻은 다음 물기를 없앤 후 70% 알코올에 20분 이상 담그는 것이 좋다.

14 병원성 미생물의 발육을 정지시키는 소독 방법은?

① 희석 ② 방부
③ 정균 ④ 여과

해설 방부는 미생물의 번식이나 발육을 억제하고 물질의 부패를 막는 것이다.

15 계란 모양의 핵을 가진 세포들이 일렬로 밀접하게 정렬되어 있는 한 개의 층으로, 새로운 세포 형성이 가능한 층은?

① 각질층 ② 기저층
③ 유극층 ④ 망상층

해설 기저층은 핵이 존재하며 수분이 70% 정도를 차지하고 있으며 진피와 가까이 접해 있다.

16 피부의 과색소 침착 증상이 아닌 것은?

① 기미 ② 백반증
③ 주근깨 ④ 검버섯

해설 백반증은 색소가 없어져 피부의 한 부분이 아주 희게 된 증상을 말한다.

17 정상적인 피부의 PH 범위는?

① pH 3~4 ② pH 6.5~8.5
③ pH 4.5~6.5 ④ pH 7~9

해설 정상적인 피부는 pH 4.5~6.5 정도의 약산성이다.

18 적외선이 피부에 미치는 영향으로 가장 거리가 먼 것은?

① 온열효과가 있다.
② 혈액순환 개선에 도움을 준다.
③ 피부 건조, 주름 형성, 피부 탄력 감소를 유발한다.
④ 피지선과 한선의 기능을 활성화하여 피부 노폐물 배출에 도움을 준다.

해설 적외선은 피부의 피지 분비와 피부 신진대사를 촉진시키며 피부를 더 촉촉하게 해준다.

19 식후 12~16시간이 경과되어 정신적, 육체적으로 아무것도 하지 않고 가장 안락한 자세로 조용히 누워있을 때 생명을 유지하는 데 소요되는 최소한의 열량을 의미하는 것은?

① 순환대사량 ② 기초대사량
③ 활동대사량 ④ 상대대사량

해설 기초대사량은 식사 후 12~16시간이 경과된 상태에서 측정하며 보통 아침식사를 하기 전이 적당하다. 성인은 1일 기준 보통 1200~1800kcal이며, 남자는 900+(10×체중), 여자는 800+(7×체중)으로 계산한다.

20 비듬이 생기는 원인과 관계가 없는 것은?

① 신진대사가 계속적으로 나쁠 때
② 탈지력이 강한 샴푸를 계속 사용할 때
③ 염색 후 두피가 손상되었을 때
④ 샴푸 후 린스를 하였을 때

해설 샴푸 후 린스를 하면 모발과 두피에 영양을 공급하여 비듬 증상이 완화된다.

13 ① 14 ② 15 ② 16 ② 17 ③ 18 ③ 19 ② 20 ④

21 피부 노화의 이론과 가장 거리가 먼 것은?

① 셀룰라이트 형성
② 프리래디컬 이론
③ 노화의 프로그램설
④ 텔로미어 학설

해설 셀룰라이트는 지방이 축적된 것으로 허벅지나 종아리, 엉덩이 부분의 울퉁불퉁하고 딱딱한 조직을 말한다. 노폐물과 수분이 지방 주변에 뭉쳐서 혈액과 림프의 순환을 방해한다.

22 다음 중 이·미용업을 하고자 하는 자가 해야 하는 절차는?

① 시장·군수·구청장에게 신고한다.
② 시장·군수·구청장에게 통보한다.
③ 시장·군수·구청장의 허가를 얻는다.
④ 시·도지사의 허가를 얻는다.

해설 이·미용업을 하고자 하는 자는 보건복지부령이 정하는 시설 및 설비 기준에 적합한 시설을 갖춘 후 시장·군수·구청장에게 신고서를 제출한다.

23 건전한 영업질서를 위해 공중위생영업자가 준수해야 할 사항을 준수하지 않은 자에 대한 벌칙 기준은?

① 1년 이하의 징역 또는 1천만 원 이하의 벌금
② 6개월 이하의 징역 또는 500만 원 이하의 벌금
③ 3개월 이하의 징역 또는 300만 원 이하의 벌금
④ 300만 원의 과태료

해설 6개월 이하의 징역 또는 500만 원 이하의 벌금에 처한다.

24 면허가 취소된 자는 누구에게 면허증을 반납해야 하는가?

① 보건복지부장관
② 시·도지사
③ 시장·군수·구청장
④ 읍·면장

해설 면허가 취소 또는 정지된 자는 지체 없이 시장·군수·구청장에게 면허증을 반납해야 한다.

25 이·미용업소에서 영업정지 처분을 받고 그 정지기간 중에 영업을 한 경우 1차 위반 행정처분 내용은?

① 영업정지 1개월
② 영업정지 2개월
③ 영업정지 3개월
④ 영업장 폐쇄 명령

해설 영업정지 처분 후 정지기간 중에 영업을 한 경우의 1차 위반 시 행정처분은 영업장 폐쇄 명령이다.

26 영업자의 위생 관리 의무가 아닌 것은?

① 영업소에서 사용하는 기구를 소독한 것과 소독하지 않은 것으로 분리·보관한다.
② 영업소에서 사용하는 1회용 면도날은 손님 1인에 한해 사용한다.
③ 자격증을 영업소 안에 게시한다.
④ 면허증을 영업소 안에 게시한다.

해설 공중위생영업자의 경우 영업소 내에 개설자의 자격증을 게시할 의무는 없다.

21 ① 22 ① 23 ② 24 ③ 25 ④ 26 ③

27 의료법 위반으로 영업장 폐쇄명령을 받은 이·미용업 영업자는 얼마의 기간 동안 같은 종류의 영업을 할 수 없는가?

① 2년 ② 1년
③ 6개월 ④ 3개월

해설 의료법 위반으로 영업장 폐쇄명령을 받은 이·미용 영업자는 1년 동안 같은 종류의 영업을 할 수 없다.

28 공중위생관리법규상 위생관리 등급의 구분이 바르게 짝지어진 것은?

① 최우수업소 : 녹색 등급
② 우수업소 : 백색 등급
③ 일반관리 대상업소 : 황색 등급
④ 관리미흡 대상업소 : 적색 등급

해설
- 최우수업소 : 녹색 등급
- 우수업소 : 황색 등급
- 일반관리 대상업소 : 백색 등급

29 유연화장수의 작용으로 가장 거리가 먼 것은?

① 피부에 보습을 주고 윤택하게 해준다.
② 피부에 남아있는 비누의 알칼리 성분을 중화시킨다.
③ 각질층에 수분을 공급해 준다.
④ 피부의 모공을 넓혀 준다.

해설 유연화장수는 피부에 수분을 공급하고 피부를 유연하게 해준다.

30 크림 파운데이션에 대한 설명 중 가장 적합한 것은?

① 얼굴의 형태를 바꾸어 준다.
② 피부의 잡티나 결점을 커버하는 목적으로 사용한다.
③ O/W형은 W/O형에 비교적 사용감이 무겁고 퍼짐성이 낮다.
④ 화장 시 산뜻하고 청량감이 있으나 커버력이 약하다.

해설 유·수분의 함량은 리퀴드 파운데이션보다 크림 파운데이션이 많고, 커버력이 우수하여 피부의 잡티나 결점을 커버하는 목적으로 사용된다.

31 피지 조절, 항우울과 함께 분만 촉진에 효과적인 아로마 오일은?

① 라벤더 ② 로즈마리
③ 자스민 ④ 오렌지

해설
- 라벤더 : 여드름 피부, 습진, 화상, 피부 재생, 이완작용
- 로즈마리 : 피부 청결, 주름 완화, 노화피부, 두피 개선
- 자스민 : 피지 조절, 항우울, 분만 촉진, 건조, 민감한 피부
- 오렌지 : 여드름, 노화피부

32 피부 클렌저(Cleanser)로 사용하기에 적합하지 않은 것은?

① 강알칼리성 비누
② 약산성 비누
③ 탈지를 방지하는 클렌징 제품
④ 보습효과를 주는 클렌징 제품

해설 강알칼리성 비누는 세척력이 높아 피부를 건조하고 거칠게 만든다.

33 가용화(Solubilization) 기술을 적용하여 만들어진 것은?

① 마스카라 ② 향수
③ 립스틱 ④ 크림

해설 가용화는 적은 양의 오일 성분이 계면활성제에 의해 용해되어 투명하게 되는 현상을 말한다. 가용화 기술로 만들어진 화장품은 화장수, 향수류, 에센스 등이 있다.

27 ② 28 ① 29 ④ 30 ② 31 ③ 32 ① 33 ②

34 미백 화장품에 사용되는 대표적인 미백 성분은?
① 레티노이드(Retinoid)
② 알부틴(Arbutin)
③ 라놀린(Lanolin)
④ 토코페롤 아세테이트(Tocopherol Acetate)

해설 미백 화장품 성분으로 알부틴, 코직산, 비타민 C 유도체 등이 있다.

35 진피층에도 함유되어 있으며 보습기능으로 피부관리 제품에 사용되는 성분은?
① 알코올(Alcohol)
② 콜라겐(Collagen)
③ 판테놀(Panthenol)
④ 글리세린(Glycerin)

해설 콜라겐은 진피의 결합조직 형성 촉진과 섬유아세포의 콜라겐 합성을 촉진시켜 주며, 피부에 탄력과 보습을 준다.

36 눈의 형태에 따른 아이섀도 기법으로 틀린 것은 어느 것인가?
① 부은 눈 : 펄 감이 없는 브라운, 그레이 색상으로 아이홀을 중심으로 넓지 않게 펴 바른다.
② 처진 눈 : 눈꼬리 부분에서 포인트 컬러를 사선 방향으로 올려주고 언더 컬러는 사용하지 않는다.
③ 올라간 눈 : 눈 앞머리 부분에 짙은 색상을 바르고 눈 중앙에서 꼬리까지 엷은 색상을 바르며, 언더 부분은 넓게 펴 바른다.
④ 작은 눈 : 눈두덩이 중앙에 밝은 색상으로 하이라이트를 하며, 눈 앞머리에 포인트를 주고 아이라인은 그리지 않는다.

해설 작은 눈은 밝은 색상의 아이섀도를 넓게 발라 주고, 꼬리쪽으로 짙은 색의 아이섀도를 발라 눈꼬리가 길어 보이도록 연장시켜 눈이 커보이도록 한다.

37 아이섀도를 바를 때 눈 밑에 떨어진 가루나 과다한 파우더를 털어내는 도구로 가장 적절한 것은 어느 것인가?
① 파우더 퍼프
② 파우더 브러시
③ 팬 브러시
④ 블러셔 브러시

해설 팬 브러시는 부채꼴 모양으로 눈 밑에 떨어진 가루나 파우더 등을 털어낼 때 사용한다.

38 눈썹을 그리기 전후에 자연스럽게 눈썹을 빗어주는 나사 모양의 브러시는?
① 립 브러시
② 팬 브러시
③ 스크루 브러시
④ 파우더 브러시

해설
- 립 브러시 : 립 제품을 바를 때 립 펜슬의 라인을 자연스럽게 펴줄 때 사용하는 브러시이다.
- 팬 브러시 : 파우더 가루를 털어낼 때 사용하는 브러시이다.
- 스크루 브러시 : 눈썹을 그리기 전 빗어주거나, 마스카라 후 뭉친 속눈썹을 정돈할 때 사용한다.
- 파우더 브러시 : 브러시 중에서 가장 큰 브러시이며, 브러시에 파우더를 묻혀 피부 안쪽에서 바깥 방향으로 가볍게 펴 바른다.

34 ② 35 ② 36 ④ 37 ③ 38 ③

39 각 눈썹 형태에 따른 이미지와 그에 알맞은 얼굴형이 가장 바르게 연결된 것은?

① 상승형 눈썹 : 동적, 시원한 느낌 – 둥근형
② 아치형 눈썹 : 우아함, 여성적인 느낌 – 삼각형
③ 각진형 눈썹 : 지적, 단정하고 세련된 느낌 – 긴 형, 장방형
④ 수평형 눈썹 : 젊고 활동적인 느낌 – 둥근형, 얼굴 길이가 짧은 형

해설
- 아치형 눈썹 : 이마가 넓은 얼굴, 역삼각형 얼굴형
- 각진형 눈썹 : 둥근형 얼굴
- 수평형 눈썹 : 긴 얼굴형

40 색의 배색과 그에 따른 이미지를 연결한 것으로 옳은 것은?

① 악센트 배색 : 부드럽고 차분한 느낌
② 동일색 배색 : 무난하면서 온화한 느낌
③ 유사색 배색 : 강하고 생동감 있는 느낌
④ 그라데이션 배색 : 개성 있고 아방가르드한 느낌

해설
- 악센트 배색 : 강렬한 느낌
- 유사색 배색 : 무난하고 차분한 느낌
- 그라데이션 배색 : 자연스럽고 편안한 느낌

41 뷰티 메이크업과 관련된 내용으로 가장 거리가 먼 것은?

① 눈썹, 아이섀도, 입술 메이크업 시 고객의 부족한 면을 보완하여 균형 있는 얼굴로 표현한다.
② 메이크업은 색상, 명도, 채도 등을 고려하여 고객의 상황에 맞는 컬러를 선택하도록 한다.
③ 사람은 대부분 얼굴의 좌우가 다르므로 자연스러운 메이크업을 위해 최대한 생김새를 그대로 표현하여 생동감을 준다.
④ 의상, 헤어, 분위기 등 전체적인 이미지 조화를 고려하여 메이크업한다.

해설 얼굴 대칭 균형이 맞도록 수정·보완하여 메이크업한다.

42 계절별 화장법으로 가장 거리가 먼 것은?

① 봄 메이크업 : 투명한 피부 표현을 위해 리퀴드 파운데이션을 사용하며, 눈썹과 아이섀도를 자연스럽게 표현한다.
② 여름 메이크업 : 콘트라스트가 강한 색상으로 선을 강조하고 베이지 컬러의 파우더로 피부를 매트하게 표현한다.
③ 가을 메이크업 : 아이 메이크업 시 저채도의 베이지, 브라운 색상을 사용하여 그윽하고 깊은 눈매를 연출한다.
④ 겨울 메이크업 : 전체적으로 깨끗하고 심플한 이미지를 표현하고, 립은 레드나 와인 계열 등의 색상을 바른다.

해설 여름 메이크업은 콘트라스트가 강한 색상이 어울리지 않으며 소프트, 다크, 덜(Dull) 톤이 주를 이룬다. 내추럴하고 자연스러운 톤으로 메이크업해야 한다.

43 사각형 얼굴의 수정 메이크업 방법으로 틀린 것은?

① 이마의 각진 부위와 튀어나온 턱뼈 부위에 어두운 파운데이션을 발라 갸름해 보이게 한다.
② 눈썹은 각진 얼굴형과 어울리도록 시원하게 아치형으로 그린다.
③ 일자형 눈썹과 길게 뺀 아이라인으로 포인트 메이크업을 하는 것이 효과적이다.

39 ① 40 ② 41 ③ 42 ② 43 ③

④ 입술 모양은 곡선의 형태로 부드럽게 표현한다.

해설 사각형 얼굴은 둥근형의 눈썹과 부드럽게 그라데이션한 아이메이크업으로 사각형 얼굴을 부드럽게 변화시킨다.

44 다음에서 설명하는 아이섀도 제품의 타입은?

- 장기간 지속효과가 낮다.
- 기온변화로 번들거림이 생기는 단점이 있다.
- 유분이 함유되어 부드럽고 매끄럽게 펴 바를 수 있다.
- 제품 도포 후 파우더로 색을 고정시켜 지속력과 색의 선명도를 향상시킬 수 있다.

① 크림 타입 ② 펜슬 타입
③ 케이크 타입 ④ 파우더 타입

해설 크림 타입 아이섀도 : 부드럽고 밀착감과 지속성이 우수하지만 뭉침이 있거나 번들거릴 수 있다. 이때 파우더를 덧발라 준다.

45 파운데이션을 바르는 방법으로 가장 거리가 먼 것은?

① O존은 피지 분비량이 적어 소량의 파운데이션으로 가볍게 바른다.
② V존은 잡티가 많으므로 슬라이딩 기법으로 여러 번 겹쳐 발라 결점을 가려준다.
③ S존은 슬라이딩 기법과 가볍게 두드리는 패팅 기법을 병행하여 메이크업의 지속성을 높여준다.
④ 헤어라인은 귀 앞머리 부분까지 라텍스 스펀지에 남아있는 파운데이션을 사용하여 슬라이딩 기법으로 바른다.

해설 V존은 패팅 기법으로 잡티를 커버하며 그라데이션 한다.

46 긴 얼굴형에 적합한 눈썹 메이크업으로 가장 적합한 것은?

① 가는 곡선형으로 그린다.
② 눈썹산이 높은 아치형으로 그린다.
③ 각진 아치형이나 상승형, 사선 형태로 그린다.
④ 다소 두께감이 느껴지는 직선형으로 그린다.

해설 긴 얼굴형의 눈썹은 직선형으로 가로 느낌을 강조하여 얼굴형을 보완한다.

47 조선시대의 화장 문화에 대한 설명으로 틀린 것은?

① 이중적인 성 윤리관이 화장 문화에 영향을 주었다.
② 여염집 여성의 화장과 기생 신분의 여성 화장이 구분되었다.
③ 영육일치 사상의 영향으로 남녀 모두 미에 대한 부정적인 인식이 형성되었다.
④ 미인박명(美人薄命) 사상이 문화적 관념으로 자리 잡음으로써 미에 대한 부정적인 인식이 형성되었다.

해설 영육일치 사상은 신라시대와 고려시대의 대표적인 사상이다.

44 ① 45 ② 46 ④ 47 ③

48 메이크업 도구 및 재료의 사용방법에 대한 설명으로 가장 거리가 먼 것은?
① 브러시는 전용 클리너로 세척하는 것이 좋다.
② 아이래시 컬은 속눈썹을 아름답게 올려줄 때 사용한다.
③ 라텍스 스펀지는 세균이 번식하기 쉬우므로 깨끗한 물로 씻어서 재사용한다.
④ 면봉은 부분 메이크업 또는 메이크업 수정 시 사용한다.

해설 라텍스 스펀지는 오염된 부분을 잘라서 제거한 후 사용한다.

49 색과 관련된 설명으로 틀린 것은?
① 물체의 색은 빛이 거의 모두 반사되어 보이는 색이 백색, 거의 모두 흡수되어 보이는 색이 흑색이다.
② 불투명한 물체의 색은 표면의 반사율에 의해 결정된다.
③ 유리잔에 담긴 레드 와인은 장파장의 빛은 흡수하고, 그 외의 파장은 투과하여 붉게 보이는 것이다.
④ 장파장은 단파장보다 산란이 잘 되지 않는 특성이 있어 신호등의 빨강색은 흐린 날 멀리서도 식별이 가능하다.

해설 유리잔에 담긴 레드 와인은 장파장의 빛은 투과하고, 그 외의 파장은 흡수하여 붉게 보이는 것이다.

50 한복 메이크업 시 주의사항이 아닌 것은?
① 색조 화장은 저고리 깃이나 고름의 색상에 맞추는 것이 좋다.
② 너무 강하거나 화려한 색상은 피하는 것이 좋다.
③ 단아한 이미지를 표현하는 것이 좋다.
④ 한복으로 가려진 몸매를 입체적인 얼굴로 표현한다.

해설 한복 메이크업은 단아한 이미지를 표현하고 색조를 너무 화려하게 하지 않는 것이 좋으며, 입술을 선명하게 표현할 수 있다.

51 같은 물체라도 조명이 다르면 색이 다르게 보이지만 시간이 갈수록 원래 물체의 색으로 인지하게 되는 현상은?
① 색의 불변성 ② 색의 항상성
③ 색 지각 ④ 색 검사

해설 색의 항상성은 같은 물체라도 조명이 다르면 색이 다르게 보이지만 시간이 갈수록 원래 물체의 색으로 인지하게 되는 현상을 말한다.

52 사극의 수염 분장에 필요한 재료가 아닌 것은?
① 스프리트 검 ② 쇠 브러시
③ 생사 ④ 더마왁스

해설 더마왁스는 눈썹을 없애거나 상처를 만들 때 사용하는 특수 분장 재료이다.

53 동일한 색상에서 톤이 다른 배색으로 톤의 명도 차를 비교적 크게 둔 배색 방법은?
① 동일한 배색
② 톤온톤 배색
③ 톤인톤 배색
④ 세퍼레이션 배색

해설 톤온톤(Tone On Tone) 배색 : 동일 색상이나 유사 색상의 배색에서 색상 톤의 명도차를 크게 한 배색이다.

48 ③ 49 ③ 50 ④ 51 ② 52 ④ 53 ②

54 메이크업 미용사의 기본적인 용모 및 자세로 가장 거리가 먼 것은?
① 업무 시작 전후 메이크업 도구와 제품 상태를 점검한다.
② 메이크업 시 위생을 위해 항상 마스크를 착용하고 고객과 직접 대화는 하지 않는다.
③ 고객을 맞이할 때에는 자리에서 일어나 공손히 인사한다.
④ 영업장으로 걸려온 전화를 받을 때에는 필기도구를 준비하여 메모를 한다.

해설 마스크는 필요 시 착용하도록 한다.

55 현대 메이크업의 목적으로 가장 거리가 먼 것은 어느 것인가?
① 개성 창출
② 추위 예방
③ 자기만족
④ 결점 보완

해설 현대 메이크업의 목적으로는 개성 창출, 자기만족, 결점 보완 등이 있다.

56 여름철 메이크업으로 가장 거리가 먼 것은?
① 선탠 메이크업을 베이스 메이크업으로 응용하여 건강한 피부 표현을 한다.
② 약간 각진 눈썹형으로 표현하여 시원한 느낌을 살려준다.
③ 눈매를 푸른색으로 강조하는 원 포인트 메이크업을 한다.
④ 크림 파운데이션을 사용하여 피부를 두껍게 커버하고 윤기 있게 마무리한다.

해설 여름 메이크업에는 피부 표현이 가볍고 산뜻한 리퀴드 파운데이션이 적합하다.

57 메이크업 베이스의 사용 목적으로 틀린 것은?
① 파운데이션의 밀착력을 높여준다.
② 얼굴의 피부톤을 조절한다.
③ 얼굴에 입체감을 부여한다.
④ 파운데이션의 색소 침착을 방지한다.

해설 메이크업 베이스는 피부에 화장품의 밀착력을 높여준다. 피부톤을 보정하고 색조화장과 파운데이션으로부터 피부를 보호하며 색소 침착을 방지한다.

58 긴 얼굴형의 윤곽 수정 방법에 대한 설명으로 틀린 것은?
① 콧등 전체에 하이라이트를 주어 입체감 있게 표현한다.
② 눈 밑은 폭넓게 수평형 하이라이트를 준다.
③ 노즈 섀도를 짧게 표현한다.
④ 이마와 아래턱은 섀딩을 주어 얼굴의 길이감이 짧아 보이게 한다.

해설 긴 얼굴형은 콧등 전체에 하이라이트를 주면 얼굴형이 더 길어 보이므로 코 길이의 1/2 정도 이하로 짧은 하이라이트를 해주는 것이 좋다.

59 눈과 눈 사이가 가까운 눈을 수정하기 위해서 아이섀도 포인트가 들어가야 할 부분으로 옳은 것은?
① 눈 앞머리
② 눈 중앙
③ 눈 언더라인
④ 눈꼬리

해설 눈과 눈 사이가 가까운 눈은 눈 앞머리 쪽을 밝은 색상으로 바르고, 눈꼬리 쪽은 어두운 색상의 아이섀도로 포인트를 준다.

54 ② 55 ② 56 ④ 57 ③ 58 ① 59 ④

60 컨투어링 메이크업을 위한 얼굴형의 수정 방법으로 틀린 것은?

① 둥근형 얼굴 : 양볼 뒤쪽에 어두운 섀딩을 주고 턱과 콧등에 길게 하이라이트를 준다.
② 긴형 얼굴 : 헤어라인과 턱에 섀딩을 주고 볼 쪽에 하이라이트를 준다.
③ 사각형 얼굴 : T존의 하이라이트를 강조하고 U존에 명도가 높은 블러셔를 한다.
④ 역삼각형 얼굴 : 헤어라인의 양쪽 이마 끝에 섀딩을 준다.

해설 사각형 얼굴의 수정법 : 각진 이마의 양 옆과 각진 양쪽 턱 부분에 섀딩을 준다.

60 ③

2회 실전 모의고사

01 다음 중 절족동물 매개 감염병이 아닌 것은?
① 페스트 ② 유행성 출혈열
③ 말라리아 ④ 탄저

해설
- 페스트 : 벼룩(쥐)
- 유행성 출혈열 : 진드기
- 말라리아 : 모기
- 탄저 : 소, 말, 산양, 양, 돼지
- 이질, 장티푸스, 콜레라, 결핵 : 파리
- 이질, 소아마비, 장티푸스 : 바퀴벌레
- 절족동물은 곤충과 거미, 갑각류를 말하므로 모기와 벼룩이 여기에 해당한다.

02 다음 중 이·미용업소의 실내온도로 가장 알맞은 것은?
① 10℃ 이하 ② 12~15℃
③ 18~21℃ ④ 25℃ 이상

해설 적정 실내온도는 20℃ 내외가 좋다. 18±2℃ 정도가 적당하며 습도는 40~70%의 범위가 적합하다.

03 공중보건학의 대상으로 가장 적합한 것은?
① 개인 ② 지역 주민
③ 의료인 ④ 환자 집단

해설 공중보건학은 지역사회 구성원의 건강을 유지하는 동시에 질병을 예방하고자 하는 데에 노력을 기울이는 학문이다.

04 다음 질병 중 모기가 매개하지 않는 것은?
① 일본뇌염 ② 황열
③ 발진티푸스 ④ 말라리아

해설
- 일본뇌염, 황열, 말라리아 : 모기
- 발진티푸스 : 이, 쥐, 벼룩

05 다음 (   ) 안에 알맞은 말을 순서대로 옳게 나열한 것은?

> 세계보건기구(WHO)의 본부는 스위스 제네바에 있으며, 6개의 지역사무소를 운영하고 있다. 이 중 우리나라는 (   ) 지역에, 북한은 (   ) 지역에 소속되어 있다.

① 서태평양, 서태평양
② 동남아시아, 동남아시아
③ 동남아시아, 서태평양
④ 서태평양, 동남아시아

해설
- 세계보건기구(WHO)의 6개 지역 사무소
  - 동지중해지역 사무소(본부 : 이집트의 알렉산드리아)
  - 동남아시아지역 사무소(본부 : 인도의 뉴델리)
  - 서태평양지역 사무소(본부 : 필리핀의 마닐라)
  - 미주지역 사무소(본부 : 미국의 워싱턴)
  - 유럽지역 사무소(본부 : 덴마크의 코펜하겐)
  - 아프리카지역 사무소(본부 : 콩고의 브로자빌)
- 우리나라는 서태평양 지역에, 북한은 동남아시아 지역에 소속되어 있다.

06 요충에 대한 설명으로 옳은 것은?
① 집단감염의 특징이 있다.
② 충란을 산란한 곳에는 소양증이 없다.
③ 흡충류에 속한다.
④ 심한 복통이 특징적이다.

해설 요충은 선충류이며 몸길이는 암컷 10~13nm, 수컷 3~5nm이다. 가늘고 길며 산란과 동시에 감염능력이 있다. 항문 소양증을 유발하므로 해소를 위한 손에 의한 접촉으로 감염되며, 영유아에게 많이 발생한다.

01 ④ 02 ③ 03 ② 04 ③ 05 ④ 06 ①

07 일산화탄소(CO)와 가장 관계가 적은 것은?
① 혈색소와의 친화력이 산소보다 강하다.
② 실내 공기오염의 대표적인 지표로 사용된다.
③ 중독 시 중추신경계에 치명적인 영향을 미친다.
④ 냄새와 자극이 없다.

해설 일산화탄소는 무색, 무취의 자극성이 없는 기체로 불완전 연소 시 발생하며 중독 증상은 의식불명, 정신장애, 신경장애가 있다. 실내 공기오염의 지표로는 이산화탄소가 사용된다.

08 다음 중 세균 세포벽의 가장 외층을 둘러싸고 있는 물질로, 백혈구의 식균작용에 대하여 세균의 세포를 보호하는 것은?
① 편모   ② 섬모
③ 협막   ④ 아포

해설 협막은 세균 세포벽 곁에 둘러싸인 복합 다당류 또는 단백질 층으로 이루어진 물질로, 숙주의 백혈구에 의한 식세포작용에 저항할 수 있게 한다.

09 다음 기구(집기) 중 열탕소독이 적합하지 않은 것은?
① 금속성 식기   ② 면 종류의 타월
③ 도자기   ④ 고무제품

해설 • 열탕소독(자비소독) : 초자기구, 목죽제품, 도자기류, 의복, 침구류, 모직물
• 고무·플라스틱 제품은 녹을 위험이 있으므로 중성세제 소독, 역성비누액, 자외선 소독이 적합하다.

10 다음 전자파 중 소독에 가장 일반적으로 사용되는 것은?
① 음극선   ② 엑스선
③ 자외선   ④ 중성자

해설 소독에는 자외선이 일반적으로 사용된다.

11 다음의 계면활성제 중 살균보다는 세정의 효과가 더 큰 것은?
① 양성 계면활성제
② 비이온 계면활성제
③ 양이온 계면활성제
④ 음이온 계면활성제

해설 음이온 계면활성제는 살균작용은 낮고 세정에 의해 균을 제거한다.

12 분해 시 발생하는 발생기 산소의 산화력을 이용하여 표백, 탈취, 살균효과를 나타내는 소독제는?
① 승홍수   ② 과산화수소
③ 크레졸   ④ 생석회

해설 과산화수소는 3%의 수용액을 사용하며 자극이 적다. 산화작용에 의한 소독제는 과산화수소, 과망간산칼륨, 붕산, 아크리놀, 염소 및 그 유도체 등이 있다.

13 역성 비누액에 대한 설명으로 틀린 것은?
① 냄새가 거의 없고 자극이 적다.
② 소독력과 함께 세정력이 강하다.
③ 수지, 기구, 식기 소독에 적당하다.
④ 물에 잘 녹고 흔들면 거품이 난다.

해설 역성비누(양이온 계면활성제)는 소독력은 있으나 세정력은 거의 없다.

14 바이러스에 대한 설명으로 틀린 것은?
① 독감 인플루엔자를 일으키는 원인이 여기에 해당한다.
② 크기가 작아 세균여과기를 통과한다.
③ 살아있는 세포 내에서 증식이 가능하다.
④ 유전자는 DNA와 RNA 모두로 구성되어 있다.

07 ② 08 ③ 09 ④ 10 ③ 11 ④ 12 ② 13 ② 14 ④

해설 바이러스는 병원체 중 가장 작으며, 생존에 필요한 기본 물질인 핵산(DNA 또는 RNA)과 그것을 둘러싼 단백질 껍질로 이루어져 있다.

15 폐경기의 여성이 골다공증에 걸리기 쉬운 이유와 관련이 있는 것은?

① 에스트로겐의 결핍
② 안드로겐의 결핍
③ 테스토스테론의 결핍
④ 티록신의 결핍

해설 폐경기 이후부터는 에스트로겐이 결핍된다.

16 피부색에 대한 설명으로 옳은 것은?

① 피부의 색은 건강상태와 관계없다.
② 적외선은 멜라닌 생성에 큰 영향을 미친다.
③ 남성보다 여성에, 고령층보다 젊은 층에 색소가 많다.
④ 피부의 황색은 카로틴에서 유래한다.

해설 피부색은 멜라닌 색소, 혈색소, 카로틴 색소에 의해 결정된다.

17 기미를 악화시키는 주요한 원인으로 틀린 것은?

① 경구피임약의 복용
② 임신
③ 자외선 차단
④ 내분비 이상

해설 멜라닌 색소는 자외선을 받으면 검어진다. 기미는 멜라닌 색소의 과다 생성에 의해서 만들어지는데, 자외선에 노출되면 점점 더 검어지고, 자외선이 차단되면 검어지지 않는다.

18 광노화로 인한 피부 변화로 틀린 것은?

① 피부가 거칠어지고 건조해진다.
② 피부의 표면이 얇아진다.
③ 불규칙한 색소침착이 생긴다.
④ 굵고 깊은 주름이 생긴다.

해설 광노화는 햇볕에 의한 노화로 모세혈관이 확장되고 피부의 표면이 두꺼워진다.

19 B림프구의 특징으로 틀린 것은?

① 골수에서 생성되며 비장과 림프절로 이동한다.
② 체액성 면역에 관여한다.
③ 림프구의 20~30%를 차지한다.
④ 세포 사멸을 유도한다.

해설 림프구는 T림프구와 β림프구로 나뉘며 신체 내 면역 반응에 중추적인 역할을 한다. β림프구는 전체 림프구의 20~30%로, 특정 항원과 접촉하여 탐식하면서 즉각 공격하지만 세포 사멸을 유도하지는 않는다.

20 에크린 한선에 대한 설명으로 틀린 것은?

① 실밥을 둥글게 한 것 같은 모양으로 진피 내에 존재한다.
② 사춘기 이후에 주로 발달한다.
③ 특수한 부위를 제외한 거의 전신에 분포한다.
④ 손바닥, 발바닥, 이마에 가장 많이 분포한다.

해설 한선(땀샘)은 에크린 한선(소한선)과 아포크린 한선(대한선)으로 나뉜다. 진피 내에 존재하며 거의 전신에 분포하고 있으며 손바닥, 발바닥, 이마에 가장 많이 분포하는 것은 에크린선이고, 사춘기 이후에 주로 발달하는 것은 아포크린선이다.

15 ①   16 ④   17 ③   18 ②   19 ④   20 ②

21 모세혈관 파손과 구진 및 농포성 질환이 코를 중심으로 양 볼에 나비 모양을 이루는 피부병변은?

① 접촉성 피부염 ② 주사
③ 건선 ④ 농가진

해설
- 접촉성 피부염 : 피부 접촉에 의해 생기는 피부염이다.
- 주사 : 소화기능의 이상, 비타민류의 결핍, 정신적 스트레스, 유전적 내분비장애와 혈액의 흐름이 원만하지 않아 충혈이 오며, 피부의 조직이 확장되고 모세혈관이 파손된 상태이다.
- 건선 : 피부 자극이 많은 곳에 발생하기 쉬우며 홍반성 피부 병변이 특징이다.
- 농가진 : 영유아에게 발생하기 쉬운 화농성 피부염증이다.

22 영업소 외의 장소에서 이·미용 업무를 행할 수 있는 경우에 해당하지 않는 것은?

① 질병이나 그 밖의 사유로 영업소에 나올 수 없는 자에 대하여 이·미용을 하는 경우
② 혼례나 그 밖의 의식에 참여하는 자에 대하여 그 의식 직전에 이·미용을 하는 경우
③ 방송 등의 촬영에 참여하는 사람에 대하여 그 촬영 직전에 이·미용을 하는 경우
④ 특별한 사정이 있다고 사회복지사가 인정하는 경우

해설 특별한 사정으로 인해 시장·군수·구청장이 인정하는 경우 영업소 외의 장소에서 이·미용 업무를 행할 수 있다.

23 공중위생관리법에 규정된 사항으로 옳은 것은?(단, 예외사항은 제외한다)

① 이·미용사의 업무 범위에 관하여 필요한 사항은 보건복지부령으로 정한다.
② 이·미용사의 면허를 가진 자가 아니어도 이·미용업을 개설할 수 있다.
③ 미용사(일반)의 업무 범위에는 파마, 아이론, 면도, 머리피부 손질, 피부미용 등이 포함된다.
④ 일정한 수련 과정을 거친 자는 면허가 없어도 이용 또는 미용업무에 종사할 수 있다.

해설
- 이·미용사의 면허를 받은 자가 아니면 이·미용업을 개설하거나 그 업무에 종사할 수 없다.
- 미용업(일반)의 업무 범위는 파마, 머리카락 자르기, 머리카락 모양내기, 머리피부 손질, 머리카락 염색, 머리 감기, 의료기기나 의약품을 사용하지 아니하는 눈썹 손질이다.

24 이·미용업소의 폐쇄명령을 받고도 계속하여 영업을 하는 때 관계 공무원이 취할 수 있는 조치로 틀린 것은?

① 당해 영업소의 간판 기타 영업표지물의 제거
② 영업을 위하여 필수불가결한 기구 또는 시설물을 사용할 수 없게 하는 봉인
③ 당해 영업소가 위법한 영업소임을 알리는 게시물 등의 부착
④ 당해 영업소 시설 등의 개선명령

해설 관계 공무원은 당해 영업소의 간판 기타 영업표지물의 제거, 영업을 위하여 필수불가결한 기구 또는 시설물을 사용할 수 없게 하는 봉인, 당해 영업소가 위법한 영업소임을 알리는 게시물 등의 부착을 할 수 있다.

21 ② 22 ④ 23 ① 24 ④

25 이·미용업 영업자가 지켜야 하는 사항으로 옳은 것은?

① 부작용이 없는 의약품을 사용하여 순수한 화장과 피부미용을 하여야 한다.
② 이·미용기구는 소독하여야 하며 소독하지 않은 기구와 함께 보관하는 때에는 반드시 소독한 기구라고 표시하여야 한다.
③ 1회용 면도날은 사용 후 정해진 소독 기준과 방법에 따라 소독하여 재사용하여야 한다.
④ 이·미용업 개설자의 면허증 원본을 영업소 안에 게시하여야 한다.

해설 ① 미용사는 의료기구와 의약품을 사용하지 아니하는 순수한 화장 또는 피부미용을 해야 한다.
② 미용기구는 소독을 한 가구와 소독을 하지 아니한 기구로 분리하여 보관하여야 한다.
③ 면도기는 1회용 면도날만을 손님 1인에 한하여 사용하여야 한다.

26 다음 괄호 안에 알맞은 것은?

> 공중위생업자의 지위를 승계한 자는 ( ) 이내에 보건복지부령이 정하는 바에 따라 시장, 군수 또는 구청장에게 신고하여야 한다.

① 7일　　② 15일
③ 1월　　④ 2월

해설 공중위생업자의 지위를 승계한 자는 1월 이내에 신고하여야 한다.

27 시장·군수·구청장이 영업정지가 이용자에게 심한 불편을 주거나 그 밖에 공익을 해할 우려가 있는 경우에 영업정지 처분에 갈음한 과징금을 부과할 수 있는 금액기준은?

① 3천만 원 이하
② 5천만 원 이하
③ 1억 원 이하
④ 2억 원 이하

해설 영업정지 처분에 갈음하여 1억 원 이하의 과징금을 부과할 수 있다.

28 영업정지 명령을 받고도 그 기간 중에 계속하여 영업을 한 공중위생업자에 대한 벌칙기준은?

① 6월 이하의 징역 또는 500만 원 이하의 벌금
② 1년 이하의 징역 또는 1천만 원 이하의 벌금
③ 2년 이하의 징역 또는 2천만 원 이하의 벌금
④ 3년 이하의 징역 또는 3천만 원 이하의 벌금

해설 영업정지 명령 후 계속하여 영업을 한 경우에는 1년 이하의 징역 또는 1천만 원 이하의 벌금이 부과된다.

29 여드름 관리에 효과적인 화장품 성분은?

① 유황(Sulfur)
② 하이드로퀴논(Hydroquinone)
③ 코직산(Kojic acid)
④ 알부틴(Arbutin)

해설 유황(Sulfur) 성분은 피지 흡착력이 뛰어나고 각질 탈락, 피지 조절, 살균 및 염증성 여드름에 효과적이다. 하이드로퀴논, 코직산, 알부틴은 미백 화장품의 성분이다.

25 ④　26 ③　27 ③　28 ②　29 ①

30 비누에 대한 설명으로 틀린 것은?
① 비누의 세정작용은 비누 수용액이 오염과 피부 사이에 침투하여 부착을 약화시켜 떨어지기 쉽게 하는 것이다.
② 거품이 풍성하고 잘 헹구어져야 한다.
③ pH가 중성인 비누는 세정작용 뿐만 아니라 살균·소독효과가 뛰어나다.
④ 메디케이티드(Medicated) 비누는 소염제를 배합한 제품으로 여드름, 면도 상처 및 피부 거칠음 방지효과가 있다.

해설 중성 비누는 세정작용과 살균·소독효과가 아주 강하지는 않다. 알칼리성 비누가 세정력이 강하나 피부가 거칠어질 수 있다.

31 자외선 차단방법 중 자외선을 흡수시켜 소멸시키는 자외선 흡수제가 아닌 것은?
① 이산화탄소 ② 신나메이트
③ 벤조페논   ④ 살리실레이트

해설 이산화타탄은 화장품의 크림, 파우더 등에 사용하는 성분이다.

32 자외선 차단제에 관한 설명으로 틀린 것은?
① 자외선 차단제는 SPF(Sun Protect Factor)의 지수가 표기되어 있다.
② SPF(Sun Protect Factor)는 수치가 낮을수록 자외선 차단지수가 높다.
③ 자외선 차단제의 효과는 피부의 멜라닌 양과 자외선에 대한 민감도에 따라 달라질 수 있다.
④ 자외선 차단지수는 제품을 사용했을 때 홍반을 일으키는 자외선의 양을 제품을 사용하지 않았을 때 홍반을 일으키는 자외선의 양으로 나눈 값이다.

해설 SPF 수치는 1당 15분 정도의 효과를 가지고 있으며, 수치가 높을수록 자외선 차단지수가 높다.

33 기초화장품에 대한 내용으로 틀린 것은?
① 기초화장품이란 피부의 기능을 정상적으로 발휘하도록 도와주는 역할을 하는 것이다.
② 기초화장품의 가장 중요한 기능은 각질층을 충분히 보습시키는 것이다.
③ 마사지 크림은 기초화장품에 해당하지 않는다.
④ 화장수의 기본 기능으로 각질층에 수분, 보습 성분을 공급하는 것이다.

해설 마사지 크림은 피부 신진대사와 혈액순환을 도와주는 역할을 하며 피부 활성화작용을 하는 기초화장품이다. 기초화장품은 피부 청결, 피부 보습, 피부 활성화작용을 한다.

34 미백 화장품의 기능으로 틀린 것은?
① 각질 세포의 탈락을 유도하여 멜라닌 색소 제거
② 티로시나아제를 활성화하여 도파(DOPA) 산화 억제
③ 자외선 차단 성분이 자외선 흡수 방지
④ 멜라닌 합성과 확산을 억제

해설 미백 화장품의 기능 : 멜라닌 색소를 만드는 데 관련된 효소인 티로시나아제의 억제

35 캐리어 오일(Carrier Oil)이 아닌 것은?
① 라벤더 에센셜 오일
② 호호바 오일
③ 아몬드 오일
④ 아보카도 오일

해설
- 에센셜(아로마) 오일 : 식물의 꽃과 잎, 줄기, 뿌리에서 추출, 라벤더 오일 등
- 캐리어 오일 : 식물의 씨앗에서 추출, 호호바 오일, 아몬드 오일, 아보카도 오일 등

36 눈썹의 종류에 따른 메이크업의 이미지를 연결한 것으로 틀린 것은?

① 짙은 색상 눈썹 : 고전적인 레트로 메이크업
② 긴 눈썹 : 성숙한 가을 이미지 메이크업
③ 각진 눈썹 : 사랑스런 로맨틱 메이크업
④ 엷은 색상 눈썹 : 여성스러운 엘레강스 메이크업

해설 각진 눈썹은 개성적이고 강한 이미지를 줄 수 있으며 사랑스러운 메이크업에는 어울리지 않는다.

37 먼셀의 색상환표에서 가장 먼 거리를 두고 서로 마주보는 관계의 색채를 의미하는 것은?

① 한색　　　② 난색
③ 보색　　　④ 잔여색

해설 먼셀의 색상환표에서 가장 먼 거리를 두고 서로 마주보는 관계의 색채는 반대색, 즉 보색이라고 한다.

38 메이크업 도구에 대한 설명으로 가장 거리가 먼 것은?

① 스펀지 퍼프를 이용해 파운데이션을 바를 때에는 손에 힘을 빼고 사용하는 것이 좋다.
② 팬 브러시(Fan Brush)는 부채꼴 모양으로 생긴 브러시로 아이섀도를 바를 때 넓은 면적을 한 번에 바를 수 있는 장점이 있다.
③ 아이래시 컬(Euelash Curler)은 속눈썹에 자연스러운 컬을 주어 속눈썹을 올려주는 기구이다.
④ 스크루 브러시(Screw Brush)는 눈썹을 그리기 전에 눈썹을 정리해주고 짙게 그려진 눈썹을 부드럽게 수정할 때 사용할 수 있다.

해설 팬 브러시는 아이섀도를 바를 때 사용하는 것이 아니라, 부채꼴 모양으로 생긴 여분의 파우더를 털어낼 때 사용한다.

39 얼굴의 윤곽 수정과 관련한 설명으로 틀린 것은?

① 색의 명암 차이를 이용해 얼굴에 입체감을 부여하는 메이크업 방법이다.
② 하이라이트 표현은 1~2톤 밝은 파운데이션을 사용한다.
③ 섀딩 표현은 1~2톤 어두운 브라운색 파운데이션을 사용한다.
④ 하이라이트 부분은 돌출되어 보이도록 베이스 컬러와의 경계선을 잘 만들어 준다.

해설 윤곽 수정 시 하이라이트와 섀딩의 컬러 경계선은 자연스럽게 그라데이션 시켜 준다.

40 메이크업 미용사의 자세로 가장 거리가 먼 것은?

① 고객의 연령, 직업, 얼굴 모양 등을 살펴 표현해 주는 것이 중요하다.
② 시대의 트렌드를 대변하고 전문인으로서의 자세를 취해야 한다.
③ 공중위생을 철저히 지켜야 한다.
④ 고객에게 메이크업 미용사의 개성을 적극 권유한다.

해설 메이크업 미용사는 고객의 의견과 취향을 존중하여야 하며, 미용사의 개성을 적극 권유하는 것은 메이크업 미용사의 자세로 적합하지 않다.

35 ①　36 ③　37 ③　38 ②　39 ④　40 ④

41 긴 얼굴형의 화장법으로 옳은 것은?
① 턱에 하이라이트를 처리한다.
② T존에 하이라이트를 길게 넣어준다.
③ 이마 양옆에 섀딩을 넣어 얼굴 폭을 감소시킨다.
④ 블러셔는 눈밑 방향으로 가로로 길게 처리한다.

해설 블러셔는 눈밑 방향으로 가로로 길게 처리하며, 세모선의 이마선과 턱선도 섀딩을 가로로 처리하여 긴 얼굴의 단점을 보완한다.

42 메이크업 도구의 세척 방법이 바르게 연결된 것은?
① 립 브러시(Lip Brush) : 브러시 클리너 또는 클렌징 크림으로 세척한다.
② 라텍스 스펀지(Latex Sponge) : 뜨거운 물로 세척, 햇빛에 건조한다.
③ 아이섀도 브러시(Eye-shadow Brush) : 클렌징 크림이나 클렌징 오일로 세척한다.
④ 팬 브러시(Fan Brush) : 브러시 클리너로 세척 후 세워서 건조한다.

해설 립 브러시는 브러시 클리너로 깨끗이 닦아낸다. 완벽하게 제거하려면 이중세척을 하는 것이 좋다. 브러시를 세워서 말리면 원형이 보존되지 않으므로 깨끗한 수건을 깔아 옆으로 눕혀 건조시킨다.

43 색에 대한 설명으로 틀린 것은?
① 흰색, 회색, 검정 등 색감이 없는 계열의 색상을 통틀어 무채색이라고 한다.
② 색의 순도는 색의 탁하고 선명한 강약의 정도를 나타내는 명도를 의미한다.
③ 인간이 분류할 수 있는 색의 수는 개인적인 차이는 존재하지만 대략 750만 가지 정도이다.
④ 색의 강약을 채도라고 하며 눈에 들어오는 빛이 단일 파장으로 이루어진 색일수록 채도가 높다.

해설 색의 선명한 강약의 정도를 나타내는 것이 채도이다.

44 파운데이션의 종류와 그 기능에 대한 설명으로 가장 거리가 먼 것은?
① 크림 파운데이션은 보습력과 커버력이 우수하여 짙은 메이크업을 할 때나 건조한 피부에 적합하다.
② 리퀴드 타입은 부드럽고 쉽게 퍼지며 자연스러운 화장을 원할 때 적합하다.
③ 트윈케이크 타입은 커버력이 우수하고 땀과 물에 강하여 지속력을 요하는 메이크업에 적합하다.
④ 고형스틱 타입의 파운데이션은 커버력은 약하지만 사용이 간편해서 스피디한 메이크업에 적합하다.

해설 스틱 타입의 파운데이션은 커버력이 가장 우수하며, 사용 시 퍼짐성이 다소 무거워 스피디한 메이크업에 적합하지 않다.

45 아이브로우 화장 시 우아하고 성숙한 느낌과 세련미를 표현하고자 할 때 가장 잘 어울릴 수 있는 것은?
① 회색 아이브로우 펜슬
② 검정색 아이섀도
③ 갈색 아이브로우 섀도
④ 에보니 펜슬

41 ④ 42 ① 43 ② 44 ④ 45 ③

해설 아이브로우 화장 시 우아하고 성숙한 느낌과 세련미를 표현하거나 부드러운 색감 표현을 할 때에는 갈색 아이브로우 섀도가 적합하다.

46 얼굴의 골격 중 얼굴형을 결정짓는 가장 중요한 요소가 되는 것은?

① 위턱뼈(상악골)
② 아래턱뼈(하악골)
③ 코뼈(비골)
④ 관자뼈(측두골)

해설 하악골은 얼굴에서 가장 크고 강한 아래턱 뼈로 턱의 아랫부분을 형성한다.

47 여름 메이크업에 대한 설명으로 가장 거리가 먼 것은?

① 시원하고 상쾌한 느낌이 들도록 표현한다.
② 난색 계열을 사용해 따뜻한 느낌을 표현한다.
③ 구릿빛 피부 표현을 위해 오렌지색 메이크업 베이스를 사용한다.
④ 방수 효과를 지닌 제품을 사용하는 것이 좋다.

해설 여름 메이크업에 난색을 사용하면 더워 보일 수 있다.

48 미국의 색채학자 파버 비렌이 탁색계를 '톤(Tone)'이라고 부르고 있었던 것에서 유래한 배색 기법은?

① 까마이외(Camaieu) 배색
② 토널(Tonal) 배색
③ 트리콜로레(Tricolore) 배색
④ 톤온톤(Tone on tone) 배색

해설
① 까마이외 배색은 하나의 색에 미세하게 명도와 채도의 차를 주어 그리는 화법이다.
③ 트리콜로레 배색은 3가지 이상의 색의 배색하는 것이다.
④ 톤온톤 배색은 동일 색상의 명도차를 주어 배색하는 배색법을 말한다.

49 얼굴형과 그에 따른 이미지의 연결이 가장 적절한 것은?

① 둥근형 : 성숙한 이미지
② 긴형 : 귀여운 이미지
③ 사각형 : 여성스러운 이미지
④ 역삼각형 : 날카로운 이미지

해설
① 둥근형 : 귀여운 이미지
② 긴형 : 성숙한 이미지
③ 사각형 : 남성적 이미지

50 한복 메이크업 시 유의하여야 할 내용으로 옳은 것은?

① 눈썹을 아치형으로 그려 우아해 보이도록 표현한다.
② 피부는 한 톤 어둡게 표현하여 자연스러운 피부 톤을 연출하도록 한다.
③ 한복의 화려한 색상과 어울리는 강한 색조를 사용하여 조화롭게 보이도록 한다.
④ 입술의 구각을 정확히 맞추어 그리는 것보다는 아웃커브로 그려 여유롭게 표현하는 것이 좋다.

해설 피부톤은 한 톤 밝게 표현하며 단아한 이미지로 메이크업한다.

46 ② 47 ② 48 ② 49 ④ 50 ①

51 아이섀도의 종류와 그 특징을 연결한 것으로 가장 거리가 먼 것은?

① 펜슬 타입 : 발색이 우수하고 사용하기 편리하다.
② 파우더 타입 : 펄이 섞인 제품이 많으며 하이라이트 표현이 용이하다.
③ 크림 타입 : 유분기가 많고 촉촉하며 발색도가 선명하다.
④ 케익 타입 : 그라데이션이 어렵고 색상이 뭉칠 우려가 있다.

해설 케익 타입 아이섀도는 색상 그라데이션이 우수하고 색상이 뭉칠 우려가 가장 적은 아이섀도이다.

52 메이크업의 정의와 가장 거리가 먼 것은?

① 화장품과 도구를 사용한 아름다움의 표현 방법이다.
② '분장'의 의미를 가지고 있다.
③ 색상으로 외형적인 아름다움을 나타낸다.
④ 의료기기나 의약품을 사용한 눈썹손질을 포함한다.

해설 미용업(일반)의 업무에는 파마, 머리카락 자르기, 머리카락 모양내기, 머리피부 손질, 머리카락 염색, 머리 감기, 의료기기나 의약품을 사용하지 아니하는 눈썹손질 등이 해당한다.

53 다음에서 설명하는 메이크업이 가장 잘 어울리는 계절은?

> 강렬하고 이지적인 이미지가 느껴지도록 심플하고 단아한 스타일이나 콘트라스트가 강한 색상과 밝은 색상을 사용하는 것이 좋다.

① 봄   ② 여름
③ 가을   ④ 겨울

해설 겨울철 메이크업은 파란색과 검은색을 주조색으로 하고 명도, 채도의 대비가 강하며 차갑고 강렬한 이지적인 느낌으로 메이크업을 한다. 화이트, 실버, 블랙, 그레이, 핑크, 블루, 블루 퍼플, 마젠타 등의 색상을 사용한다.

54 봄 메이크업의 컬러 조합으로 가장 적합한 것은?

① 흰색, 파랑, 핑크 계열
② 겨자색, 벽돌색, 갈색 계열
③ 옐로우, 오렌지, 그린 계열
④ 자주색, 핑크, 진보라 계열

해설 봄 메이크업은 화사하고 밝은 이미지를 위해 고명도, 고채도의 색상으로 표현한다. 주조색은 옐로우, 오렌지, 핑크, 그린 계열로 포인트 메이크업을 한다.

55 아이브로우 메이크업의 효과와 가장 거리가 먼 것은?

① 인상을 자유롭게 표현할 수 있다.
② 얼굴의 표정을 변화시킨다.
③ 얼굴형을 보완할 수 있다.
④ 얼굴에 입체감을 부여해 준다.

해설 아이브로우는 얼굴의 인상을 결정하고, 얼굴 전체의 이미지 변화와 개성을 연출한다.

51 ④ 52 ④ 53 ④ 54 ③ 55 ④

56 다음 중 컬러 파우더의 색상 선택과 활용법의 연결이 가장 거리가 먼 것은?

① 퍼플 : 노란 피부를 중화시켜 화사한 피부 표현에 적합하다.
② 핑크 : 볼에 붉은 기가 있는 경우 더욱 잘 어울린다.
③ 그린 : 붉은 기를 줄여 준다.
④ 브라운 : 자연스러운 섀딩 효과가 있다.

해설 피부톤에 붉은 기가 있는 경우 핑크색 컬러 파우더를 바르면 혈색이 지나치게 붉어 보일 수 있다. 혈색이 없는 경우에 사용 시 얼굴에 혈색을 부여한다.

57 기미, 주근깨 등의 피부 결점이나 눈 밑 그늘에 발라 커버하는 데 사용하는 제품은?

① 스틱 파운데이션(Stick Foundation)
② 투웨이 케익(Two Way Cake)
③ 스킨 커버(Skin Cover)
④ 컨실러(Concealer)

해설 컨실러는 피부의 반점, 여드름 자국, 다크서클 등의 결점 위에 부분적으로 발라 수정하는 커버력이 높은 파운데이션이다.

58 메이크업 미용사의 작업과 관련한 내용으로 가장 거리가 먼 것은?

① 모든 도구와 제품은 청결히 준비하도록 한다.
② 마스카라나 아이라인 작업 시 입으로 불어 신속히 마르게 도와준다.
③ 고객의 신체에 힘을 주거나 누르지 않도록 주의한다.
④ 고객의 옷에 화장품이 묻지 않도록 가운을 입혀준다.

해설 마스카라나 아이라인 작업 시 건조를 위해 입으로 불면 고객에게 불쾌감을 줄 수 있다.

59 메이크업 색과 조명에 관한 설명으로 틀린 것은?

① 메이크업의 완성도를 높이는 데는 자연광선이 가장 이상적이다.
② 조명에 의해 색이 달라지는 현상은 저채도색보다는 고채도색에서 잘 일어난다.
③ 백열등은 장파장 계열로 사물의 붉은 색을 증가시키는 효과가 있다.
④ 형광등은 보라색과 녹색의 파장 부분이 강해 사물이 시원하게 보이는 효과가 있다.

해설 조명에 의해 색이 달라지는 현상은 저채도가 잘 일어나고, 고채도는 잘 일어나지 않는다.

60 눈썹을 빗어주거나 마스카라 후 뭉친 속눈썹을 정돈할 때 사용하면 편리한 브러시는?

① 팬 브러시
② 스크루 브러시
③ 노즈 섀도 브러시
④ 아이라이너 브러시

해설 스크루 브러시는 눈썹을 빗어주거나 마스카라 사용 시 뭉친 속눈썹을 빗어주는 데 사용되는 도구이다.

56 ② 57 ④ 58 ② 59 ② 60 ②

3회

실전 모의고사

01 고대시대의 화장 재료 중 미백 재료로 사용되었던 것은?
① 참숯
② 마늘과 쑥
③ 돼지기름
④ 굴참나무

해설 미백 작용에 우수한 쑥과 마늘을 사용한 것으로 보아 흰 피부를 선호한 것으로 추측할 수 있다.

02 얼굴 윤곽 수정 메이크업의 방법에 대한 설명으로 옳은 것은?
① 삼각형 : 이마와 턱 끝 부분에 섀딩을 넣고 양 볼에 하이라이트를 넣는다.
② 다이아몬드형 : 좁은 양 이마와 살이 없는 양 볼에 하이라이트를 넣고 튀어나온 광대뼈와 뾰족한 턱 끝에 섀딩을 한다.
③ 긴 얼굴형 : 이마와 아래 양 턱에 섀딩을 넣고 T존 부위에 하이라이트를 길게 넣는다.
④ 둥근형 : 이마 양쪽에 섀딩을 넣고 튀어나온 양 볼에 하이라이트를 넣는다.

03 다음 중 분대화장을 시작한 시기는?
① 고려시대
② 조선시대
③ 삼국시대
④ 고조선시대

해설 분대화장은 기녀들의 아주 짙은 화장으로 얼굴은 창백할 정도로 하얗게 분을 많이 바르고 눈썹을 가늘고 또렷하게, 입술은 붉게 하는 화장법이다.

04 얼굴의 표정근이라고 하며 안면 신경을 움직이는 근육은 무엇인가?
① 추미근
② 비근근
③ 전두근
④ 안면근

해설 안면근은 안면 표정근이라고도 하며 안면 표정을 움직이는 근육이다.

05 패치(애교점)의 장식 기법이 유행했던 시대는?
① 조선시대
② 이집트시대
③ 바로크시대
④ 르네상스시대

해설 바로크시대에는 하얀 얼굴과 홍조를 띤 얼굴형이 미인형이었으며 뷰티 패치(Patch)를 사용하였다.

06 이집트시대의 메이크업 특징으로 올바른 것은?
① '코올'을 사용하여 눈 화장을 하였다.
② 과학적 기초 원리를 기반으로 두었다.
③ 백납분을 과도하게 사용하는 메이크업이 성행하였다.
④ '헷타리아(Hetaria)' 계급의 여성들이 화장술을 전수하여 체계적인 메이크업으로 발전시켰다.

해설 이집트시대에서는 '코올'을 사용하여 눈 화장을 하였다.

01 ② 02 ② 03 ① 04 ④ 05 ③ 06 ①

07 다음 중 인구 구조의 형태에 대한 설명으로 옳지 않은 것은?
① 피라미드형 : 출생률이 높고 사망률이 낮은 인구 증가 잠재력을 가진 형으로, 인구증가형이다. 15세 미만 인구가 64세 초과 인구의 2배 이상이 되고 후진국 및 개발도상국에 많은 유형이다.
② 종형 : 출생률과 사망률이 낮아 인구 증가가 정지되는 인구정지형으로 이상적인 형태이다. 15세 미만 인구가 64세 초과 인구의 2배 정도로 선진국이 이에 해당된다.
③ 항아리형 : 출생률이 사망률보다 낮은 인구감소형이다. 15세 미만 인구가 64세 초과 인구의 2배 이하로 평균수명이 높은 일부 선진국에 나타나며, 국가 경쟁력 약화가 우려된다.
④ 표주박형 : 15~49세 생산연령층이 전체 인구의 50% 이상으로, 젊은 생산연령층이 많이 모여드는 도시형이다. 대도시, 위성도시, 신흥 공업도시 등에 나타난다.

해설 표주박형(Guitar Form) : 15~49세 생산연령층이 전체 인구의 50% 미만으로 농어촌형, 인구유출형이다. 노동력 부족 현상이 나타난다.

08 인구의 양적 증가로 인한 문제가 아닌 것은?
① 오염
② 사망 감소
③ 영양실조
④ 질병 증가

해설 인구의 양적 증가로 인한 문제
- 3P : 인구, 오염, 빈곤(Population, Pollution, Poverty)
- 3M : 영양실조, 질병 증가, 사망 증가(Malnutrition, Morbidity, Mortality)

09 사람의 눈으로 볼 수 있는 가시광선의 범위는?
① 150~350nm
② 180~480nm
③ 350~950nm
④ 380~780nm

해설 가시광선의 범위는 380~780nm이며, 단위는 나노미터(nm)이다.

10 다음 중 역학의 역할로 옳지 않은 것은?
① 질병 발생의 원인 규명 역할
② 지역사회의 질병 전파의 역할
③ 보건의료 기획과 평가자료 제공 역할
④ 임상분야에 대한 역할

해설 역학은 지역사회의 질병 발생 및 유행상태의 감시 역할을 한다.

11 색에 대한 설명으로 틀린 것은?
① 흰색, 회색, 검정과 같은 색상을 무채색이라고 한다.
② 색의 탁하고 선명한 강약의 정도를 나타내는 것을 명도라 한다.
③ 인간이 분류할 수 있는 색의 수는 개인적인 차이는 존재하지만 대략 750만 가지 정도이다.
④ 색의 강약을 채도라고 하며 눈에 들어오는 빛이 단일 파장으로 이루어진 색일수록 채도가 높다.

해설 색의 탁하고 선명한 강약의 정도를 나타내는 것은 채도이다.

07 ④ 08 ② 09 ④ 10 ② 11 ②

12 감염성 질병의 생성과정을 알맞게 서술한 것은?

> ㉠ 병원소
> ㉡ 병원소로부터 병원체의 탈출
> ㉢ 숙주의 감염(감수성, 면역)
> ㉣ 병원체
> ㉤ 새로운 숙주에 침입

① ㉠ → ㉡ → ㉢ → ㉣ → ㉤
② ㉢ → ㉣ → ㉠ → ㉡ → ㉤
③ ㉣ → ㉠ → ㉡ → ㉤ → ㉢
④ ㉤ → ㉢ → ㉠ → ㉡ → ㉣

해설 감염성 질병의 생성과정은 병원체 → 병원소 → 병원소로부터 병원체의 탈출 → 새로운 숙주에 침입 → 숙주의 감염(감수성, 면역) 순서이다.

13 메이크업 베이스 컬러에 대한 설명으로 연결이 틀린 것은?

① 보라색 베이스 : 노란기가 있는 피부톤
② 핑크색 베이스 : 붉은기가 있는 피부톤
③ 흰색 베이스 : 칙칙한 피부톤
④ 파란색 베이스 : 잡티가 많은 피부톤

해설

화이트	피부톤을 화사하고 밝게 표현해 준다.
핑크	혈색 있고 생기 있는 피부톤으로 표현해 준다.
그린	붉은기가 있는 피부를 보정해 준다.
바이올렛	노란기가 있는 피부톤을 보정해 준다.
오렌지	혈색을 주거나 건강해 보이는 피부로 표현해 준다.
베이지	피부톤을 자연스럽게 표현해준다.

14 법정감염병 관리에 대한 설명 중 알맞지 않은 것은?

① 제1급 감염병 : 발생 또는 유행 시 12시간 이내에 신고하여야 한다.
② 제2급 감염병 : 전파가능성을 고려하여 격리가 필요하다.
③ 제3급 감염병 : 발생을 계속 감시할 필요가 있어 발생 또는 유행 시 24시간 이내에 신고하여야 한다.
④ 제4급 감염병 : 유행 여부를 조사하기 위하여 표본 감시 활동이 필요하다.

해설 제1급 감염병 : 생물테러 감염병 또는 치명률이 높거나 집단 발생의 우려가 커서 발생 또는 유행 즉시 신고해야 하고, 음압격리와 같은 높은 수준의 격리가 필요하다.

15 인공조명(Lux)에 알맞은 룩스가 바르게 짝지어진 것은?

① 미용실 조명 : 75Lux 이상
② 보통작업 시 : 100Lux 이상
③ 정밀작업 시 : 20Lux 이상
④ 초정밀작업 시 : 2000Lux 이상

해설 ② 보통작업 시 : 150Lux 이상
③ 정밀작업 시 : 300Lux 이상
④ 초정밀작업 시 : 750Lux 이상

16 단백질의 작용으로 옳지 않은 것은?

① 체조직의 구성물질
② 면역과 항독물질의 성분
③ 체내 생리작용의 조절기능 및 열량공급원
④ 체내의 열량 저장

해설 지방질의 작용 : 열량공급원, 피부의 탄력과 부드러움 유지, 체내의 열량 저장

12 ③ 13 ② 14 ① 15 ① 16 ④

17 색의 온도감에 대한 설명으로 맞는 것은?
① 고명도의 색은 시원하고 가벼운 느낌이 든다.
② 보라, 녹색 계열은 한색계이다.
③ 단파장은 난색 계열로 따뜻한 느낌이다.
④ 장파장은 따뜻하게 느껴진다.

해설 장파장은 따뜻하게 느껴진다. 고명도의 색은 따뜻한 느낌을 준다.

18 감염병 예방접종으로 생균백신을 사용하는 것으로 옳은 것은?
① 장티푸스
② 홍역
③ 백일해
④ 파상풍

해설
• 생균백신 : 결핵, 홍역, 폴리오
• 사균백신 : 콜레라, 장티푸스, 백일해, 폴리오

19 다음 중 제2급 감염병이 아닌 것은?
① 장티푸스
② 홍역
③ 황열
④ 세균성이질

해설
• 제2급 감염병 : 결핵, 수두, 홍역, 콜레라, 장티푸스, 파라티푸스, 세균성 이질, 장출혈성대장균감염증, A형 간염, 백일해, 유행성이하선염, 풍진, 폴리오, 수막구균 감염증, B형헤모필루스인플루엔자, 폐렴구균 감염증, 한센병, 성홍열, 반코마이신내성황색포도알균(VRSA), 카바페넴내성장내세균속균종(CRE) 감염증, E형 간염*
*2020.07.01. 시행
• 제3급 감염병 : 파상풍, B형 간염, 일본뇌염, C형 간염, 말라리아, 레지오넬라증, 비브리오패혈증, 발진티푸스, 발진열, 쯔쯔가무시증, 렙토스피라증, 브루셀라증, 공수병, 신증후군출혈열, 후천성면역결핍증(AIDS), 크로이츠펠트-야콥병(CJD) 및 변종크로이츠펠트-야콥병(vCJD), 황열, 뎅기열, 큐열, 웨스트나일열, 라임병, 진드기매개뇌염, 유비저, 치쿤구니야열, 중증열성혈소판감소증후군(SFTS), 지카바이러스 감염증

20 로맨틱 메이크업에 대한 설명으로 옳지 않은 것은?
① 핑크 계열의 파운데이션과 파우더를 사용한다.
② 입술은 펄을 이용한 글로시한 질감이 좋다.
③ 진한 흑색으로 아이브로우를 강조한다.
④ 핑크 계열의 색조를 사용하여 사랑스러운 이미지를 표현한다.

해설 로맨틱 메이크업의 아이브로우 색상은 부드럽고 자연스러운 브라운 톤이 적합하다.

21 지구온난화 현상의 주요 원인이 되는 가스는?
① CO
② H_2
③ NO
④ CO_2

해설 CO_2(이산화탄소)는 실내오염지표로 지구온난화 현상의 주요 원인이 된다.

22 땀의 분비로 인한 체취와 세균 증식을 억제하기 위해 겨드랑이 부위에 사용하는 것은?
① 핸드로션
② 바디로션
③ 데오도란트
④ 오데코롱

해설 겨드랑이의 체취를 제거하는 제품에는 데오도란트 스틱, 로션, 스프레이 제형이 있다.

17 ④ 18 ② 19 ③ 20 ③ 21 ④ 22 ③

23 우유의 초고온순간멸균법에서 130~150도에서의 처리시간은?

① 0.5~1초
② 1~3분
③ 1~3초
④ 30~60초

해설 초고온순간멸균법은 130~150도에서 1~3초간 가열 처리한 후 급랭하는 방법이다.

24 피부의 지각작용 중에서 가장 분포도가 높은 것과 낮은 것으로 짝지어진 것은?

① 압각, 온각
② 냉각, 압각
③ 온각, 통각
④ 통각, 온각

해설 피부의 감각은 통각 > 촉각 > 냉각 > 압각 > 온각의 순서로 분포되어 있다.

25 소독작용에 영향을 미치는 요인으로 틀린 것은?

① 온도가 높을수록 소독효과가 크다.
② 유기물질이 많을수록 소독효과가 작다.
③ 접속시간이 짧을수록 소독효과가 크다.
④ 농도가 높을수록 소독효과가 크다.

해설 접속시간이 길수록 소독효과가 크다.

26 영업신고사항의 변경신고 대상에 해당하지 않는 것은?

① 영업소의 명칭 또는 상호
② 영업소의 매출
③ 신고한 영업장 면적의 3분의 1 이상의 증감
④ 대표자의 성명 또는 생년월일

해설 영업소의 매출이 아니라 소재지가 변경되었을 때 신고해야 한다.

27 털에 영양을 공급하고 주로 발육에 관여하는 부분은?

① 모유두
② 모수질
③ 모피질
④ 모표피

해설 모수질, 모피질, 모표피는 모발의 단면 구조로, 3개의 층으로 구성되어 있다.

28 영업자 준수사항으로 옳지 않은 것은?

① 점 빼기, 귓불 뚫기, 쌍꺼풀수술, 문신, 박피술 그밖에 이와 유사한 의료행위를 하여서는 아니 된다.
② 피부미용을 위하여 「약사법」에 따른 의약품 또는 「의료기기법」에 따른 의료기기를 사용하여서는 아니 된다.
③ 미용기구 중 소독을 한 기구와 소독을 하지 아니한 기구는 각각 다른 용기에 넣어 보관하여야 한다.
④ 신고한 영업장 면적이 66m² 이상인 영업소의 경우에는 영업소 외부의 손님이 보기 쉬운 곳에 최종지불요금표를 게시 또는 부착할 필요가 없다.

해설 신고한 영업장 면적이 66m² 이상인 영업소의 경우 영업소 외부에도 손님이 보기 쉬운 곳에 「옥외광고물 등 관리법」에 적합하게 최종지불요금표를 게시 또는 부착하여야 한다. 이 경우 최종지불요금표에는 일부 항목(5개 이상)만을 표시할 수 있다.

23 ③ 24 ④ 25 ③ 26 ② 27 ① 28 ④

29 다음 중 시장·군수·구청장의 업무가 아닌 것은?
① 이용사 또는 미용사의 면허경고 및 면허권고
② 공중위생영업의 정지 및 일부 시설의 사용 중지
③ 영업소 폐쇄명령 등의 처분
④ 신고사항의 직권 말소

해설 이용사 또는 미용사의 면허취소 및 면허정지의 업무를 한다.

30 모발의 성장단계를 바르게 나열한 것은?
① 성장기 → 휴지기 → 퇴화기
② 휴지기 → 발생기 → 퇴화기
③ 퇴화기 → 성장기 → 발생기
④ 성장기 → 퇴화기 → 휴지기

해설 모발의 성장주기 : 성장기 → 퇴화기 → 휴지기

31 데이 메이크업에 대한 설명으로 잘못된 것은?
① 음영을 한 톤 정도 어둡게 표현하는 것이 좋다.
② 블러셔는 립 컬러와 주조색 아이섀도의 색에 맞추어 선택한다.
③ 가벼운 일상생활 메이크업이다.
④ 자연스러운 색상의 컬러로 색조가 진하지 않게 한다.

해설 데이 메이크업은 일상생활의 자연스러운 메이크업이므로 너무 과하거나 진하지 않게 하는 것이 좋다.

32 위생교육에 대한 설명으로 옳지 않은 것은?
① 위생교육은 24시간으로 한다.
② 위생교육의 내용은 「공중위생관리법」 및 관련 법규, 소양교육(친절 및 청결에 관한 사항을 포함한다), 기술교육, 그 밖에 공중위생에 관하여 필요한 내용으로 한다.
③ 영업신고 전에 위생교육을 받아야 하는 자 중 부득이한 사유가 있는 자는 영업신고를 한 후 6개월 이내에 위생교육을 받을 수 있다.
④ 위생교육 실시단체의 장은 위생교육을 수료한 자에게 수료증을 교부하고, 교육 실시 결과를 교육 후 1개월 이내에 시장·군수·구청장에게 통보하여야 하며, 수료증 교부대장 등 교육에 관한 기록을 2년 이상 보관·관리하여야 한다.

해설 위생교육은 3시간으로 한다.

33 단백질의 최종 가수분해 물질은?
① 카로틴   ② 콜라겐
③ 지방산   ④ 아미노산

34 벌칙에 관련하여 옳지 않은 것은?
① 영업정지명령 또는 일부 시설의 사용중지명령을 받고도 그 기간 중에 영업을 하거나 그 시설을 사용한 자 또는 영업소 폐쇄명령을 받고도 계속하여 영업을 한 자는 1년 이하의 징역 또는 1천만 원 이하의 벌금에 처한다.
② 변경신고를 하지 아니한 자는 6월 이하의 징역 또는 500만 원 이하의 벌금에 처한다.

29 ① 30 ④ 31 ① 32 ① 33 ④ 34 ④

③ 면허의 취소 또는 정지 중에 이용업 또는 미용업을 한 사람은 300만 원 이하의 벌금에 처한다.
④ 면허를 받지 아니하고 이용업 또는 미용업을 개설하거나 그 업무에 종사한 사람은 1천만 원 이하의 벌금에 처한다.

해설 면허를 받지 아니하고 이용업 또는 미용업을 개설하거나 그 업무에 종사한 사람은 300만 원 이하의 벌금에 처한다.

35 표피의 구조 중 면역과 관련 있는 세포는 무엇인가?
① 머켈세포
② 랑게르한스세포
③ 멜라닌세포
④ 각질형성세포

해설 랑게르한스세포는 외부로부터 침입한 이물질을 림프구에 전달하는 역할을 한다.

36 다음 태양광선 중 단파장이며 피부암을 유발할 수 있는 것은?
① UV-A
② UV-B
③ UV-C
④ 적외선

해설 UV-C는 단파장이며 살균 및 소독 작용이 강하고 피부암을 유발할 수 있다.

37 다음 감염형 식중독 중 식품을 통한 독소형 식중독은?
① 장염비브리오균 식중독
② 병원성 대장균 식중독
③ 포도상구균 식중독
④ 살모넬라균에 의한 식중독

38 광노화 현상과 연관이 없는 것은?
① 표피가 두꺼워진다.
② 색소침착이 일어난다.
③ 피부가 처지면서 탄력을 잃는다.
④ 각질형성세포가 활발해져 각질주기가 빨라진다.

해설 각질형성세포가 활발해진다는 것은 세포 재생이 원활하게 이루어진다는 뜻으로, 광노화 현상과는 거리가 멀다.

39 다음 중 세포 재생이 이루어지지 않으며 피지선과 한선이 없는 것은?
① 흉터   ② 티눈
③ 습진   ④ 두드러기

해설 흉터(반흔)는 진피층이 손상되어 원상태로의 세포 재생이 어렵고, 새로운 조직세포로 대체되어 피부 표면을 형성하게 된다.

40 면허증의 재교부에 대한 설명으로 옳지 않은 것은?
① 면허증의 기재사항에 변경이 있을 때이다.
② 면허증을 분실한 때이다.
③ 면허증을 잃어버린 후 재교부 받은 자가 그 잃어버린 면허증을 찾은 때에는 지체 없이 재교부 받은 면허증을 시장·군수·구청장에게 반납하여야 한다.
④ 면허증을 잃어버린 후 재교부 받은 자가 그 잃어버린 면허증을 찾은 때에는 1년 이내에 재교부 받은 면허증을 시장·군수·구청장에게 반납하여야 한다.

해설 면허증을 잃어버린 후 재교부 받은 자가 그 잃어버린 면허증을 찾은 때에는 지체 없이 재교부 받은 면허증을 시장·군수·구청장에게 반납하여야 한다.

35 ② 36 ③ 37 ③ 38 ④ 39 ① 40 ④

41 셀룰라이트에 대한 설명으로 옳은 것은?
① 수분이 정체되어 부종이 생긴 현상
② 영양 섭취의 불균형 현상
③ 피하지방이 축적되어 노폐물이 정체되어 뭉친 현상
④ 화학물질에 대한 피부 면역반응

42 얼굴의 세로분할(얼굴 길이)에 대한 설명으로 틀린 것은?
① 1등분 : 좌측 헤어라인~좌측 눈꼬리
② 2등분 : 좌측 눈꼬리~좌측 눈앞머리
③ 3등분 : 좌측 눈꼬리~우측 눈앞머리
④ 4등분 : 우측 눈앞머리~우측 눈꼬리

해설 3등분은 좌측 눈앞머리~우측 눈앞머리이다.

43 다음 중 필수아미노산에 속하지 않는 것은?
① 트립토판
② 트레오닌
③ 발린
④ 알라닌

해설 필수아미노산은 발린, 류신, 아이소류신, 메티오닌, 트레오닌, 라이신, 페닐알라닌, 트립토판, 히스티딘이 있으며 음식을 통해 섭취해야 한다.

44 화장수에 사용되는 글리세린의 목적은?
① 탈수작용
② 보습작용
③ 소독작용
④ 방부작용

해설 글리세린은 주로 보습제로 활용한다.

45 프라이머(Primer)에 대한 설명으로 잘못된 것은?
① 메이크업 전에 다소 울퉁불퉁한 피부 표면이나 넓은 모공을 메워주는 역할을 한다.
② 메이크업 베이스, 파운데이션, 파우더 등이 밀착감 있게 한다.
③ 지속력을 높이고 유·수분감을 준다.
④ 립 프라이머는 입술의 주름을 메워주어 입술화장이 번짐 없이 오래 지속되도록 해준다.

해설 지속력을 높이고 피지 조절의 기능이 있으나 유·수분감과는 관련이 없다.

46 모발을 구성하는 케라틴 중 가장 많이 함유하고 있는 아미노산은?
① 로이신
② 발린
③ 알라닌
④ 시스틴

해설 케라틴의 주성분은 시스틴, 알기닌, 글루탐산 등이다. 이 중 시스틴 함량이 가장 높다.

47 건강한 모발의 상태로 알맞은 것은?
① 단백질 10~20%, 수분 10~15%, pH 2.0~3.0
② 단백질 20~30%, 수분 20~25%, pH 3.5~4.5
③ 단백질 50~60%, 수분 20~25%, pH 6.5~7.5
④ 단백질 70~80%, 수분 10~15%, pH 4.5~5.5

해설 건강한 모발은 단백질 70~80%, 수분 10~15%, pH 4.5~5.5의 상태이다.

41 ③ 42 ③ 43 ④ 44 ② 45 ③ 46 ④ 47 ④

48 피부자극이 적어 상처 소독용으로 가장 적당한 것은?
① 포르말린
② 메틸알코올
③ 염소화합물
④ 과산화수소

해설 과산화수소는 상처 소독 및 구강 소독용으로 사용된다.

49 다음 중 파운데이션을 바르는 기법에 대한 설명으로 틀린 것은?
① 패팅 기법 : 잡티 또는 결점 커버를 위해 가볍게 두드리는 기법
② 블렌딩 기법 : 색이 다른 파운데이션의 차이를 자연스럽게 연결하여 경계가 지지 않도록 해주는 기법
③ 선긋기 기법 : 선의 경계선이 뚜렷하지 않고 경계가 생기지 않도록 펴주는 기법
④ 슬라이딩 기법 : 얼굴 전체에 고르게 문지르듯 펴 바르는 기법

해설

선긋기 기법	콧대 수정을 위한 셰이딩이나 하이라이트를 넣을 때 쓰는 기법
패딩 기법	잡티나 결점 커버를 위해 가볍게 두드리는 기법
슬라이딩 기법	얼굴 전체에 고르게 문지르듯 펴 바르는 기법
블렌딩 기법	색이 다른 파운데이션의 차이를 자연스럽게 연결하여 경계가 지지 않도록 해주는 기법
페더링 기법	선의 경계선이 뚜렷하지 않고 경계가 생기지 않도록 펴주는 기법

50 석탄석의 소독작용과 가장 관계가 없는 것은?
① 균체의 가수분해작용
② 균체의 단백질 응고작용
③ 균체 효소의 불활성화 작용
④ 균체의 삼투압 변화작용

51 미백 화장품의 기능에 대한 설명으로 틀린 것은?
① 자외선 흡수를 방지한다.
② 멜라닌 확산을 억제한다.
③ 세정작용 및 삼투압 방지작용을 한다.
④ 각질 세포를 유도하여 멜라닌 색소를 탈락시킨다.

52 메이크업 도구의 세척법에 대한 설명으로 바른 것은?
① 라텍스 스펀지는 뜨거운 물에 세척하여 건조한다.
② 섀도 브러시는 클렌징 오일로 세척한다.
③ 모든 브러시는 브러시 클리너로 세척 후 세워서 건조한다.
④ 립 브러시는 브러시 클리너 또는 클렌징 크림으로 세척한다.

해설 립브러시는 브러시 클리너 또는 클렌징 크림으로 세척한다.

53 다음 중 섀딩 표현에 대한 설명으로 틀린 것은?
① 광대뼈 외곽 부분에서 턱 라인으로 자연스럽게 음영을 주며 뭉치지 않게 그라데이션한다.
② 고객의 얼굴형과 피부톤을 고려하여 윤곽 수정을 하여 위치를 잡는다.

48 ④ 49 ③ 50 ① 51 ③ 52 ④ 53 ③

③ 파우더 전 단계에서 섀딩 브러시를 이용하여 펴 바른다.
④ 헤어라인 부분에 색이 뭉치지 않게 그라데이션하며 이마 부분이 뭉치지 않게 표현한다.

해설 파우더 단계 이후에 진행되어야 뭉침을 방지하고 그라데이션 표현이 용이하다.

54 얼굴의 음영 표현에 대한 설명으로 틀린 것은?
① 하이라이트는 또렷하게 부각될 수 있도록 경계라인을 살린다.
② 섀딩의 표현은 피부톤보다 1~2톤 정도 어두운 색의 파운데이션을 사용한다.
③ 하이라이트의 표현은 피부톤보다 1~2톤 정도 밝은 색의 파운데이션을 사용한다.
④ 최대한 계란형의 얼굴형이 될 수 있도록 윤곽을 수정하는 것이 좋다.

해설 경계라인이 생기지 않도록 그라데이션하여 펴주는 것이 좋다.

55 긴 얼굴형의 메이크업으로 가장 적절한 것은?
① 이마와 턱 끝에 섀딩을 넣는다.
② 양쪽 광대와 양 옆쪽에 섀딩을 넣어준다.
③ T존에 하이라이트를 짧게 넣어준다.
④ 볼터치를 사선 방향으로 터치한다.

해설 긴 얼굴형은 T존에 하이라이트를 짧게 넣어야 한다.

56 한복 메이크업에 대한 설명으로 옳은 것은?
① 화려한 색상 또는 펄 아이섀도를 사용하여 메이크업한다.
② 피부 표현은 깨끗한 피부가 돋보이도록 진하고 두껍게 표현한다.
③ 입술은 아웃커브 형태로 도톰하고 진하게 표현한다.
④ 두껍지 않은 아치형의 눈썹으로 그려 준다.

해설 한복 메이크업의 눈썹 표현은 두껍지 않은 아치형으로 표현해 준다.

57 계절별 메이크업 중 여름 메이크업에 대한 설명으로 올바른 것은?
① 난색 계열의 색상이 어울린다.
② 태닝 메이크업 표현 시 그린색의 베이스가 적합하다.
③ 따뜻한 브라운 계열의 아이섀도 색상이 어울린다.
④ 트윈 케이크 타입의 파운데이션은 땀과 물에 강한 제품이므로 여름에 사용하기 좋다.

해설 트윈 케이크 타입의 파운데이션은 땀과 물에 강한 제품이므로 여름에 사용하기 좋다.

58 감각기관 중 피부에 가장 많이 분포되어 있으며 가장 예민하게 느끼는 감각은?
① 온각
② 압각
③ 촉각
④ 통각

해설 피부에 가장 많이 분포되어 있으며 예민하게 느끼는 감각은 통각 > 압각 > 촉각 > 냉각 > 온각의 순서이다.

59 면허가 취소된 자는 누구에게 면허증을 반납해야 하는가?
① 시 · 도지사
② 보건복지부장관
③ 시장 · 군수 · 구청장
④ 읍 · 면장

54 ① 55 ③ 56 ④ 57 ④ 58 ④ 59 ③

60 유연 화장수에 대한 설명으로 거리가 먼 것은?
① 피부에 보습과 윤기를 준다.
② 수분을 공급한다.
③ 피부에 남아있는 비누의 알칼리 성분을 중화시킨다.
④ 피부 표면의 트러블을 커버한다.

61 속눈썹 익스텐션 시술 시 사용하는 재료의 특징 및 사용법에 대해 틀린 설명은?
① 글루 : KC인증이 된 제품을 사용하도록 한다.
② 전처리제 : 자연 속눈썹의 단백질을 제거할 때 사용하며 가모 부착 전에 바른다.
③ 아이패치 : 눈썹 라인을 따라 눈두덩이 윗부분에 부착하여 사용한다.
④ 리무버 : 속눈썹 연장 제거 시 글루를 녹여 제거에 용이하도록 한다.

해설 아이패치 : 눈썹 라인을 따라 눈 밑에 부착하여 사용한다.

62 신랑 메이크업의 표현 방법으로 틀린 설명은?
① 입술 : 본인의 입술 컬러에 어울리는 컬러로 광택이 과하지 않도록 한다.
② 아이메이크업 : 펄이 있는 브라운 계열의 색조를 이용하여 눈매를 자연스럽게 표현한다.
③ 피부표현 : 최대한 자연스럽고 본인의 피부색에 비슷하거나 한 톤 정도 어두운 톤의 파운데이션을 사용한다.
④ 블러셔 : 얼굴형을 따라 윤곽 수정을 해주듯 자연스러운 브라운 섀딩 컬러를 사용한다.

해설 신랑 아이메이크업 : 붉은 기와 펄이 없는 브라운 계열의 색조를 이용하여 눈매를 자연스럽게 표현한다.

63 에스닉(엑조틱) 이미지에 대한 설명으로 맞는 것은?
① 소박하고 민속적인 이미지이다.
② 남성적인 성향을 강하게 어필하는 이미지이다.
③ 초현대적이고 미래지향적인 샤프한 이미지이다.
④ 대중성을 무시한 실험 요소가 강한 디자인과 유행에 앞선 독창적이고 기묘한 디자인으로 전위적이고 실험성이 강하다.

해설 액조틱(에스닉)
이국풍 이국정서라는 의미로서 낯설고 색다른 멋을 추구하는 이국적인 감성 이미지를 말한다. 에스닉 풍으로 소박하고 민속적인 이미지이다.

64 트랜드 메이크업에 대한 설명이 잘못된 것은?
① 일상에서의 낮 시간을 위한 메이크업을 말한다.
② 현재 가장 유행하는 메이크업을 말한다.
③ 시즌별 유행 동향과 유행 패턴 스타일들이 시즌별로 생겨난다.
④ 패션, 사회적 이슈, 문화적 현상에 의해 영향을 받는다.

해설 일상에서의 낮 시간을 위한 메이크업은 데이 메이크업이다.

65 무대공연 캐릭터 메이크업에 대한 설명이 옳지 않은 것은?
① 관객과 무대의 거리에 따라 메이크업 톤의 정도를 정한다.
② 조명이 강하므로 메이크업은 자연스럽게 표현한다.
③ 시나리오를 파악하여 작가의 의도, 배경, 등장인물의 관계, 캐릭터의 성격 등을 분석하여 메이크업을 디자인한다.

60 ④　61 ③　62 ②　63 ①　64 ①　65 ②

④ 극본이 요구하는 배역에 따른 인물상의 직업이나 지위·연령과 성격 등을 시각적으로 표현하기 위해 분석한다.

해설 극장의 크기에 따른 관객과의 거리감과 조명과의 상관관계를 파악하여 명도와 채도의 강약을 조절하고 명암 처리에 따른 입체감의 정도를 계산하여 시각적 결점을 보완하기 위한 작업이다.

66 퍼스널 컬러 진단의 분류 중 블루 메이스(쿨톤)에 어울리는 컬러로 알맞은 것은?
① 골드　　　　② 브라운
③ 실버　　　　④ 카키

해설 쿨톤 (블루 메이스)
- 흰색, 블루, 블랙이 섞인 색
- 모던하고 세련된 차갑고 깔끔한 색이 특징
- 블루, 화이트, 블랙, 실버, 그레이 등이 속함

67 방문 고객 응대의 올바른 자세로 잘못된 설명은?
① 친절한 인사로 표정으로 고객을 응대한다.
② 방문 목적 확인 후 대기 공간으로 이동을 안내한다.
③ 고객 취향 파악 후 음료 및 다과, 잡지 등을 제공한다.
④ 고객의 개인 물품 및 겉옷은 다른 고객의 물품과 같이 보관한다.

해설 고객의 소지품 보관을 위한 공간을 마련하여 겉옷이나 고객 개인 물품이 다른 고객의 것과 섞이지 않도록 따로 보관하는 것이 좋다.

68 작업장 환기를 위한 실내 온도 차는 몇 도가 적합한가?
① 2℃　　　　② 3℃
③ 5℃　　　　④ 8℃

해설 미용실 환기를 위한 공기 순환이 가장 촉진되는 실내외의 온도 차는 5℃ 정도이다.

69 볼드캡 제작 시 액체 플라스틱의 농도를 조절하기 위해 사용되는 것은?
① 바세린　　　② 글라짠
③ 아세톤　　　④ 크레졸

해설 볼드캡 가장자리 부분을 아세톤으로 녹여 자연스럽게 연결한다.
아세톤은 농도 조절을 위해 사용된다.

70 메이크업 기기와 도구 관리에 대한 설명으로 옳지 않은 것은?
① 모든 전기제품은 2개월마다 안전 점검을 한다.
② 퍼프(분첩)는 중성세제나 클렌징폼, 전용 클렌져를 미온수에 풀어 녹인 후 퍼프의 표면이 손상되지 않도록 주의하며 세척한다.
③ 스펀지는 안에 스며드는 현상이 생기므로 수시로 새 스펀지로 교체하여 사용하며 교체 전까지는 세척 후에도 부분적으로 스며들어 오염이 제거되지 않는 부분은 가위로 잘라내어 사용한다.
④ 립브러시는 클렌징 크림이나 브러시 클리너로 1차 클렌징 한 후 붓 속에 남아있는 잔여물을 제거해 준다.

해설 모든 전기제품은 6개월마다 안전 점검을 한다.

66 ③　67 ④　68 ③　69 ③　70 ①

4회 실전 모의고사

01 메이크업의 용어에 대한 설명으로 잘못된 것은?
① '구성하다', '보완하다'의 사전적 의미가 있다.
② 얼굴의 결점을 수정·보완하고 장점을 부각시켜 아름답게 꾸미는 모든 행위이다.
③ 17세기 초 영국의 시인 리처드 크라슈가 최초로 메이크업이라는 용어를 사용하였다.
④ 메이크업의 목적은 단순하게 얼굴의 외적인 변화만을 추구하는 것을 말한다.

해설 메이크업은 인간의 기본적인 아름다움에 대한 욕구로 미화, 피부 보호와 얼굴 및 신체를 아름답게 가꾸는 것을 목적으로 한다.

02 다음 중 원발진에 속하는 것은?
① 수포, 반점, 인설
② 수포, 균열, 반점
③ 반점, 구진, 결절
④ 반흔, 가피, 구진

해설 원발진은 1차적인 피부의 병적 변화로 면포, 구진, 농포, 결절, 낭종, 반점, 팽진, 수포, 종양, 홍반 등이 해당된다.

03 다음 중 색채에 대한 설명으로 옳은 것은?
① 색채는 무채색을 포함하지 않는다.
② 색채는 심리적 현상을 말한다.
③ 색채는 유채색을 말한다.
④ 색채는 물리적 현상을 말한다.

해설 유채색은 색상, 명도, 채도의 색의 3속성을 가진다.

04 공중위생영업의 위생교육에 대한 설명으로 틀린 것은?
① 공중위생영업자는 매년 위생교육을 받아야 한다.
② 공중위생영업 신고를 한 자는 신고 후 6월 이내에 위생교육을 받아야 한다.
③ 공중위생영업에 직접 종사하지 아니하는 자는 종업원 중 공중위생에 관한 책임자로 하여금 위생교육을 받게 할 수 있다.
④ 시장·군수·구청장은 위생교육을 받거나 받은 것으로 보는 자에게 수료증을 교부하여야 한다.

해설 공중위생영업 신고를 하고자 하는 자는 미리 위생교육을 받아야 한다. 다만, 부득이한 사유로 미리 교육을 받을 수 없는 경우에는 영업 개시 후 보건복지부령이 정하는 기간 안에 위생교육을 받을 수 있다.

05 사람의 눈으로 볼 수 있는 가시광선의 범위는?
① 200~320nm
② 380~780nm
③ 350~900nm
④ 180~450nm

해설 사람의 눈으로는 380~780nm를 볼 수 있으며 가시광선의 단위는 나노미터(nm)이다.

01 ④　02 ③　03 ③　04 ②　05 ②

06 지성피부에 대한 설명 중 틀린 것은?
① 정상피부보다 피지 분비량이 많다.
② 피부가 얇고 잘 붉어지며 예민하다.
③ 남성호르몬인 안드로겐과 여성호르몬인 프로게스테론의 기능이 활발해져 피지 분비가 많아진 것이 원인이다.
④ 피지 제거 및 조절, 세정을 피부 관리의 주목적으로 한다.

해설 피부결이 섬세하고 얇으며 잘 붉어지는 피부는 민감성피부의 특징이다.

07 고대 메이크업 재료 중 피부 미백에 효과적으로 사용된 재료는?
① 참숯 ② 마늘과 쑥
③ 굴참나무 ④ 돼지기름

해설 고조선시대에 피부 미백 작용에 탁월한 쑥과 마늘을 사용한 것으로 보아 흰 피부를 선호한 것을 알 수 있다.

08 담장보다 짙은 화장으로, 색채 화장에 해당하는 용어는?
① 농장 ② 용장
③ 응장 ④ 염장

해설
• 담장 : 옅은 화장(기초 화장)
• 농장 : 담장보다 짙은 화장(색채 화장)
• 염장 : 요염한 색채를 표현한 화장
• 응장 : 농장과 비슷하되 좀 더 뚜렷하게 표현한 화장으로 혼례 등의 의례에 사용

09 파우더 등 메이크업 잔여물을 털어낼 때 사용하는 도구는?
① 립 브러시 ② 팬 브러시
③ 우드스틱 ④ 스크루 브러시

해설 팬 브러시 : 부채꼴 모양으로 생긴 브러시로 파우더를 털어낼 때 사용한다.

10 다음 중 미백 로션을 뜻하는 것은?
① 연부액 ② 홍화
③ 유액 ④ 배달기름

해설
• 홍화 : 연지
• 유액 : 밀크 로션
• 배달기름 : 머릿기름

11 먼셀의 표색 기호 5R 3/11에 대한 설명으로 맞는 것은?
① 색상 5R, 명도 3, 채도 11의 색이다.
② 채도 5R, 명도 3, 색상 11의 색이다.
③ 색상 5R, 채도 3, 명도 11의 색이다.
④ 명도 5R, 색상 3, 채도 11의 색이다.

해설 색상 5R 빨강으로 명도 3, 채도 11의 색이다.

12 서양 메이크업사 중 로마시대의 특징으로 옳지 않은 것은?
① 헤나로 머리 염색을 하기도 하였다.
② 오일과 향수 등의 화장품이 생활필수품으로 등장하였다.
③ 립스틱이나 파운데이션으로 대표되는 근대적 화장품이 중추를 이룬 시기이다.
④ 천으로 머리를 덮는 가발을 사용하였다.

해설 르네상스시대에 빨간 머리 또는 천으로 머리를 덮는 가발을 사용하였다.

13 공중보건학의 정의 중 목적으로 가장 적합한 것은?
① 질병예방, 수명연장, 조기치료
② 질병예방 및 치료, 수명연장
③ 질병의 조기발견 및 예방, 수명연장
④ 질병예방, 수명연장, 건강증진

06 ②　07 ②　08 ①　09 ②　10 ③　11 ①　12 ④　13 ④

해설 원슬로(Winslow)는 공중보건학을 "조직된 지역사회의 노력을 통하여 질병을 예방하고, 수명을 연장하며 건강과 효율을 증진시키는 기술 및 과학이다"라고 정의하였다.

14 메이크업 베이스의 기능으로 옳지 않은 것은?

① 피부색을 보정한다.
② 파운데이션의 밀착감을 높인다.
③ 파운데이션이나 색조 화장으로부터 피부를 보호한다.
④ 파운데이션을 바른 후 번들거림을 방지하여 메이크업을 고정시킨다.

해설 메이크업의 번들거림을 방지하고 고정을 시키는 역할을 하는 것은 파우더이다.

15 역학의 역할 중에서 가장 중요하게 여겨지는 것은?

① 질병의 자연사 연구
② 보건의료서비스 연구
③ 질병의 발생원인 규명
④ 질병의 예방대책 수립

해설 역학의 역할 중 질병의 발생원인 규명의 역할이 가장 중요하게 여겨진다. 이외에도 질병의 발생이 미칠 유행의 감시 역할, 질병의 자연사 연구 역할, 보건의료서비스 연구에 대한 역할, 임상분야에 대한 역할 등이 있다.

16 일반적으로 이·미용업소의 실내 쾌적 습도 범위로 가장 알맞은 것은?

① 10~20%
② 20~40%
③ 40~70%
④ 79~90%

해설 일반적으로 실내 쾌적 습도(가습)는 40~70%이다.

17 다음 중 제1급 감염병에 속하는 것은?

① 세균성 이질
② 콜레라
③ 파라티푸스
④ 디프테리아

해설 제1급 감염병 : 에볼라바이러스병, 마버그열, 라싸열, 크리미안콩고출혈열, 남아메리카출혈열, 리프트밸리열, 두창, 페스트, 탄저, 보툴리눔독소증, 야토병, 신종감염병증후군, 중증급성호흡기증후군(SARS), 중동호흡기증후군(MERS), 동물인플루엔자 인체감염증, 신종인플루엔자, 디프테리아

18 국제노동기구(ILO)와 세계보건기구(WHO) 공동위원회에서 말하는 산업보건의 정의와 가장 거리가 먼 것은?

① 근로자들의 정신적, 육체적, 사회적 건강을 증진시킨다.
② 작업장의 유해요인으로 인한 손상을 사전에 예방한다.
③ 건강에 유해한 취업을 방지한다.
④ 직업병을 치료하는 데에 주목적이 있다.

해설 세계보건기구(WHO)와 국제노동기구(ILO)의 산업보건 합동위원회는 산업보건이란 모든 직업에서 일하는 근로자들이 육체적·정신적·사회적인 건강을 고도로 유지·증진시키며, 작업조건으로 인한 질병을 예방하고 건강에 유해한 취업을 방지하여 근로자를 생리적·심리적으로 적합한 작업환경에 배치하여 일하도록 하는 것이라고 정의하였다.

19 감법혼합에 대한 설명으로 맞는 것은?

① 색을 혼합할수록 탁해지면서 밝은 색을 띤다.
② 조명을 여러 가지 혼합하였을 때 감법혼합이 된다.
③ 감법혼합은 색광의 혼합법이다.
④ 혼색할수록 탁해지면서 어두운 색을 띤다.

해설 감법혼합은 색료의 혼합으로, 색을 섞을수록 명도가 낮아지고 검은색에 가까워진다.

14 ④ 15 ③ 16 ③ 17 ④ 18 ④ 19 ④

20 산업보건의 목적으로 잘못된 것은?
① 근로자의 보건 유지
② 산업재해 예방
③ 근로자의 안전 유지 및 증진
④ 직업병 치료

해설 우리나라의 산업안전보건법은 산업안전·보건에 관한 기준을 확립하고 그 책임의 소재를 명확하게 하여 산업재해를 예방하고 쾌적한 작업환경을 조성함으로써 근로자의 안전과 보건을 유지·증진함을 목적으로 하고 있다.

21 색채 조화의 공통 원리에 대한 설명으로 틀린 것은?
① 동류의 원리 : 가장 가까운 색채끼리의 배색은 친근감을 주며 조화를 느끼게 한다.
② 친근성의 원리 : 배색된 색채들이 서로 공통되는 상태와 속성을 가질 때 조화를 이룬다.
③ 질서의 원리 : 효과적인 반응을 일으키는 질서 있는 계획에 따라 선택된 색채들이 생긴다.
④ 비모호성의 원리 : 두 색 이상의 배색에 있어 모호함이 없는 명료한 배색에서 얻어진다.

해설 친근성의 원리 : 주변에서 쉽게 접할 수 있는 색으로 배색이 조화로우며 가장 가까운 배색은 보는 사람에게 친근감을 준다.

22 물리적 소독법이 아닌 것은?
① 일광
② 자외선
③ 초음파
④ 소독약

해설 소독약은 화학적 소독법에 속한다.

23 파운데이션의 사용 목적으로 맞지 않는 것은?
① 피부 잡티를 커버해주어 포인트 메이크업을 돋보이게 한다.
② 실리콘 오일이나 실리콘 유도체를 함유하고 있어 피부 표면의 요철을 메우고 피부를 매끈하게 해준다.
③ 피부색을 일정하게 조절하여 아름답고 자연스러운 피부색을 표현한다.
④ 자외선, 온도 변화, 공해, 먼지, 바람 등으로부터 피부를 보호한다.

해설 프라이머의 기능 : 실리콘 오일이나 실리콘 유도체를 함유하고 있어 피부 표면의 요철을 메우고 피부를 매끈하게 해준다.

24 미생물의 종류에 해당하지 않는 것은?
① 세균
② 곰팡이
③ 효모
④ 편모

해설 편모는 균체의 털로 이루어진 운동기관이다.

25 부드러운 촉감으로 피부에 매끄럽게 잘 퍼져 피부에 생동감을 주는 파우더의 특성은?
① 피복성
② 착색성
③ 신전성
④ 부착성

해설
• 피복성 : 기미나 주근깨 등을 감추며 피부 색조를 조절하는 성질
• 착색성 : 적절한 광택을 유지하며 자연스러운 피부의 색조를 조절하는 성질
• 신전성 : 부드러운 감촉으로 피부에 매끄럽게 잘 퍼져 피부에 생동감을 주는 성질
• 부착성 : 피부에 장시간 걸쳐 부착하는 성질

20 ④ 21 ② 22 ④ 23 ② 24 ④ 25 ③

26 광견병의 병원체는 어디에 속하는가?
① 세균(Bacteria)
② 바이러스(Virrus)
③ 리케차(Rickettsia)
④ 진균(Fungi)

해설 바이러스는 절대 기생체로서 살아있는 세포에만 증식한다(광견병, 에이즈 등).

27 색을 지각하기 위한 3 요소가 아닌 것은?
① 조도   ② 광원
③ 물체   ④ 시각

해설 색채 지각의 3 요소는 빛, 물체, 시각이다.

28 미용영업자가 시장·군수·구청장에게 변경신고를 하여야 하는 사항이 아닌 것은?
① 영업소의 명칭의 변경
② 영업소의 소재지의 변경
③ 신고한 영업장 면적의 3분의 1 이상의 증감
④ 영업소 내 시설의 변경

해설 변경신고 대상(보건복지부령이 정하는 중요사항)
- 영업소의 명칭 또는 상호 영업소의 소재지
- 신고한 영업장 면적의 3분의 1 이상의 증감
- 대표자의 성명 또는 생년월일
- 미용업 업종 간 변경

29 아이브로우의 기능이 아닌 것은?
① 얼굴 전체의 이미지 변화와 개성을 연출한다.
② 얼굴형이나 눈매를 보완한다.
③ 얼굴의 인상을 좌우한다.
④ 눈에 음영을 주어 입체감을 강조한다.

해설 눈에 음영을 주어 입체감을 부여하는 것은 아이섀도의 기능이다.

30 다음 중 공중위생영업의 신고 시 첨부해야 할 서류를 모두 고른 것은?

> ㉠ 영업시설 및 설비개요서
> ㉡ 교육필증
> ㉢ 면허증 원본(이용업·미용업의 경우)
> ㉣ 건축물대장등본
> ㉤ 인감증명서

① ㉠, ㉡
② ㉠, ㉡, ㉢
③ ㉠, ㉡, ㉢, ㉣
④ ㉠, ㉡, ㉢, ㉣, ㉤

해설 공중위생영업의 신고를 하고자 하는 자는 공중위생영업의 종류별 시설 및 설비기준에 적합한 시설을 갖춘 후 신고서에 ㉠ 영업시설 및 설비개요서, ㉡ 교육필증, ㉢ 면허증 원본을 첨부하여 시장·군수·구청장에게 제출하여야 한다.

31 사람의 항문 주위에 알을 낳는 기생충은?
① 사상충   ② 구충
③ 요충   ④ 회충

해설 요충은 자충포장란의 형태로 경구감염되며 항문 주위에 산란한다.

32 공중위생영업의 폐업신고 기간은?
① 폐업한 날로부터 7일
② 폐업한 날로부터 14일
③ 폐업한 날로부터 20일
④ 폐업한 날로부터 30일

해설 공중위생영업의 신고를 한 자는 공중위생영업을 폐업한 날로부터 20일 이내에 시장·군수·구청장에게 신고하여야 한다.

---

26 ② 27 ① 28 ④ 29 ④ 30 ② 31 ③ 32 ③

33 다음 중 기생충과 숙주와의 연결 관계가 잘못된 것은?

① 유구조충 – 돼지
② 간흡충 – 다슬기
③ 폐흡충 – 가재, 게
④ 무구조충 – 소

해설 간흡충 – 붕어, 잉어, 왜우렁이

34 다음 중 공중위생관리상 필요하다고 인정하는 때에 공중위생영업자에 대하여 필요한 보고를 하게 할 수 없는 자는?

① 시·도지사
② 시장
③ 보건복지부장관
④ 구청장

해설 보고 및 출입·검사
특별시장·광역시장·도지사(이하 시·도지사) 또는 시장·군수·구청장은 공중위생관리상 필요하다고 인정하는 때에는 공중위생영업자에 대하여 필요한 보고를 하게 하거나 소속공무원으로 하여금 영업소·사무소 등에 출입하여 공중위생영업자의 위생관리의무 이행 등에 대하여 검사하게 하거나 필요에 따라 공중위생영업 장부나 서류를 열람하게 할 수 있다.

35 공중위생관리법상 위생서비스 수준의 평가에 대한 설명 중 올바른 것은?

① 평가의 전문성을 높이기 위하여 필요하다고 인정하는 경우에는 관련 전문기관 및 단체로 하여금 위생서비스 평가를 실시하게 할 수 있다.
② 평가주기는 3년마다 실시한다.
③ 평가주기와 방법, 위생관리등급은 대통령령으로 정한다.
④ 위생관리등급은 2개의 등급으로 나뉜다.

해설 위생서비스 수준의 평가는 2년마다 실시하고 평가주기와 방법, 위생관리등급은 보건복지부령으로 정하고 있으며, 위생관리 등급은 최우수업소(녹색), 우수업소(황색), 일반관리 대상업소(백색)의 3등급으로 나뉜다.

36 다음 중 필수지방산에 속하지 않는 것은?

① 리놀레산
② 리놀렌산
③ 아라키돈산
④ 타르타르산

해설 필수지방산은 비타민 F라고도 불리며 리놀레산, 리놀렌산, 아라키돈산이 있다. 타르타르산은 주석산으로, 포도에 존재하는 유기산의 일종이다.

37 건전한 영업질서를 위하여 공중위생영업자가 준수하여야 할 사항을 준수하지 아니한 자에 대한 벌칙기준은?

① 1년 이하의 징역 또는 1천만 원 이하의 벌금
② 6월 이하의 징역 또는 500만 원 이하의 벌금
③ 3월 이하의 징역 또는 300만 원 이하의 벌금
④ 300만 원 이하의 벌금

해설 벌칙
다음에 해당하는 자는 6월 이하의 징역 또는 500만 원 이하의 벌금에 처한다.
• 공중위생영업의 변경신고를 하지 아니한 자
• 공중위생영업자의 지위를 승계한 자로서 규정에 의한 신고를 하지 아니한 자
• 건전한 영업질서를 위하여 공중위생영업자가 준수하여야 할 사항을 준수하지 아니한 자

33 ② 34 ③ 35 ① 36 ④ 37 ②

38 셀룰라이트에 대한 설명으로 옳은 것은?
① 화학물질에 대한 피부 면역반응
② 영양 섭취의 불균형 현상
③ 피하지방이 축적되어 노폐물이 정체되어 뭉친 현상
④ 수분이 정체되어 부종이 생긴 현상

39 잠함병의 직접적 요인은?
① 혈중 CO 농도 증가
② 혈중 O_2 농도 증가
③ 혈중 CO_2 농도 증가
④ 체액 및 혈액 속의 질소 기포 증가

해설 잠수부들에게 흔히 나타나는 증상이다.

40 엘라스틴과 콜라겐, 기질로 구성되어 있고 피부의 대부분을 차지하는 피부조직은?
① 표피의 기저층
② 진피의 유두층
③ 진피의 망상층
④ 피하조직

41 화장품의 정의에 대한 설명으로 옳은 것은?
① 약리효과가 뛰어난 것이어야 한다.
② 피부와 모발의 건강을 유지 또는 증진한다.
③ 일정기간 사용하며 의사에게 처방 받는다.
④ 질병을 치료하는 목적으로 사용한다.

해설
• 피부와 모발의 건강을 유지 또는 증진한다.
• 화장품은 인체 및 모발을 청결하고 아름답게 하기 위해 신체에 바르거나 뿌리는 데 사용하는 물품이다.

42 아교 섬유와 탄력 섬유로 구성되어 있어 강한 탄력성을 지니는 것은?
① 피하조직   ② 섬유아세포
③ 진피   ④ 근육

해설 진피는 아교 섬유(콜라겐)와 탄력 섬유(엘라스틴)로 구성되어 있어 강한 탄력을 지니고 있다.

43 포토 메이크업 시 지속력과 커버력을 높이는 피부 표현을 위한 파운데이션의 종류로 알맞은 것은?
① B.B크림
② 펄 파운데이션
③ 스틱형 파운데이션
④ 리퀴드 파운데이션

해설 스틱 파운데이션 : 커버력이 가장 우수하며 기미, 주근깨, 여드름 등을 커버할 수 있고 지속력이 뛰어나다. 포토 및 영상, 무대 메이크업을 할 때 사용하기 좋다.

44 표피에서 촉감을 감지하는 세포는?
① 랑게르한스세포
② 각질형성세포
③ 메켈세포
④ 멜라닌세포

해설 메켈세포는 표피의 기저층에 위치하며, 신경세포와 연결되어 촉각을 감지한다.

45 모발의 생장 중에서 세포 분열을 하는 세포(모기질세포)의 활동이 줄어드는 시기는?
① 성장기   ② 퇴행기
③ 발아기   ④ 휴지기

해설 퇴행기 : 모발의 약 1%를 차지하며 약 3~4주 동안 진행된다. 모유두와 혈관이 서서히 떨어지는 시기로 세포 분열이 점차 멈추는 시기이다.

38 ③　39 ④　40 ③　41 ②　42 ③　43 ③　44 ③　45 ②

46 각질세포의 주성분이 아닌 것은?

① 케라틴　② 천연보습인자
③ 지질　④ 자연유연인자

해설 각질층의 구성 성분 : 케라틴(단백질) 58%, 천연보습인자 38%, 지질 11% 등

47 다음 중 석탄석에 대한 설명으로 틀린 것은?

① 금속 부식성이 없다.
② 안정성이 있고 값이 저렴하다.
③ 단백질을 응고시키지 않아 객담, 토사물에 사용하기 적당하다.
④ 고온일수록 소독력이 커진다.

해설 석탄산은 금속 부식성이 있다.

48 영업소 외의 장소에서 업무를 행한 경우 2차 위반 시 행정처분기준으로 옳은 것은?

① 영업정지 10일
② 영업정지 1월
③ 영업정지 2월
④ 영업장 폐쇄명령

해설
・1차 위반 : 영업정지 1월
・2차 위반 : 영업정지 2월
・3차 위반 : 영업장 폐쇄명령

49 유리 제품의 소독 방법으로 적절한 것은?

① 끓는 물에 넣고 5분간 가열한다.
② 끓는 물에 넣고 10분간 가열한다.
③ 찬물에 넣고 20분간 가열한다.
④ 건열멸균기에 넣고 소독한다.

50 피하지방의 기능으로 틀린 것은?

① 에너지 저장기능
② 신체 내부의 보호기능
③ 새로운 세포 형성기능
④ 체온 보호기능

해설 새로운 세포의 형성은 표피의 지지층에서 이루어진다.

51 미생물을 대상으로 한 작용의 순서로 옳은 것은?

① 청결 〉 소독 〉 방부 〉 살균 〉 멸균
② 청결 〉 소독 〉 방부 〉 멸균 〉 살균
③ 청결 〉 방부 〉 소독 〉 살균 〉 멸균
④ 청결 〉 방부 〉 소독 〉 멸균 〉 살균

해설 청결 〉 방부 〉 소독 〉 살균 〉 멸균

52 다음 표피 중 무핵층으로 이루어진 층은?

① 각질층, 투명층, 망상층
② 투명층, 유극층, 기저층
③ 각질층, 투명층, 과립층
④ 각질층, 과립층, 유극층

해설
・유핵층 : 기저층, 유극층
・무핵층 : 과립층, 투명층, 각질층

53 신부 메이크업 시 적합한 파우더의 색상은?

① 오렌지　② 핑크
③ 옐로　④ 블루

해설 핑크 : 화사한 이미지를 만들어 주기 때문에 신부 및 파티 메이크업에 사용한다.

46 ④　47 ①　48 ③　49 ④　50 ③　51 ③　52 ③　53 ②

54 크림 타입의 아이섀도에 대한 설명으로 틀린 것은?

① 뭉칠 우려가 있다
② 가루 날림에 유의해야 한다.
③ 유분기가 많다.
④ 부드럽게 잘 펴지며 지속력이 길다.

해설 케이크 타입이나 파우더 타입의 아이섀도 사용 시 가루 날림에 유의해야 한다.

55 피부색에 따른 메이크업 베이스의 사용법에 대한 설명으로 틀린 것은?

① 핑크 : 피부에 혈색을 준다.
② 블루 : 태닝 메이크업을 표현한다.
③ 화이트 : 화사한 피부색을 표현한다.
④ 그린 : 얼굴의 붉은기를 조절한다.

해설 블루 베이스는 피부를 밝게 하거나 붉은 기를 커버한다.

56 한복 메이크업 시 립 컬러의 색상 선택에 영향을 주는 것이 아닌 것은?

① 저고리 깃 색상
② 고름의 색상
③ 치마 색상
④ 메이크업 베이스 색상

해설 한복 메이크업 시 립 컬러 색상은 한복 저고리의 깃이나 고름의 색상, 치마 색상을 고려하여 선택한다.

57 분대화장에 대한 설명으로 옳은 것은?

① 은은하고 옅은 화장
② 귀부인이 즐겨하는 화장
③ 눈썹을 각지고 길게 그리는 화장
④ 얼굴이 하얗고 창백한 화장

해설 분대화장 : 얼굴이 창백하게 보일만큼 분을 하얗게 많이 바르고 눈썹을 가늘게 다듬어 뚜렷하게 그린다. 입술은 붉게 연지를 바르고 볼은 복숭아 색을 띠게 하며 머릿기름은 반질거릴 정도로 많이 바르도록 한다. 일반 여성의 화장 경향과는 달리 매우 짙은 화장이다.

58 다음 수정 메이크업에 적합한 얼굴형은?

• 하이라이트는 코가 길어 보이도록 이마에서 코끝으로 길게 넣어준다.
• 섀딩은 양 볼을 어둡게 표현하여 얼굴이 갸름해 보이도록 한다.

① 다이아몬드형
② 각진형
③ 긴형
④ 둥근형

해설 둥근 얼굴은 T존에 하이라이트를 길게 넣어 얼굴이 길어 보이도록 하고 양 볼 옆을 어둡게 하여 갸름해 보이게 한다.

59 파운데이션을 고르게 펴주는 기법으로 손가락이나 스펀지로 두들겨 주며 바르는 기법은?

① 슬라이딩 기법
② 패팅 기법
③ 에어브러시 기법
④ 스트로크

해설 피부의 세밀한 부분까지 꼼꼼히 두드려서 발라주는 기법을 말한다.

60 이상적인 얼굴에서 윗입술과 아랫입술의 알맞은 비율은?

① 1 : 1
② 1 : 2
③ 1 : 1.5
④ 1 : 2.5

해설 윗입술과 아랫입술의 이상적인 비율은 1 : 1.50이다.

54 ② 55 ② 56 ④ 57 ④ 58 ④ 59 ② 60 ③

61 이·미용업소의 적정 온도로 알맞은 것은?

① 10±2℃
② 15±2℃
③ 18±2℃
④ 25±2℃

해설 실내 쾌적 온도는 겨울 18~21℃, 여름 21~22℃

62 전화 고객 응대 방법으로 적합하지 않은 것은?

① 고객 통화 종료 후 전화 끊기
② 전화벨은 3번 이상 울린 후에 받는 것이 좋다.
③ 밝은 목소리로 인사와 업장명을 말한다.
④ 고객과의 통화 내용 및 예약 사항 재확인한다.

해설 전화벨은 3번 이상 울리기 전에 받는다.

63 노화 피부의 특징으로 해당하지 않는 것은?

① 피부결이 부드럽고 고르다.
② 윤기가 없으며 건조하다.
③ 피부 탄력이 없고 주름이 생긴다.
④ 과각화 현상으로 각질층이 두껍고 딱딱하다.

해설 피부결이 거칠고 고르지 않다.

64 퍼스널 이미지 제안으로 여름 유형의 특징으로 옳은 것은?

① 부드러운 핑크와 피치, 페일 그린 등이 여름 유형의 컬러이다.
② 베이지, 갈색 계열의 컬러 계열의 의상이 어울린다.
③ 화사함, 생기발랄하고 투명한 이미지로 비비드, 브라이트, 라이트톤이 어울리는 특징을 갖는다.
④ 푸른빛 약간 붉은 피부, 푸른빛 검은 갈색 피부가 여름 유형이다.

해설 여름 유형
- 고명도, 고채도, 저채도와 함께 밝은 톤 (비비드, 브라이트, 라이트)
- 따뜻한 색감의 그룹
- 화사함, 생기발랄하고 투명한 이미지

65 속눈썹 연장 디자인의 방법으로 가모에 관한 내용이 옳지 않은 것은?

① 8mm 길이의 가모는 눈의 앞부분이나 끝부분에 사용하며 짧은 속눈썹에 사용한다.
② 가모의 굵기는 0.10~0.20mm 굵기가 적당하다.
③ CC컬은 일반적으로 가장 자연스러운 기본 컬로 사용된다.
④ 속눈썹 가모 중 천연모는 가볍고 밀착력이 우수하다.

해설 J컬은 일반적으로 가장 자연스러운 기본 컬로 사용된다.

66 혼주 메이크업에 대한 설명으로 맞지 않는 것은?

① 강렬한 색상이나 화려한 색상이 어울린다.
② 곡선의 이미지를 살려 아치형으로 가늘고 길게 표현한다.
③ 펄감보다 매트한 입술표현을 한 후 소량의 글로우즈로 입술 중앙에 입체감을 표현한다.
④ 색조 메이크업 시 고름 색상에 맞추어 선택한다.

해설 너무 강한 색상이나 화려한 색상. 펄은 피한다.

61-③ 62-② 63 ① 64 ③ 65 ③ 66 ①

67 모던 이미지를 설명하는 내용으로 적합하지 않은 것은?

① 초현대적이고 미래지향적인 샤프한 이미지
② 차가운 계열의 반짝이는 펄감을 사용한다.
③ 기하학적인 감각으로 디자인적 요소를 가지고 있다.
④ 이국풍 이국정서라는 의미로서 낯설고 색다른 멋을 추구한다.

해설 액조틱(에스닉)
이국풍 이국정서라는 의미로서 낯설고 색다른 멋을 추구하는 이국적인 감성 이미지를 말한다. 에스닉풍으로 소박하고 민속적인 이미지이다.

68 흑백 메이크업에 관한 설명으로 옳은 것은?

① 부드러운 음영의 자연스러운 메이크업이 대표적이다.
② 무채색 계열로 흰색, 그레이, 검은색 컬러를 주로 사용한다.
③ 의상이나 계절에 따라 색조를 다양하게 선택한다.
④ 피부 표현은 한 듯, 안 한 듯 최소한의 제품을 사용하여 표현한다.

해설 흑백 메이크업은 무채색 계열로 흰색, 그레이, 검은색 컬러를 주로 사용하며 흑백으로 표현되므로 색상이 중요시되지 않으나 명암의 진하기에 따라 입체감이 표현된다.

69 라텍스 캡의 특징과 장점에 대해 바르지 않은 것은?

① 신축성이 없어 두상 사이즈를 맞게 제작해야 한다.
② 다양한 형태와 사이즈로 제작이 가능하다.
③ 천연고무 재질의 라텍스액을 사용하여 제작한다.
④ 다양한 형태와 사이즈 제작이 가능하고 가격이 저렴하다.

해설 플라스틱 캡(Plastic cap) : 신축성이 없어 두상 사이즈를 맞게 제작해야 한다.

70 노인 메이크업의 특징으로 잘못 설명된 것은?

① 모발의 양이 줄어들고 힘이 약해지며 멜라닌 색소가 감소하여 흰머리가 생긴다.
② 피부 표면이 얇아지고 검버섯, 기미, 반점, 사마귀 등의 잡티가 생긴다.
③ 얼굴 안면 골격 주변에 피부가 살이 붙고 늘어짐으로써 연골이 있는 콧방울, 귀가 두툼해진다.
④ 목 주변의 피부가 얇아지면서 주름이 생긴다.

해설 얼굴 안면 골격 주변에 피부가 살이 빠지고 늘어짐으로써 연골이 있는 부위(콧방울, 귀) 등 이 쳐지게 된다.

67 ④ 68 ② 69 ① 70 ③

5회 실전 모의고사

01 피부의 지각작용 중에서 가장 분포도가 높은 것과 낮은 것의 짝이 올바른 것은?
① 압각, 온각
② 냉각, 압각
③ 온각, 통각
④ 통각, 온각

해설 피부는 통각 〉 촉각 〉 냉각 〉 압각 〉 온각의 순서로 감각이 분포되어 있다.

02 메이크업의 기원설 중 신분표시설에 해당하는 것은?
① 인도 여성은 미간의 붉은 점으로 기혼 여성임을 알 수 있게 하였다.
② 문신과 장신구를 사용하여 몸을 치장하였다.
③ 고대 이집트 여성은 짙은 눈 화장을 하였다.
④ 향료를 사용하여 곤충으로부터 피부를 보호하였다.

해설 신분표시설은 지위나 신분, 계급, 종족, 성별, 결혼여부 등을 구별하여 역할에 따라 우월한 욕구를 표현하기 위해 사용되었다.

03 다음 중 두께가 가장 두꺼운 피부층은?
① 엉덩이
② 발바닥
③ 발등
④ 얼굴

04 색의 진출과 후퇴 현상에 대한 설명으로 틀린 것은?
① 고명도의 색은 진출되어 보인다.
② 난색은 진출색이다.
③ 채도가 높은 색은 후퇴해 보인다.
④ 한색은 후퇴색이다.

해설 채도가 높은 색은 진출색이며 명도가 높을수록 진출되어 보인다.

05 입술과 연지 화장의 재료로 사용되는 것은?
① 홍화
② 팥
③ 진달래
④ 벽돌

해설 홍화 : 국화과 식물인 홍화(잇꽃)를 건조시키고 빻아서 분말로 만든 후 착색하여 사용하였다.

06 피부의 천연보습인자(NMF)의 구성 성분 중 40%를 차지하는 중요 성분은?
① 아미노산
② 암모니아
③ 젖산염
④ 요소

07 1980년대에 우리나라에 컬러 TV가 등장하면서 컬러의 다양화가 가속화되었다. 이 시대 메이크업의 특징으로 옳지 않은 것은?
① 눈썹을 두껍고 진하게 표현
② 황금색이나 노란색 펄 아이섀도가 유행
③ 펄 제품의 블러셔 사용
④ 옅은 색상의 립스틱 유행

해설 1980년대 : 화려함이 강조되어 다양한 색상을 사용하였다. 눈썹은 짙고 두껍게 하였으며 짙은 색의 립스틱을 하였다.

01 ④ 02 ① 03 ② 04 ③ 05 ① 06 ① 07 ④

08 색채를 색의 3속성에 따라 분류하여 표현한 색의 이름은?

① 순수색명
② 고유색명
③ 계통색명
④ 관용색명

해설 계통색명이란 색의 3속성에 따라 색채를 분류하여 표현한 색의 이름을 말한다.

09 다음 중 공중보건학의 범위에 해당되는 것은?

① 질병관리분야, 보건관리분야, 질병조기치료분야
② 질병의 조기치료, 전염병 관리, 환경위생 향상
③ 환경보건분야, 질병관리분야, 보건관리분야
④ 전염병 관리, 개인위생교육, 질병의 조기치료

해설
- 환경보건분야 : 환경위생, 식품위생, 환경보전과 공해, 산업환경
- 질병관리분야 : 전염병 관리, 역학, 성인병 관리 등
- 보건관리분야 : 보건행정, 보건영향, 인구보건, 가족보건 등

10 민감성 피부에 대한 설명으로 가장 적합한 것은?

① 멜라닌 색소 침착이 많은 피부
② 외부 자극에 쉽게 반응을 일으키는 피부
③ 땀 분비가 많은 피부
④ 피지 분비량이 많고 번들거리는 피부

11 역학적 연구방법 중 기술역학의 주요 변수로 조합된 것은?

① 인적 특성, 지역적 특성, 시간적 특성
② 지리적 특성, 물리적 특성, 역사적 특성
③ 시간적 특성, 지리적 특성, 물리적 특성
④ 인적 특성, 물리적 특성, 지역적 특성

해설 기술역학은 인간집단에서 발생하는 질병 또는 건강현상의 자연사를 기술하는 것으로, 인구집단에서 발생하는 역학적 현상의 빈도를 인적·시간적·지역적 변수로 기술하고 양상을 비교·분석하여 질병 발생과 관련되는 원인적 가설을 유도해 내는 분야를 말한다.

12 두 색이 가까이 있을 때 경계선 부분이 먼 부분보다 더 강한 색채 대비로 보이는 현상은?

① 명도대비
② 보색대비
③ 채도대비
④ 연변대비

해설
- 명도대비 : 명도가 다른 두 색을 놓았을 때 밝은 색은 더욱 밝아 보이고, 명도가 낮은 색은 더욱 어둡게 보이는 현상
- 보색대비 : 보색의 두 색을 놓고 보았을 때 더욱 뚜렷하게 보이며 채도가 높아 보이는 현상
- 채도대비 : 같은 채도의 색을 저채도 위에 놓고 보면 채도가 더 높아 보이고, 고채도 위에 놓으면 채도가 낮아 보이는 현상

13 대기오염을 일으키는 원인으로 거리가 가장 먼 것은?

① 도시의 인구 감소
② 교통량의 증가
③ 기계문명의 발달
④ 중화학공업의 난립

해설 인구의 증가는 환경오염의 중요 요인이다.

08 ③ 09 ③ 10 ② 11 ① 12 ④ 13 ①

14 다음 중 독소형 식중독은?
① 보툴리누스
② 살모넬라
③ 장염비브리오
④ 장출혈성 대장균

해설 독소형 식중독의 원인균은 보툴리누스 식중독, 포도상구균 식중독 등이 있다.

15 소독약을 보관하기에 가장 적합한 곳은?
① 일광이 비치는 곳
② 냉암소
③ 어두운 곳
④ 건조한 곳

해설 소독액을 보관하는 곳은 열과 빛을 동시에 차단할 수 있는 냉암소가 적절하다.

16 건열멸균법의 방법으로 가장 올바른 것은?
① 120°C에서 1시간
② 140°C에서 4시간
③ 150°C에서 6시간
④ 160~180°C에서 3시간

해설 건열멸균할 내용물의 재질, 양에 따라 온도와 시간이 다르다. 140°C에서 4시간, 160~180°C에서는 1~2시간 정도의 시간이 필요하다.

17 파장이 가장 긴 색과 짧은 색이 알맞게 짝지어진 것은?
① 노랑, 초록
② 빨강, 보라
③ 빨강, 주황
④ 빨강, 남색

해설 · 빨강 : 620~780nm
· 보라 : 380~450nm

18 병원체 중 가장 작아 세균여과기로도 분리할 수 없을 정도로 작은 입자로 되어 있는 것은?
① 바이러스
② 진균류
③ 리케차
④ 원생동물

해설 바이러스는 병원체 중 가장 작아 세균여과기로도 분리할 수 없다. 광학현미경으로는 볼 수 없고 전자현미경으로만 볼 수 있는 작은 입자로 열에 약하다.

19 다음 중 피부색을 결정하는 요소가 아닌 것은?
① 멜라닌
② 각질층의 두께
③ 혈관 분포와 헤모글로빈
④ 티록신

해설 티록신은 갑상선 분비 호르몬이고 티로신은 멜라닌 색소의 전구물질이다.

20 식중독 발생의 원인이 솔라닌과 관련 있는 식품은?
① 복어
② 버섯
③ 목화씨
④ 감자

21 화염멸균법 시 주의해야 할 사항이 아닌 것은?
① 멸균할 물건을 종이나 천 등에 싸서 멸균한다.
② 분비물 등이 묻어 있는 것은 오븐에 넣기 전에 충분히 씻어 제거한 후 멸균을 실시한다.
③ 멸균 후 피멸균물이 어느 정도 냉각된 후 꺼낸다.
④ 젖은 손으로 뜨거워진 오븐을 만지지 않는다.

해설 멸균하고자 하는 물체를 알코올 버너나 램프를 이용하여 화염에 직접 접촉시켜 피멸균품의 표면에 붙어 있는 미생물을 태워서 멸균시키는 방법이다.

14 ① 15 ② 16 ② 17 ② 18 ① 19 ④ 20 ④ 21 ①

22 다음 중 공중위생영업의 신고에 대한 설명으로 틀린 것은?

① 신고를 받은 시장·군수·구청장은 신고관리대장(전자문서를 포함한다)을 작성·관리하여야 한다.
② 신고서를 제출받은 담당 공무원은 영업소의 건축물대장등본을 확인하여야 한다.
③ 영업신고증을 잃어버린 경우 영업신고증 재교부신청서에 그 사유서를 첨부하여야 한다.
④ 이·미용업의 경우 신고서에 면허증 원본을 첨부하여야 한다.

해설 영업신고증 재교부신청서
불필요한 첨부 서류의 제출 의무를 면제하는 등 행정업무 처리절차를 간소화하기 위하여 영업신고증을 잃어버린 경우에는 영업신고증 재교부 신청서만 제출하면 된다. 그러나 헐어 못쓰게 되어 재교부 받고자 하는 때에는 재교부신청서(전자문서로 된 신청서를 포함된다)에 헐어 못쓰게 된 신고증을 첨부하여 시장·군수·구청장에게 신청하여야 한다.

23 다음 중 미용도구 소독방법에 대한 설명으로 틀린 것은?

① 브러시 : 100% 에탄올을 사용하여 소독한다.
② 가위 : 고압증기멸균기 사용 시 소독 전에 수건으로 이물질을 제거한 후 거즈로 싸서 소독한다.
③ 유리제품 : 건열멸균기에 넣어 소독한다.
④ 타월 : 1회용 또는 소독 후 사용한다.

해설
• 타월 : 1회용 또는 소독 후 사용
• 가운 : 일광 소독 또는 세탁
• 가위 : 70% 에탄올 사용, 고압증기 소독 시 수건으로 싸서 소독
• 브러시 : 미온수로 세척 후 그늘에 눕혀서 건조
• 스펀지, 퍼프 : 중성세제로 세척한 후 건조, 자외선소독기 사용
• 유리제품 : 건열멸균기로 소독

24 다음 중 필수아미노산에 속하지 않는 것은?

① 트립토판　　② 트레오닌
③ 히스티딘　　④ 알라닌

해설 필수아미노산은 발린, 류신, 아이소류신, 메티오닌, 트레오닌, 라이신, 페닐알라닌, 트립토판, 히스티딘으로 음식을 통해 섭취해야 한다.

25 이·미용기구의 소독기준 및 방법에 대한 연결이 잘못된 것은?

① 열탕소독 : 섭씨 100℃ 이상의 물속에 20분 이상 끓여준다.
② 건열멸균소독 : 섭씨 100℃ 이상의 건조한 열에 20분 이상 쐬어준다.
③ 증기소독 : 섭씨 100℃ 이상의 습한 열에 20분 이상 쐬어준다.
④ 자외선소독 : 1cm²당 85㎼ 이상의 자외선을 20분 이상 쐬어준다.

해설 열탕소독은 섭씨 100℃ 이상의 물속에 10분 이상 끓여준다.

26 이·미용사 면허증을 신규로 신청하는 경우 납부하여야 하는 수수료는?

① 3,000원　　② 4,500원
③ 5,000원　　④ 5,500원

해설 수수료 금액은 이·미용사 면허증을 신규로 신청하는 경우는 5,500원, 이·미용사 면허증을 재교부 받고자 하는 경우는 3,000원이다.

27 공중위생영업자 및 종사원에 대하여 영업시간 및 영업행위에 관한 필요한 제한을 할 수 있는 사람은?

① 보건복지부장관
② 행정자치부장관
③ 시·도지사
④ 시장·군수·구청장

22 ③　23 ①　24 ④　25 ①　26 ④　27 ③

해설 시·도지사는 공익상 또는 선량한 풍속을 유지하기 위하여 필요하다고 인정하는 때에는 공중위생영업자 및 종사원에 대하여 영업시간 및 영업행위에 관한 필요한 제한을 할 수 있다.

28 다음 중 기능성 화장품에 해당하지 않는 것은?
① 로션
② 주름 개선 화장품
③ 미백 화장품
④ 자외선 차단제

해설 로션은 기초화장품에 속한다.

29 피부의 작용 중 인간의 생명 유지를 위한 가장 중요한 작용은?
① 흡수작용
② 보호작용
③ 분비작용
④ 호흡작용

해설 자외선, 외부 충격, 병원성 미생물 등으로부터 인간을 보호하며 생명을 유지하는 것이 가장 중요한 작용이다.

30 표피의 새로운 세포가 형성되는 층은?
① 망상층   ② 유두층
③ 기저층   ④ 과립층

해설 새로운 세포의 형성은 표피의 기저층에서 이루어진다.

31 공중위생관리법규상 위생관리등급의 구분이 바르게 짝지어진 것은?
① 최우수업소 : 녹색등급
② 우수업소 : 백색등급
③ 관리미흡대상업소 : 청색등급
④ 일반관리대상업소 : 황색등급

해설 위생관리등급의 구분
• 최우수업소 : 녹색등급
• 우수업소 : 황색등급
• 일반관리대상업소 : 백색등급

32 다음 중 1차 위반 시 경고에 해당하는 것을 모두 고르면?

> ㉠ 관계 공무원의 출입·검사를 거부·기피하거나 방해한 때
> ㉡ 영업소 안에 출입·검사 등의 기록부를 비치하지 아니한 때
> ㉢ 무자격 안마사로 하여금 안마사의 업무에 관한 행위를 하게 한 때
> ㉣ 시장·군수·구청장의 개선명령을 이행하지 아니한 때

① ㉠, ㉡   ② ㉠, ㉢
③ ㉡, ㉣   ④ ㉢, ㉣

해설 ㉡, ㉣은 모두 1차 위반 시의 경고에 해당한다. 한편 ㉠은 영업정지 10일, ㉢은 영업정지 1월에 해당한다.

33 텔레비전 촬영 시 남자 출연자를 위한 메이크업으로 적합한 것은?
① 클로즈업 되더라도 자연스러워야 한다.
② 남자 출연자는 잡티를 커버할 필요가 없다.
③ 눈썹을 다소 진하게 그려 준다.
④ 얼굴이 한두 톤 정도 어둡게 표현되도록 한다.

해설 클로즈업 촬영 : 일반적으로 얼굴과 같은 한 부분만 크게 촬영하는 기법이다.

28 ①   29 ②   30 ③   31 ①   32 ③   33 ①

34 신부 메이크업의 표현 방법으로 적합하지 않은 것은?

① 입술이 큰 신부는 짙은 색의 립스틱으로 아웃커브하여 포인트를 준다.
② 피부톤은 혈색 있고 화사하게 표현한다.
③ 새도는 선이 생기지 않도록 자연스럽게 그라데이션한다.
④ 신부의 눈이 처진 경우 눈꼬리 쪽에서 라인을 사선 방향으로 살짝 올려준다.

> 해설 큰 입술이 작아 보이도록 하기 위해 짙은 색의 립스틱을 바르고, 인커브 형태로 자연스럽게 신부의 입술보다 약간 작게 그린다.

35 노역 분장 시 얼굴 부위 중에서 가장 강한 음영이 들어가야 하는 부위는?

① 입 처짐
② 인중
③ 광대뼈
④ 볼 굴곡

> 해설 가장 깊이감이 있는 부위는 볼의 굴곡이다.

36 피부의 가장 바깥층이며 케라틴과 천연보습인자(NFM)가 존재하는 층은?

① 투명층
② 각질층
③ 기저층
④ 유극층

> 해설 피부의 가장 바깥층은 각질층으로, 케라틴이라는 단단한 단백질로 되어 있으며 천연보습인자(NFM)가 함유되어 있어 각질층의 수분 함유에 도움을 준다.

37 표피층을 바깥쪽에서부터 순서대로 나열한 것은?

① 각질층 → 투명층 → 과립층 → 유극층 → 기저층
② 각질층 → 유극층 → 투명층 → 과립층 → 기저층
③ 각질층 → 기저층 → 과립층 → 유극층 → 투명층
④ 각질층 → 투명층 → 유극층 → 과립층 → 기저층

38 화장품의 특성에 대한 설명 중 틀린 것은?

① 피부 유형을 고려하여 선택한다.
② 제품의 사용 목적에 따라 적절한 효능이 있어야 한다.
③ 냄새가 없어야 하며 품질보다는 가격이 중요하다.
④ 산화, 변질 등에 대한 안정성이 있어야 한다.

> 해설 화장품은 피부 유형을 고려하여 선택하고, 제품의 사용 목적에 따라 적절한 효능이 있어야 하며 산화 및 변질에 대한 안정성이 있어야 한다.

39 이·미용사 면허 신청 시 첨부서류에 대한 설명으로 틀린 것은?

① 전문대학에서 이용 또는 미용에 관한 학과를 졸업한 자는 졸업증명서 1부
② 고등기술학교에서 1년 이상 미용 또는 미용에 관한 소정의 과정을 이수한 자는 이수증명서 1부
③ 최근 6개월 이내에 찍은 가로 3.5cm, 세로 4.5cm 탈모 정면 상반신 사진 2매
④ 정신질환자 또는 간질병자에 해당하지 아니함을 증명하는 최근 3개월 이내의 건강진단서 1부

> 해설 금치산자, 정신질환자, 간질병자, 마약(대마·항정신성의약품)중독자 및 결핵환자(전염성환자) 등 면허 결격사유에 해당되지 아니함을 증명하는 최근 6개월 이내에 진단 받은 건강진단서 1부를 첨부하여야 한다.

---

34 ① 35 ④ 36 ② 37 ① 38 ③ 39 ④

40 진피의 구성 세포는?
① 메켈세포
② 섬유아세포
③ 멜라닌세포
④ 랑게르한스세포

해설 섬유아세포는 진피의 윗부분에 많이 분포되어 있으며 콜라겐, 엘라스틴 등을 합성한다.

41 건조한 피부에 사용하기 좋은 제품이 아닌 것은?
① 리퀴드 파운데이션
② 투웨이 케이크
③ 크림 파운데이션
④ 투명파우더

해설 투명파우더는 파운데이션의 유분 제거에 사용하는 제품으로 건조한 피부에의 사용은 적합하지 않다.

42 남성적인 느낌의 눈썹으로 활동적으로 보이며 장방형의 얼굴형에 어울리는 눈썹 형태는?
① 아치형
② 직선형
③ 각진형
④ 하향형

해설 활동적이고 발랄한 느낌과 남성적인 느낌의 눈썹 형태는 직선형이다.

43 세련되고 시크한 느낌 표현에 가장 적합한 치크 메이크업 색상은?
① 오렌지 계열
② 핑크 계열
③ 레드 계열
④ 브라운 계열

해설 • 오렌지 계열 : 산뜻하고 활동적
• 핑크 계열 : 여성스럽고 사랑스러움
• 레드 계열 : 화려하고 대담함

44 검거나 붉은 피부에 적합하며 어두운 피부를 중화시켜 자연스러운 혈색을 주는 메이크업 베이스는?
① 오렌지
② 핑크
③ 옐로
④ 블루

해설 • 오렌지 : 건강해 보이는 피부톤으로 보정한다.
• 핑크 : 화사하고 혈색 있는 피부톤으로 중화시킨다.
• 블루 : 검고 붉은기를 커버하고 피부톤을 희게 중화시킨다.

45 항산화 작용이 탁월하며 노화 예방에 가장 큰 도움을 주는 성분은?
① 리포좀
② AHA
③ 베타-카로틴
④ 라놀린

해설 베타-카로틴 : 당근 등에서의 황색 색소는 항산화 작용이 강하다.

46 아로마 테라피 캐리어 오일로 사용하는 오일 중 인체의 피지와 유사하고, 여드름 피부에도 무난하게 사용할 수 있는 것은?
① 호호바 오일
② 윗점 오일
③ 그레이프시드 오일
④ 미네랄 오일

해설 식물성 오일인 호호바 오일(Jojoba oil)에 대한 설명이다.

47 다음의 미백 성분 중 티로시나아제 활성 억제가 아닌 항산화 작용으로 미백 효과를 부여하는 성분은?
① 비타민 A
② 비타민 C
③ 알부틴
④ 코직산

해설 티로시나아제의 활성을 막는 미백 성분으로는 코직산, 알부틴, 감초추출물 등이 있으며, 비타민 C는 항산화 작용에 의한 미백 작용을 한다.

40 ② 41 ④ 42 ② 43 ④ 44 ④ 45 ③ 46 ① 47 ②

48 다음 중 색채에 대한 설명으로 틀린 것은?
① 색채는 물체의 지각을 수반하고, 심리적 성질을 갖는다.
② 물체가 발광하지 않고 받아서 반사되는 색이다.
③ 색채의 분류는 무채색, 유채색, 중성색의 3가지가 있다.
④ 우리가 일상생활에서 보는 색을 색채라고 한다.

해설 색채에는 무채색이 포함되지 않으며 유채색만 해당한다.

49 다음 중 파장이 가장 긴 색과 짧은 색이 맞게 짝지어진 것은?
① 빨강과 주황
② 빨강과 남색
③ 빨강과 보라
④ 노랑과 초록

50 카메라와 인간의 눈 기능이 잘못 연결된 것은?
① 렌즈 – 수정체
② 렌즈 – 망막
③ 필름 – 망막
④ 본체 – 각막

해설 렌즈는 인간의 수정체에 해당한다.

51 인간이 색을 지각하기 위한 3요소가 아닌 것은?
① 물체
② 조도
③ 시각
④ 광원

해설 색채 지각의 3요소 : 빛(광원), 물체, 시각(눈)

52 추상체와 간상체에 관한 설명 중 잘못된 것은?
① 추상체와 간상체를 통해 우리는 상을 보게 된다.
② 추상체는 해상도가 뛰어나고 색채 감각을 일으킨다.
③ 간상체는 빛에 민감하여 어두운 곳에서 주로 기능한다.
④ 추상체는 단파장에 민감하고, 간상체는 장파장에 민감하다.

해설 추상체는 장파장에 민감하고, 간상체는 단파장에 민감하다.

53 공중위생영업소의 위생서비스 수준평가 주기는?
① 6월
② 1년
③ 2년
④ 3년

해설 공중위생영업소의 위생서비스 수준평가는 통상 2년마다 실시한다.

54 아이브로우 메이크업의 효과와 가장 거리가 먼 것은?
① 인상을 자유롭게 표현할 수 있다.
② 얼굴의 표정을 변화시킨다.
③ 얼굴형을 보완할 수 있다.
④ 얼굴에 입체감을 부여해 준다.

해설 아이브로우는 얼굴형이나 눈매를 보완해 주며, 얼굴의 인상을 결정하고 얼굴 전체의 이미지 변화와 개성을 연출한다.

48 ③ 49 ② 50 ② 51 ② 52 ④ 53 ③ 54 ④

55 메이크업의 색과 조명에 관한 설명으로 틀린 것은?

① 메이크업의 완성도를 높이는 데는 자연광선이 가장 이상적이다.
② 조명에 의해 색이 달라지는 현상은 저채도색보다는 고채도색에서 잘 일어난다.
③ 백열등은 장파장 계열로 사물의 붉은 색을 증가시키는 효과가 있다.
④ 형광등은 보라색과 녹색의 파장 부분이 강해 사물이 시원하게 보이는 효과가 있다.

해설 조명에 의해 색이 달라지는 현상은 저채도가 잘 일어나고, 고채도는 잘 일어나지 않는다.

56 메이크업의 정의와 가장 거리가 먼 것은?

① 화장품과 도구를 사용한 아름다움의 표현방법이다.
② '분장'의 의미를 가지고 있다.
③ 색상으로 외형적인 아름다움을 나타낸다.
④ 의료기기나 의약품을 사용한 눈썹손질을 포함한다.

해설 미용업(일반)의 업무 : 파마, 머리카락 자르기, 머리카락 모양내기, 머리피부 손질, 머리카락 염색, 머리감기, 의료기기나 의약품을 사용하지 아니하는 눈썹손질 등이 해당한다.

57 다음 중 컬러 파우더의 색상 선택과 활용법의 연결이 가장 거리가 먼 것은?

① 퍼플 : 노란 피부를 중화시켜 화사한 피부 표현에 적합하다.
② 핑크 : 볼에 붉은기가 있는 경우 더욱 잘 어울린다.
③ 그린 : 붉은기를 줄여 준다.
④ 브라운 : 자연스러운 섀딩 효과가 있다.

해설 볼에 붉은기가 있는 경우 핑크색 컬러 파우더를 바르면 혈색이 지나치게 붉어 보인다. 혈색이 없는 경우에 핑크 파우더를 사용하면 얼굴에 화사한 혈색을 부여한다.

58 지성피부에 적합한 크림 타입은?

① W/O
② O/O
③ O/W
④ W/W

해설 O/W 타입은 물의 함량이 많고 오일의 함량이 소량인 경우이며, 사용감이 적합하여 지성피부에 효과적이다.

59 일산화탄소(CO)와 가장 관계가 적은 것은?

① 혈색소와의 친화력이 산소보다 강하다.
② 실내공기 오염의 대표적인 지표로 사용된다.
③ 중독 시 중추신경계에 치명적인 영향을 미친다.
④ 냄새와 자극이 없다.

해설 일산화탄소는 무색, 무취의 자극성이 없는 기체로 불완전연소 시 발생하며 맹독성을 지닌다. 헤모글로빈과의 친화력이 250~300배로 산소결핍증 증상이 나타난다. 중독 증상으로는 의식불명, 정신장애, 신경장애가 있다. 실내공기 오염의 지표로 사용되는 것은 이산화탄소이다.

60 자외선 차단제에 관한 설명으로 틀린 것은?

① 자외선 차단제는 SPF(Sun Protect Factor)의 지수가 표기되어 있다.
② SPF(Sun Protect Factor)는 수치가 낮을수록 자외선 차단지수가 높다.
③ 자외선 차단제의 효과는 피부의 멜라닌 양과 자외선에 대한 민감도에 따라 달라질 수 있다.
④ 자외선 차단지수는 제품을 사용했을 때 홍반을 일으키는 자외선의 양을 제품을 사용하지 않았을 때 홍반을 일으키는 자외선의 양으로 나눈 값이다.

55 ② 56 ④ 57 ② 58 ③ 59 ② 60 ②

해설 SPF 수치가 높을수록 자외선 차단지수가 높다.

61 이·미용 작업장의 적합한 실내 조명도는?
① 35룩스(Lux) 이상
② 56룩스(Lux) 이상
③ 75룩스(Lux) 이상
④ 95룩스(Lux) 이상

해설 작업장의 조명은 75Lux(룩스) 이상이 적합하다.

62 불만 고객 응대에 대한 설명으로 옳지 않은 것은?
① 문제 발생 원인 파악한다.
② 미해결 시 대안 제시한다.
③ 고객 입장에서의 불만 사항 공감대를 형성한다.
④ 고객의 잘못된 내용을 설명하고 동의를 받아 해결한다.

해설
• 고객의 관점에서 친절한 어휘사용
• 고객의 잘못을 말하지 않도록 함
• 해결 방안 제시 후 고객의 동의 확인 및 대안 제시
• 우선 사과
• 불만 사항 파악 및 적극적인 경청

63 속눈썹 연장 시술에 관한 내용이 바르지 않은 것은?
① 네추럴 이미지를 표현하기 위해 가모는 J컬로 9~11mm의 길이의 가모를 사용한다.
② 눈앞머리 부분은 자연 속눈썹의 2~3가닥을 띄우고 시술한다.
③ 모근에서 2~2.5mm 정도 띄워서 부착을 하도록 한다.
④ 시술 후 눈가의 메이크업을 클렌징 크림이나 오일 타입은 피하는 것이 좋다.

해설 모근에서 1~1.5mm 정도 띄워서 부착을 하도록 한다.

64 '프레타포르테'에 대한 설명이 잘못된 것은?
① 주문복, 맞춤복, 달인의 경지에 이른 사람들을 타겟으로 만들어진다.
② 뉴욕, 런던, 밀라노, 파리 컬렉션이 세계적인 4대 컬렉션이 있다.
③ 2월에 F/W 컬렉션, 9월에 S/S 컬렉션이 열린다.
④ 고급 기성복 패션쇼

해설
• 뉴욕, 런던, 밀라노, 파리 컬렉션이 세계적인 4대 컬렉션, 일본과 서울을 포함 6대 컬렉션
• 보통 2월에 F/W 컬렉션, 9월에 S/S 컬렉션이 열림
• 루이비통, 입센로랑, 지방시, 크리스챤 디올, 샤넬, 베르사체, 프라다, 미소니, 구찌, 돌체 앤 가바나 등의 브랜드가 대표적
– 고급 기성복 패션쇼는 오뜨꾸뛰르이다.

65 질감표현 메이크업의 특징과 설명이 바른 것은?
① 쉬머 : 건강한 피부를 수분감 있게 표현하며, 웰빙 트랜드에서 영향을 받아 나타나게 됨
② 글로시 : '반짝이다'라는 뜻으로 펄이 함유되어 있어 은은하게 반짝임을 주는 메이크업
③ 실키 : 프라이머로 모공과 피부 요철을 메우고 피부 결점을 최대한 매끈하게 표현
④ 메탈릭 : 피부의 기본 상태와 원래 피부의 중요성을 강조함

해설 실키 메이크업
• 실크와 같이 매끈하고 정교한 피부표현
• 커버력과 입체감이 강조됨
쉬머 : '반짝이다'라는 뜻으로 펄이 함유되어 있어 은은하게 반짝임을 주는 메이크업
글로시 : 건강한 피부를 수분감 있게 표현하며, 웰빙 트랜드에서 영향을 받음

61 ③ 62 ④ 63 ③ 64 ④ 65 ③

66 수염 분장 중 망수염에 대한 설명이 틀린 것은?
① 여러 번 재사용이 가능하여 작업 시간이 짧다.
② 제작 비용이 저렴하다.
③ 망에 수염을 한 가닥씩 떠서 제작한다.
④ 재사용 시 같은 디자인의 형태로 여러 번 표현할 수 있다.

해설 망수염은 제작 비용이 비싸다.

67 다음 중 상처 메이크업의 종류와 특징의 연결이 잘못된 것은?
① 타박상(멍) : 초기(노랑, 그린) – 중기(보라, 적갈색) – 후기(붉은색)의 과정으로 변화한다.
② 찰과상(긁힌 상처) : 날카로운 도구 등에 의해 피부 표면에 긁혀서 생긴 상처
③ 뾰루지/피부트러블 : 트러블의 진행 과정을 고려하여 진물, 피, 흉터의 표현을 한다.
④ 화상(불에 탄 상처) : 심한 화상의 경우 피부 속 조직의 표현, 피, 고름, 진물 등의 표현을 해준다.

해설 타박상(멍) : 초기(붉은색) – 중기(보라, 적갈색) – 후기(노랑, 그린)의 과정으로 변화한다.

68 미디어 캐릭터 메이크업 기획 시 주의 사항으로 옳지 않은 것은?
① 연출자의 의도와 작품의 특성, 장르, 시대적 배경, 상황, 캐릭터의 이미지 등을 파악하여 고려한다.
② 작품 분석을 토대로 등장인물 캐릭터를 파악하여 메이크업 계획을 한다.
③ 연기자의 경력에 맞게 개성 있는 메이크업 표현을 한다.
④ 캐릭터와 관련된 시대적 배경, 문화, 고증 자료, 사진 자료, 자서전 등의 정보 수집을 한다.

해설 연기자의 경력은 고려 대상이 아니다.

69 캐릭터 메이크업 디자인을 위한 얼굴의 특징에 대한 설명이 맞는 것은?
① 각진 얼굴 : 어린, 동안의, 귀여운
② 긴 얼굴 : 병약한, 깨끗한
③ 까만 얼굴 : 건강한, 촌스러운
④ 짧은 얼굴 : 고집스러운, 강인한, 남성적인

해설 각진 얼굴 – 고집스러운, 강인한, 남성적인,
짧은 얼굴 – 어린, 동안의, 귀여운
긴 얼굴 – 성숙한, 나이든

70 사회 보장의 목적에 대한 설명으로 틀린 것은?
① 생활의 보장과 생활의 안정
② 개인의 자립 지원
③ 가정기능 지원
④ 재테크의 지원

해설 사회보장의 목적 : ① 생활의 보장과 생활의 안정 ② 개인의 자립 지원 ③ 가정기능 지원

66 ② 67 ① 68 ③ 69 ③ 70 ④

6회 실전 모의고사

01 얼굴에 입체감을 주기 위해 밝게 표현하는 부분의 명칭으로 알맞은 것은?
① S존 ② 코벽
③ T존 ④ V존

해설 이마와 콧등을 연결하는 위치로 피부톤보다 한두 톤 밝은 컬러를 사용한다.

02 다음 중 여성미와 섹시한 이미지를 주는 립 메이크업의 형태로 옳은 것은?
① 인커브
② 아웃커브
③ 스트레이트
④ 얇고 입술산이 작은 형태

해설 아웃커브 : 입술산과 구각라인을 연결하는 선이 각지지 않고 형태보다 1~2mm 정도 바깥으로 둥글고 크게 그려주는 형태를 말한다.

03 멜라노사이트, 케라티노사이트가 존재하는 피부층은?
① 각질층 ② 망상층
③ 기저층 ④ 유두층

04 건강보균자가 관리상 어려운 대상인 이유는?
① 감염병의 병원체의 증상이 나타나기 때문에
② 감염병의 병원체를 보유하고 있으나 증상이 없고 체외로 배출하기 때문에
③ 감염병에 걸렸지만 자각증상이 없으므로
④ 감염병에 걸렸다가 치유되었기 때문에

05 빛이 물체에 닿아 파장을 반사함으로써 그 물체가 보이는 색은?
① 검정 ② 흰색
③ 노랑 ④ 회색

해설 빛은 파장을 반사하면 흰색으로 보이고 흡수하면 검정색으로 보인다.

06 담장보다 짙은 화장으로 색채 화장에 해당하는 용어는?
① 농장 ② 용장
③ 응장 ④ 염장

해설
• 담장 : 옅은 화장(기초 화장)
• 농장 : 담장보다 짙은 화장(색채 화장)
• 염장 : 요염한 색채를 표현한 화장
• 응장 : 농장과 비슷하며 좀 더 뚜렷하게 표현한 화장으로 혼례 등의 의례에 사용

07 빨강과 보라를 나란히 붙여놓고 보았을 때 빨강이 더욱 선명하게 보이나 보라가 탁하게 보이는 색의 대비 현상은?
① 채도대비 ② 색상대비
③ 연변대비 ④ 명도대비

해설 채도대비 : 같은 채도의 색을 저채도 위에 놓고 보면 채도가 더 높아 보이고, 고채도 위에 놓으면 채도가 낮아 보이는 현상

08 조선시대 화장법과 화장품 제조방법이 수록된 책은?
① 후한서 ② 삼국유사
③ 규합총서 ④ 삼국사기

해설 규합총서 : 조선시대 화장법과 여러 가지 향, 화장품 제조방법이 수록된 책

01 ③ 02 ② 03 ③ 04 ② 05 ② 06 ① 07 ① 08 ③

09 우리나라 1940년대 화장 산업에 대한 설명으로 틀린 것은?
① 화장품 시장의 성숙기
② 현대식 화장법의 도입
③ 화장품 산업의 전환기
④ 국산 화장품의 생산

해설 화장품 시장의 성숙기는 1960년대이다.

10 다음 중 질병의 3대 요인으로 짝지어진 것은?
① 숙주, 병원체, 환경
② 숙주, 매개체, 환경
③ 숙주, 병인, 매개체
④ 숙주, 병원체, 매개체

해설 질병의 3대 요인으로는 숙주, 환경, 병원체가 있다.

11 인구 구조 유형 중 인구가 감소하는 형태는?
① 별형
② 종형
③ 항아리형
④ 피라미드형

해설 항아리형(인구감소형)은 출생률이 사망률보다 낮아 인구가 감소한다.

12 다음 중 무기질의 설명으로 틀린 것은?
① 에너지 공급원으로 이용된다.
② 조절작용을 한다.
③ 수분과 산, 염기의 평형 조절을 한다.
④ 뼈와 치아의 주성분이다.

해설 무기질은 에너지를 갖지 않고 효소와 호르몬의 구성 성분이며, 골격과 치아의 주성분이다. 또한 근육의 탄력 유지에도 사용된다.

13 국가간 또는 지역사회간의 보건수준을 비교하는 3대 보건지표는?
① 비례사망지수, 평균수명, 영아사망률
② 신생아사망률, 평균수명, 조사망률
③ 영아사망률, 신생아사망률, 조사망률
④ 비례사망지수, 의사 1인당 인구수, 질병군별 사망비율

해설 보건수준평가의 3대 지표로는 비례사망지수, 평균수명, 영아사망률을 들 수 있다.

14 상피조직의 신진대사에 관여하며 각화 정상화와 피부 재생을 돕고, 노화 방지에 효과적인 비타민은?
① 비타민 A
② 비타민 B
③ 비타민 C
④ 비타민 K

15 환자-대조군 연구의 장점을 바르게 설명한 것은?
① 연구가 비교적 용이하며, 비용이 많이 든다.
② 적은 연구대상자로도 연구가 가능하다.
③ 연구 결과에 대한 시간이 비교적 오래 걸린다.
④ 비교하려는 요소 이외의 모든 조건이 비슷한 대조군의 선정이 쉽다.

해설 환자 – 대조군 연구의 장점
• 연구가 비교적 용이하며 비용이 적게 든다.
• 발생이 적은 질병의 연구가 가능하다.
• 연구 결과를 비교적 빠른 시일 내에 알 수 있다.

09 ① 10 ① 11 ③ 12 ① 13 ① 14 ① 15 ②

16 코호트 연구의 장점을 바르게 설명한 것은?

① 짧은 시간과 적은 인원으로 할 수 있다.
② 연구 결과의 정확도에 문제가 없다.
③ 질병 발생 위험률의 산출이 가능하고, 신뢰성이 높아 정보들의 편견을 줄일 수 있다.
④ 희귀한 질병의 조사에 적합하다.

> 해설 코호트 연구의 장점
> • 질병 발생 위험률의 산출이 가능하다.
> • 신뢰성이 높아 정보들의 편견을 줄일 수 있다.
> • 복합적인 질병 발생요인들의 인과관계를 더 구체적으로 밝힐 수 있다.

17 각종 산업재해 지표를 잘못 기술한 것은?

① 중독률 = (재해건수 / 손실작업일수) × 1,000
② 강도율 = (손실작업일수 / 연근로시간수) × 1,000
③ 도수율 = (재해건수 / 연근로시간수) × 1,000,000
④ 건수율 = (재해건수 / 평균실근로자수) × 1,000

> 해설 중독률 = (손실작업일수 / 재해건수) × 1,000

18 식중독에 대한 설명으로 옳은 것은?

① 음식 섭취 후 장시간 뒤에 증상이 나타난다.
② 근육통 호소가 가장 빈번하다.
③ 병원성 미생물에 오염된 식품 섭취 후 발병한다.
④ 독성을 나타내는 화학물질과는 무관하다.

> 해설 식중독은 미생물, 유독물질에 의해 오염된 음식을 섭취하여 생기는 질환이다.

19 다음 중 비타민과 그 결핍증과의 연결이 틀린 것은?

① 비타민 B_2 – 구순염
② 비타민 D – 구루병
③ 비타민 A – 야맹증
④ 비타민 C – 각기병

> 해설
> • 비타민 C 결핍 시 : 괴혈병, 피로, 면역력 저하 등
> • 비타민 B_1(티아민) 결핍 시 : 각기병, 심부전, 말초신경장애 등

20 미용업소에서 가장 많이 사용되고 있는 소독법은?

① 건열소독
② 증기소독
③ 소각소독
④ 자비소독

> 해설 미용실에서는 주로 증기소독을 많이 쓰는 편이고, 건성타월인 경우에는 일광소독을 한다.

21 이·미용기구의 소독기준 및 방법에 대한 연결이 잘못된 것은?

① 열탕소독 : 섭씨 100°C 이상의 물속에 10분 이상 끓여준다.
② 건열멸균소독 : 섭씨 100°C 이상의 건조한 열에 20분 이상 쐬어준다.
③ 증기소독 : 섭씨 100°C 이상의 습한 열에 10분 이상 쐬어준다.
④ 자외선소독 : $1cm^2$당 85μW 이상의 자외선을 20분 이상 쐬어준다.

> 해설 증기소독은 섭씨 100°C 이상의 습한 열에 20분 이상 끓여준다.

16 ③ 17 ① 18 ③ 19 ④ 20 ② 21 ③

22 공중이용시설 안에서 발생되지 아니하여야 할 오염물질의 종류와 허용되는 오염의 기준의 연결이 잘못된 것은?

① 미세먼지(PM-10) : 24시간 평균치 150 $\mu g/m^3$ 이하
② 일산화탄소(CO) : 1시간 평균치 25ppm 이하
③ 이산화탄소(CO_2) : 1시간 평균치 100ppm 이하
④ 포름알데이드(HCHO) : 1시간 평균치 120 $\mu g/m^3$ 이하

해설 이산화탄소(CO_2)는 1시간 평균치 1,000ppm 이하가 되어야 한다.

23 생명 유지에 필요한 최소한의 기능을 유지하는 데 사용되는 최소 에너지양은?

① 기초대사량
② 비교에너지대사량
③ 열량소요량
④ 활동에너지대사량

24 위생관리등급의 구분 중 황색등급에 해당하는 업소는?

① 최우수업소
② 우수업소
③ 일반관리 대상업소
④ 중점관리 대상업소

해설 황색등급은 우수업소이다. 최우수업소는 녹색등급, 일반관리대상업소는 백색등급이며 중점관리대상업소는 없다.

25 영상매체의 분장에 대한 특징을 설명한 것으로 옳은 것은?

① 시청자와의 거리감이 형성되기 때문에 강한 분장이 필요하다.
② 설정 인물의 성격, 연령, 건강상태, 직업 등을 충분히 고려해야 한다.
③ 입체감과 선에 중점을 두고 강한 색상을 사용한다.
④ 카메라의 이동이 자유롭기 때문에 분장 기법 또한 자유롭게 표현한다.

해설 영상매체 분장 : 시청자와의 거리 제한이 무대 공연에 비해 자유로우며, 카메라의 줌 아웃과 줌 인이 자유롭기 때문에 기본적으로 섬세하고 완벽한 분장을 해야 한다.

26 피부의 구조 중 콜라겐과 엘라스틴이 자리 잡고 있는 층은?

① 표피
② 진피
③ 기저층
④ 피하조직

해설 진피는 피부의 약 90%를 차지하는 층으로 실질적인 피부이며 콜라겐, 엘라스틴, 기질 등으로 구성되어 있다.

27 위생서비스 평가에 따른 위생관리등급의 공표 권자는?

① 보건복지부장관
② 시 · 도지사
③ 시장 · 군수 · 구청장
④ 공중위생감시원

해설 시장 · 군수 · 구청장은 보건복지부령이 정하는 바에 의하여 위생서비스 평가의 결과에 따른 위생관리등급을 해당 공중위생영업자에게 통보하고 이를 공표하여야 한다.

22 ③ 23 ① 24 ② 25 ② 26 ② 27 ③

28 화장품에 대한 설명으로 옳지 않은 것은?
① 청결과 미화의 목적을 가지고 있다.
② 장기간 지속적으로 사용할 수 있는 사용기간을 가진다.
③ 특정 부위에 사용하는 범위를 가진다.
④ 정상인을 대상으로 한다.

해설 약사개정법에 의해 종래의 의약부외품과 위생용품이 통합되어 의약외품으로 분류되며, 의약외품과 의약품의 사용범위는 특정 부위로 분류된다. 의약외품은 화장품으로 사용하지 못한다.

29 다음 중 1차 위반 시 경고에 해당하는 것을 모두 고르면?

> ㉠ 관계 공무원의 출입 · 검사를 거부 · 기피하거나 방해한 때
> ㉡ 영업소 안에 출입 · 검사 등의 기록부를 비치하지 아니한 때
> ㉢ 무자격 안마사로 하여금 안마사의 업무에 관한 행위를 하게 한 때
> ㉣ 시장 · 군수 · 구청장의 개선명령을 이행하지 아니한 때

① ㉠, ㉡　　② ㉠, ㉢
③ ㉡, ㉣　　④ ㉢, ㉣

해설 ㉡, ㉣은 모두 1차 위반 시 경고에 해당한다. ㉠은 영업정지 10일, ㉢은 영업정지 1월에 해당한다.

30 이 · 미용사는 영업소 외의 장소에는 이 · 미용업무를 할 수 없다. 그러나 특별한 사유가 있는 경우는 예외가 인정되는데, 다음 중 특별한 사유에 해당하지 않는 것은?
① 질병으로 영업소까지 나올 수 없는 자에 대한 이 · 미용
② 혼례 기타 의식에 참여하는 자에 대하여 그 의식 직전에 행하는 이 · 미용
③ 긴급히 국외에 출타하는 자에 대한 이 · 미용
④ 시장 · 군수 · 구청장이 특별한 사정이 있다고 인정하는 경우에 행하는 이 · 미용

해설 영업소 외에서의 이용 및 미용업무 : 보건복지부령이 정하는 특별한 사유란 다음의 사유를 말한다.
• 질병이나 그 밖의 사유로 영업소에 나올 수 없는 자에 대하여 이용 또는 미용을 하는 경우
• 혼례나 그 밖의 의식에 참여하는 자에 대하여 그 의식 직전에 이용 또는 미용을 하는 경우
• 사회복지사업법에 따른 사회복지시설에서 봉사활동으로 이용 또는 미용을 하는 경우
• 방송 등의 촬영에 참여하는 사람에 대하여 그 촬영 직전에 이용 또는 미용을 하는 경우
• 이외에 특별한 사정이 있다고 시장 · 군수 · 구청장이 인정하는 경우

31 병원체 중 가장 작아 세균여과기로도 분리할 수 없을 정도로 작은 입자로 되어 있는 것은?
① 바이러스
② 진균류
③ 리케차
④ 원생동물

해설 바이러스는 병원체 중에서 가장 작아 세균여과기로도 분리할 수 없다. 광학현미경으로는 볼 수 없고 전자현미경으로만 볼 수 있는 작은 입자로 열에 약하다.

32 팩의 효과에 대한 설명 중 옳지 않은 것은?
① 팩의 흡착작용으로 피부가 청결해진다.
② 진정작용, 수렴작용 등의 효과가 있다.
③ 혈액과 림프의 순환이 왕성해진다.
④ 일시적으로 피부의 온도가 낮아진다.

해설 팩을 사용하면 일시적으로 피부의 온도를 높여 주어 혈액순환을 돕는다.

28 ③　29 ③　30 ③　31 ①　32 ④

33 유채색에 대한 설명이 아닌 것은?
① 순수한 무채색을 제외한 모든 색을 말한다.
② 색상(Hue) 값을 조금이라도 포함하고 있는 색을 말한다.
③ 색상, 명도, 채도를 모두 가지고 있다.
④ 흰색에서 검정색까지의 그레이 스케일로 표현되는 모든 색을 말한다.

해설 흰색, 회색, 검정색은 무채색에 해당한다.

34 향수를 뿌린 후 느껴지는 향수의 첫 느낌으로, 주로 휘발성이 강한 향료들로 이루어진 노트(Note)는?
① 탑 노트(Top Note)
② 미들 노트(Middle Note)
③ 하트 노트(Heart Note)
④ 베이스 노트(Base Note)

해설
- 탑 노트(Top Note) : 향수를 뿌렸을 때 그 즉시 나타나는 향으로, 휘발성이 높은 시트러스계, 그린계, 알데히드계, 가벼운 플로랄계 등을 많이 사용
- 미들 노트(Middle Note) : 향수의 배합을 이룬 중간 단계
- 베이스 노트(Base Note) : 향의 특징을 말하며 휘발성이 낮아 가장 마지막에 남는 향으로 무스크, 우디, 앰버, 오리엔탈 계열이 해당

35 얼굴형에 따른 수정 메이크업에 대한 설명으로 옳지 않은 것은?
① 각진형 : 이마 양 옆에 하이라이트를 넣어준다.
② 긴형 : 콧등의 하이라이트를 짧게 넣어준다.
③ 둥근형 : 콧등의 하이라이트를 길게 넣어준다.
④ 마름모형 : 이마 중앙의 하이라이트를 다소 넓게 넣어준다.

해설 각진형은 얼굴 외곽에 섀딩을 넣어 갸름하게 보이도록 한다.

36 파운데이션의 선택 방법으로 옳은 것은?
① 지성피부 : 크림 타입의 파운데이션으로 글로시하게 피부를 표현한다.
② 건성피부 : 보습효과가 우수하고 유분기를 많이 함유하고 있는 리퀴드 타입이나 크림 타입의 파운데이션을 사용한다.
③ 잡티가 많은 피부 : 리퀴드 파운데이션으로 자연스러운 피부를 표현한다.
④ 노화피부 : 파우더리한 질감의 파운데이션을 사용한다.

해설
- 지성피부 : 리퀴드 타입이나 유분기를 제거할 수 있는 파운데이션 타입이 좋다.
- 잡티가 많은 피부 : 커버력과 지속력이 뛰어난 스킨커버 타입의 파운데이션과 스틱 타입 파운데이션이 적합하다.
- 노화피부 : 주름이 많은 부분은 파우더를 많이 바르지 않도록 한다.

37 펜슬 타입 아이브로우 제품에 대한 설명으로 옳은 것은?
① 자연스러운 눈썹 표현이 용이하다.
② 붓을 이용하여 사용하여야만 한다.
③ 눈썹숱이 적은 사람이나 뚜렷하지 않은 경우에 사용하기 좋다.
④ 눈썹길이가 긴 사람이 사용하기에 좋다.

해설 눈썹숱이 적고 흐린 사람이 뚜렷한 눈썹을 표현하기에 용이하다.

33 ④ 34 ① 35 ① 36 ② 37 ③

38 입꼬리가 처진 입술의 수정 방법에 대한 설명으로 옳은 것은?

① 입술의 입꼬리 부분을 살짝 올려서 그리며 밝고 펄이 든 립스틱을 선택하여 생기 있는 분위기를 연출한다.
② 짙은 립라이너를 사용하여 입술라인을 짙게 그린 후, 짙은 색상의 와인, 짙은 브라운, 퍼플계열 등을 이용하여 수축되고 후퇴되어 보이도록 바른다.
③ 입술의 전체 길이와 넓이를 1~2mm 정도 넓혀서 그린다.
④ 원래 입술라인보다 1~2 mm 정도 바깥쪽으로 그린다.

해설 입꼬리가 처진 입술 : 인상이 우울하거나 슬퍼 보이므로 입꼬리 부분을 살짝 올려서 그리고, 밝고 펄이 든 립스틱을 선택하여 생기 있는 분위기를 연출한다.

39 안면신경의 지배를 받으며 상순외측부를 위로 당겨 싫은 표정을 만들 때 작용하는 근육은?

① 비근근　　② 안륜근
③ 구각거근　　④ 상순거근

해설 상순거근 : 윗입술올림근이라고 불리며 코를 밑으로 당기는 근육으로 입을 다물게 한다.

40 메이크업 아티스트의 직무 중 가장 적절한 것은 어느 것인가?

① 메이크업 시술로 화장 전, 후가 확실히 다르게 한다.
② 얼굴을 다른 사람이 못 알아보도록 분장한다.
③ 장점을 부각시켜 보다 나은 이미지를 만든다.
④ 고객의 단점만 메이크업으로 완벽하게 커버한다.

해설 고객 외모의 결점을 보완하고 장점을 부각시켜 아름다움을 추구한다.

41 로코코시대의 메이크업에 대한 설명으로 틀린 것은?

① 얼굴은 하얗고 두껍게 표현하였다.
② 눈을 돋보이도록 하기 위해 선명한 아이라인과 인조속눈썹을 사용하였다.
③ 남녀 모두가 과도하게 화장을 하였다.
④ 가벼운 화장으로 자연스럽게 화장을 하였다.

해설 18세기 로코코시대의 메이크업은 화려하고 인공적이며, 예술미를 추구하여 남녀 모두 과도하게 화장을 하였다. 또한 화장 전과 후의 모습이 전혀 다르게 보이도록 분장 수준에 가까운 화장을 하였다.

42 조선시대 화장문화에 대한 설명으로 옳은 것은?

① 여염집 여성은 대부분 짙은 화장을 하였다.
② 화장의 일원화가 이루어졌다.
③ 여성의 외면적인 아름다움을 강조하였다.
④ 궁중에 화장품을 생산하고 관리하는 관청인 보염서가 있었다.

해설
- 여염집 여성 : 평상시에는 메이크업을 하지 않고 연회나 나들이 때만 메이크업을 하였다.
- 화장의 이원화 : 여염집 여성의 화장과 기생 중심의 분대화장으로 이원화되었다.
- 내면적인 아름다움 중시 : 외면보다 내면의 아름다움을 중시하였다.
- 보염서 : 화장품을 생산하고 관리하는 관청이다.

38 ①　39 ④　40 ③　41 ④　42 ④

43 계면활성제의 피부자극이 큰 순서로 맞게 나열된 것은?

① 음이온 계면활성제 > 양이온 계면활성제 > 양쪽성 계면활성제 > 비이온성 계면활성제
② 양이온 계면활성제 > 음이온 계면활성제 > 양쪽성 계면활성제 > 비이온성 계면활성제
③ 음이온 계면활성제 > 비이온성 계면활성제 > 양이온 계면활성제 > 양쪽성 계면활성제
④ 양이온 계면활성제 > 양쪽성 계면활성제 > 음이온 계면활성제 > 비이온성 계면활성제

44 메이크업의 정의에 대한 설명으로 거리가 먼 것은?

① 얼굴에 다양한 색상을 표현하여 아름답게 보이도록 하는 행위이다.
② 의료기기나 의약품을 사용하여 눈썹손질을 하는 행위이다.
③ 분장의 의미를 포함한다.
④ 화장품과 도구를 사용하는 미적인 표현 행위이다.

해설 공중위생관리법에서는 메이크업의 미용업을 얼굴 등 신체의 화장, 분장 및 의료기기나 의약품을 사용하지 아니하고 눈썹손질을 하는 영업으로 규정한다.

45 주름 개선 화장품에 대한 설명으로 잘못된 것은 어느 것인가?

① 안티에이징 또는 노화방지 제품군이라고도 한다.
② 콜라겐 합성능력을 촉진한다.
③ 피부 홍조를 개선하는 제품이다.
④ 진피층의 밀도와 부피를 지탱하여 탄력을 채워 준다.

해설 주름 개선 화장품은 진피의 결합조직 형성 및 섬유아세포의 콜라겐 합성을 촉진시킨다.

46 백제시대의 화장 문화로 틀린 것은?

① 은은하고 세련된 화장을 즐겼다.
② 분대화장을 중심으로 하였다.
③ 분은 바르되 연지는 바르지 않았다.
④ 백제의 화장 문화는 일본에 영향을 주었다.

해설 분대화장은 기생을 중심으로 한 고려시대의 짙은 화장을 말한다.

47 감법혼합의 3원색으로 틀린 것은?

① 시안 + 마젠타 = 파랑
② 마젠타 + 노랑 = 빨강
③ 노랑 + 시안 = 초록
④ 시안 + 노랑 + 마젠타 = 흰색

해설 시안 + 노랑 + 마젠타 = 검정

48 사춘기 이후 성호르몬의 영향으로 분비되기 시작하는 땀샘은?

① 피지선   ② 소한선
③ 갑상선   ④ 대한선

해설 대한선(아포크린샘)은 성호르몬의 영향을 받아 분비되는 땀샘으로 겨드랑이, 유두, 배꼽 등에 존재한다.

49 일반적인 성인의 건강한 피부 표면 pH는?

① 3.5~4.0   ② 6.5~7.0
③ 4.5~6.5   ④ 7.0~7.5

해설 성인의 건강한 피부 표면 pH는 4.5~6.5의 약산성으로 땀의 분비가 가장 큰 영향을 준다.

43 ①   44 ②   45 ③   46 ②   47 ④   48 ④   49 ③

50 피부의 기능과 연결된 설명으로 틀린 것은?
① 흡수기능 : 피부는 외부의 온도를 흡수, 감지한다.
② 보호기능 : 피부 표면의 산성막은 박테리아의 감염과 미생물의 침입으로부터 피부를 보호한다.
③ 저장기능 : 진피 조직은 신체 중 가장 큰 저장기관으로 각종 수분과 영양을 보유하고 있다.
④ 영양분 교환기능 : 프로비타민 D가 자외선 조사 후 비타민 D로 전환된다.

해설 피부는 영양물질을 에너지원으로 사용하고 남은 물질을 저장하는데, 주로 피하 조직에 많이 저장된다.

51 피지선의 활성을 높여주는 호르몬은?
① 인슐린 ② 멜라닌
③ 안드로젠 ④ 에스트로겐

해설 안드로젠은 남성의 2차 성장 발달에 작용하는 호르몬으로, 정자 형성을 촉진하기도 하며 피지선을 자극하여 피지의 활성을 높여 준다.

52 노역 주름의 표현에 대한 설명 중 옳지 않은 것은?
① 코 옆주름 : 콧방울에서 흘러나와 입술 끝 쪽으로 살짝 감싸듯이 그려준다.
② 미간 주름 : 눈썹 앞머리의 밑 부분에서 이마 방향으로 그려준다.
③ 입술 입꼬리 : 입술 끝이 올라가듯이 끌어올려서 굴곡을 준다.
④ 콧등 주름 : 눈 앞머리에서 시작하여 원통을 둘러싸듯이 양쪽에서 엇갈리게 2~3개의 선을 그려준다.

해설 입술 입꼬리 : 입술 끝이 내려가듯이 끝을 내려서 굴곡을 준다.

53 우리나라 최초의 관허 화장품은?
① 황가분 ② 서가분
③ 박가분 ④ 장가분

해설 박가분은 1916년 제조되기 시작하여 1922년에 정식으로 허가를 받았으며 물에 개어서 하얗게 발랐다.

54 인류가 사회적 계급 표시와 미적 효과로 메이크업과 헤어를 처음으로 표현한 시대는?
① 이집트 시대 ② 그리스 시대
③ 로코코 시대 ④ 로마 시대

해설 최초의 메이크업 기록이 남아 있는 것은 B.C. 3000년경 고대 이집트시대이다.

55 다음 중 질병의 3대 요인으로 짝지어진 것은?
① 숙주, 병원체, 환경
② 숙주, 매개체, 환경
③ 숙주, 병인, 매개체
④ 숙주, 병원체, 매개체

해설 질병의 3대 요인으로는 숙주, 환경, 병원체가 있다.

56 다음 보건지표에 대한 설명 중 틀린 것은?
① 모성사망률은 연간 출생아수에 대한 모성사망의 수이다.
② 영아사망률은 연간 출생아수에 대한 영아사망의 수이다.
③ 신생아사망률은 연간 출생아수에 대한 1개월 미만의 사망수이다.
④ 비례사망지수란 총 사망자수에 대한 50세 미만의 사망자수이다.

해설 비례사망자수는 전체 사망자수 중 50세 이상의 사망자가 차지하는 비율을 말한다.

50 ③ 51 ③ 52 ③ 53 ③ 54 ① 55 ① 56 ④

57 체내 부족 시 괴혈병을 유발하고, 잇몸에서 피가 나며 빈혈을 일으켜 피부를 창백하게 하는 것은?

① 비타민 A
② 비타민 K
③ 비타민 C
④ 비타민 B

해설 비타민 C는 철의 흡수를 돕고 부족 시 괴혈병을 유발한다.

58 팩의 분류에 속하지 않는 것은?

① 워터 타입
② 워시 오프 타입
③ 패치 타입
④ 필 오프 타입

해설
- 필 오프 타입 : 도포된 팩제가 필름막이 형성되어 물리적으로 제거되는 타입으로 팩이 건조되는 동안 피부를 수축시켜 주는 효과가 있다. 민감한 피부나 여드름 피부에는 사용을 자제하는 것이 좋다.
- 워시 오프 타입 : 팩제를 도포하고 적당한 시간 후에 물로 씻어내는 형태로 노폐물 제거 및 피부 진정효과가 있다.
- 시트 타입 : 얼굴 모양에 맞추어 만들어진 부직포나 가제 등이 팩제를 머금은 상태로 피부 위에 올려두고 일정 시간 후 떼어내는 타입으로 사용이 쉽고 간편하다.

59 내추럴 메이크업의 피부 표현방법으로 옳은 것은?

① 본인의 피부톤보다 두 톤 정도 더 어둡게 표현한다.
② 펄이 많이 함유된 제품을 사용하여 반짝이며 글로시한 느낌으로 표현한다.
③ 본인의 피부톤에 맞추어 리퀴드 파운데이션으로 자연스럽게 펴준 후 투명 파우더로 유분기를 제거한다.
④ 윤곽 수정을 확실히 하여 이목구비를 뚜렷하게 표현한다.

해설 내추럴 메이크업 : 피부톤에 맞추어 리퀴드 파운데이션으로 자연스럽게 펴준 후 투명 파우더로 표현한다.

60 무구조충은 다음 중 어느 것을 날것으로 먹었을 때 감염될 수 있는가?

① 돼지고기   ② 잉어
③ 개   ④ 소고기

해설
- 소고기 : 무구조충
- 돼지고기 : 유구조충, 선모충
- 개 : 선모충

61 블러셔의 사용 목적이 아닌 것은?

① 건강미 넘치는 이미지 완성
② 얼굴에 혈색을 부여
③ 잡티 커버
④ 얼굴형을 수정하여 개성을 연출

해설 블러셔는 얼굴에 혈색을 주어 건강한 이미지를 부여하며, 블러셔를 바르는 위치에 따라 귀여운, 성숙한, 샤프한, 섹시한 이미지 등 개성 있는 이미지를 연출할 수 있다.

62 메이크업 도구의 세척 방법이 바르게 연결된 것은?

① 립 브러시 : 브러시 클리너 또는 클렌징 크림으로 세척
② 라텍스 스펀지 : 뜨거운 물로 세척, 햇빛에 건조
③ 아이섀도 브러시 : 클렌징 크림이나 클렌징 오일로 세척
④ 치크 브러시 : 브러시 클리너로 세척한 후 세워서 건조

57 ③   58 ①   59 ③   60 ④   61 ③   62 ①

해설
- 라텍스 스펀지 : 사용한 부위를 가위로 잘라 사용하거나 미지근한 물에 중성제세를 이용하여 세척한다.
- 자연모 브러시 : 전용 클렌저로 세척한 후 브러시 끝을 가지런히 모아서 통풍이 잘되는 그늘에 자연 건조시킨다.
- 합성모 브러시 : 물과 중성 세제를 이용하여 깨끗이 세척한다.

63 다음 중 공중위생영업의 변경신고 대상이 잘못된 것은?

① 영업소의 명칭 또는 상호
② 영업소의 소재지
③ 신고한 영업장 면적의 2분의 1 이상의 증감
④ 법인 대표자의 성명

해설 공중위생업을 하는 자는 중요사항을 변경하고자 하는 때에도 시장·군수·구청장에게 신청하여야 하는데, 여기서 중요사항은 ①, ②, ④와 신고한 영업장 면적의 3분의 1 이상의 증감이 해당된다.

64 펜슬 타입의 아이라이너에 대한 설명으로 옳은 것은?

① 쉽게 지워지지 않는다.
② 자연스러운 눈매 연출에 사용하면 효과적이다.
③ 지속력이 강하다.
④ 정교한 라인 연출에 효과적이다.

해설 펜슬 타입의 아이라이너는 자연스러운 눈매 연출에 사용한다. 그리기 쉬우므로 초보자에게 적합하지만 정교한 아이라인을 연출하기 어렵다.

65 위생서비스 수준의 평가에 대한 설명으로 옳은 것은?

① 보건복지부장관은 공중위생영업소(관광숙박업의 경우를 제외한다)의 위생관리 수준을 향상시키기 위하여 위생서비스 평가계획을 수립한다.
② 시·도지사는 평가계획에 따라 관할지역별 세부평가계획을 수립한 후 위생서비스 평가를 하여야 한다.
③ 시장·군수·구청장은 필요하다고 인정하는 경우에는 관련 전문기관 및 단체로 하여금 위생서비스 평가를 실시하게 할 수 있다.
④ 공중위생영업소의 위생서비스 수준평가는 1년마다 실시한다.

해설 ① 시·도지사는 공중위생영업소(관광숙박업의 경우를 제외한다)의 위생관리수준을 향상시키기 위하여 위생서비스 평가계획을 수립하여 시장·군수·구청장에게 통보하여야 한다.
② 시장·군수·구청장은 평가계획에 따라 관할지역별 세부평가계획을 수립한 후 공중위생영업소의 위생서비스 수준을 평가하여야 한다.
④ 공중위생영업소의 위생서비스 수준평가는 2년마다 실시한다.

66 작업장의 실내 환경 위생 관리에 대한 설명이 적합하지 않은 것은?

① 실내 바닥은 머리카락이나 염색제, 펌제 등에 오염과 먼지가 생기지 않도록 물기를 뿌려 방지한다.
② 이·미용실의 실내 바닥 소독은 크레졸 3% 수용액으로 일반 소독하는 것이 적합하다.
③ 실내 작업장은 조명 시설과 온도조절 및 실내 습도 유지가 잘 되어야 한다.
④ 작업장 내 환기 및 인공 환기 장치를 설치하여 쾌적한 환경을 유지할 수 있도록 한다.

해설 실내 바닥은 머리카락이나 염색제, 펌제 등에 오염이 없도록 하며 물기를 제거해준다.

63 ③ 64 ② 65 ③ 66 ①

67 색채의 감정에 대한 설명이 틀린 것은?
① 고명도일수록 팽창되어 보인다.
② 저명도일수록 진출되어 보인다.
③ 저채도일수록 수축되어 보인다.
④ 고채도일수록 진출되어 보인다.

해설 저명도일수록 후퇴, 수축되어 보인다.

68 고객카드 작성 및 고객 정보 수집에 관한 내용으로 올바르지 않은 것은?
① 고객 개인 정보 및 알레르기 유무, 고객 특이사항 등을 기록하도록 한다.
② 얼굴의 특성을 파악하고 얼굴형 및 피부 상태, 피부톤 등을 일자별 기록한다.
③ 고객의 요구사항 및 메이크업 의도 등을 파악한다.
④ 고객 정보 수집 내용은 방문 이후 바로 폐기시킨다.

해설 개인 정보 유출 방지하여 관리하며 재방문을 위해 고객 정보 내용은 동의 후 보관한다.

69 속눈썹 리터치의 과정에 대한 설명이 잘못 된 것은?
① 눈썹 빗으로 빗어보고 가모의 방향이 틀어지거나 어긋나 있는 가모를 리무버를 부분적으로 묻혀 떼어낸다.
② 자연 속눈썹에 남아있는 유분이나 리무버를 전처리제를 면봉에 묻혀 가볍게 제거하고 빈공 간의 위치와 모발 길이를 파악한다.
③ 속눈썹 위치에 맞는 길이의 가모를 빈 곳에 채워준다.
④ 가모의 틀어짐을 수정하며 6~7주 정도 후에 가모를 추가적으로 부착하는 2차 시술이다.

해설 1차 시술 후 1~2주 후부터 가모의 탈락 현상이 생겨 빈 공간이 생긴 틈을 보수 작업으로 속눈 썹의 형태와 가모의 틀어짐을 수정하며 4주 정도에 가모를 추가적으로 부착하는 2차 시술을 말한다.

70 보건소의 주요 업무로 옳은 것은?
① 국민건강증진
② 마약사범관리
③ 의료인력관리
④ 희귀질환치료

해설 국민건강증진은 보건소의 설립목적이다.

7회

실전 모의고사

01 화장수에 비해 유분량이 많으며 퍼짐성이 좋고 흡수가 빠른 화장품은?
① 마스크 팩　② 크림
③ 유액　　　④ 클렌징 오일

해설 유액은 로션 또는 밀크 로션이라고도 하며 크림과 화장수의 중간 성격을 가진다.

02 피지와 땀의 분비 저하로 세안 후 피부가 당기며 피부결이 얇고 탄력이 저하되고 주름이 쉽게 형성되는 피부는?
① 건성피부
② 복합성피부
③ 지성피부
④ 노화피부

03 동일한 물체의 색이 조명에 따라 색이 다르게 보이는 현상과 관련된 것은?
① 조건등색　② 메타메리즘
③ 표면색　　④ 연색성

해설 동일한 색이 조명에 따라 다르게 보이는 현상을 색의 연색성이라고 한다.

04 다음 5대 영양소 중 열량영양소가 아닌 것은?
① 탄수화물
② 지방
③ 단백질
④ 비타민

05 액티브 이미지의 메이크업에 대한 설명 중 옳지 않은 것은?
① 매혹적인 느낌의 스모키 메이크업이 적당하다.
② 자유롭고 젊은 감성의 건강한 이미지를 연출할 수 있다.
③ 자연스러운 내추럴 메이크업이 적당하다.
④ 오렌지, 그린, 블루 등의 파스텔 톤이 사용된다.

해설 액티브 이미지는 강렬하고 선명하게 표현하여 생생하고 활동적인 이미지를 강조한다. 아이 메이크업은 라이트 톤과 비비드 톤의 밝고 선명한 색상으로 동적인 이미지를 표현한다.

06 조선시대 분꽃의 씨앗을 말려 빻아서 만든 화장품은?
① 미묵　　② 연지
③ 미안수　④ 백분

해설
• 미묵 : 굴참나무, 너도밤나무 등을 태운 나뭇재를 유연에 개어 만든 미묵으로 눈썹화장을 하였다.
• 연지 : 홍화를 직접 재배하여 꽃잎을 거두고 말린 후 빻아 만든다.
• 미안수 : 피부를 매끄럽게 하기 위해 수세미 줄기의 즙을 화장수로 만들어 사용하였다.

07 연어, 송어와 같은 어류를 날로 먹었을 때 감염될 수 있는 질병은?
① 페디스토마
② 갈고리촌충
③ 긴촌충
④ 무구조충

해설 긴촌충은 송어, 연어 등이 제2중간 숙주가 된다.

01 ③　02 ①　03 ④　04 ④　05 ①　06 ④　07 ③

08 군집독의 주요 원인은?
① 질소 증가
② 공기의 이화학적 조성 변화
③ 대기오염
④ 고기압

해설 일정한 공간에 다수의 인원이 수용범위 이상 밀집되어 있을 때 공기의 이산화탄소 증가 및 기온 상승, 두통, 현기증, 구토 등의 현상이 생기는 것을 군집독이라 한다.

09 공중보건 수준평가의 기초자료로 중요시되는 것은?
① 비례사망지수   ② 영아사망률
③ 평균수명   ④ 조사망률

해설 생후 1년 미만 연령군의 사망률은 일반 사망률에 비해 통계적 유의성이 크므로 영아사망률은 공중보건 수준평가의 기초자료가 된다.

10 한복 메이크업 시 어울리지 않는 것은?
① 눈썹은 아치형으로 굵지 않게 그린다.
② 윗입술은 약간 각지고 크게 그려 한국적인 선을 강조한다.
③ 아이섀도는 유사한 색을 사용하여 은은하게 표현한다.
④ 고름이나 소매 끝동을 고려하여 메이크업한다.

해설 입술 : 립라인을 크게 그리지 않으며 자연스러운 입술 형태로 입술선이 각지지 않도록 둥글게 그려준다.

11 다음 중 제1급 감염병에 대한 설명으로 옳지 않은 것은?
① 생물테러 감염병이다.
② 음압격리와 같은 높은 수준의 격리가 필요하다.
③ 발생 또는 유행 시 24시간 이내에 신고하여야 한다.
④ 치명률이 높거나 집단 발생의 우려가 크다.

해설 제1급 감염병 : 생물테러 감염병 또는 치명률이 높거나 집단 발생의 우려가 커서 발생 또는 유행 즉시 신고하여야 하고, 음압격리와 같은 높은 수준의 격리가 필요하다.

12 수용성 원료가 아닌 것은?
① 동백유   ② 글리세린
③ 에틸렌글리콜 ④ 정제수

해설 동백유는 화장품의 원료 중 유성 원료에 속한다.

13 흡연이 인체에 미치는 영향으로 가장 적합한 것은?
① 심혈관 질환의 원인이 된다.
② 피부 혈관을 이완시켜서 피부 온도를 상승시킨다.
③ 소화촉진, 식욕증진 등에 영향을 미친다.
④ 폐기종에는 영향이 없다.

해설 흡연은 암뿐만 아니라 심혈관 질환 등 성인병의 유병률을 증가시킨다.

14 눈두덩이가 두껍고 부은 눈의 아이섀도 메이크업의 방법으로 틀린 것은?
① 눈 중앙부위 쪽으로 하이라이트 색상을 바른다.
② 아이라인을 또렷하게 살려준다.
③ 펄이 없고 매트하고 차분한 계열의 색상을 사용한다.
④ 스타파우더를 사용하여 화려하게 연출한다.

해설
• 부은 눈의 경우 자연스러운 색의 섀도를 사용하며 포인트를 너무 강하게 주지 않는다.
• 펄감이 강한 질감의 섀도나 밝은 색의 섀도는 피하는 것이 좋다.

08 ② 09 ② 10 ② 11 ③ 12 ① 13 ① 14 ④

15 명소 시에서 암소 시로 옮겨갈 때 붉은색은 어둡게 되고, 녹색과 푸른색은 상대적으로 밝게 보이는 현상은?

① 명순응   ② 암순응
③ 푸르킨예   ④ 색순응

해설 푸르킨예 현상은 암소 시에 매우 어두운 상태에서 단파장 영역의 밝기 감도가 높아져 붉은색은 어둡고 탁하게 되고, 녹색과 청색은 밝게 보이는 현상이다.

16 계면활성제에 대한 설명 중 틀린 것은?

① HLB : 계면활성제가 물과 기름에 녹는 상대적 세기를 나타낸다.
② 가용화제 : 계면활성제에 의해 투명하게 용해되는 상태를 뜻한다.
③ 유화제 : W/O형은 수분 베이스에 오일 입자가 들어 있는 상태이다.
④ 분산 제품 : 고체 입자가 액체 속에 균일하게 혼합된 상태를 말한다.

해설 W/O형은 오일베이스 내에 수분 입자가 흩어져 있는 상태를 말한다.

17 에너지원으로 대부분 이용되며 체내에는 글리코겐으로 저장되는 영양소는?

① 단백질   ② 탄수화물
③ 지방   ④ 무기질

해설 탄수화물은 결핍 시에는 영양장애, 허약, 피로 등이 나타나며, 과잉섭취 시에는 비만증의 원인이 된다.

18 미생물의 발육과 그 작용을 제거하거나 정지시켜 음식물의 부패나 발효를 방지하는 것은?

① 방부   ② 소독
③ 살균   ④ 살충

해설 방부는 미생물의 감염력을 제거하는 것이 아니라 작용을 억제하는 것이다.

19 미생물의 성장과 번식에서 저온균의 최적온도는?

① 0~25℃   ② 25~37℃
③ 15~20℃   ④ 45~60℃

해설
• 저온균의 최적온도 : 15~20℃
• 중온균의 최적온도 : 25~37℃
• 고온균의 최적온도 : 45~60℃

20 블러셔의 컬러별 이미지 연결이 옳은 것은?

① 로즈 계열 : 사랑스럽고 도시적인 느낌
② 브라운 계열 : 여성스러우며 화사한 느낌
③ 핑크 계열 : 세련되고 차분하며 지적인 느낌
④ 오렌지 계열 : 상큼하고 발랄한 느낌

해설
• 로즈계열 : 여성스러우며 화사한 느낌
• 브라운 계열 : 세련되고 차분하며 지적인 느낌
• 핑크 계열 : 귀여운 느낌

21 화장품의 보관법으로 틀린 것은?

① 직사광선을 피한다.
② 방부제가 들어 있으므로 오랫동안 사용해도 문제가 없다.
③ 뚜껑을 꽉 닫아 보관한다.
④ 유아의 손이 닿지 않는 곳에 보관한다.

해설 화장품은 개봉한 후에는 세균 및 산소에 의해 변질이 우려되므로 가급적 빠른 시간 내에 사용한다.

22 대부분의 세균이 가장 잘 번식할 수 있는 수소이온농도는?

① 강산성   ② 약산성
③ 중성   ④ 강알칼리성

해설 대부분의 세균은 혈액의 pH와 같은 중성 또는 약알칼리성에서 증식이 가장 잘 된다.

15 ③   16 ③   17 ②   18 ①   19 ③   20 ④   21 ②   22 ③

23 주로 출아에 의하여 증식 및 생식하며 단세포 세대가 비교적 길고 진핵세포의 구조를 갖는 미생물군은?

① 세균   ② 곰팡이균
③ 효모   ④ 버섯류

해설 효모란 일반적으로 출아에 의하여 증식 및 생식을 하며 단세포 세대가 비교적 길고, 진핵세포 구조를 갖는 진균류 중에서 효모형의 세포인 작은 미생물 군을 말한다.

24 보기의 내용은 어떤 소독법인가?

- 피멸균물에 잔류 독성이 없다.
- 포자까지 사멸시키는 데 시간이 짧게 걸린다.
- 대량으로 멸균시킬 수 있다.

① 저온소독법
② 고압증기멸균법
③ 화학적 소독법
④ 습열멸균법

해설 보기는 고온의 수증기를 미생물·포자 등과 접촉시켜 원형질을 응고시킴으로써 미생물을 사멸시키는 고압증기멸균법의 장점에 대한 내용이다.

25 두 색이 서로 상대방의 잔상에 영향을 받아 색채가 변해 보이는 현상은?

① 명도대비
② 동시대비
③ 계시대비
④ 색상대비

해설
- 채도대비 : 채도가 낮은 색 위에서는 선명해 보이고 채도가 높은 색에서는 탁해 보임
- 면적대비 : 면적이 크고 작음에 따라 색이 다르게 보이는 현상
- 명도대비 : 같은 명도의 색을 고명도 위에 놓고 보았을 때 명도가 낮게 보이고, 저명도 위에 놓고 보았을 때 명도가 높게 보이는 현상
- 색상대비 : 두 색에 같은 색을 놓고 보았을 때 원래 색보다 차가 더 크거나 진하게 느껴지는 현상
- 동시대비 : 두 가지색을 나란히 놓았을 때 두 색의 잔상이 영향을 주어 색채가 변해보이는 현상
- 보색대비 : 보색 관계의 색을 나란히 보았을 때 각각의 채도가 더 높고 선명해 보이는 현상
- 연변대비 : 두 색상이 근접해 있을 때 테두리 부분이 먼 부분보다 더 강한 색채 대비로 보이는 현상
- 계시대비 : 시간차를 두어 다른 색을 보았을 때 먼저 본 색의 보색 잔상의 영향으로 이후에 본 색이 영향을 받는 현상

26 땀샘의 역할이 아닌 것은?

① 피지 분비   ② 땀 분비
③ 체온 조절   ④ 분비물 배출

해설 피지는 피지선에서 분비된다.

27 피부 감각기관 중 피부에 가장 많이 분포되어 있으며 가장 예민하게 느낄 수 있는 감각은?

① 온각   ② 압각
③ 촉각   ④ 통각

해설 가장 많이 분포되어 예민하게 느낄 수 있는 감각은 통각 〉 압각 〉 촉각 〉 냉각 〉 온각 순으로 분포되어 있다.

28 표피의 가장 바깥에 존재하며 여러 층의 라멜라 구조로 이루어진 무핵의 세포층은?

① 유극층   ② 과립층
③ 투명층   ④ 각질층

해설 각질층 : 표피의 가장 바깥에 존재하며 여러 층의 라멜라 구조로 이루어진 핵이 없는 세포층

23 ③ 24 ② 25 ② 26 ① 27 ④ 28 ④

29 다음 중 이·미용사 면허증의 재교부 신청 시 필요한 첨부서류를 모두 고른 것은?

> ㉠ 최근 6월 이내에 찍은 탈모 정면 상반신 사진 1매
> ㉡ 기재사항이 변경되거나 헐어 못쓰게 된 경우에는 면허증 원본
> ㉢ 잃어버린 경우에는 분실사유서
> ㉣ 주민등록번호가 변경된 경우에는 주민등록표등(초)본
> ㉤ 성명이 변경된 경우에는 호적등(초)본

① ㉠, ㉡
② ㉠, ㉡, ㉢
③ ㉠, ㉡, ㉢, ㉣
④ ㉠, ㉡, ㉢, ㉣, ㉤

해설 면허증의 재교부 신청을 하고자 하는 자는 신청서에 면허증 원본과 최근 6월 이내에 찍은 가로 3.5cm, 세로 4.5cm의 탈모 정면 상반신 사진 1매를 첨부하여 이용업 또는 미용업에 종사하고 있는 자는 영업소를 관할하는 시장·군수·구청장에게, 해당 영업에 종사하고 있지 아니한 자는 면허를 받은 시장·군수·구청장에게 제출하여야 한다.

30 에크린샘에 대한 설명으로 틀린 것은?
① 대한선이다.
② 모낭과 연결되어 있지 않다.
③ 피부 건조를 막는다.
④ 손바닥과 발바닥에 존재한다.

해설 에크린샘(소한선) : 체온 유지기능이 있고, 전신에 분포하며 손바닥과 발바닥, 이마, 두피 등에 많이 분포되어 있다. 성분은 수분이 99%이고 미량의 미네랄이 존재한다(Na, K, Fe).

31 레인방어막의 역할이 아닌 것은?
① 과립층에 존재한다.
② 외부로부터 이물질이 침입하는 것을 방어하는 역할을 한다.
③ 멜라닌 형성을 돕는다.
④ 체내에 필요한 물질이 체외로 빠져나가는 것을 막아주는 역할을 한다.

해설 레인방어막은 체내에 필요한 물질이 체외로 삐져나가는 것을 막아주는 역할을 하며, 피부 건조와 피부염을 유발하는 것으로부터 억제하는 역할을 한다.

32 공중위생영업소 또는 공중이용시설의 위생관리 실태검사 대상물의 검사 의뢰기관이 아닌 것은?
① 특별시광역시도의 보건환경연구원
② 「국가표준기본법」 제23조의 규정에 의하여 인정을 받은 시험검사기관
③ 보건복지부장관이 검사능력이 있다고 인정하는 검사기관
④ 시장·군수·구청장이 검사능력이 있다고 인정하는 검사기관

해설 시·도지사 또는 시장·군수·구청장은 소속 공무원이 공중위생영업소 또는 공중이용시설의 위생관리 실태를 검사하기 위하여 검사 대상물을 수거한 경우에는 수거증을 공중위생영업자 또는 공중이용시설의 소유자, 점유자, 관리자에게 교부하고, ①, ②, ④의 기관에 검사를 의뢰하여야 한다.

33 텔레비전의 노역 분장에 대한 일반적인 분장 방법이 아닌 것은?
① 주름에 강약을 주어 최대한 내추럴하게 분장하였다.
② 기본 굴곡을 최대한 살려 적절한 명암을 주었다.
③ 사극 분장의 경우 일반 드라마 분장보다 더 약하게 분장한다.

29 ① 30 ① 31 ③ 32 ③ 33 ③

④ 도시 노인보다 농촌 노인의 피부색을 더 진하게 분장한다.

해설 사극 분장은 일반 드라마 분장보다 조금 더 진하게 메이크업한다. 이것은 의상이나 머리 스타일, 수염 등으로 인해 얼굴 캐릭터가 약해지는 것을 방지하기 위해서다.

34 다음 중 기능성 화장품의 범위에 해당하지 않는 것은?

① 주름 개선크림
② 마스크팩
③ 화이트닝 화장품
④ 자외선 차단제

해설 미백, 주름 개선, 자외선 차단에 기능을 가진 제품을 기능성 제품군에 해당한다고 볼 수 있다.

35 청문을 실시하여야 하는 사항과 거리가 먼 것은?

① 이·미용사의 면허취소, 면허정지
② 공중위생영업의 정지
③ 영업소의 폐쇄명령
④ 과태료 징수

해설 청문 : 보건복지부장관 또는 시장·군수·구청장은 다음 각 호의 어느 하나에 해당하는 처분을 하려면 청문을 하여야 한다.
• 신고사항의 직권 말소
• 이용사와 미용사의 면허취소 또는 면허정지
• 영업정지명령, 일부 시설의 사용중지명령 또는 영업소 폐쇄명령

36 프라이머에 대한 설명으로 옳은 것은?

① 피부표현 마지막 단계에서 사용한다.
② 파운데이션의 번들거림을 방지해 주는 역할을 한다.
③ 피부색 보정의 기능이 있다.
④ 피부결을 정돈하고, 파운데이션의 밀착력과 피부 요철을 메우는 역할을 한다.

해설 프라이머는 피부 평면을 매끈하게 하며 모공을 커버해주는 효과와 피지 분비를 막아주는 기능이 있다.

37 다음 중 산화방지제로 적합하지 않은 것은?

① BHT
② 토코페롤
③ 아스코르빈산
④ BHA

해설
• BHT, BHA : 합성산화방지제
• 토코페롤 : 천연산화방지제

38 다음 중 위반행위와 행정처분의 연결이 잘못된 것은?

① 영업소 외의 장소에서 업무를 행하여 1차 위반한 때 : 경고
② 위생교육을 받지 아니하여 2차 위반한 때 : 영업정지 5일
③ 이중으로 면허를 취득한 때 : 나중에 발급받은 면허의 취소
④ 음란한 물건을 관람·열람하게 하여 1차 위반한 때 : 영업정지 1월

해설 영업소 외의 장소에서 업무를 행한 때 1차 위반은 영업정지 1월, 2차 위반은 영업정지 2월, 3차 위반은 영업장 폐쇄명령에 해당한다.

34 ② 35 ④ 36 ④ 37 ③ 38 ①

39 다음 중 1차 위반 시 경고에 해당하는 것을 모두 고르면?

> ㉠ 관계공무원의 출입 · 검사를 거부 · 기피하거나 방해한 때
> ㉡ 영업소 안에 출입 · 검사 등의 기록부를 비치하지 아니한 때
> ㉢ 무자격 안마사로 하여금 안마사의 업무에 관한 행위를 하게 한 때
> ㉣ 시장 · 군수 · 구청장의 개선명령을 이행하지 아니한 때

① ㉠, ㉡   ② ㉠, ㉢
③ ㉡, ㉣   ④ ㉢, ㉣

해설 ㉡, ㉣은 모두 1차 위반 시 경고에 해당한다. ㉠은 영업정지 10일, ㉢은 영업정지 1월에 해당한다.

40 아이브로우의 기능이 아닌 것은?
① 얼굴 전체의 이미지 변화와 개성을 연출한다.
② 얼굴형이나 눈매를 보완한다.
③ 얼굴의 인상을 좌우한다.
④ 눈에 음영을 주어 입체감을 강조한다.

해설 눈에 음영을 주어 입체감을 부여하는 것은 아이섀도의 기능이다.

41 개선명령 시의 명시사항을 모두 고르면?

> ㉠ 위생관리기준
> ㉡ 발생된 오염물질의 종류
> ㉢ 오염허용기준을 초과한 정도
> ㉣ 개선기간
> ㉤ 사업규모 및 위반사유와 위반의 횟수

① ㉠, ㉡
② ㉠, ㉡, ㉢
③ ㉠, ㉡, ㉢, ㉣
④ ㉠, ㉡, ㉢, ㉣, ㉤

해설 시 · 도지사 또는 시장 · 군수 · 구청장은 공중이용시설 위생관리의 규정을 위반한 공중이용시설의 소유자 등에게 개선명령을 하는 때에는 위생관리기준, 발생된 오염물질의 종류, 오염허용기준을 초과한 정도와 개선기간을 명시하여야 한다.

42 표면색에 대한 설명으로 옳은 것은?
① 색채는 물체의 간접색과 인접색으로 구분한다.
② 분광 광도계와 같은 접안렌즈를 통해 보는 색이다.
③ 색유리와 같이 빛을 투과하여 나타나는 색이다.
④ 물체의 표면에서 빛이 반사하여 나타나는 색이다.

해설 물체의 표면에서 빛이 반사하여 나타나는 색을 표면색이라고 하며, 색유리와 같이 빛을 투과하여 나타나는 색을 투과색이라고 한다.

43 공중위생영업자에 대한 행정제재처분의 효과가 승계되는 기간은?
① 6월   ② 1년
③ 1년 6월   ④ 2년

해설 공중위생영업자가 그 영업을 양도하거나 사망한 때 또는 법인의 합병이 있는 때에는 종전의 영업자에 대하여 행한 행정제재처분의 효과는 그 처분기간이 만료된 날부터 1년간 승계된다.

44 이 · 미용실에서 사용하는 수건의 소독법으로 알맞지 않은 것은?
① 자비소독
② 건열소독

39 ③ 40 ④ 41 ③ 42 ④ 43 ② 44 ②

③ 증기소독
④ 역성비누소독

해설 건열소독은 유리, 금속, 자기제품의 소독에 적합하다.

45 이·미용사 면허증을 분실하였을 때 누구에게 재교부 신청을 하여야 하는가?
① 보건복지부장관
② 시·도지사
③ 시장·군수·구청장
④ 협회장

해설 면허증의 재교부 신청을 하고자 하는 자는 신청서에 해당되는 서류(전자문서를 포함한다)를 첨부하여 시장·군수·구청장에게 제출하여야 한다.

46 파운데이션을 바르는 방법으로 틀린 것은?
① 주름이 깊은 곳에 두껍게 발라 주어야 한다.
② 안쪽에서 바깥쪽으로 펴 발라 준다.
③ 슬라이딩 기법은 자연스러운 메이크업에 많이 사용되는 기법이다.
④ 커버력을 위해 가볍게 두드리며 발라 주는 것이 좋다.

해설 주름이 깊은 곳에 베이스를 두껍게 바르면 더 뭉치고, 주름이 더욱 도드라져 보이므로 얇게 발라 주는 것이 좋다.

47 공중위생영업의 폐업신고기간은?
① 폐업한 날로부터 7일
② 폐업한 날로부터 14일
③ 폐업한 날로부터 20일
④ 폐업한 날로부터 30일

해설 공중위생영업의 신고를 한 자는 공중위생영업을 폐업한 날부터 20일 이내에 시장·군수·구청장에게 신고하여야 한다.

48 국가간 또는 지역사회간의 보건수준을 비교하는 3대 보건지표는?
① 비례사망지수, 평균수명, 영아사망률
② 신생아사망률, 평균수명, 조사망률
③ 영아사망률, 신생아사망률, 조사망률
④ 비례사망지수, 의사 1인당 인구수, 질병 군별 사망비율

해설 보건수준평가의 3대 지표로는 비례사망지수, 평균수명, 영아사망률을 들 수 있다.

49 인공능동면역에 대한 설명으로 맞는 것은?
① 생균백신, 사균백신 및 순화독소의 접종으로 형성되는 면역
② 각종 감염병 감염 후 형성되는 면역
③ 모체로부터 형성되는 면역
④ 항독소 등 인공제제를 접종하여 형성되는 면역

해설 인공능동면역은 생균백신, 사균백신 및 순화독소의 접종으로 형성되는 면역이다.

50 다음 중 인수공통감염병으로 알맞은 것은?
① 홍역   ② 공수병
③ 발진열   ④ 한센병

해설 인수공통감염병에는 일본뇌염, 탄저, 공수병, 조류인플루엔자, 큐열, 결핵, 중증급성호흡기증후군, 브루셀라증 등이 있다.

51 면허가 취소된 자는 면허증 반납을 누구에게 하여야 하는가?
① 읍·면장
② 시·군·구청장
③ 시·도지사
④ 보건복지부장관

해설 면허 취소의 경우 시·군·구청장에게 반납한다.

45 ③   46 ①   47 ③   48 ①   49 ①   50 ②   51 ②

52 다음 기구(집기) 중 열탕소독이 적합하지 않은 것은?
① 금속성 식기
② 면 종류의 타월
③ 도자기
④ 고무제품

> 해설
> • 열탕소독(자비소독) : 초자기구, 목죽제품, 도자기류, 의복, 침구류, 모직물
> • 고무 · 플라스틱 제품은 녹을 위험이 있으므로 중성세제 소독, 역성비누액, 자외선 소독이 적합하다.

53 색의 배색과 그에 따른 이미지를 연결한 것으로 옳은 것은?
① 악센트 배색 : 부드럽고 차분한 느낌
② 동일색 배색 : 무난하면서 온화한 느낌
③ 유사색 배색 : 강하고 생동감 있는 느낌
④ 그라데이션 배색 : 개성 있고 아방가르드한 느낌

> 해설
> • 악센트 배색 : 강렬한 느낌
> • 유사색 배색 : 정직하고 무난한 느낌
> • 그라데이션 배색 : 자연스럽고 편안한 느낌

54 진피층에도 함유되어 있으며 보습기능으로 피부 관리 제품에 사용되는 성분은?
① 알코올(Alcohol)
② 콜라겐(Collagen)
③ 판테놀(Panthenol)
④ 글리세린(Glycerin)

> 해설 콜라겐은 진피의 결합조직 형성을 촉진시키고 섬유아세포의 콜라겐 합성을 촉진시켜 피부에 탄력과 보습을 준다.

55 따뜻한 물에 중성세제로 잘 씻은 후 물기를 없앤 다음 70% 알코올에 20분 이상 담그는 소독법에 가장 적합한 것은?
① 유리제품
② 고무제품
③ 금속제품
④ 비닐제품

> 해설 유리제품 소독법으로 가장 적합한 방법은 따뜻한 물에 중성세제로 잘 씻은 다음 물기를 없앤 후 70% 알코올에 20분 이상 담그는 것이 좋다.

56 모기가 매개하는 감염병이 아닌 것은?
① 일본뇌염
② 콜레라
③ 말라리아
④ 사상충증

> 해설 콜레라는 오염된 음식이나 물을 통해 감염되며 분변이나 구토물로 감염된다.

57 에센셜 오일에 대한 설명 중 틀린 것은?
① 주로 수증기 증류법에 의해 추출된다.
② 변질될 수 있어 갈색병에 보관하는 것이 좋다.
③ 원액을 그대로 피부에 사용한다.
④ 패치테스트를 실시하도록 한다.

> 해설 에센셜 오일은 캐리어 오일과 함께 혼합하여 피부에 사용하도록 한다.

58 공중위생영업자의 위생교육 시간은?
① 매년 3시간
② 매년 4시간
③ 매년 5시간
④ 매년 6시간

> 해설 위생교육은 매년 3시간으로 하며, 시장 · 군수 · 구청장이 이를 실시한다.

59 다음 기생충 질환 중 날것의 민물가재를 먹었을 때 발생할 수 있는 질환은?
① 편충
② 구충
③ 폐디스토마
④ 회충

52 ④ 53 ② 54 ② 55 ① 56 ② 57 ③ 58 ① 59 ③

60 다음 중 표피를 구성하는 피부층이 아닌 것은?
① 기저층
② 유극층
③ 유두층
④ 과립층

해설 유두층은 진피에 존재하며 기저층과 접하고 있다.

61 다음 중 메이크업의 기법에 대한 설명으로 잘못된 것은?
① 패팅 기법 : 잡티나 결점 커버를 위해 가볍게 두드리는 기법
② 블렌딩 기법 : 색이 다른 파운데이션의 차이를 자연스럽게 연결하여 경계가 지지 않도록 해주는 기법
③ 페더링 기법 : 선의 경계선이 뚜렷하지 않고 경계가 생기지 않도록 펴주는 기법
④ 슬라이딩 기법 : 콧대 수정을 위한 섀딩이나 하이라이트를 넣을 때 쓰는 기법

해설 슬라이딩 기법은 얼굴 전체에 고르게 문지르듯 펴바르는 기법이다.

62 돌출된 눈의 아이 메이크업 방법에 대한 설명으로 알맞은 것은?
① 펄이 가미된 글리터 제품으로 밝고 화사하게 표현한다.
② 글로시한 질감의 밝은 색의 크림 섀도를 사용한다.
③ 매트하고 어두운 계열의 아이섀도 색을 사용한다.
④ 포인트 컬러는 가늘게 선을 긋듯이 표현한다.

해설 돌출된 눈의 아이 메이크업 표현으로는 펄감이 없는 매트하고 어두운 계열의 아이섀도를 사용하는 것이 좋다.

63 피부에 붉은 홍조가 있는 경우에 사용하기 적당한 메이크업 베이스 색상은?
① 핑크색
② 그린색
③ 보라색
④ 노란색

해설 붉은 피부에는 그린색(초록색) 베이스 컬러가 적합하다.

64 아치형의 눈썹 형태가 가장 잘 어울리는 얼굴형은?
① 긴형
② 둥근형
③ 역삼각형
④ 마름모형

해설 역삼각형의 뾰족하고 날카로운 이미지를 아치형의 눈썹으로 부드럽고 여성스럽게 보완할 수 있다.

65 자외선에 피부가 노출될 때 피부 내에서 어떤 성분이 생성되는가?
① 비타민 K
② 비타민 C
③ 비타민 D
④ 비타민 A

66 메이크업의 기능 중 보호의 기능에 대한 설명으로 옳은 것은?
① 사회적 관습이나 종교적 관습, 예의적인 표현이 가능하며 신분, 직업 등을 표시해 무언의 의사 전달의 기능을 가진다.
② 가치관이나 사고방식, 성격 등을 외적으로 표현하며 외모에 자신감을 부여하여 심리적으로 긍정적인 효과를 기대할 수 있다.
③ 화장품을 이용하여 외모의 결점을 커버하고 신체 외형을 아름답게 변형시킨다.
④ 자외선, 대기오염, 먼지, 기후 등으로부터 피부를 보호한다.

60 ③ 61 ④ 62 ③ 63 ② 64 ③ 65 ③ 66 ④

해설
- 사회적 기능 : 사회적 관습이나 종교적 관습, 예의적인 표현이 가능하며 신분, 직업 등을 표시해 무언의 의사 전달의 기능을 가진다.
- 심리적 기능 : 가치관이나 사고방식, 성격 등을 외적으로 표현하며 외모에 자신감을 부여하여 심리적으로 긍정적인 효과를 기대할 수 있다.
- 미적 기능 : 화장품을 이용하여 외모의 결점을 커버하고 신체 외형을 아름답게 변형시킨다.

67 자외선멸균법의 단점으로 알맞은 것은?

① 멸균 진행 과정을 감시할 수 있다.
② 외과수술실, 무균실, 이용용 가위나 빗 등을 효과적으로 멸균시킨다.
③ 내부 침투력이 약해 살균작용이 주로 표면에서만 일어난다.
④ 투과력이 매우 강해 생체에 미치는 영향이 있을 수도 있다.

해설 장점은 피멸균물에 거의 변화를 주지 않고 멸균시킬 수 있다.

68 무대 조명색에 따른 색조 메이크업의 변화에 대해 옳은 것은?

① 그린 조명 : 그린 메이크업은 옅은 그린으로 표현됨
② 그린 조명 : 블루 컬러 메이크업은 어두운 그레이로 표현됨
③ 레드 조명 : 퍼플 컬러 메이크업은 진한 레드로 표현됨
④ 옐로 조명 : 레드 컬러 메이크업은 핑크로 표현됨

해설
- 그린 조명 : 블루 컬러 메이크업은 밝은색으로 표현됨
- 레드 조명 : 퍼플 컬러 메이크업은 옅은 레드로 표현됨
- 옐로 조명 : 레드 컬러 메이크업은 화이트로 표현됨

69 다음 설명에 알맞은 시대는?

- 컬러TV의 등장으로 배우들의 메이크업이 크게 유행
- 청순한 이미지인 '오드리 헵번'과 섹시 심볼인 '마를린 먼로'가 대표적인 배우이다.
- 두껍고 각진 형태의 눈썹과 눈꼬리가 올라간 눈매, 아웃커버의 도톰한 입술이 유행하였다.

① 1910년대   ② 1930년대
③ 1950년대   ④ 1970년대

해설 1950년대
- 미국 문화의 중심이 경제 부흥기를 맞았으며 순종적인 여성미와 가정적이고 청순한 여성미를 선호함
- 컬러TV의 등장으로 배우들의 메이크업이 크게 유행하였고, 청순한 이미지인 '오드리 헵번'과 섹시 심볼인 '마를린 먼로'가 대표적인 배우임

70 메이크업 도구의 세척 및 기기 소독과 관리법에 대한 설명으로 틀린 것은?

① 자외선 소독기는 금속 및 플라스틱 재질의 미용도구를 소독하는 기기이다.
② 고압증기 멸균법은 플라스틱 재질의 미용도구 소독이 가능하다.
③ 파운데이션 브러시는 사용 후 티슈로 모의 결 방향으로 닦아내며 이물질을 제거한 후 중성세제나 전용클렌져로 세척한다.
④ 분첩은 중성세제나 클렌징폼, 전용 클렌져를 미온수에 풀어 녹인 후 퍼프의 표면이 손상되지 않도록 주의하며 세척한다.

해설 플라스틱 재질은 사용할 수 없으며 다량의 금속 도구의 멸균도 가능하다. 120℃에 20분 동안 완료된다.

66 ③   67 ③   68 ①   69 ③   70 ②

퍼펙트 미용사
메이크업 필기시험문제

발 행 일	2026년 1월 10일 개정6판 1쇄 인쇄
	2026년 1월 20일 개정6판 1쇄 발행
저 자	김리나
발 행 처	크라운출판사 http://www.crownbook.co.kr
발 행 인	李尙原
신고번호	제 300-2007-143호
주 소	서울시 종로구 율곡로13길 21
공 급 처	(02) 765-4787, 1566-5937
전 화	(02) 745-0311~3
팩 스	(02) 743-2688, 02) 741-3231
홈페이지	www.crownbook.co.kr
I S B N	978-89-406-4959-6 / 13590

저자협의
인지생략

특별판매정가 27,000원

이 도서의 판권은 크라운출판사에 있으며, 수록된 내용은
무단으로 복제, 변형하여 사용할 수 없습니다.
Copyright CROWN, ⓒ 2026 Printed in Korea

이 도서의 문의를 편집부(02-6430-7007)로 연락주시면
친절하게 응답해 드립니다.